职业教育装备制造类专业系列教材
国家级线上一流本科课程教材　　国家级混合式一流本科课程教材
国家精品在线开放课程教材　　安徽省省级规划教材

工程材料及成形技术基础

（第2版）

·职业教育机械类各专业使用·

主　编　郑红梅　杨　沁　张祖芳
副主编　赵　萍　谷　曼　王　飞
　　　　吕会敏　陈永强　汤　萍
　　　　厉成龙　杨　兵　胥　楷
参　编　万海鑫　王旭升　王　媛
　　　　张　勇　黄晓勇　岳小康
　　　　李安心　胡　石　李红志
　　　　张　胜

合肥工業大學出版社

内 容 提 要

本书按照国家"十四五"职业教育发展规划要求，以服务制造强国战略为导向，聚焦工程材料及成形技术领域的前沿发展与产业需求，根据教育部最新公布的职业院校机械类专业教学标准，同时参考相关职业资格标准和满足机械类专业对工程材料及成形技术基础部分的要求编写的。全书以工程材料基础知识、材料的工艺性能、成形工艺和零件结构的工艺性为主线，介绍了各类工程材料及其成形技术以及各类成形技术的发展趋势。

全书共分8章，包括工程材料、铸造、金属塑性成形、焊接、粉末冶金成形、非金属材料成形、复合材料成形、机械零件毛坯的选择等内容。

本书论述基础理论知识，精心取舍传统工艺内容，反映新材料、新技术和新工艺。专业名词、术语、单位和材料牌号均采用最新国家标准。本书为国家精品在线开放课程(国家级线上一流课程)的配套教材，也是融媒体教材，读者可扫码登陆课程平台，利用 MOOC 学习，各知识点的视频和动画、虚拟仿真实验等资料分别在纸质教材相应的位置设置二维码，每章末还附有适量的思考题与习题。

本书可作为职业院校机械类专业——工程材料及成形技术基础课程的教材，也可供有关教学人员和工程技术人员参考。

图书在版编目(CIP)数据

工程材料及成形技术基础/郑红梅，杨沁，张祖芳主编. --2版. --合肥：合肥工业大学出版社，2025.9. --ISBN 978-7-5650-6658-0

Ⅰ. TB3

中国国家版本馆 CIP 数据核字第 20247JG854 号

工程材料及成形技术基础

(第 2 版)

郑红梅　杨　沁　张祖芳　主编　　　　责任编辑　马成勋(出版咨询热线：15555129192)

出　版	合肥工业大学出版社	版　次	2022年8月第1版
地　址	合肥市屯溪路193号		2025年9月第2版
邮　编	230009	印　次	2025年9月第1次印刷
电　话	理工图书编辑中心：15555129192	开　本	787毫米×1092毫米　1/16
	营销与储运管理中心：0551-62903198	印　张	19　　字　数　415千字
网　址	press. hfut. edu. cn	印　刷	安徽联众印刷有限公司
E-mail	hfutpress@163. com	发　行	全国新华书店

ISBN 978-7-5650-6658-0　　　　定价：51.00元

配套国家精品在线开放课程（国家级线上一流课程）二维码

中国大学 MOOC

https：//www. icourse163. org/，13966679629，zh660618zh

e 会学

https：//www. ehuixue. cn/，13966679629，zh654321

学堂在线

https：//www. xuetangx. com/，13966679629，Zh660618

前 言

党的十八大以来，以习近平同志为核心的党中央始终把职业教育摆在更加突出的位置，夯实了职业教育在中国式现代化建设中作为“重要组成部分”和“教育类型”的战略定位，指明了“加快构建现代职业教育体系”的发展方向，明确了“培养更多高素质技术技能人才、能工巧匠、大国工匠”的目标任务，提出了“推进职普融通、产教融合、科教融汇”的实施路径，“营造人人皆可成才、人人尽展其才的良好环境”，指出了职业教育改革发展的依靠力量和保障条件。这为我们指明了职业教育特别是职教本科教育的发展方向，即要坚持“以服务为宗旨，以就业为导向”，深化产教融合、校企合作，全面提升人才培养质量，满足社会经济发展对高质量技能型人才的需求。

在当前全球科技革命和产业变革加速的背景下，中国正致力于构建现代化经济体系，推动高质量发展。作为中国先进制造业的基础，工程材料及其成形技术对于提升产业链、供应链水平具有至关重要的作用。在这个过程中，职业教育扮演着不可或缺的角色，尤其是职教本科教育，它不仅是技能人才培养的重要途径，更是推动产业升级、支撑科技进步的关键力量。

《工程材料及成形技术基础（第2版）》（职教版）的编写，正是基于这样的时代背景和政策导向。该书旨在为职业教育提供一套系统、全面、实用的教材，帮助学生掌握工程材料的基本知识和成形技术的应用技能，为他们未来的就业和创业打下坚实的基础。

本书由合肥工业大学、合肥大学、天津职业技术师范大学、河北科技工程职业技术大学、芜湖职业技术学院、安徽水利水电职业技术学院、日照职业技术学院、安徽职业技术学院、安徽机电职业技术学院、阜阳职业技术学院、池州职业技术学院、六安职业技术学院、安徽工业经济职业技术学院、苏州绿控传动科技股份有限公司、开瑞新能源控股有限公司和合肥工业大学出版社有限责任公司联合编写，是根据教育部最新公布的职业院校机械制造及自动化、模具设计与制造、数控技术、机械设计与制造、新能源汽车技术等机械类汽车类专业教学标准，同时参考相关职业资格标准编写的。

本书主要内容包括工程材料、铸造、金属塑性成形、焊接、粉末冶金成形、非金属材料成形、复合材料成形、机械零件毛坯的选择等。在面向普通本科的《工程材料及成形技术基础（第1版）》教材的基础上，以培养应用实践型人才为目标，对标机械设计与制造1+X证书，融入先进制造理念和核心技能，助力学生实现职业技能与岗位需求的无缝对接而改编。

本书具有以下主要特色：

1. 新形态融媒体教材

本书为国家精品在线开放课程（国家级线上一流本科课程）的配套教材，由安徽省省级教材建设项目支持，是融媒体教材，读者可通过微信扫描扉页上的二维码在 MOOC 平台进行学习，也可以微信扫各知识点和虚拟仿真实验的二维码进行视频学习。

2. 合理安排各部分内容

紧密对接国家职业教育教学标准、相关行业标准，体现职业教育教学改革新要求，以及专业新进展、行业发展新动态，反映新知识、新技术、新工艺和新规范，展现经济社会发展新成就、科技发展新成果。

3. 注重学生素质培养

通过实例比较，培养学生选材、选工艺方法和零件结构设计的能力。题目设计注重启发创新思维，教材及视频中融入了思政元素，提升了育人功能。

4. 全面采用国家标准

对于各专业名词术语、单位和材料牌号等，均依据最新国家标准编写，以确保正确和规范。

本书由合肥工业大学郑红梅、杨沁、张祖芳担任主编，合肥工业大学赵萍、合肥大学谷曼、天津职业技术师范大学王飞、河北科技工程职业技术大学吕会敏、芜湖职业技术学院陈永强、安徽水利水电职业技术学院汤萍、日照职业技术学院历成龙、安徽职业技术学院杨兵、安徽机电职业技术学院胥楷担任副主编，阜阳职业技术学院万海鑫、池州职业技术学院王旭升、六安职业技术学院王媛、安徽工业经济职业技术学院张勇、合肥工业大学黄晓勇、合肥工业大学岳小康、安徽职业技术学院李安心、池州职业技术学院胡石、苏州绿控传动科技股份有限公司李红志和开瑞新能源控股有限公司张胜共同编写。

全书由郑红梅和杨沁统稿。向为本书的编写和出版付出心血及提供支持的陶治、高正一、陈顺华、谢锋、王孝义、孙伦业、刘莉、杨义、魏志刚、柳美玲、雷声、陈刚、王涛、胡立明、张光胜、柴阜桐、张令伟、杨明璟、谢惠生、徐社连、雷小宝等老师表示诚挚谢意。

在本书的编写过程中，得到了合肥工业大学出版社的鼎力支持，对此我们表示深切的感谢。

由于编者水平有限，书中难免存在不妥之处，敬请广大读者批评指正。

在此，我们诚挚地希望每一位读者能够充分利用本书，不断学习、实践、创新，为中国的先进制造业贡献自己的力量。同时，我们也期待通过不断更新和完善教材内容，与广大教师和学生共同进步，为我国职业教育事业的发展贡献力量。

编　者

2024 年 7 月

目　录

绪 论

“工程材料及成形技术基础”是机械类专业的主干课程之一，它是一门论述工程材料及其成形方法的技术基础课。对于奠定专业基础和拓宽知识面，本课程有着其他课程无法替代的重要作用。

0-1 课程简介

1. 本课程的基本内容和学习要求

本课程主要研究常用的工程材料及其成形方法和加工工艺以及各类成形方法对零件结构和材料的工艺性要求，使读者熟悉常见机械零件的毛坯成形方法及工艺，能综合分析零件结构及所用材料的工艺性，并了解各类材料成形技术的发展趋势。

本课程是一门实践性很强的基础课，应在通过工程训练取得大量感性认识的基础上组织教学。在教学过程中，还可通过 MOOC、多媒体和实验等进一步丰富感性认识，以加深对材料成形工艺的理解和掌握。

2. 机械制造工艺过程

机械制造工艺过程是将各种原材料、半成品加工成为成品的方法和过程，机械制造工艺过程包括毛坯成形、机械加工、特种加工、热处理、表面处理、检测与质量监控、装配等环节，如图 0-1 所示。

(1) 原材料

原材料主要是指以钢铁为主的金属材料，如铸锭、轧材等。近年来，各种特种合金、粉末冶金材料、塑料、橡胶、陶瓷和复合材料等的应用比例也在不断扩大。

0-2 材料成形在产品生产过程中的作用

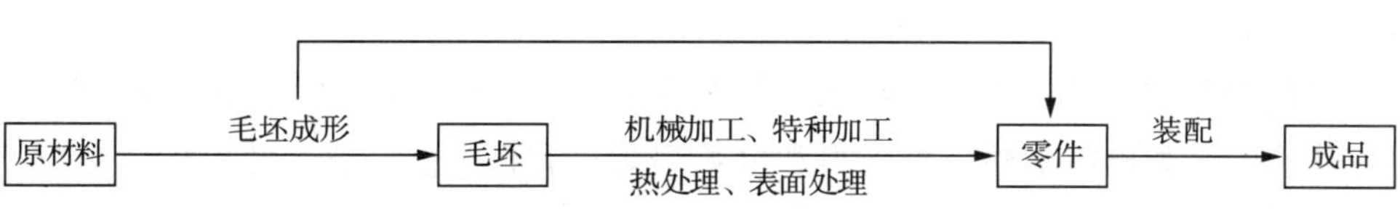

图 0-1 机械制造工艺过程

（2） 毛坯成形

毛坯成形即采用铸造、锻造、冲压和焊接等方法将原材料加工成具有一定形状和尺寸的毛坯的过程。

（3） 机械加工和特种加工

机械加工和特种加工即采用切削、磨削和特种加工等方法，逐步改变毛坯的形态（形状、尺寸及表面质量），使其成为合格零件的过程。近年来，部分粗加工和少量精加工已逐渐被毛坯的精密成形所取代。

（4） 热处理和表面处理

热处理和表面处理用以改变零件的整体、局部或表面的组织及性能。

（5） 检测与质量监控

检测与质量监控指保证工艺过程的正确实施和产品质量而使用的一切质量监控措施。检测与质量监控贯穿于整个机械制造工艺过程。

（6） 装配

装配即按规定的技术要求，将零件或部件进行配合和连接，使之成为半成品或成品的工艺过程，包括零件的固定、连接、调整、检验和试验等工作。

3. 材料成形中的基本要素及其流动

任何材料的加工过程，都必须具备三个基本要素，即材料、能量和信息，它们在加工过程中的运动形成物质流、能量流和信息流。正是这三类要素的流动及其相互作用，才使毛坯和零件的成形得以实现。

0-3 材料成形中的基本要素

（1） 物质流

加工过程中各类原材料的流动过程称为物质流，可分为质量不变过程、质量减少过程和质量叠加过程三种类型。

① 质量不变过程即材料的质量不改变或近似不变，仅改变几何形状和（或）性能的过程，如铸造、塑性成形、表面处理等。

② 质量减少过程即材料部分被去除以改变形状和尺寸的过程，如切削加工、热切割、板料冲裁等。

③ 质量叠加过程即通过材料的叠加获得所需形状和尺寸的过程，如焊接、机械连接和快速原型成形等。

（2） 能量流

加工过程中各种能量的消耗和转化过程称为能量流。能量转化的形式多种多样，有电能转化为热能的，如电阻加热、电阻焊和电弧焊等；有化学能转化为热能的，如气焊、气割和火焰钎焊等；有电能转化为机械能的，这种转化通常是通过电动机实现的。

（3） 信息流

各类信息在加工过程中的作用过程称为信息流，可分为形状信息流和性能信息流等。

① 形状信息流：加工过程中，材料的初始形状与赋予的形状变化信息相结合，从而获得最终形状和尺寸。形状变化信息既可由具有一定信息量的成形刀具、铸型型腔和锻模模膛等赋予，又可由材料与刀具间或者材料与工具、模具间的相对运动赋予，如自由锻中坯料的成形主要靠其与锤头等工具间的相对运动来实现。

② 性能信息流：加工过程中，材料的初始性能与赋予的性能变化信息相结合，从而获得最终性能。性能变化信息是通过加工过程中各有关因素的影响赋予的，如铸造时的合金成分、浇注温度、充型压力，锻造时的变形温度和变形速度等。

若将生产过程中的物质流、能量流和信息流系统化，可集成一种先进的生产技术体系，即机械制造技术系统，如图 0－2 所示。该系统以提高质量、效率、效益和竞争力为目标，具有“自动化、柔性化、高效化”的综合特征。

0－4　材料成形技术的发展趋势

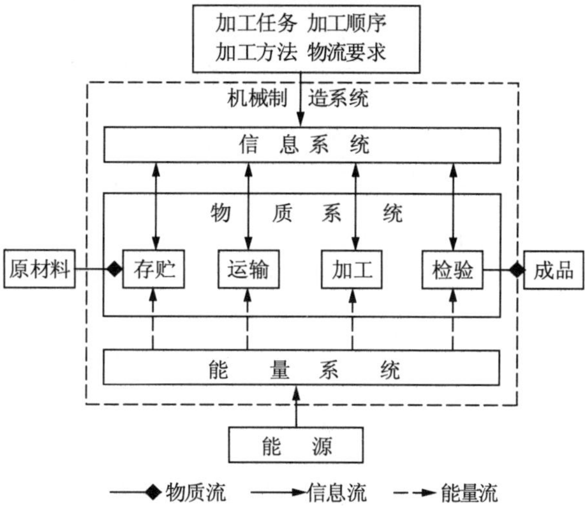

图 0－2　机械制造技术系统

4. *材料成形技术的发展趋势*

近年来，在毛坯成形技术方面，常规工艺不断优化，新型加工方法不断出现，高新技术与传统工艺紧密结合。

（1）常规工艺不断优化

常规的毛坯成形工艺如砂型铸造、自由锻、模锻、电弧焊等至今仍是应用面广、经济适用的技术，并且正在不断优化。其方向是以优质、高效、低耗、少污染为主要目标，逐步实现高效化、精密化、强韧化和轻量化。

（2）新型加工方法不断出现

激光、电子束、等离子体和超声波等新能源的引入，形成了多种崭新的用密度很高的能量束进行加工的特种加工技术，可加工任何硬、脆或难熔材料以及薄壁、高弹性的难加工件，有些方法还可以进行精密加工或微细加工。新型材料如塑料、橡胶、陶瓷、复合材料等的应用，催生了许多新的加工技术，如板料的高能成形、异种材料的扩散焊接和陶瓷的注射成形等。

（3）高新技术与传统工艺紧密结合

由于微电子、计算机和自动化技术等新技术与工艺、设备的紧密结合，已形成了从单机到系统、从刚性到柔性、从简单到复杂等不同档次的多种自动化加工技术，这使得传统工艺发生了质的变化。由数控机床、自动传输设备和自动检测装置组成的柔性制造系统（FMS）可使各种批量生产均实现自动化。计算机集成制造系统（CIMS）将整个制造活动都集成到一个有人参与的计算机系统中，可使多品种小批量生产的成本和质量接近刚性自动线的大批量生产。

第1章 工程材料

【知识目标】

1. 识记和理解工程材料的主要性能指标；
2. 识记和理解金属晶体结构和结晶过程；
3. 识记铁碳合金相图特性点和特性线的含义；
4. 识记工程材料的分类、牌号、性能和应用范围；
5. 识记和理解热处理的基本概念、工艺过程、特点和应用范围。

【技能目标】

1. 能够分析、评价和判断材料的性能；
2. 能够分析不同含碳量的铁碳合金组织随温度转变过程；
3. 能够根据零件的使用要求进行合理选材；
4. 能够根据零件的材料和使用要求合理选择热处理方法。

【素质目标】

1. 质量意识、安全意识、绿色环保意识；
2. 专业认同感、家国情怀；
3. 工匠精神、创新精神。

用于机械、电器、建筑、化工和航空航天等工程领域中的材料统称为工程材料。其中，用来制造各种机电产品的材料称为机械工程材料，机械工程材料在产品设计和制造中起着举足轻重的作用。

工程材料种类繁多，主要包括金属材料、非金属材料和复合材料。而金属材料又包括钢铁材料和非铁金属材料。金属材料由于来源丰富、性能优良，在现代工业、农业、国防以及日常生活中得到了广泛应用，所以是最重要的机械工程材料，约占各种机械产品所用材料的 90%以上。

材料是科学理论和创造发明的物质基础。在当代社会中，能源开发、海洋工程、航空航天、环境保护、计算机技术和信息技术乃至日常生产和生活无不需要有适用的材料，因而世界各国都非常重视材料科学的研究和发展。机械产品正朝着大型、成套、精密、高效、高运行参数等方向发展，因而对机械工程材料的要求越来越高。金属材料目前虽仍占主导地位，但非金属材料和复合材料的发展也十分迅速，各类材料彼此渗透、相互结合，形成了规模宏大的材料体系，为工业和国民经济的持续发展发挥了极其重要的作用。

1.1 金属材料的主要性能

机械零件在使用过程中，要受到诸如拉伸、压缩、弯曲、扭转、剪切、摩擦、冲击以及温度和化学介质等作用，并且还要传递力或能。因此，作为构成机械零件的金属材料，应具备良好的力学性能、物理性能和化学性能，以防零件早期失效（在限定时间内和规定条件下，不能完成正常的功能），同时还要有良好的工艺性能。

本教材采用《金属材料　拉伸试验　第1部分：室温试验方法》（GB/T 228.1—2010）新标准，但GB/T 228—1987旧标准测定和标注的金属材料力学性数据仍在沿用，金属材料强度与塑性的新、旧标准名词和符号对照见表1-1。

表1-1　金属材料强度与塑性的新、旧标准名词和符号对照

GB/T 228.1—2010		GB/T 228—1987	
名　称	符　号	名　称	符　号
抗拉强度	R_m	抗拉强度	σ_b
上屈服强度	R_{eH}	上屈服强度	σ_{sH}
下屈服强度	R_{eL}	下屈服强度	σ_{sL}
断后伸长率	A	断后伸长率	δ
断面收缩率	Z	断面收缩率	ψ
规定残余延伸强度	R_r	规定残余伸长应力	σ_r

1.1.1　金属材料的力学性能

金属材料的力学性能指材料在外力作用下表现出来的特性，如强度、硬度、塑性和韧性等。表征和判定金属力学性所用的指标和依据称为金属力学性能的判据，是评定金属材料质量以及金属制件设计时选材和进行强度计算的主要依据。金属材料力学性能判据可通过相应的金属力学试验进行测定。

1. 强度

金属抵抗永久变形和断裂的能力，称为强度。在室温下以拉伸试验测得的屈服强度和抗拉强度应用最广。

(1) 拉伸试验

拉伸试验是用静拉伸力对试样轴向拉伸，测量力和相应的伸长，一般拉至断裂以测定其力学性能的试验。将金属材料制成如图 1－1（a）所示的标准试样，在拉伸试验机上对其施加一个缓慢增加的轴向拉力，若将试样从开始变形直到断裂所受的拉力 F 与其所对应的伸长 ΔL 绘成曲线，可得拉伸曲线，图 1－2 为低碳钢的拉伸曲线。它反映出金属材料在拉伸过程中的弹性变形、塑性变形直至断裂的力学特性。物体受外力作用后将产生内力，单位截面上的内力称为应力（拉力 F 与试样原始横截面积 S_0 的比值），用符号 R 表示；而由外力引起的物体原始尺寸的相对变化称为应变（试样原始标距 L_0 的伸长量 ΔL 与原始标距 L_0 的比值），用符号 e 表示。如果分别以应力 R 和应变 e 来代替 F 和 ΔL，可得到应力-应变曲线，其形状与上述拉伸曲线相同。从图 1－2 可看出低碳钢的拉伸曲线有五个变形阶段。

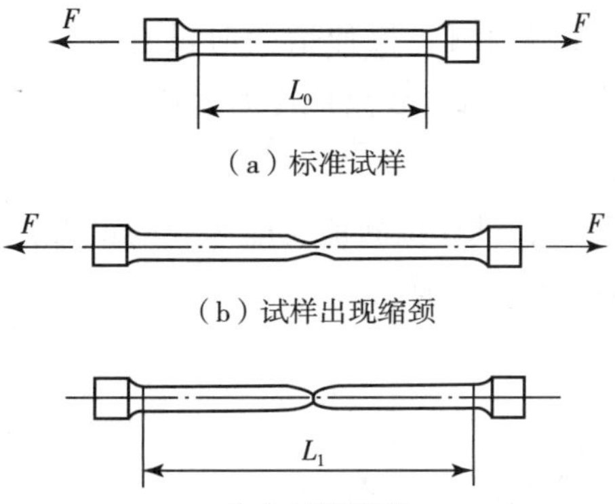

（a）标准试样

（b）试样出现缩颈

（c）试样断裂

1－1　金属材料的力学性能——强度和塑性

L_0—试样原始标距；L_1—试样拉断后的标距。

图 1－1　试样拉伸过程

① 弹性变形阶段：Oe 段是直线，为弹性变形阶段，变形量与外力成正比，服从胡克定律；外力去除后，试样恢复到原始状态。pe 段为滞弹性阶段，弹性变形的应变滞后于应力回到原点。

② 微塑性变形阶段：从 e 点开始产生微量的塑性变形。

③ 屈服阶段：cas 段为屈服阶段，当外力超过 F_{eL}，拉伸曲线呈水平线或锯齿状，试样所承受的外力虽不再增加，但仍继续产生塑性变形，这种现象叫作屈服。

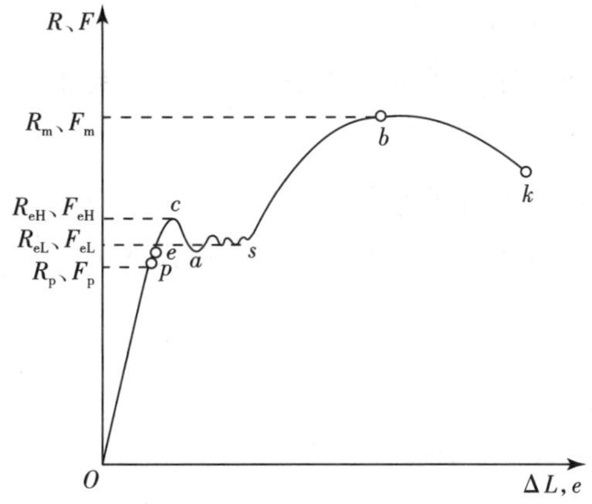

图 1－2　低碳钢的拉伸曲线

④ 强化阶段：sb 段为强化阶段，外力继续由 F_e 增加到 F_m，随着塑性变形的增大，试样的变形抗力也逐渐增大。

⑤ 缩颈阶段：bk 段为缩颈阶段，当外力超过最大载荷 F_m 时，试样的局部截面积缩小，这种现象称为“缩颈”。当达到 k 点时，试样被拉断。

（2）强度

① 屈服强度：试样在外力作用下开始产生塑性变形的最低应力值。如图 1－2 所示，拉伸曲线上 e 点对应的应力 R_{eL} 为屈服强度。

$$R_{eL}=F_{eL}/S_0$$

式中：R_{eL}——屈服强度（MPa）；

F_{eL}——试样开始产生屈服时的拉力（N）；

S_0——试样原始横截面积（mm^2）。

由于许多金属材料在拉伸试验时没有明显的屈服现象，为了测定这些材料的屈服强度，规定试样产生 0.2％残余应变时对应的应力作为屈服强度，习惯上称为条件屈服强度，符号为 $R_{p0.2}$。

② 抗拉强度：试样拉断前所能承受的最大拉应力。如图 1－2 所示，拉伸曲线上 b 点对应的应力为抗拉强度 R_m。

$$R_m=F_m/S_0$$

式中：R_m——抗拉强度（MPa）；

F_m——试样断裂前所能承受的最大拉力（N）；

S_0——试样原始横截面积（mm^2）。

屈服强度和抗拉强度都是零件设计时的主要依据，也是评定金属材料力学性能的重要判据之一。

2. 塑性

塑性即断裂前材料发生不可逆永久变形的能力，常用的塑性判据是断后伸长率和断面收缩率。

（1）断后伸长率

断后伸长率即试样拉断后伸长的标距与原始标距的百分比。

$$A=\frac{L_1-L_0}{L_0}\times 100\%$$

式中：A——断后伸长率（％）；

L_1——试样断后标距（mm）；

L_0——试样原始标距（mm）。

（2）断面收缩率

断面收缩率即试样拉断后，缩颈处横截面积的最大缩减量与原始横截面积的百分比。

$$Z=\frac{S_0-S_1}{S_0}\times 100\%$$

式中：Z——断面收缩率（%）；

S_0——试样的原始横截面积（mm^2）；

S_1——试样拉断后缩颈处的最小横截面积（mm^2）。

材料的 A 和 Z 值越大，则塑性越好，但强度、硬度一般较低。塑性通常不直接用于工程设计计算，但良好的塑性是材料塑性加工的必要条件。此外，一定的塑性还可以提高零件工作的可靠性，防止使用中突然断裂。

3. 硬度

硬度即材料抵抗局部变形，特别是塑性变形、压痕或划痕的能力。硬度是衡量金属软硬程度的指标，也是表征力学性能的一项综合指标。常用的硬度有布氏硬度、洛氏硬度、维氏硬度等，可通过硬度试验进行测定。

（1）布氏硬度

根据 GB/T 231.1—2018 规定，布氏硬度试验原理如图 1 - 3 所示，用直径为 D 的硬质合金球作为压头，以相应的试验力 F 压入试样表面，保持规定的时间后卸除试验力，用测量的表面压痕直径计算布氏硬度值。

1 - 2　金属材料的力学性能——硬度

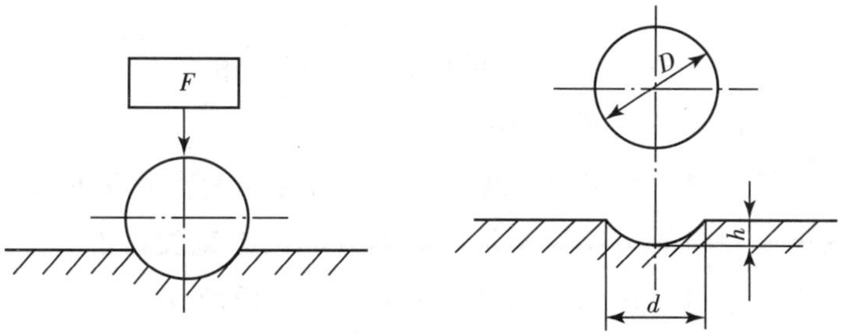

（a）球体压入试样　　（b）卸除试验力

图 1 - 3　布氏硬度试验原理

布氏硬度值是用球面压痕单位表面积上所承受的平均压力表示的，可按下式计算：

$$\mathrm{HBW}=0.102\,\frac{2F}{\pi D\left(D-\sqrt{D^2-d^2}\right)}$$

式中：HBW——用硬质合金球试验时的布氏硬度值（N/mm^2）；

F——试验力（N）；

D——球体直径（mm）；

d——压痕平均直径（mm）。

布氏硬度值应标注在符号之前，如 500HBW5/750，表示用直径为 5mm 的硬质合金球在载荷力 750kgf（7355N）作用下保持 10～15s，测得的布氏硬度值为 500。

布氏硬度试验适用于布氏硬度值在 650 以下的材料。布氏硬度试验测定的硬度值较准确，但不能测薄片材料，也不宜测成品，主要用于较软的金属材料及半成品的硬度测定。

（2）洛氏硬度

如图 1－4 所示，先向压头施加 98.07N 的初始试验力 F_0，再增加主试验力 F_1，将压头压入试样表面，保持规定的时间后，卸除主试验力 F_1，用测量的残余压痕深度 h 计算硬度。实际测量时，由刻度盘上的指针指示出 HR 值。为测量各种材料的硬度，可以改变压头和试验力的大小。

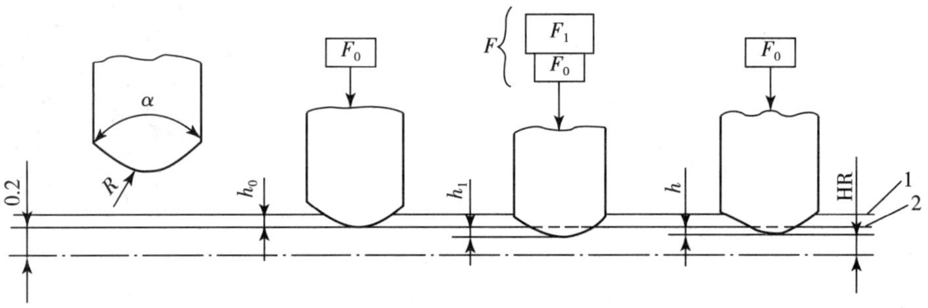

1—试样表面；2—基准线；F_0—初始试验力 98.07 N；F—总试验力；F_1—主试验力。

图 1－4　洛氏硬度试验（压头为金刚石圆锥）

根据标准 GB/T 230.1—2018，洛氏硬度的压头有顶角为 120°的金刚石圆锥体，或直径为 ϕ1.5875mm、ϕ3.175mm 的碳化钨硬质合金球。

洛氏硬度值是用洛氏硬度相应标尺刻度满量程值与残余压痕深度 h（去除主试验力后在初始试验力下的深度方向的塑性变形量）之差计算的。刻度盘上有 A、B、…、K 共 9 种标尺，分别对应 HRA、HRBW、…、HRK 共 9 种洛氏硬度。常用的 HRA、HRBW 和 HRC 的洛氏硬度试验规范见表 1－2 所列，计算公式如下：

$$\text{HRA (HRC)} = 100 - \frac{h}{0.002}$$

$$\text{HRBW} = 130 - \frac{h}{0.002}$$

式中：HRA（HRC）——A 标尺（C 标尺），均采用金刚石圆锥压头；

HRBW——B 标尺，采用直径为 ϕ1.5875mm 的碳化钨硬质合金压头；

h——残余压痕深度（单位为 mm）。

表 1－2　HAR、HRBW 和 HRC 的洛氏硬度试验规范

硬度符号	压头类型	总试验力 F/N	适用范围	适用测试材料
HRA	120°的金刚圆石锥体	588.4	20HRA～95HRA	硬质合金、表面淬火钢、渗碳钢等
HRBW	直径 ϕ1.5875mm 的碳化钨硬质合金球	980.7	10HRBW～100HRBW	退火钢、正火钢、灰铸铁、非铁金属等
HRC	120°的金刚圆石锥体	1471	20HRC～70HRC	淬火钢、调质钢等

洛氏硬度用符号 HR 表示，硬度值标注于 HR 之前，标尺符号标注于 HR 之后。如 50HRC 表示用 C 标尺测定的洛氏硬度值为 50。

洛氏硬度试验测量简便迅速、压痕小、不损伤工件表面，且可测薄试样和硬材料，常用于成品检验。三种洛氏硬度中，HRC 应用最广。

(3) 维氏硬度

根据国家标准 GB/T 7997—2014，维氏硬度是以顶角为 136°的金刚石正四棱锥体作为压头，如图 1－5 所示，在一定的试验力 F 的作用下压入试样表面，经规定的保持时间后，卸除试验力，在试样表面压出一个底面为正方形的锥形压痕，测量压痕对角线的平均长度 d，即可计算出压痕的面积 S，以 F/S 与常数（约 0.102）的乘积作为维氏硬度值。

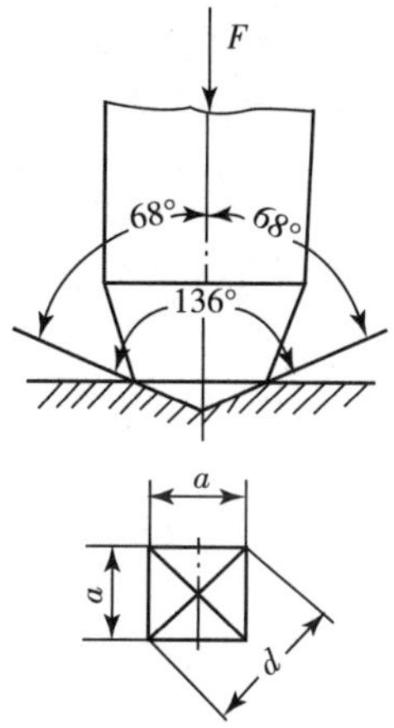

图 1－5　维氏硬度试验

维氏硬度测试的试验力小、压痕浅，特别适用于测定零件表面薄的硬化层、镀层和薄片材料的硬度。测量范围较大，为 1HV～1000HV，对软、硬材料均适用。

4. 韧性

韧性是金属在断裂前吸收变形能量的能力。

(1) 冲击韧性

有些零件在工作过程中会受到冲击载荷的作用，如锻床的锤头和锻杆、火车车厢之间的挂钩等。冲击所引起的应力和变形比静载荷引起的大很多，破坏能力强。因此，承受冲击载荷的零件，不仅要求有足够的强度和硬度，还必须有足够的冲击韧性。

1－3　金属材料的力学性能——韧性

冲击韧性是材料在冲击载荷作用下，断裂前吸收变形能量的能力。

常采用《金属材料　夏比摆锤冲击试验方法》（GB/T 229—2020）来测定材料的韧性，即用规定高度的摆锤对处于简支梁状态的缺口试样进行一次性打击，测量试样折断时冲击吸收功的试验，如图1-6所示。

常用的韧性判据是冲击韧度 a_k，即冲击试样缺口底部单位横截面积上的冲击吸收功，可用下式计算：

$$a_k=\frac{KU}{S}=\frac{G(h_1-h_2)}{S}$$

式中：a_k——冲击韧度（J/cm^2）；

KU——试样的冲击吸收功（J）；

S——缺口底部横截面积（cm^2）；

G——摆锤重量（N）；

h_1——摆锤举起高度（cm）；

h_2——摆锤击断试样后升起高度（cm）。

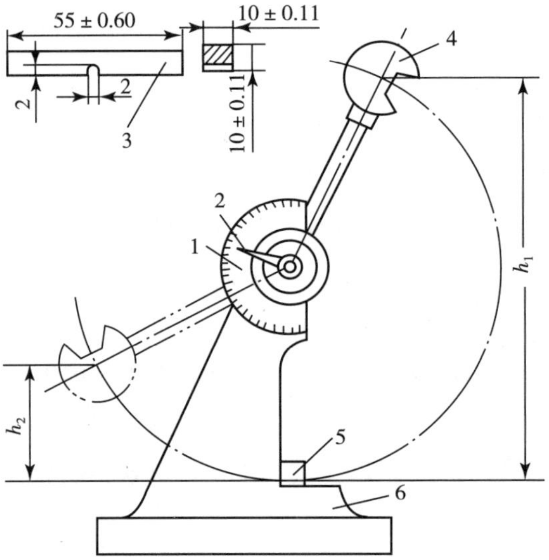

1—表盘；2—指针；3、5—冲击试样；4—摆锤；6—支座。

图1-6　摆锤冲击试验

通常将 a_k 值低的材料称为脆性材料，反之称为韧性材料。

此外，金属的韧性通常随着加载速度的提高、温度的降低、应力集中程度的加剧而降低。由于在冲击载荷下工作的机器零件很少是受大能量一次冲击破坏的，往往是受小能量多次重复冲击破坏的，此时材料承受冲击的能力主要取决于强度，故冲击韧度一般仅作为选材的参考，不直接用于设计计算。但 a_k 对材料的组织缺陷十分敏感，能够灵敏地反映出材料质量的变化，故常用来检验冶炼、热加工、热处理等的工艺质量。

（2）断裂韧性

许多零件断裂时，承受的工作应力低于零件的许用应力，甚至远远低于其屈服强度。

断裂是由裂纹的形成和扩展引起的。裂纹来源于材料中的夹杂物、气孔、缩孔、微裂纹等。材料中的裂纹可能是制备、生产或工作过程中产生的，难以避免。

在外力作用下，裂纹尖端存在应力集中，在外应力远远低于材料的屈服强度时，尖端应力就能超过材料的抗拉强度，使裂纹慢慢扩展。参照 GB/T 4161—2007，尖锐裂纹前端附近应力场的强度取决于应力强度因子 K_{I}：

$$K_{\mathrm{I}}=YR\sqrt{a}$$

式中：Y——与裂纹形状、加载方式及试样几何尺寸有关的无量纲量；

R——外应力（MPa）；

a——裂纹长度的一半（m）。

在外力增大或裂纹缓慢扩展增长时，裂纹尖端的应力强度因子 K_{I} 也逐渐增大，当 K_{I} 达到某临界值 K_{Ic} 时，裂纹突然失稳而快速扩展，瞬间发生断裂。临界应力强度因子 K_{Ic} 称为材料的断裂韧性。

材料的断裂韧性 K_{Ic} 反映材料抵抗裂纹失稳扩展及抵抗脆性断裂的能力。K_{Ic} 可以通过试验测得，它是材料本身的特性，与材料的化学成分、热处理及加工工艺等有关，与裂纹的大小和形状以及外应力的大小无关。

5. 疲劳强度

曲轴、齿轮、连杆、弹簧等零件在周期性的交变载荷（循环应力或疲劳载荷）的作用下工作。这些承受循环应力的零件发生断裂时，其应力往往大大低于该材料的屈服强度，这种断裂称为疲劳断裂。

材料的疲劳强度由疲劳试验测得。通过疲劳试验可测得材料所受的疲劳应力 R 与断裂前的应力循环次数 N 的关系曲线，称为疲劳曲线，如图 1－7 所示。

1－4　金属材料的力学性能
——疲劳强度和耐磨性

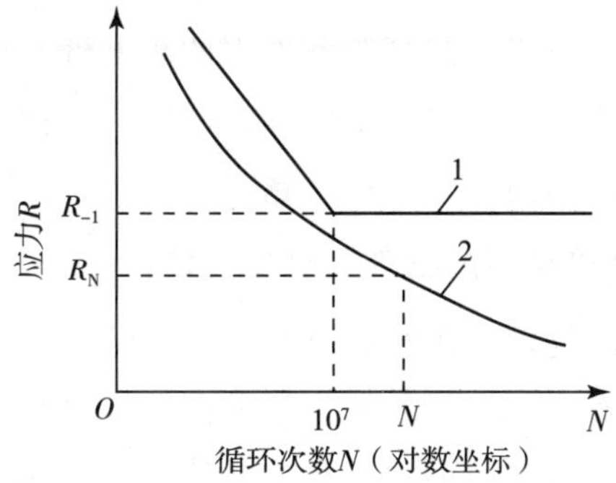

1—钢；2—非铁金属、高强度碳钢。

图 1－7　疲劳曲线示意图

由图 1－7 可看出，当应力 R 下降到某值之后，疲劳曲线成为水平线，表示该材料可经受无数次应力循环而仍不发生疲劳断裂，这个应力值称为疲劳强度，用 R_{-1} 表示。

金属材料在无数次应力循环作用下而不破坏的最大应力，称为疲劳强度。

由于实际试验时，不可能做到无数次应力循环。钢材的疲劳曲线有明显的水平段，一般规定，循环次数达到 10^7次仍不发生断裂，就认为不会再发生断裂，对应的最大应力作为疲劳强度。非铁金属、高强度钢等其他金属的疲劳曲线没有水平段，则规定循环次数达到 10^8次对应的最大应力作为条件疲劳强度。

引起疲劳断裂的主要原因是材料内部缺陷、表面划痕等引起应力集中，导致产生微裂纹，微裂纹随着应力循环次数的增加而不断扩展，使有效承载面积减小，承受的应力逐渐增大，而突然断裂。

通过改进零件的结构以减小应力集中以及通过提高零件表面质量、表面喷丸和表面热处理等措施提高表面强度，或者通过减少气孔、缩孔等措施改善材料内部质量，均可提高材料的疲劳强度。

6. 耐磨性

耐磨性是在一定条件下材料抵抗磨损的能力。耐磨性分为相对耐磨性和绝对耐磨性两种。

相对耐磨性：在相同的磨损条件下，某种材料的磨损量与参考材料试样的磨损量的比值。相对耐磨性仅表示所试验的材料与参考材料的耐磨性比，是倍数值。

绝对耐磨性：通常用磨损量或磨损率的倒数表示。

评定材料磨损的三个基本量：体积磨损量、质量磨损量和长度磨损量。在试验研究中，使用最多的是体积磨损量的倒数。

体积磨损量和质量磨损量是磨损过程中，由于磨损造成的零件（试样）体积或质量的改变量。一般先测质量磨损量，再换算成体积磨损量，进行分析比较。

长度磨损量是磨损过程中，由于磨损造成的零件（试样）表面尺寸的改变量。多在设备的磨损检测中使用。

耐磨性和磨损量都是在一定实验条件下测得的相对指标，同种材料在不同试验条件下测得的值不同，所以不同试验条件下的耐磨性和磨损量不可直接比较。

耐磨性主要受材料的化学成分、硬度、摩擦系数和弹性模量等因素的影响。一般情况下，材料的硬度越高，耐磨性就越好。

1.1.2 金属材料的物理、化学性能

金属材料的物理、化学性能有密度、熔点、导电性、导热性、磁性、热膨胀性、耐热性、耐蚀性、抗氧化性和化学稳定性等。机械零件的用途不同，对材料的物理、化学性能要求也不同。金属材料的物理、化学性能对制造工艺也有影响。如导热性差的材料切削加工时，会使刀具的寿命降低；而在塑性成形或热处理时，加热或冷却速度快了又易产生裂纹。又如钢和铝合金的熔点不同，其熔炼工艺也就有较大差别。

1－5 金属材料的物理、化学和工艺性能

1. 物理性能

金属材料的物理性能有密度、熔点、导电性、导热性、磁性、热膨胀性、耐热性等。

(1) 密度

密度是单位体积的质量，常用符号 ρ 表示。

密度低于 5×10^3 kg/m^3 的金属称为轻金属，如铝 Al、钛 Ti 等；密度高于 5×10^3 kg/m^3 的金属称为重金属，如钢、铜 Cu 等。材料的抗拉强度与密度之比称为比强度；弹性模量与密度之比称为比弹性模量。

对于运动构件，材料的密度越低，消耗的能量越少，效率越高。例如，航空航天所用的零部件，要选用密度小、熔点高的铝合金或钛合金来制造。

(2) 熔点

熔点是材料熔化的温度，常用摄氏温度（℃）表示。纯金属在一定温度下熔化，熔点为一个定值，而合金是在一定温度范围内熔化的。熔点越高，材料在高温下保持高强度的能力越强。

钨 W、钼 Mo 等熔点高的金属称为难熔金属，常用于生产火箭、导弹中的高温下工作的零件。锡 Sn、铅 Pb 等熔点低的金属称为易熔金属，常用于生产印刷铅字、保险丝等零件。

(3) 导电性

导电性是材料传导电流的能力，常用电导率 σ 表示。导电性与电阻密切相关，电导率 σ 为电阻率 ρ 的倒数，即 $\sigma=1/\rho$。

电导率越高，导电性越好。影响导电性的因素主要有材料的化学成分、加工工艺和温度。银 Ag 的导电性最好，铜 Cu 和铝 Al 次之；含有杂质则导电性降低；温度越高导电性越好。

电器零件要求具有良好的导电性。

(4) 导热性

材料传导热量的能力称为导热性，常用热导率 λ 表示。热导率是单位温度梯度下，单位时间内通过垂直于热流方向单位截面上的热流量。

热导率越高，导热性越好。材料的导热性主要与其化学成分有关。纯金属的导热性比合金好；合金含量越高，导热性越差；合金钢的导热性通常比碳钢低；常见金属中，银 Ag 的导热性最好，铜 Cu、铝 Al 次之。

材料的导热性越差，加热和冷却时，各部分的温差越大，内应力越大，越容易变形和开裂。

(5) 磁性

磁性是材料对磁场的响应特性。常用磁导率 μ 表示，磁导率为磁感应强度 B 与磁场强度 H 的比值，单位为 H/m。

金属按照其对磁场的响应特性，分为铁磁性材料、顺磁性材料和抗磁性材料。

铁磁性材料在外磁场中能被强烈地磁化，磁性较高，可用于变压器、电动机、磁性联轴器等的制造。例如，铁 Fe、钴 Co、镍 Ni 等。

顺磁性材料在外磁场中只能被微弱地磁化，例如，锰 Mn、铬 Cr 等。

抗磁性材料抵抗外部磁场对金属本身的磁化作用，可用于制造背铁等避免电磁场干扰的零件。例如，铜 Cu、锌 Zn 等。

铁磁性材料的磁性会随温度的变化而变化，温度升高到一定温度，会变成顺磁性材料，温度超过临界的居里温度时，磁性会消失。

（6）热膨胀性

热膨胀性是指材料随温度升高体积膨胀的性能，常用线膨胀系数 α_1 表示。线膨胀系数是温度升高 1℃时单位长度材料的伸长量。通常，金属的线膨胀系数较大，陶瓷的线膨胀系数较小，塑料、橡胶等高分子材料的线膨胀系数很大。

线膨胀系数对精密仪器或精密机械的零件，特别是配合精度要求高的零件，非常重要。例如，生产内燃机活塞与缸套的材料都应具有较小的热膨胀系数，而且两者的热膨胀系数尽可能接近。

工程上也利用不同材料的线膨胀系数不同，制造电热式仪表的双金属片。例如，双金属温度计、热继电器等。

（7）耐热性

耐热性是材料在受热的条件下仍能保持其优良的物理机械性能的性质。高温下工作的零件要求材料具有良好的耐热性。

2. 化学性能

金属材料的化学性能是在常温或高温下，抵抗各种介质侵蚀的能力，如耐蚀性、抗氧化性及化学稳定性等。

（1）耐蚀性

耐蚀性是金属材料抵抗酸、碱等介质腐蚀的能力。在腐蚀介质中工作的零件，要选用耐蚀性好的材料。例如，化工设备、食品机械，应考虑材料的耐蚀性。

（2）抗氧化性

抗氧化性是材料在高温下抵抗氧化介质氧化的能力。加热时，高温促使零件迅速氧化而产生氧化皮，形成氧化、脱碳等缺陷。在高温下工作的零件，应考虑材料的抗氧化性。

（3）化学稳定性

化学稳定性是指金属材料在化学因素作用下保持原有物理化学性质的能力。

金属材料在高温下的化学稳定性称为热稳定性。工业中的锅炉、汽轮机等在高温下工作的零件，应具有良好的热稳定性。

1.1.3 金属材料的工艺性能

金属材料对加工工艺的适应性称为工艺性能，按加工方法的不同，可分为铸造性能、塑性成形性、焊接性等。各种工艺性能将在以后有关章节中介绍。

1.2　金属的晶体结构与结晶

按原子排列的特征，可将固态物质分为晶体和非晶体两大类。晶体内部的原子是按一定的次序有规则排列的，如金刚石、石墨等，固态金属一般都属于晶体。非晶体内部的原子则是无规则排列的，如玻璃、松香和沥青等。

1.2.1　金属的晶体结构

1. 晶格和晶胞

如图 1－8（a）所示为最简单的晶体的原子排列球体模型。为了便于理解和描述晶体中原子排列的规律，可以近似地把晶体中每一个原子看成一个点，该点代表原子的振动中心，并将各点用假想的线条连接起来，就得到一个空间格子，简称“晶格”，如图 1－8（b）所示。晶格中最小的几何单元称为“晶胞”［图 1－8（c）］，晶胞中各棱边的长度称为“晶格常数”，单位为埃（1 埃为10^{-10} m），晶格中每个方位的原子组成的平面称为晶面。整个晶格可以看成由许多晶胞或晶面在空间重复堆积而成的。

1－6　金属的晶体结构——晶向与晶面

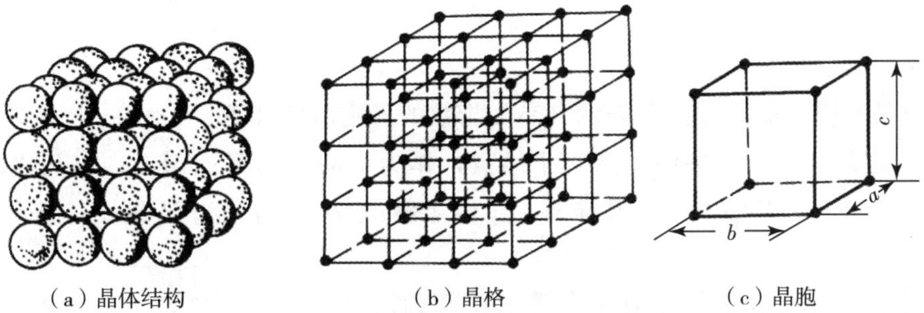

（a）晶体结构　（b）晶格　（c）晶胞

图 1－8　晶体结构示意图

2. 晶向与晶面

在金属晶体的空间结构中，任何两个或多个原子所在的直线所指的方向，称为晶向，晶格中一系列原子所在的平面，称为晶面。

（1）晶向指数

晶向指数是晶向的空间位向。晶向指数的确定步骤如下：

① 选晶胞任一节点为坐标原点，以晶胞的三条棱边作为 X 轴、Y 轴、Z 轴，建立坐标系，以晶格常数作为坐标轴的长度单位。

② 从坐标轴的原点引一条有向直线，平行于所求晶向的直线。所有相互平行的晶向有相同的晶向指数；如果方向相反，则晶向指数的数值相同，符号相反。

③ 在所引的有向直线上任取一点，求出该点在三个坐标轴上的坐标值。

④ 将三个坐标值按比例化为最小简单整数，加上方括号，[$u\ v\ w$] 即为晶向指数。

如图 1－9 所示，欲求直线 AB 的晶向，做直线 OC 平行于直线 AB，$OC/\!/AB$，且方向相同，所以晶向指数相同。C 点坐标 $x=1/2$，$y=1/2$，$z=1$，因此，AB 的晶向指数为 [1 1 2]。

图 1－10 为立方晶格中的晶向指数。

晶向指数 [$u\ v\ w$] 表示一组平行的晶向。晶向指数中数字相同，数字顺序和正负号不同的所有晶向，原子排列情况完全相同，归纳为一个晶向族<$u\ v\ w$>。如图 1－10 所示，立方晶胞中 [1 0 0]、[0 1 0]、[0 0 1]，可以归纳为<1 0 0>晶向族。

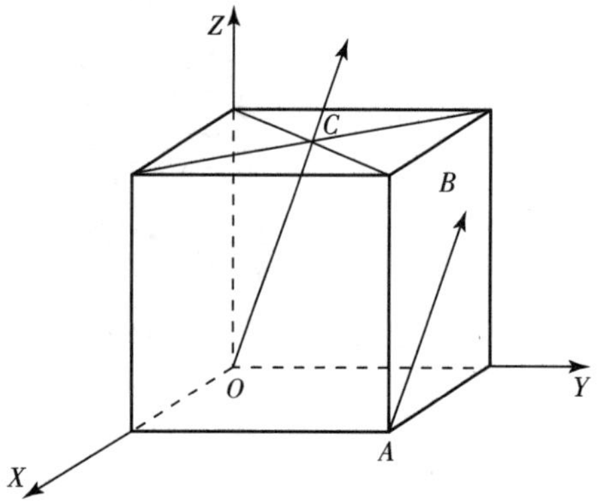

图 1－9　晶向指数示意图

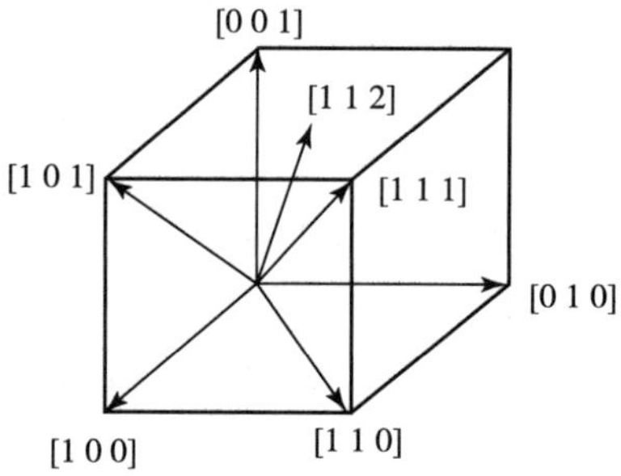

图 1－10　立方晶格中的晶向指数

（2） 晶面指数

晶体中晶面用“晶面指数”表示。晶面指数的确定步骤如下：

① 在欲定晶面上的晶格中任选一个结点，作为空间坐标系的原点，以晶格的三条棱边作为 X 轴、Y 轴、Z 轴，建立坐标系，晶格常数 a、b、c 分别为 X 轴、Y 轴、Z 轴的长度度量单位。

② 求出欲定晶面在此三个轴上的截距，分别取三个截距的倒数。

③ 将三个截距的倒数按比例化为三个最小整数。再把三个整数依次写在圆括号“（　）”内，整数之间不用标点分开，即为所求的晶面指数。

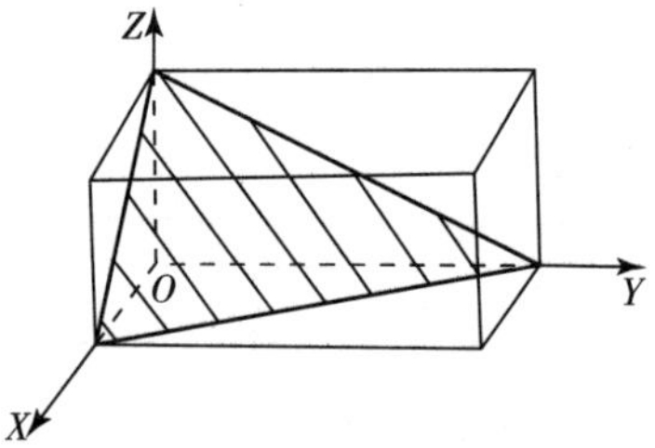

图 1－11　晶面指数

如图 1－11 所示，该晶面在 X 轴、Y 轴、Z 轴上的截距分别为 1、2、1，取其倒数为 1、1/2、1，按比例化为最小整数得到晶面指数（2 1 2）。图 1－12 所示为立方晶格中主要晶面的晶面指数。

所有互相平行的晶面，都具有相同的晶面指数（$h\ k\ l$），或者晶面指数的数字和顺序完全相同而符号完全相反。因此，某一晶面指数并不只是代表某一具体晶面，而是代表相互平行的晶面。

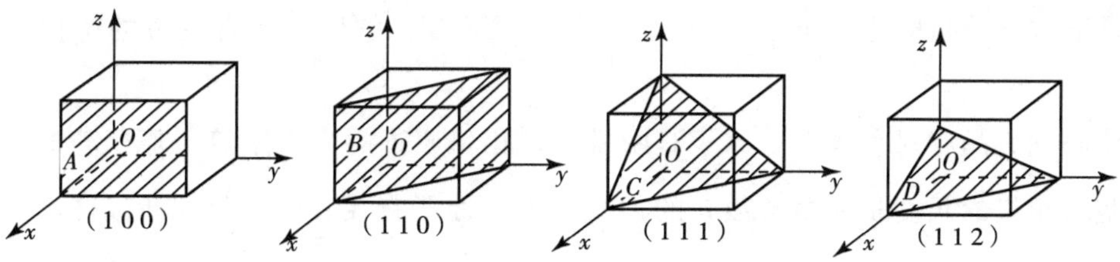

图 1-12　立方晶格中主要晶面的晶面指数

在同一种晶体结构中，有些晶面虽然在空间的位向不同，但其原子排列情况完全相同，这些晶面均属于同一个晶面族，用大括号 $\{h\ k\ l\}$ 表示。例如，在立方晶格中 $\{1\ 0\ 0\}$ = $(1\ 0\ 0)$ + $(0\ 1\ 0)$ + $(0\ 0\ 1)$。

（3）各向异性

晶体的各向异性是指晶体在不同方向上具有不同的性能。晶体的各向异性是区别晶体和非晶体的一个重要特征。

在单晶体中，不同晶面和晶向上的原子排列情况不同，因而原子间距不同，原子作用强弱也不同，所以宏观性能会出现方向性。

在多晶体中，每个晶粒本身都是各向异性的，但各个晶粒的位向是无序的，晶粒的性能在各个方向上互相影响，加之晶界的作用，掩盖了每个晶粒的各向异性，所以多晶体中各向异性表现得不是很明显，也称多晶体具有伪各向同性。

3. 常见的晶格类型

常见的金属晶格结构有体心立方晶格、面心立方晶格和密排六方晶格三种类型，其晶胞如图 1-13 所示。

1-7　金属的晶体结构
——常见的晶格类型

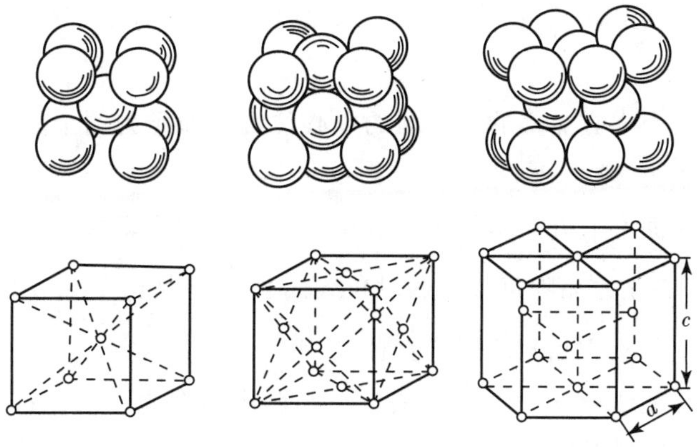

（a）体心立方晶胞　（b）面心立方晶胞　（c）密排六方晶胞

图 1-13　常见的金属晶格的晶胞

（1）体心立方晶格

体心立方晶格的晶胞是一个立方体，其中心和八个角上各有一个原子，如图 1-13（a）

所示。属于这一类晶格的金属有 α - Fe、Cr、W、V 等。它们都具有较好的塑性和较高的强度。

在体心立方晶胞对角线上，原子紧密排列，相邻原子的中心距等于原子直径 d。体心立方晶胞对角线的长度是晶格常数 a 的$\sqrt{3}$倍，等于原子直径 d 的 2 倍，所以体心立方晶胞的原子直径 d 为$\sqrt{3}a/2$。

体心立方晶胞共有八个顶角，每个顶角上的原子为八个晶胞共有，只有 1/8 个原子属于某一个晶胞，晶胞中心的原子完全属于这个晶胞，所以体心立方晶胞中的原子数为 8×1/8+1=2。

晶胞中原子排列的紧密程度常用配位数和致密度表示。

配位数是指晶体结构中与任何一个原子相邻最近、等距离的原子数目。配位数越大，原子排列越紧密。在体心立方晶格中，以立方体中心的原子来看，与其相邻最近且等距离的原子有 8 个，所以体心立方晶格的配位数为 8。

致密度（K）是晶胞中原子所占体积与晶胞体积之比。体心立方晶胞含有两个原子，原子直径 $d=\sqrt{3}a/2$。体心立方晶格的致密度为

$$K=\frac{2\times\frac{4}{3}\pi\left(\frac{d}{2}\right)^3}{a^3}=\frac{2\times\frac{4}{3}\pi\left(\frac{\sqrt{3}a}{4}\right)^3}{a^3}=0.68$$

即体心立方晶胞的晶格中有 68%的体积被原子所占据，其余为空隙。

（2）面心立方晶格

面心立方晶格的晶胞也是一个立方体，其六个面的中心和八个角上各有一个原子，如图 1 - 13（b）所示。属于这一类晶格的金属有 γ - Fe、Cu、Al、Ni 等。它们都具有较好的塑性。

面心立方晶格的六个面的中心位置的原子为两个晶胞共有，因此，面心立方晶胞中的原子数为 6×1/2+8×1/8=4。

在面心立方晶胞每个面的对角线上，原子紧密排列，相邻原子的中心距等于原子直径 d，面心立方晶胞每个面的对角线的长度是晶格常数 a 的$\sqrt{2}$倍，等于原子直径 d 的 2 倍，所以面心立方晶胞的原子直径 d 为$\sqrt{2}a/2$。

从图 1 - 13（b）可以看出，晶胞中每个原子周围都有 12 个相邻最近的原子，所以面心立方晶胞的配位数是 12。

面心立方晶胞的致密度为

$$K=\frac{4\times\frac{4}{3}\pi\left(\frac{d}{2}\right)^3}{a^3}=\frac{4\times\frac{4}{3}\pi\left(\frac{\sqrt{2}a}{4}\right)^3}{a^3}=0.74$$

即有 74%的体积被原子所占据，26%的体积为间隙。

(3) 密排六方晶格

密排六方晶格的晶胞是一个正六棱柱，六棱柱的上、下底面的中心和六个角各分布着一个原子，正六棱柱的中间还有三个原子，如图1-13（c）所示。属于这一类晶格的金属有Mg、Zn、Cd、Be等，它们的塑性均较差。

密排六方晶胞的晶格常数为正六边形的边长 a 和上下两底面间距离 c，c/a 之比称为轴比，紧密排列时，$c/a=1.633$。此时原子半径为 $a/2$，晶胞原子数为 $1/6\times12+1/2\times2+3=6$，配位数为12，致密度为74%。

金属的晶格类型不同，金属的性能也不同。而具有相同晶格类型的金属，晶格常数不同，其性能亦不同。

1.2.2 金属的结晶

1. 金属的结晶

金属的结晶即液态金属凝固时原子占据晶格的规定位置形成晶体的过程。纯金属的结晶过程可通过热分析实验法所做出的温度与时间的关系曲线，即冷却曲线来表示，如图1-14所示。由图可见，当金属液冷却到某一温度时，将出现一个水平线段，表示温度不随时间的延续而下降，这是由于结晶时释放的结晶潜热补偿了金属向周围散失的热量。该水平线段对应的温度称为理论结晶温度 T_0。

1-8 金属的结晶和同素异构转变

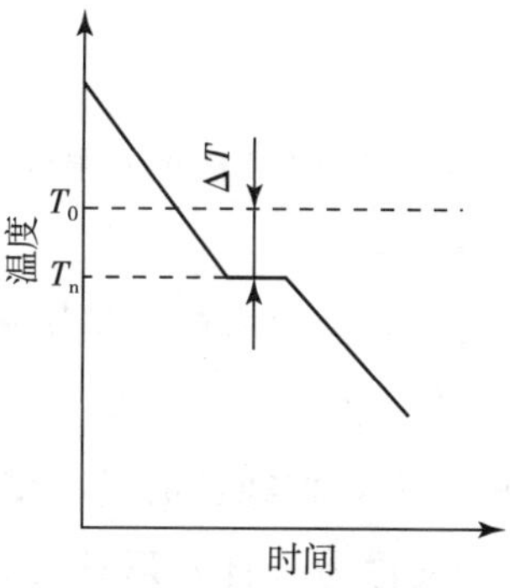

T_0—理论结晶温度；T_n—实际结晶温度；ΔT—冷却速度。

图1-14 纯金属的冷却曲线

2. 过冷

过冷即熔融金属冷却到平衡的凝固点以下而没有发生凝固的现象。实际生产中，金属液都是冷却到理论结晶温度以下某一温度才开始结晶的。理论结晶温度 T_0 与实际结晶温度 T_n 的差值称为过冷度，即

$$\Delta T=T_0-T_n$$

式中：ΔT——过冷度（℃）；

T_0——金属的理论结晶温度（℃）；

T_n——金属的实际结晶温度（℃）。

金属的过冷度不是恒定值，它与冷却速度有关。冷却速度越快，过冷度亦越大。

3. 金属的结晶过程

金属的结晶过程包括形核和晶核长大两个阶段，并持续到液相全部转变成固相为止，如图1-15所示。

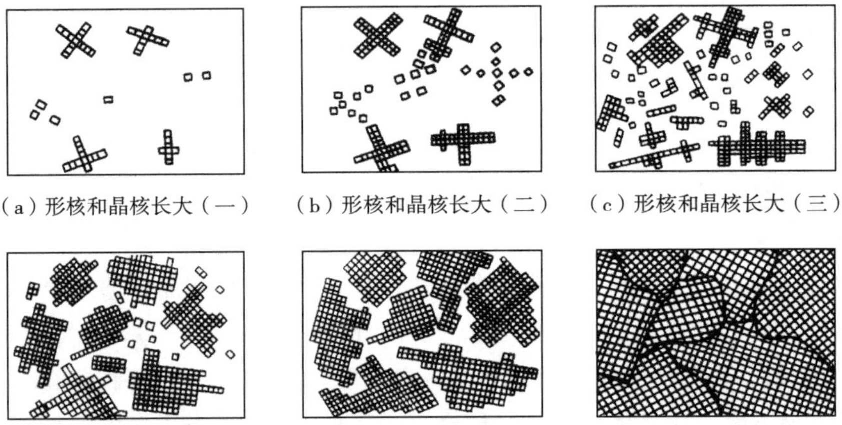

（a）形核和晶核长大（一）（b）形核和晶核长大（二）（c）形核和晶核长大（三）

（d）形核和晶核长大（四）（e）形核和晶核长大（五）（f）多晶体

图1-15　金属的结晶过程

（1）形核

形核是过冷金属液中生成晶核的过程，是结晶的初始阶段。形核有均质形核和非均质形核两种方式。

① 均质形核：又称为自发形核，是熔融金属仅因过冷而产生晶核的过程。在一定的过冷度下，金属液中的一些原子自发聚集在一起，按晶体的固有规律排列起来形成晶核。均质形核所需过冷度很大，如纯铁的过冷度可达295K。

② 非均质形核：又称为非自发形核，是以熔融金属内原有的或加入的异质点作为晶核或晶核衬底的形核过程。非均质形核所需的过冷度小，最多不超过20K，故铸件凝固时通常都是以非均质形核方式进行的。

（2）晶核长大

晶核长大即金属结晶时，晶粒长大成为晶体的过程。结晶过程中，已形成的晶核不断长大，同时液态金属中又会不断地产生新的晶核并不断长大，直至液态金属全部消失、长大的晶体互相接触为止。凝固的金属是由许多外形不规则、大小不等的小颗粒晶体组成的多晶体，如图1-15（f）所示。多晶体材料内原子排列的位向基本相同的小晶体称为晶粒，相邻晶粒之间的界面称为晶界。

4. 晶粒度及其控制

晶粒度指多晶体内晶粒的大小。可用晶粒号、晶粒平均直径、单位面积或单位体积内的晶粒数目来定量表征。

（1）晶粒度对金属力学性能的影响

晶粒大小对金属的性能有很大影响。通常，金属的晶粒越细，力学性能越好。晶粒细，晶界就多，晶粒间犬牙交错，相互楔合，从而加强了金属内部的结合力。

（2）细化晶粒的方法

生产中常采用加入形核剂、增大过冷度、动力学法等方法来细化晶粒，以改善金属材料的力学性能。

① 加入形核剂：形核剂是加入金属液中能作为晶核或虽未能作为晶核，但能与液态金属中某些元素相互作用产生晶核或有效形核质点的添加剂。如在钢液中加入 V、Ti 等，能形成 TiN、TiC、VN、VC 等大量难熔质点而成为晶核；在铸铁液中加入 FeSi、CaC_2 等，可促进石墨质点的析出，增加石墨晶核的数量。加入形核剂细化晶粒，操作简便、效果显著，在生产中应用最广泛。

② 增大过冷度：形核率和晶核长大速率通常随着过冷度的增加而增大，但形核率的增长速率比长大速率的增加要快，因此过冷度 ΔT 越大，单位体积中晶核数目越多，故能使晶粒细化。由于冷却速度越大，过冷度也就越大，故可通过增加冷却速度的方法来使晶粒细化。铸造生产中常采用金属型、设置冷铁等方法来提高金属液的冷却速度，从而增加过冷度，细化晶粒。但大型铸件难以提高过冷度，且过冷度过大还会产生内应力，从而导致铸件变形或开裂。

③ 动力学法：通过机械振动、电磁搅拌等方式使金属液中产生对流，从而使生长中的晶核折断而增加晶核数目，细化晶粒。在钢的连续铸造生产中，电磁搅拌已成为控制凝固组织的重要手段。

此外，还可采用热处理、塑性变形等方法使金属晶粒细化。

1.2.3　金属的同素异构转变

有些金属（如 Fe、Sn、Ti、Mn 等）的晶格类型在固态下因温度的变化，可由一种晶格转变成另一种晶格。金属在固态下随着温度变化改变其晶格类型的过程称为金属的同素异构转变。纯铁的同素异构转变如图 1－16 所示，液态纯铁冷却到 1538℃时结晶成体心立方晶格的 δ－Fe，继续冷却到 1394℃时发生同素异构转变，转变成面心立方晶格的 γ－Fe，再继续冷到 912℃时又发生同素异构转变，转变成体心立方晶格的 α－Fe。以后再继续冷却时，晶格类型不再发生变化。纯铁的同素异构转变过程可用以下形式表示：

$$\underset{(液体)}{\text{Fe}} \xrightleftharpoons{1538℃} \underset{(体心立方晶格)}{\delta-\text{Fe}} \xrightleftharpoons{1394℃} \underset{(面心立方晶格)}{\gamma-\text{Fe}} \xrightleftharpoons{912℃} \underset{(体心立方晶格)}{\alpha-\text{Fe}}$$

金属同素异构转变过程与液态金属的结晶过程很相似，也有一定的转变温度和过冷度，同样包括晶核的形成和晶核的长大两个基本过程，常称为重结晶或二次结晶。

由于面心立方晶格中铁的原子排列比体心立方晶格紧密，在相同质量下，γ－Fe 的体

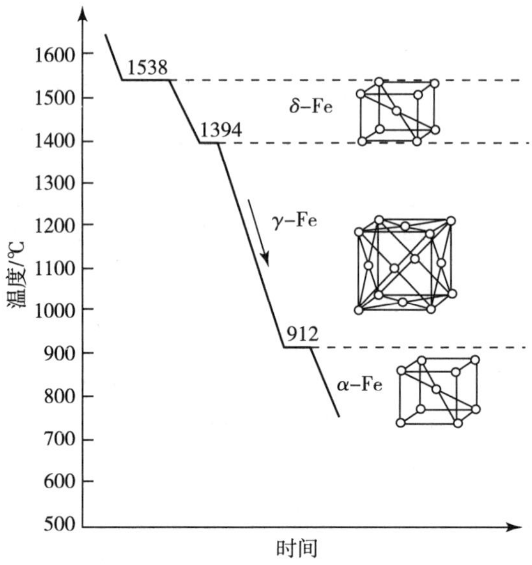

图 1-16　纯铁的同素异构转变

积比 α-Fe 的体积小，因此，纯铁加热和冷却时，会产生体积变化，并引起内应力。

纯铁的同素异构转变性质是钢能够进行热处理的重要理论依据。

1.2.4　合金的晶体结构

合金是以一种金属为基础，加入其他金属或非金属，经熔炼或烧结制成的具有金属特性的材料。工业上应用的金属材料多数是合金。组成合金的最基本的、独立的单元称为组元，简称元。按照组元的数目，合金可分为二元合金、三元合金等。合金中凡化学成分、晶格构造和物理性能相同的均匀组成部分称为相。不同条件下，同一组成物的相的形状、大小、分布可能不同，形成不同的组织。

1-9　合金的晶体结构

合金的晶体结构比纯金属复杂，根据组成合金的组元相互之间作用方式的不同，可以形成固溶体、金属化合物和机械混合物三种结构。

1. 固溶体

固溶体即合金元素在固态下互相溶解形成的单一、均匀的物质。通常含量少的组元称为溶质，含量多的组元称为溶剂。固溶体的晶体结构与溶剂相同，但晶格常数稍有变化。

（1）固溶体的类型

按溶质原子在溶剂晶格中溶入的方式不同，可将固溶体分为间隙固溶体和置换固溶体两大类。当溶质原子很小时，只能处于溶剂晶格的空隙中，称为间隙固溶体，如图1-17（a）所示。氢、氧、碳等原子，易溶入金属晶格空隙中形成间隙固溶体。当溶质和溶剂的原子直径较接近时，只能替代一部分溶剂原子而占据溶剂晶格中的某些结点位置，称为置换固溶体，如图 1-17（b）所示。Fe-Ni、Cu-Ni、Au-Ag 等合金易形成置换固溶体。

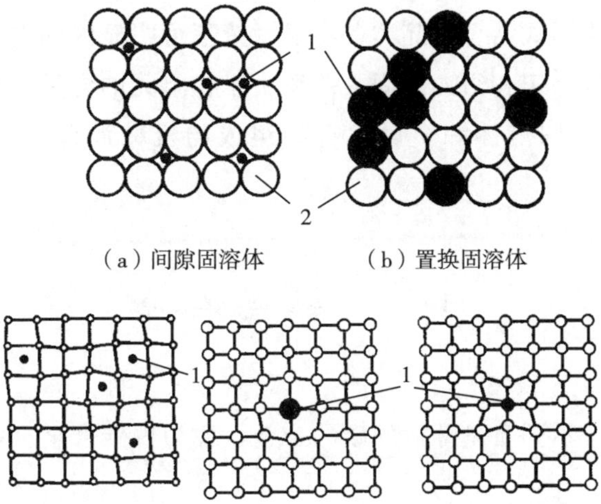

（a）间隙固溶体　　（b）置换固溶体

（c）固溶体的晶格畸变　　（d）固溶体的晶格畸变

1—溶质原子；2—溶剂原子。

图 1-17　固溶体类型

（2）固溶强化

固溶强化即通过溶入某种溶质元素形成固溶体而使金属的强度、硬度升高的现象。形成固溶体时，溶剂的晶格发生畸变［图 1-17（c）、（d）］，晶格常数发生变化，使金属材料的塑性下降，而强度、硬度提高。固溶强化是金属强化的重要途径之一。

2. 金属化合物

金属化合物即由两组元的原子按一定的数量比相互化合而形成的一种新的具有金属特性的物质。金属化合物具有与各组元完全不同的复杂晶格结构，通常具有较高的熔点和硬度，且脆性较大。碳钢中的 Fe_3C（图 1-18）、合金钢中的 TiC、WC、VC 等均属于金属化合物。

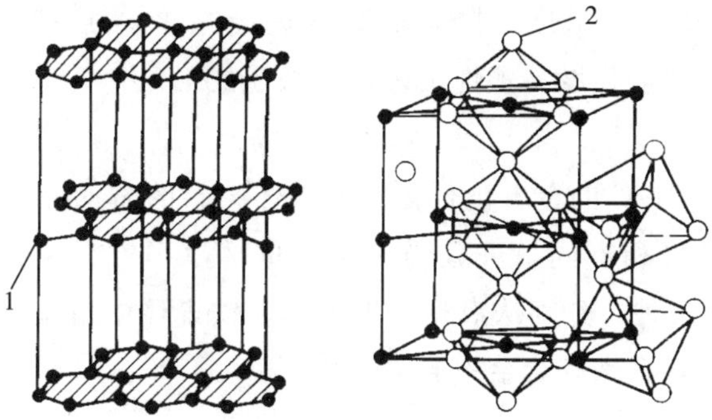

（a）石墨晶格　　（b）渗碳体晶格

1—碳原子；2—铁原子。

图 1-18　碳（石墨）和渗碳体的晶格

3. 机械混合物

机械混合物即由纯金属、固溶体或化合物按一定的质量比组成的物质。各组成物的原子仍按自己原来的晶格形式结合成晶体，在显微镜下可明显区别出各组成物的晶粒。机械混合物的力学性能通常介于各组元之间，并取决于各组元的含量、性能、分布和形态。如碳钢中的珠光体就是由固溶体和金属化合物组成的机械混合物，其力学性能介于二者之间。

1.3 铁碳合金

以铁为基体，含有不同质量分数的碳的合金，称为铁碳合金。铁碳合金是工业上应用最广泛的合金。

1.3.1 铁碳合金的基本组织

在铁碳合金中，由于铁与碳之间相互作用方式不同，固态时可形成固溶体、金属化合物和机械混合物。铁碳合金的基本组织有铁素体、奥氏体、渗碳体、珠光体和莱氏体。

1-10 铁碳合金的基本组织

1. 铁素体

铁素体即α-Fe铁中溶入碳元素构成的固溶体，用符号F或α表示，它仍保持溶剂α-Fe的体心立方晶格结构。由于α-Fe内原子间的空隙较小，故溶碳能力极小，在727℃时溶碳量达到最大时碳的质量分数为0.0218%。随着温度下降，溶碳量逐渐减少，在室温时只能溶解微量碳。因此铁素体的力学性能与纯铁相近，强度、硬度低，塑性、韧性好。

2. 奥氏体

奥氏体即γ-Fe中溶入碳元素构成的固溶体，用符号A或γ表示，它仍保持γ-Fe的晶格结构。由于γ-Fe内原子间的空隙比α-Fe大，故溶碳能力也较大，在1148℃时碳的质量分数可达2.11%。随着温度下降，溶碳量逐渐减少，在727℃时碳的质量分数为0.77%。奥氏体具有一定的强度，塑性很好，易锻压成形。

3. 渗碳体

渗碳体即化学式为Fe_3C的金属化合物。渗碳体中碳的质量分数为6.69%，晶格结构复杂。按析出渗碳体的母相不同，可分为一次渗碳体（Fe_3C_{I}）、二次渗碳体（Fe_3C_{II}）、三次渗碳体（Fe_3C_{III}）三种，分别从液相、奥氏体、铁素体中析出。渗碳体硬度很高、塑性极差，不能单独应用，在铁碳合金中起强化作用。

4. 珠光体

珠光体即铁素体薄层（片）与渗碳体薄层（片）交替重叠组成的共析组织，用符号P表示，其碳的质量分数为0.77%。珠光体通常是由奥氏体中同时析出铁素体和渗碳体形成，其力学性能介于铁素体和渗碳体之间，强度较高，塑性较差。

5. 莱氏体

莱氏体即铸铁或高碳高合金钢中由奥氏体（或其转变产物）与渗碳体组成的共晶组织，属于机械混合物，其碳的质量分数为 4.3%。莱氏体通常在高温下由奥氏体和渗碳体组成，称为高温莱氏体，用符号 Ld 表示；727℃以下由珠光体和渗碳体组成，称为低温莱氏体，用符号 Ld′表示。莱氏体的力学性能与渗碳体相似，硬度很高，塑性极差。

铁碳合金的组织和性能随着碳含量和温度的变化而变化，其变化规律反映在铁碳合金相图中。

1-11　铁碳合金相图——主要特性点的含义

1.3.2　铁碳合金相图

铁碳合金相图是用纵坐标表示温度、横坐标表示碳的质量分数的铁碳合金不同相的平衡图，如图 1-19 所示。铁碳合金相图是用实验方法做出的，是研究钢和铸铁的成分、温度与组织之间关系的重要工具，是选材和制订钢铁材料铸造、锻造和热处理等加工工艺的基本依据。

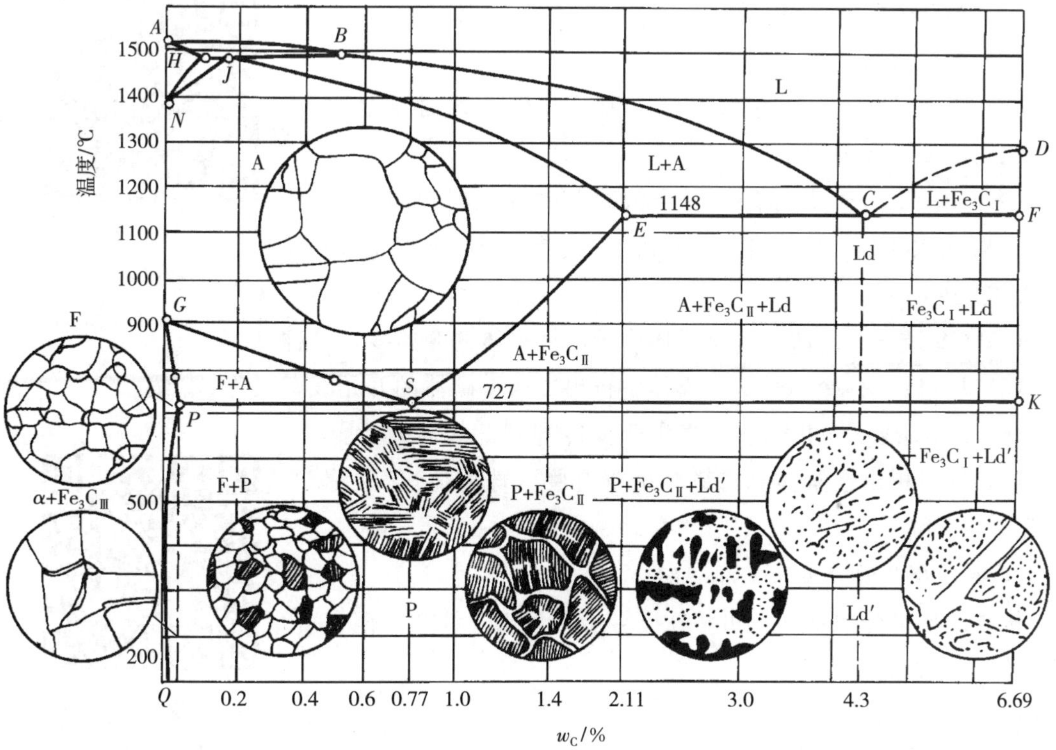

图 1-19　铁碳合金相图

1. 相图中主要特性点的含义

铁碳合金相图中用字母标出的点都表示一定的特性，故称为特性点，铁碳合金相图主要特性点的含义见表 1－3 所列。

表 1－3　铁碳合金相图主要特性点的含义

符号	温度/℃	碳的质量分数/%	说　　明
A	1538	0	纯铁的熔点
C	1148	4.30	共晶点 $L \rightleftharpoons Ld\ (A+Fe_3C)$
D	1227	6.69	渗碳体的熔点
E	1148	2.11	碳在 $\gamma-Fe$ 中的最大溶解度
G	912	0	纯铁的同素异构转变点 $\alpha-Fe \rightleftharpoons \gamma-Fe$
P	727	0.0218	碳在 $\alpha-Fe$ 中的最大溶解度
S	727	0.77	共析点 $A \rightleftharpoons P\ (F+Fe_3C)$
Q	室温	0.0008	室温时碳在 $\alpha-Fe$ 中的溶解度

2. 相图中主要线的含义

（1）*ACD* 线——液相线，合金液冷却到此线时开始结晶，此线以上的区域为液相。

（2）*AECF* 线——固相线，合金液冷却到此线时结晶终止，此线以下合金为固态。

（3）*ECF* 线——共晶线，合金液冷却到此线时发生共晶反应，从液体中同时结晶出奥氏体和渗碳体的混合物（莱氏体）。

1－12　铁碳合金相图主要特性线的含义

（4）*GS* 线——冷却时从奥氏体中析出铁素体的开始线，又称 A_3 线。

（5）*ES* 线——冷却时从奥氏体中析出二次渗碳体的开始线，又称 A_{cm} 线。

（6）*PSK* 线——共析线，当奥氏体冷却到此线时发生共析反应，同时析出铁素体和渗碳体的混合物（珠光体），又称 A_1 线。

3. 铁碳合金的分类及室温组织

按碳的质量分数不同，可将铁碳合金分为工业纯铁、钢和白口铸铁三大类。

（1）工业纯铁

$w_C \leqslant 0.0218\%$ 的铁碳合金，室温组织为铁素体和极少量的三次渗碳体。

1－13　铁碳合金相图——典型铁碳合金的平衡结晶过程

(2) 钢

钢是 0.0218%<w_C≤2.11%的铁碳合金，按碳的质量分数不同，钢可分为共析钢、亚共析钢和过共析钢三类。

① 共析钢：w_C=0.77%，室温组织为珠光体。

② 亚共析钢：w_C<0.77%，室温组织为铁素体和珠光体。

③ 过共析钢：w_C>0.77%，室温组织为珠光体和二次渗碳体。

(3) 白口铸铁

白口铸铁是 2.11%<w_C<6.69%的铁碳合金，按碳的质量分数不同，白口铸铁可分为共晶白口铸铁、亚共晶白口铸铁和过共晶白口铸铁三类。

① 共晶白口铸铁：w_C=4.3%，室温组织为低温莱氏体（Ld′）。

② 亚共晶白口铸铁：w_C<4.3%，室温组织为低温莱氏体（Ld′）、珠光体和二次渗碳体。

③ 过共晶白口铸铁：w_C>4.3%，室温组织为低温莱氏体（Ld′）和一次渗碳体。

4. 典型铁碳合金的平衡结晶过程

为便于分析，采用简化的铁碳合金相图，如图 1-20 所示。

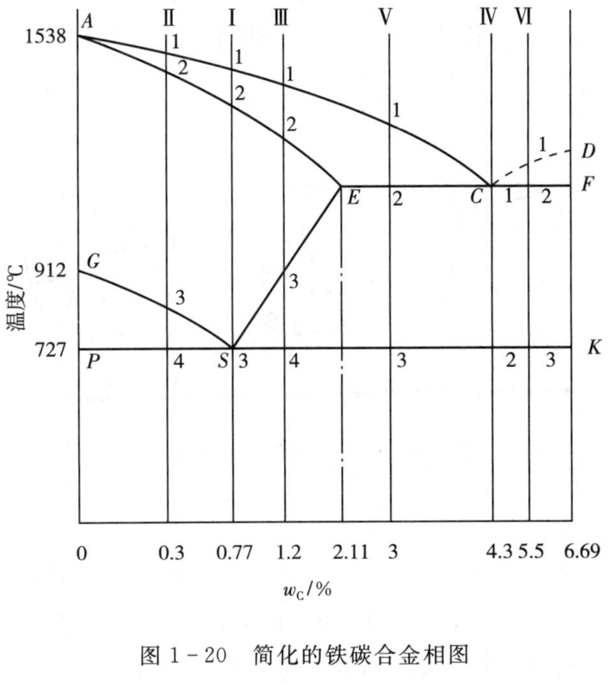

图 1-20 简化的铁碳合金相图

(1) 共析钢

如图 1-20 所示的合金Ⅰ（w_C=0.77%）。当液态合金冷却到 1 点温度时，开始结晶出奥氏体。随着温度下降，奥氏体量不断增多，剩余液体量逐渐减少。当冷却到 2 点温度时，剩余液体全部转变为单一均匀的奥氏体，结晶完毕。温度在 2 点与 3 点之间，组织不发生变化。当冷却到 3 点温度时，奥氏体发生共析反应，转变成珠光体。温度在 3 点以下直至室温，组织基本不发生变化。所以共析钢的室温组织为珠光体，共析钢的组织转变如图 1－21 所示。

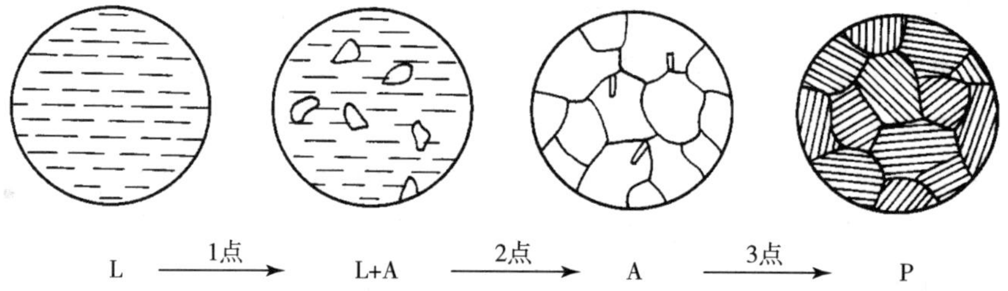

图 1－21　共析钢的组织转变

（2）亚共析钢

以图 1－20 中的合金Ⅱ（w_C＝0.3％）为例。温度在 1 点与 3 点之间的结晶过程与共析钢相同。当冷却到 3 点温度时，从奥氏体中开始析出铁素体，随着温度的下降，铁素体量不断增多，奥氏体量逐渐减少。当冷却到 4 点温度时，剩余奥氏体的 w_C 增至 0.77％，达到共析成分，故发生共析反应，转变成珠光体。温度在 4 点以下直至室温，组织基本不发生变化，故亚共析钢的室温组织是铁素体和珠光体，且碳含量越高，组织中的珠光体量就越多。亚共析钢的组织转变如图 1－22 所示。

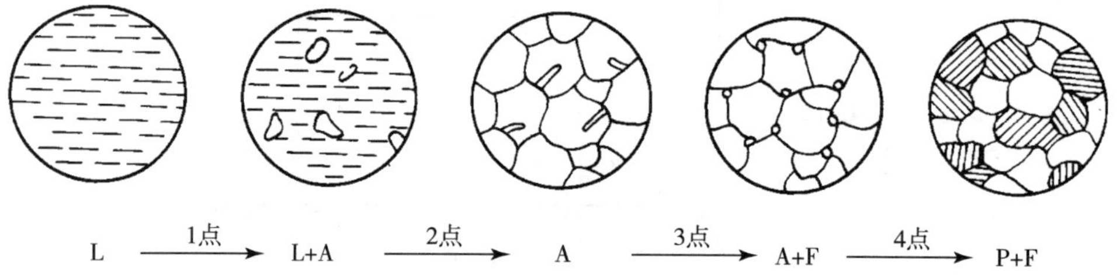

图 1－22　亚共析钢的组织转变

（3）过共析钢

以图 1－20 中的合金Ⅲ（w_C＝1.2％）为例。温度在 1 点与 3 点之间的结晶过程与共析钢相同。当冷却到 3 点温度时，开始沿着奥氏体晶界析出渗碳体（Fe_3C_{II}）。随着温度下降，渗碳体的量不断增多，剩余奥氏体中的溶碳量逐渐减少。当冷却到 4 点温度时，剩余奥氏体的 w_C 减少至 0.77％，达到共析成分，因此发生共析反应，转变为珠光体。温度在 4 点以下直至室温，组织不发生变化，故过共析钢的室温组织是珠光体和呈网状分布的渗碳体（Fe_3C_{II}），且随着碳含量的增大，组织中的二次渗碳体量增多。过共析钢的组织转变如图 1－23 所示。

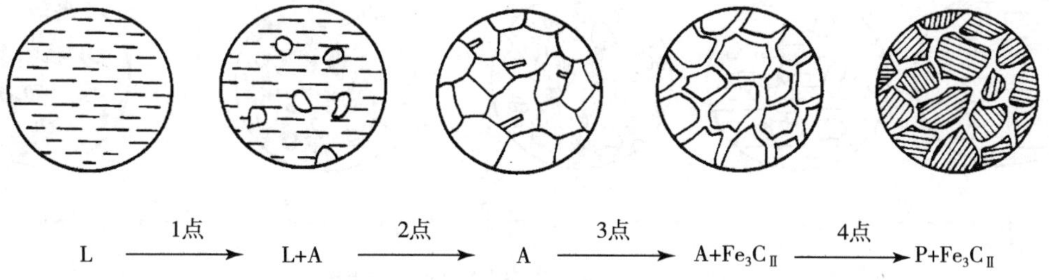

图 1-23　过共析钢的组织转变

(4) 共晶白口铸铁

如图 1-20 所示的合金Ⅳ ($w_C=4.3\%$)。当液态合金冷却到 1 点温度时，发生共晶反应，转变成高温莱氏体 (Ld)。随着温度下降，碳在奥氏体中的溶解度不断降低，由奥氏体中不断析出渗碳体 ($Fe_3C_{Ⅱ}$)。当冷却到 2 点温度时，高温莱氏体中奥氏体的 w_C 减至 0.77%，达到共析成分，故发生共析反应转变成珠光体，莱氏体 Ld 则转变为低温莱氏体 Ld′。温度在 2 点以下直至室温，组织基本不发生变化，故共晶白口铸铁的室温组织是低温莱氏体 (Ld′)，其组织转变如图 1-24 所示。

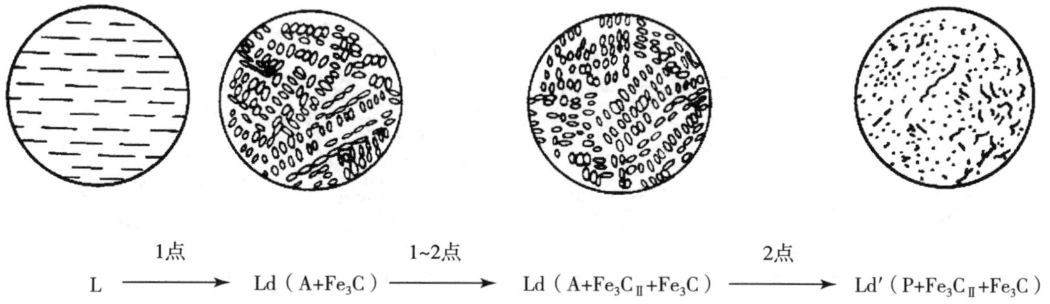

图 1-24　共晶白口铸铁的组织转变

(5) 亚共晶白口铸铁

以图 1-20 中的合金Ⅴ ($w_C=3\%$) 为例。当液态合金冷却到 1 点温度时，开始结晶出奥氏体。随着温度下降，奥氏体量不断增多，而剩余液体量逐渐减少，当冷却到 2 点温度时，剩余液体的 w_C 增至 4.3%，达到共晶成分，故发生共晶反应，转变成高温莱氏体 (Ld)。温度在 2 点和 3 点之间时，奥氏体中碳的溶解度不断降低，由奥氏体中不断析出渗碳体 ($Fe_3C_{Ⅱ}$)。当冷却到 3 点温度时，奥氏体的 w_C 减少至 0.77%，故发生共析反应，转变成珠光体，莱氏体中的奥氏体也发生共析反应，转变成珠光体，所以莱氏体 Ld 转变为低温莱氏体 Ld′。温度在 3 点以下直至室温，组织基本不发生变化，所以亚共晶白口铸铁的室温组织是珠光体、二次渗碳体和低温莱氏体 (Ld′)，亚共晶白口铸铁的组织转变如图 1-25所示。

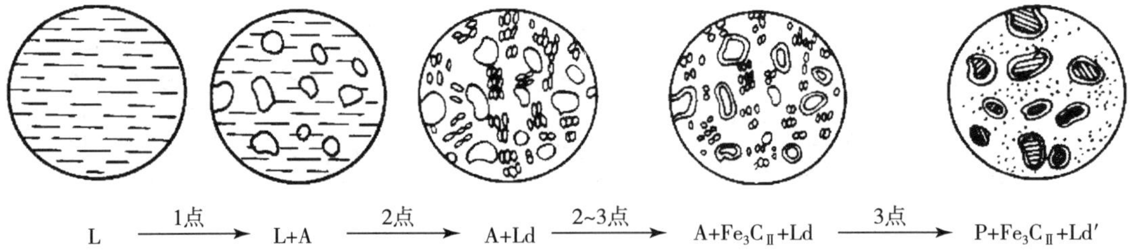

图 1－25　亚共晶白口铸铁的组织转变

（6）过共晶白口铸铁

以图 1－20 中的合金Ⅵ（w_C＝5.5％）为例。当液态合金冷却到 1 点温度时，开始结晶出渗碳体（Fe_3C_I）。随着温度下降，渗碳体量不断增多，剩余液体量逐渐减少。当冷却到 2 点温度时，剩余液体的 w_C减至 4.3％，达到共晶成分，故发生共晶反应，转变成高温莱氏体（Ld）。温度在 2 点与 3 点之间，由于莱氏体中的奥氏体冷却时碳的溶解度下降而不断析出渗碳体（Fe_3C_{II}）。冷却到 3 点温度时，剩余奥氏体发生共析反应，转变成珠光体，莱氏体 Ld 转变为低温莱氏体 Ld′。温度在 3 点以下直至室温，组织基本不发生变化，故过共晶白口铸铁的室温组织是一次渗碳体和低温莱氏体（Ld′），过共晶白口铸铁的组织转变如图 1－26 所示。

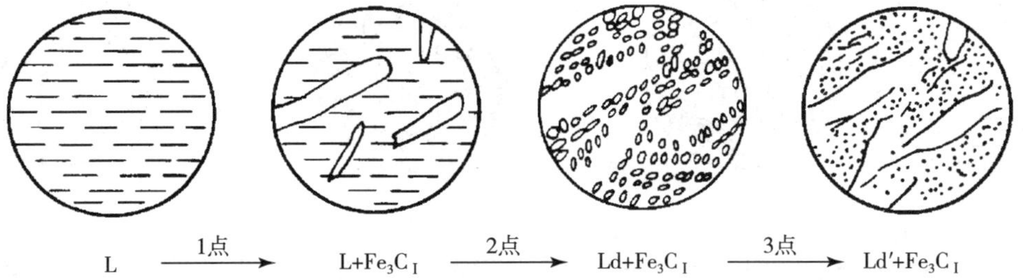

图 1－26　过共晶白口铸铁的组织转变

1.3.3　碳对铁碳合金组织和力学性能的影响

铁碳合金中碳含量（质量分数）对组织和性能的影响如图 1－27 所示。当 w_C＜0.9％时，随着碳含量增加，钢的强度和硬度不断提高，而塑性不断下降，这是由于钢中珠光体含量不断增多，铁素体含量不断减少所致。当 w_C＞0.9％时，随着碳含量增加，钢的硬度仍不断上升，但强度和塑性不断下降，这是由于网状渗碳体明显形成并不断增多所致。在白口铸铁部分，随着碳含量增加，硬度不断增加，强度不断下降，而塑性则几乎为零。这是由低温莱氏体或一次渗碳体等硬脆组织不断增多所致。

1－14　化学成分对钢的力学性能的影响

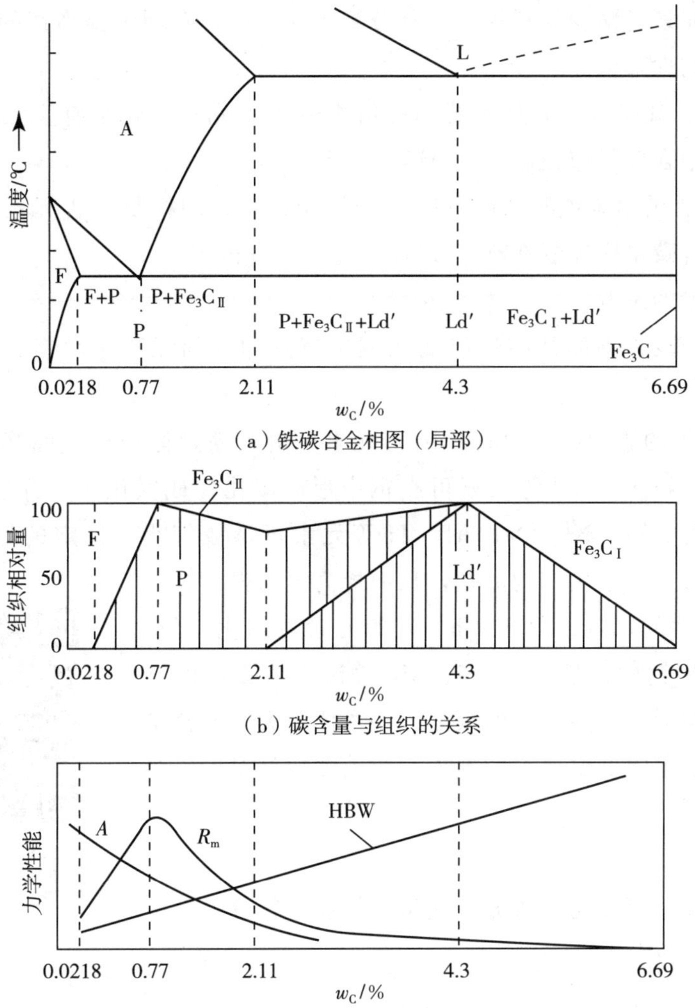

（a）铁碳合金相图（局部）

（b）碳含量与组织的关系

（c）碳含量与力学性能的关系

图 1－27　碳含量对铁碳合金组织和性能的影响

1.4　金属材料

常用的金属材料包括钢、铸铁、铜及铜合金、铝及铝合金、粉末冶金材料等，其中以钢和铸铁应用最广泛。

1.4.1　钢

1. 化学成分对钢的力学性能的影响

(1) 杂质元素的影响

杂质元素是钢中非特意加入的一些元素，钢中常存在的杂质元素有 Mn、Si、S、P 等，对钢的力学性能均有一定的影响。

① 锰、硅的影响：锰、硅是炼钢时作为脱氧剂（锰还起脱硫作用）而残留在钢中的

元素，都是有益元素。锰和硅在钢中大部分溶于铁素体，有利于提高钢的强度和硬度，但也使钢的塑性、韧性降低。

② 硫的影响：硫是炼铁时从矿石和燃料中带入的元素。硫是有害元素，易引起钢的热脆性，因此钢中含硫量应控制在0.045%以下。

③ 磷的影响：磷是炼铁时从矿石中带入的元素。磷同样是有害元素，易引起钢的冷脆性，因此钢中含磷量应控制在0.045%以下。

（2）合金元素的影响

合金元素是为改善钢的某些性能而在钢中特意加入的元素，对钢的力学性能有很大影响。

① 对钢的强度的影响：C、Si、Mn等元素可溶入铁素体中产生固溶强化作用，使钢的强度提高。C、N、Cr、Al等元素可在钢中形成碳化物或氮化物并弥散分布在基体上，使钢的强度、硬度提高。Nb、V、Al、Ti等元素可形成细小、稳定的氮化物或碳化物，阻碍奥氏体晶粒长大，细化钢的晶粒，从而提高钢的强度。

② 对钢的韧性的影响：由于Nb、V等元素可细化晶粒，从而也显著提高了钢的韧性。C、Si、Mn等溶入铁素体的合金元素一般都使钢的韧性降低，但镍溶入铁素体可大大改善基体的韧性，甚至能消除低温变脆的现象，故大多数低温钢均为高镍钢。

1-15　钢的牌号和应用
——钢的分类及碳素钢

2. 钢的分类

钢的种类繁多，可按化学成分、质量、用途进行分类。

（1）按化学成分分

- 碳素钢
  - 低碳钢（$w_C \leqslant 0.25\%$）
  - 中碳钢（$0.25\% < w_C \leqslant 0.60\%$）
  - 高碳钢（$w_C > 0.60\%$）
- 合金钢
  - 按合金元素种类分
    - 锰　钢
    - 铬　钢
    - 硼　钢
    - 铬镍钢
    - 硅锰钢
  - 按合金元素质量分数分
    - 低合金钢（$w_{合金元素} < 5\%$）
    - 中合金钢（$w_{合金元素} = 5\% \sim 10\%$）
    - 高合金钢（$w_{合金元素} > 10\%$）

（2）按质量分

- 普通钢（$w_S \leqslant 0.05\%$、$w_P \leqslant 0.045\%$）
- 优质钢（$w_S \leqslant 0.030\%$、$w_P \leqslant 0.035\%$）
- 高级优质钢（$w_S \leqslant 0.020\%$、$w_P \leqslant 0.030\%$）
- 特级优质钢（$w_S \leqslant 0.015\%$、$w_P \leqslant 0.025\%$）

（3）按用途分

- 结构钢
  - 工程用钢
    - 建筑工程用钢
    - 桥梁工程用钢
    - 船舶工程用钢
    - 车辆工程用钢
  - 机器用钢
    - 调质钢
    - 渗碳钢
    - 弹簧钢
    - 轴承钢
- 工具钢
  - 刃具钢
  - 模具钢
  - 量具钢
- 特殊性能钢
  - 不锈钢
  - 耐热钢
  - 耐磨钢

3. 钢的牌号和应用

（1）碳素钢

碳素钢即非合金钢，可简称为碳钢。

在铁碳合金相图上，碳质量分数 w_C 小于 2.11% 的铁碳合金称为钢。常用碳素钢的 w_C 一般小于 1.3%，强度和韧性均较好。

碳素钢包括碳素结构钢、优质碳素结构钢和碳素工具钢等。与合金钢相比，碳素钢的冶炼工艺简便，价格便宜，一般情况下能满足零件的使用要求，应用广泛。

① 碳素结构钢：其牌号是由屈服强度的“屈”字汉语拼音首位字母“Q”、屈服强度、质量等级符号和脱氧方法符号按顺序组成。如 Q235AF，“Q”表示屈服强度，“235”表示

屈服强度为235MPa，“A”表示质量等级为A级，“F”表示沸腾钢。

碳素结构钢 w_C 为0.06%～0.38%，钢中的有害杂质和非金属夹杂物较多。

碳素结构钢主要用来制造一般工程结构和普通机械零件，通常轧制成各种型材、板材和线材等。表1-4为碳素结构钢的牌号、化学成分、力学性能和应用举例。

表1-4　碳素结构钢的牌号、化学成分、力学性能和应用举例（摘自GB/T 700—2006）

<table>
<tr><th rowspan="3">牌号</th><th rowspan="3">等级</th><th colspan="5">化学成分（质量分数）/%</th><th colspan="3">力学性能（不小于）</th><th rowspan="3">应用举例</th></tr>
<tr><th>C</th><th>Si</th><th>Mn</th><th>P</th><th>S</th><th>R_{eL}/MPa</th><th>R_m/MPa</th><th rowspan="2">A/%</th></tr>
<tr><th colspan="5">不大于</th><th></th><th></th></tr>
<tr><td>Q195</td><td>—</td><td>0.12</td><td>0.30</td><td>0.50</td><td>0.035</td><td>0.040</td><td>195</td><td>315～430</td><td>33</td><td rowspan="3">塑性好；
常轧制成薄板、钢管、型材等；
可用于制造建筑物等钢结构件，也可用于制作铆钉、螺钉、冲压件、垫片等</td></tr>
<tr><td rowspan="2">Q215</td><td>A</td><td rowspan="2">0.15</td><td rowspan="2">0.35</td><td rowspan="2">1.20</td><td rowspan="2">0.045</td><td>0.050</td><td rowspan="2">215</td><td rowspan="2">335～450</td><td rowspan="2">31</td></tr>
<tr><td>B</td><td>0.045</td></tr>
<tr><td rowspan="4">Q235</td><td>A</td><td>0.22</td><td rowspan="4">0.35</td><td rowspan="4">1.40</td><td>0.045</td><td>0.050</td><td rowspan="4">235</td><td rowspan="4">375～500</td><td rowspan="4">26</td><td rowspan="4">强度较高、塑性也较好；
常轧制成各种型材、钢管、钢筋等；
可用于制造桥梁、建筑等各种钢结构件，也可制作冲压件、焊接件，以及不重要的轴类、螺钉、螺母等</td></tr>
<tr><td>B</td><td>0.20</td><td>0.040</td><td>0.045</td></tr>
<tr><td>C</td><td rowspan="2">0.17</td><td rowspan="2">0.035</td><td>0.040</td></tr>
<tr><td>D</td><td>0.035</td></tr>
<tr><td rowspan="4">Q275</td><td>A</td><td>0.24</td><td rowspan="4">0.35</td><td rowspan="4">1.50</td><td rowspan="2">0.045</td><td>0.050</td><td rowspan="4">275</td><td rowspan="4">410～540</td><td rowspan="4">22</td><td rowspan="4">强度较高，用于制造承受中等载荷的零件，如小轴、销子、连杆、农机零件等</td></tr>
<tr><td>B</td><td>0.22</td><td>0.045</td></tr>
<tr><td>C</td><td rowspan="2">0.20</td><td>0.040</td><td>0.040</td></tr>
<tr><td>D</td><td>0.035</td><td>0.035</td></tr>
</table>

② 优质碳素结构钢：其牌号是用二位数字表示，这二位数字表示钢中平均碳的质量分数（万分数）。如45钢和08钢分别表示平均 w_C 为0.45%和0.08%的优质碳素结构钢。若含锰量较高的优质碳素结构钢则在数字后加“Mn”符号，如15Mn、45Mn等。

优质碳素结构钢主要用来制造比较重要的机器零件，如轴、连杆、弹簧等。表1-5

为优质碳素结构钢的牌号、化学成分、力学性能及应用举例。

表 1-5　优质碳素结构钢的牌号、化学成分、力学性能及应用举例（摘自 GB/T 699—2015）

牌号	化学成分（质量分数）/%			力学性能（不小于）					应用举例
	C	Si	Mn	R_m/MPa	R_{eL}/MPa	A/%	Z/%	HBW（未热处理）	
08	0.05～0.11	0.17～0.37	0.35～0.65	325	195	33	60	131	要求冷成形性和焊接性良好的零件，如冲压件、焊接件等
10	0.07～0.13	0.17～0.37	0.35～0.65	335	205	31	55	137	
15	0.12～0.18	0.17～0.37	0.35～0.65	375	225	27	55	143	形状简单、受力小、要求内韧外硬的渗碳件
20	0.17～0.23	0.17～0.37	0.35～0.65	410	245	25	55	156	
35	0.32～0.39	0.17～0.37	0.50～0.80	530	315	20	45	197	经调质处理有良好综合力学性能的零件，如齿轮、轴、套筒等
40	0.37～0.44	0.17～0.37	0.50～0.80	570	335	19	45	217	
45	0.42～0.50	0.17～0.37	0.50～0.80	600	355	16	40	229	
60	0.57～0.65	0.17～0.37	0.50～0.80	675	400	12	35	255	经淬火和中温回火具有较高弹性的各类弹簧等
65	0.62～0.70	0.17～0.37	0.50～0.80	695	410	10	30	255	

③ 碳素工具钢：其牌号是用符号“T”（“碳”的汉语拼音首位字母）和数字表示。数字表示平均碳的质量分数（千分数），如 T10 钢，表示平均 w_C 为 1.0%的碳素工具钢。

碳素工具钢价格便宜，易刃磨，使用范围较广，用于制造不受冲击、高硬度、耐磨的工具，如锉刀、手锯条、拉丝模等。表 1-6 为碳素工具钢的牌号、化学成分、硬度及应用举例。

表1-6　碳素工具钢的牌号、化学成分、硬度及应用举例（摘自GB/T 1298—2008）

牌号	化学成分（质量分数）/%			试样淬火 HRC不小于	应用举例
	C	Si	Mn		
T7	0.65～0.74	≤0.35	≤0.40	（800～820℃，水淬）62	承受冲击，韧性较好、硬度适当的工具，如扁铲、手钳、大锤、木工工具等
T8	0.75～0.84			（780～800℃，水淬）62	承受冲击，要求较高硬度的工具，如冲头、压缩空气工具、木工工具等
T8Mn	0.80～0.90		0.40～0.60		
T9	0.85～0.94		≤0.40	（760～780℃，水淬）62	韧性中等，硬度高的工具，如冲头、木工工具、凿岩工具
T10	0.95～1.04				不受剧烈冲击、高硬度、耐磨的工具，如冲头、丝锥、钻头、手锯条等
T11	1.05～1.14				
T12	1.15～1.24				不受冲击、要求高硬度、高耐磨的工具，如锉刀、刮刀、锯条、铰刀、丝锥、量具等
T13	1.25～1.35				

（2）合金钢

合金钢是在碳钢基础上，为了改善钢的组织与性能，加入一种或数种合金元素的钢。

① 低合金结构钢：低合金结构钢又称为低合金高强度结构钢，其牌号是由屈服强度的“屈”的汉语拼音首位字母“Q”，屈服强度、质量等级符号按顺序组成。如Q390A，“Q”表示屈服强度，“390”表示屈服强度为390MPa，“A”表示质量等级为A级。

1-16　钢的牌号和应用——合金钢

低合金结构钢一般不需热处理，综合力学性能较好，目前已大量用于桥梁、船舶、车辆、高压容器、管道、建筑物等。表1-7为常用低合金结构钢的牌号、化学成分、力学性能及应用举例。

表1-7　常用低合金结构钢的牌号、化学成分、力学性能及应用举例（摘自GB/T 1591—2018）

牌号	化学成分（质量分数）/%（不大于）							力学性能（不小于）				应用举例
	C	Si	Mn	V	Nb	Ti	其他	R_m/MPa	R_{eL}/MPa	A/%	a_k/J·cm^{-2}	
Q355	0.24	0.55	1.60	—	—	—	Cr：0.30 Ni：0.30	470～630	355	22	34	桥梁、船舶、压力容器、建筑结构等

（续表）

牌号	化学成分（质量分数）/%（不大于）							力学性能（不小于）				应用举例
	C	Si	Mn	V	Nb	Ti	其他	R_m/MPa	R_{eL}/MPa	A/%	a_k/J·cm^{-2}	
Q390	0.20	0.55	1.70	0.13	0.05	0.05	Cr：0.30 Ni：0.50	490～650	390	21	34	桥梁、船舶、压力容器、起重机等
Q420	0.20	0.55	1.70	0.13	0.05	0.05	Cr：0.30 Ni：0.80	520～680	420	20	34	高压容器、桥梁、大型船舶、电站设备等
Q460	0.20	0.55	1.80	0.13	0.05	0.05	Cr：0.30 Ni：0.80	550～720	460	18	34	中温高压容器（<120℃）、锅炉、化工、石油高压壁厚容器（<100℃）等

② 合金结构钢：其牌号由“二位数字＋化学元素符号＋数字”表示。前面两位数字表示平均碳的质量分数（万分数），中间的化学元素符号表示合金钢中所含的合金元素，元素后面的数字表示合金元素平均质量分数（百分数）。若合金元素平均质量分数小于1.5%时，牌号中只标明元素，不标出含量。如 60Si2Mn，表示平均 $w_C=0.6\%$，平均 $w_{Si}=2\%$，平均 $w_{Mn}<1.5\%$的合金结构钢。

合金结构钢的力学性能优于优质碳素结构钢，常用来制造重要的机器零件，如齿轮、轴、弹簧等。主要包括：合金渗碳钢、合金调质钢、合金弹簧钢和滚动轴承钢。

a. 合金渗碳钢。合金渗碳钢是指经渗碳、淬火、低温回火后使用的合金钢。合金渗碳钢主要用于制造表面具有高耐磨性以承受强烈的摩擦磨损，心部具有高韧性以承受强烈的冲击振动的零件，如汽车、拖拉机的变速齿轮，内燃机的凸轮轴、活塞销等。

合金渗碳钢的 w_C 为 0.10%～0.25%，保证心部有足够的塑性、韧性；加入 Cr、Ni、Mn 等合金元素，提高淬透性，保证心部的强度和韧性；加入 Ti、W、V、Mo 等合金元素，增加渗碳层硬度，提高表面的耐磨性。

按淬透性大小合金渗碳钢分为低淬透性合金渗碳钢、中淬透性合金渗碳钢和高淬透性合金渗碳钢三类。常用合金渗碳钢的牌号、化学成分、热处理、力学性能及应用举例见表 1－8 所列。

表1-8　常用合金渗碳钢的牌号、化学成分、热处理、力学性能及应用举例（摘自GB/T 3077—2015）

牌号		化学成分（质量分数）/%					热处理/℃（930℃渗碳，200℃回火）		力学性能（不小于）				应用举例
		C	Si	Mn	Cr	其他	第一次淬火	第二次淬火	R_m/MPa	R_{eL}/MPa	A/%	a_k/J·cm^{-2}	
低淬透性	20Mn2	0.17～0.24	0.17～0.37	1.40～1.80	—	—	850水、油	—	785	590	10	47	代替20Cr
低淬透性	15Cr	0.12～0.17	0.17～0.37	0.40～0.70	0.70～1.00	—	880水、油	780～820水、油	685	490	12	55	活塞销、凸轮及心部韧性高的渗碳零件
低淬透性	20Cr	0.18～0.24	0.17～0.37	0.50～0.80	0.70～1.00	—	880水、油	780～820水、油	835	540	10	47	齿轮、小轴、活塞销等
低淬透性	20MnV	0.17～0.24	0.17～0.37	1.30～1.60	—	V：0.07～0.12	880水、油	—	785	590	10	55	代替20Cr，也做锅炉、高压容器及管道等
中淬透性	20CrMn	0.17～0.23	0.17～0.37	0.90～1.20	0.9～1.20	—	850油	—	930	735	10	47	汽车、拖拉机上变速箱齿轮，轴、蜗杆、活塞销等
中淬透性	20CrMnTi	0.17～0.23	0.17～0.37	0.80～1.10	1.00～1.30	Ti：0.04～0.10	880油	870油	1080	850	10	55	
中淬透性	20CrMnMo	0.17～0.23	0.17～0.37	0.90～1.20	1.10～1.40	Mo：0.20～0.30	850油	—	1180	885	10	55	
中淬透性	20MnVB	0.17～0.23	0.17～0.37	1.20～1.60	—	V：0.07～0.12 B：0.0008～0.0035	860油	—	1080	885	10	55	

（续表）

牌号		化学成分（质量分数）/%					热处理/℃（930℃渗碳，200℃回火）		力学性能（不小于）				应用举例
		C	Si	Mn	Cr	其他	第一次淬火	第二次淬火	R_m/MPa	R_{eL}/MPa	A/%	a_k/J·cm^{-2}	
高淬透性	12Cr2Ni4	0.10～0.16	0.17～0.37	0.30～0.60	1.25～1.65	Ni：3.25～3.65	860油	780油	1080	835	10	71	大型齿轮和轴
高淬透性	20Cr2Ni4	0.17～0.23	0.17～0.37	0.30～0.60	1.25～1.65	Ni：3.25～3.65	880油	780油	1180	1080	10	63	大型齿轮和轴
高淬透性	18Cr2Ni4W	0.13～0.19	0.17～0.37	0.30～0.60	1.35～1.65	Ni：4.00～4.50 W：0.80～1.20	950空气	850空气	1180	835	10	78	大型齿轮和轴

b. 合金调质钢。合金调质钢是指经调质后使用的钢，调质钢具有高的强度和良好的塑性及韧性，主要用于制造各种重要零件，如齿轮、轴、连杆、高强度螺栓等。

合金调质钢的 w_C 为 0.25%～0.50% 的中碳合金钢，以 0.40% 居多。w_C 偏 0.50% 的合金调质钢，用于制造强度、硬度和耐磨性要求较高的零件；w_C 偏 0.25% 的合金调质钢，用于制造具有较高塑性、韧性的零件。

合金调质钢中主要加入 Si、Mn、Cr、Ni、B 等元素，以提高淬透性，并溶入铁素体，起固溶强化作用。此外，还加入 Mo、W、V、Al、Ti 等元素，Mo、W 的作用是防止或减轻回火脆性，并增加回火稳定性；V、Ti 的作用是细化晶粒；Mo 能防止高温回火脆性；Al 能加速渗氮过程。

常用合金调质钢的牌号、化学成分、热处理、力学性能及应用举例见表 1-9 所列。

表1-9　常用合金调质钢的牌号、化学成分、热处理、力学性能及应用举例（摘自GB/T 3077—2015）

牌号	化学成分（质量分数）/%							热处理/℃		力学性能（不小于）					应用举例
	C	Si	Mn	Cr	Ni	Mo	其他	淬火	回火	R_m/MPa	R_{eL}/MPa	A/%	a_k/J·cm^{-2}	HBW不大于	
40Cr	0.37～0.44	0.17～0.37	0.50～0.80	0.80～1.10	—	—	—	850油	520	980	785	9	47	207	轴、齿轮、螺栓、蜗杆等
40MnB	0.37～0.44	0.17～0.37	1.10～1.40	—	—	—	B：0.0005～0.0035	850油	500水、油	980	785	10	47	207	
40MnVB	0.37～0.44	0.17～0.37	1.10～1.40	—	—	—	V：0.05～0.10 B：0.0008～0.0035	850油	520	980	785	10	47	207	
42CrMo	0.38～0.45	0.17～0.37	0.50～0.80	0.90～1.20	—	0.15～0.25	—	850油	560	1080	930	12	63	229	连杆、齿轮、摇臂等
40CrNiMo	0.37～0.44	0.17～0.37	0.50～0.80	0.60～0.90	1.25～1.65	0.15～0.25	—	850油	600	980	835	12	78	269	高强度耐磨齿轮等

c. 合金弹簧钢。合金弹簧钢是指主要用于制造各种弹簧和弹性元件的合金钢。合金弹簧钢具有高的弹性极限，通过弹性变形吸收和释放能量；还具有高的疲劳强度和足够的塑性和韧性，防止在交变应力下发生疲劳断裂。

合金弹簧钢的 w_C 为 0.50%～0.70%，用于制造在冲击、振动和周期性扭转、弯曲等交变应力下工作的重要弹簧。

合金弹簧钢中加入 Si、Mn 等元素可提高淬透性，并溶入铁素体，起固溶强化作用，提高其屈强比和弹性极限。合金弹簧钢中加入 Cr、V 等元素可细化晶粒，并溶入铁素体，起固溶强化作用，提高其弹性极限和屈强比。常用合金弹簧钢的牌号、化学成分、热处理、力学性能及应用举例见表 1－10 所列。

表 1－10　常用弹簧钢的牌号、化学成分、热处理、力学性能及应用举例（摘自 GB/T 1222—2016）

牌号	化学成分（质量分数）/%					热处理/℃		力学性能（不小于）				应用举例
	C	Si	Mn	V	Cr	淬火	回火	R_m/MPa	R_{eL}/MPa	A/%	Z/%	
65Mn	0.62～0.70	0.17～0.37	0.90～1.20	—	≤0.25	830 油	540	980	785	8	30	小截面扁簧、圆簧、发条等，及离合器簧片、刹车簧等
60Si2Mn	0.56～0.64	1.50～2.00	0.70～1.00	—	≤0.35	870 油	440	1570	1375	5	20	各种弹簧，如汽车板簧、螺旋弹簧等
50CrV	0.46～0.54	0.17～0.37	0.50～0.80	0.10～0.20	0.80～1.10	850 油	500	1275	1130	10	40	工作应力高、疲劳性能要求严格的螺旋弹簧、汽车板簧等

d. 滚动轴承钢。滚动轴承钢是指主要用于制造滚动轴承的滚动体（滚珠、滚柱、滚针）、内外套圈等的合金钢，也用于制造精密量具、冷冲模、机床丝杠等耐磨件。

滚动轴承钢工作时，滚动体和内外套圈承受很高的交变接触压应力和强烈的摩擦，并承受冲击载荷。所以，滚动轴承钢应具有高的抗压强度和接触疲劳强度以及高而均匀的硬度和耐磨性。

滚动轴承钢的 w_C 为 0.95%～1.15%，属于高碳合金钢，具有高的强度和硬度、耐磨性。加入 w_{Cr} 为 0.4%～1.65%的 Cr 元素，提高淬透性，增加回火稳定性。加入 Si、Mn、V 等元素，提高淬透性，制造大型轴承。滚动轴承钢 P、S 含量限制极严，$w_S<0.020\%$、$w_P<0.027\%$。

常用滚动轴承钢的牌号、化学成分、热处理、力学性能及应用举例见表 1－11 所列。表中 GCr15 主要用于制造中、小型轴承，也可制造冷冲模、量具、丝锥等；GCr15SiMn 主要用于制造大型轴承。

表1-11 常用滚动轴承钢的牌号、化学成分、热处理、力学性能及应用举例（摘自GT/T18254—2016）

牌号	化学成分（质量分数）/%					热处理/℃		力学性能	应用举例
	C	Si	Mn	Cr	Mo	淬火	回火	硬度/HRC	
GCr15	0.95～1.05	0.15～0.35	0.25～0.45	1.40～1.65	≤0.10	825～845油	150～170	62～66	壁厚＜12mm、外径＜250mm的套圈。直径为25～50mm的钢球。直径＜22mm的滚子
GCr15SiMn	0.95～1.05	0.45～0.75	0.95～1.25	1.40～1.65	≤0.10	820～840油	150～170	≥62	壁厚＞12mm、外径＞250mm的套圈。直径＞50mm的钢球。直径＞22mm的滚子

③ 合金工具钢：其牌号组成和合金结构钢相似，只是最前面的数字表示碳的平均质量分数（千分数），且当平均 w_C≥1.0%时，不标明数字。如3Cr2W8V，表示平均 w_C＝0.3%、平均 w_{Cr}为2%、平均 w_W为8%、平均 w_V＜1.5%的合金工具钢。合金工具钢的力学性能优于碳素工具钢，广泛用来制造各种刃具、量具、模具等，如钻头、铰刀、量块和冲模等。

常用合金工具钢的牌号、化学成分、热处理、力学性能及应用举例见表1-12所列。

表1-12 合金工具钢的牌号、化学成分、热处理、力学性能及应用举例（摘自GB/T 1299—2014，GB/T 9943—2008）

牌号	化学成分（质量分数）/%								热处理/℃		力学性能	应用举例
	C	Si	Mn	Cr	W	V	Ni	Mo	淬火	回火	硬度/HRC	
9SiCr	0.85～0.95	1.20～1.60	0.30～0.60	0.95～1.25	—	—	—	—	820～860油	190～200	≥62	冷冲模、板牙、丝锥、钻头、铰刀、拉刀、齿轮铣刀、木工凿子、锯条等工具
Cr12	2.00～2.30	≤0.40	≤0.40	11.50～13.00	—	0.15～0.30	—	0.60～0.90	950～1000油	180～220	≥60	各种冷作模具
CrWMn	0.90～1.05	≤0.40	0.80～1.10	0.90～1.20	1.20～1.60	—	—	—	800～830油	140～160	≥62	板牙、拉刀、量具、冷冲模
5CrMnMo	0.50～0.60	0.25～0.60	1.20～1.60	0.60～0.90	—	—	—	0.15～0.30	820～850油	490～640	30～47	中型热锻模

（续表）

牌号	化学成分（质量分数）/%								热处理/℃		力学性能	应用举例
	C	Si	Mn	Cr	W	V	Ni	Mo	淬火	回火	硬度/HRC	
5CrNiMo	0.50～0.60	≤0.40	0.50～0.80	0.50～0.80	—	—	1.40～1.80	0.15～0.30	830～860油	490～660	30～47	大型热锻模
W18Cr4V	0.73～0.83	0.20～0.40	0.10～0.40	3.80～4.50	17.20～18.70	1.00～1.20	—	—	1260～1280油	550～570三次	≥63	一般高速切削用车刀、刨刀、钻头、铣刀等

(3) 特殊性能钢

特殊性能钢是指具有特殊物理、化学性能的钢，例如，不锈钢、耐热钢、耐磨钢等。

① 不锈钢：在腐蚀性介质中具有抗腐蚀性能的钢，一般称为不锈钢。

能在酸、碱、盐等腐蚀性较强的介质中使用的钢，又称为耐蚀钢。

在空气中不易生锈的钢，不一定耐酸、耐蚀；而耐酸、耐蚀的钢，一般都具有良好的抗大气腐蚀性能。

1-17　钢的牌号和应用
——特殊性能钢和铸钢

按正火组织的不同，不锈钢可分为马氏体不锈钢、铁素体不锈钢和奥氏体不锈钢，常用不锈钢的类别、牌号、化学成分、热处理、力学性能及应用举例见表 1-13 所列。

表 1-13　常用不锈钢的类别、牌号、化学成分、热处理、力学性能及应用举例（摘自 GB/T 1220—2007）

类别	钢号	化学成分（质量分数）/%			热处理/℃		力学性能				应用举例
		C	Cr	Ni	淬火	回火	R_m/MPa	$R_{p0.2}$/MPa	A/%	硬度	
马氏体型	12Cr13	0.08～0.15	11.50～13.50	—	950～1000油	700～750快冷	≥540	≥345	≥22	≥159HBW	能抗弱腐蚀性介质、能承受冲击载荷的零件，如一般用途刀具、汽轮机叶片、螺栓、螺母等
	20Cr13	0.16～0.25	12.00～14.00	—	920～980油	600～750快冷	≥640	≥440	≥20	≥192HBW	
	30Cr13	0.26～0.35	12.00～14.00	—	920～980油	600～750快冷	≥735	≥540	≥12	≥217HBW	较高硬度和耐磨性的刀具、医疗器具、量具、轴承等
	68Cr17	0.60～0.75	16.00～18.00	—	1010～1070油	100～180快冷	—	—	—	≥50HRC	

（续表）

类别	钢号	化学成分（质量分数）/%			热处理/℃		力学性能				应用举例
		C	Cr	Ni	淬火	回火	R_m/MPa	$R_{p0.2}$/MPa	A/%	硬度	
铁素体型	10Cr17	≤0.12	16.00~18.00	—	—	750~850空冷或缓冷	≥450	≥205	≥22	≥183HBW	硝酸工厂设备，如吸收塔、热交换器、酸槽、输送管道以及食品工厂设备等
奥氏体型	06Cr19Ni10	≤0.08	18.00~20.00	8.00~11.00	1010~1150快冷	—	≥520	≥205	≥40	≥187HBW	食品加工等设备、原子能用一般化工设备
	12Cr18Ni9	≤0.15	17.00~19.00	8.00~10.00	1010~1150快冷	—	≥520	≥205	≥40	≥187HBW	耐硝酸、冷磷酸、有机酸及盐、碱溶液腐蚀的设备零件
	06Cr18Ni11Ti	≤0.08	17.00~19.00	9.00~12.00	920~1150快冷	—	≥520	≥205	≥40	≥187HBW	耐酸容器及设备衬里，输送管道等设备和零件，抗磁仪表，医疗器械等

② 耐热钢：在高压锅炉、汽轮机、内燃机、火力电站、航空等高温装置中，很多零件要求具有良好的高温抗氧化性和高温强度，这类钢称为耐热钢。常用耐热钢的类别、牌号、化学成分、热处理、力学性能及应用举例见表1-14所列。

表1-14 常用耐热钢的类别、牌号、化学成分、热处理、力学性能及应用举例（摘自国标GB/T 1221—2007）

类别	钢号	化学成分（质量分数）/%							热处理/℃		力学性能（不小于）				应用举例
		C	Si	Mn	Cr	Mo	Ni	其他	淬火	回火	R_m/MPa	$R_{p0.2}$/MPa	A/%	硬度/HBW	
马氏体型	12Cr13	0.08~0.15	≤1.00	≤1.00	11.50~13.50	—	—	—	950~1000油冷	700~750空冷	540	345	22	159	480℃以下汽轮机叶片
	42Cr9Si2	0.35~0.50	2.00~3.00	≤0.70	8.00~10.00	—	≤0.60	—	1020~1040空冷	700~780油冷	885	590	19	269	700℃以下的发动机排气阀或900℃以下的加热炉零件等
	40Cr10Si2Mo	0.35~0.45	1.90~2.60	≤0.70	9.00~10.50	0.70~0.90	≤0.60	—	1010~1040油冷	720~760油冷	885	685	10	269	

（续表）

类别	钢号	化学成分（质量分数）/%							热处理/℃		力学性能（不小于）				应用举例
		C	Si	Mn	Cr	Mo	Ni	其他	淬火	回火	R_m/MPa	$R_{p0.2}$/MPa	A/%	硬度/HBW	
奥氏体型	06Cr19Ni10	≤0.08	≤1.00	≤2.00	18.00～20.00	—	8.00～11.00	—	固溶处理：1010～1150空冷		520	205	40	187	870℃以下的反复加热通用耐氧化钢
奥氏体型	45Cr14Ni14W2Mo	0.40～0.50	≤0.80	≤0.70	13.00～15.00	0.25～0.40	13.00～15.00	W：2.00～2.75	固溶处理：820～850空冷		705	315	20	248	700℃以下内燃机、柴油机重负荷气阀和紧固件，500℃以下航空发动机零件

③ 耐磨钢：耐磨钢是指在强烈冲击和严重磨损条件下使用的高锰钢。用于制造球磨机的衬板、破碎机的颚板、挖掘机的斗齿、拖拉机和坦克的履带板、铁路的道叉、防弹钢板等。

高锰钢是主要的耐磨钢。高锰钢的切削加工性能差，主要是铸钢，常用 ZGMn13。

（4）铸钢

铸钢即在凝固过程中不经历共晶转变的用于生产铸件的铁基合金，分为铸造碳钢和铸造合金钢两大类。铸钢的综合力学性能和焊接性均优于铸铁，主要用于制造承受重载荷及冲击载荷的构件，如锻锤机架、齿轮、轧辊等。在各类铸造合金中，铸钢的应用仅次于铸铁。

① 铸造碳钢：铸造碳钢中用得最多的是中碳钢，占铸钢件总产量的80%以上，因为这类钢铸造性能优于其他类钢，且具有良好的综合力学性能。而低碳钢的强度、硬度较低，高碳钢的塑性、韧性差。铸造碳钢的牌号是用符号“ZG”和二组数字表示，其中“ZG”为“铸”和“钢”的汉语拼音首位字母，二组数字表示力学性能，第一组数字表示屈服强度最低值，第二组数字表示抗拉强度最低值。如 ZG270－500 表示 $R_{eL}\geqslant 270$MPa、$R_m\geqslant 500$MPa 的铸造碳钢。铸造碳钢的牌号、化学成分、力学性能及应用举例见表 1－15 所列。

② 铸造合金钢：即为改善性能而添加的合金元素含量超过铸造碳钢范围的铸钢。铸造合金钢的牌号与一般合金钢的编号方法基本相同，但牌号前需加“ZG”符号，且当平均 $w_{Mn}<0.9\%$时，锰元素符号不标出，平均 w_{Mn}为 0.9%～1.4%时，只标锰元素符号。除锰外的其他合金元素的平均质量分数为 0.9%～1.4%，则在标出的元素符号后面标注数字“1”，如 ZG30MnSi1。

低合金铸钢的综合力学性能明显优于铸造碳钢，多用于承受较重载荷或受冲击的零件。铸造合金钢常用于制造需要热处理强化的零件，如齿轮、叶片、喷嘴体等。合金铸钢还可具有耐热、耐蚀、耐磨等特殊性能。

表 1-15　铸造碳钢的牌号、化学成分、力学性能和应用举例（摘自国标 GB/T 11352—2009）

牌　号	化学成分（质量分数≤）/%			力学性能（不小于）			应用举例
	C	Si	Mn	R_{eL}或$R_{p0.2}$/MPa	R_m/MPa	A/%	
ZG200-400	0.20	0.60	0.80	200	400	25	塑性、韧性较好，强度、硬度较低，焊接性良好，但铸造性能差，用于受力不大，韧性要求较高的零件，如机座、变速箱壳、机架等
ZG230-450	0.30		0.90	230	450	22	
ZG270-500	0.40			270	500	18	强度和塑性均较好，铸造性能优于其他类钢，焊接性尚可，广泛用于受力较大或受力较复杂的零件，如机架、箱壳、连杆、齿轮等
ZG310-570	0.50			310	570	15	
ZG340-640	0.60			340	640	10	强度、硬度较高，塑性、韧性较差，焊接性和铸造性能均差，用于受力较大的耐磨零件，如齿轮、棘轮、车轮等

1.4.2　铸铁

铸铁是在凝固过程中经历共晶转变，用于生产铸件的铁基合金的总称。工业上常用铸铁的化学成分一般是 w_C 为 2.5%～4.0%，w_{Si} 为 1.0%～3.0%，w_{Mn} 为 0.5%～1.3%，w_P≤0.3%，w_S≤0.15%。有时为了提高铸铁的性能，还需要加入 Cr、Cu、Mo、V 等合金元素，制成合金铸铁。铸铁具有优良的铸造性能、切削加工性能、减摩性和减振性，且熔炼工艺与设备比较简单，成本低廉，应用广泛。铸铁件占铸件总产量的 80%左右，如机床床身、箱体、阀体等。

1-18　铸铁及其石墨化

1. 铁碳合金双重相图

铸铁中，碳的存在形式有渗碳体（Fe_3C）和游离状态的石墨（C）两种。

熔融状态的铁液由于受到冷却条件和化学成分的影响，在冷却过程中可以从铸铁液或奥氏体中直接析出渗碳体或石墨。相同成分的铸铁液，冷却速度越缓慢，石墨越易析出；随着冷却速度的提高，析出石墨的可能性减小，析出渗碳体的可能性增大。因此铁碳合金实际上存在着两种相图（图 1-28）。图 1-28 中实线部分为 Fe-Fe_3C 相图，虚线部分为 Fe-C（石墨）相图。

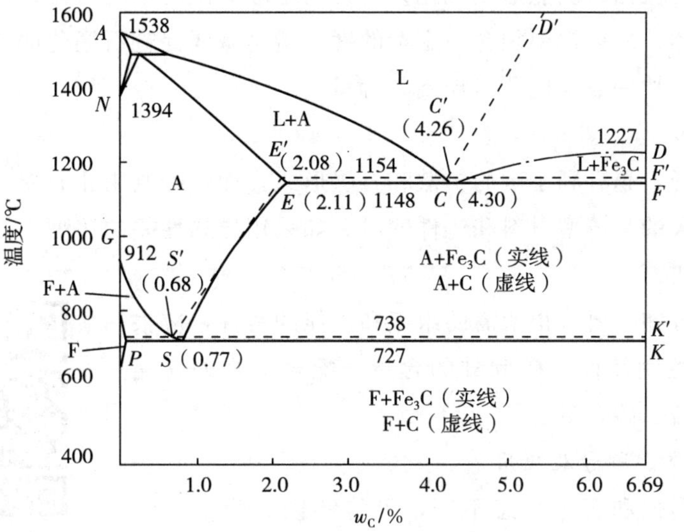

图 1－28　铁碳合金双重相图

2. 铸铁的石墨化过程

铸铁的石墨化过程包括铸铁凝固时碳以石墨形态析出的过程和铸铁中碳化物分解为石墨的过程。

现以共晶合金为例，如果全部按照 Fe－C（石墨）相图进行结晶，则铸铁的石墨化过程可分为三个阶段：

第一阶段石墨化，即温度为 1154℃时液态合金通过共晶反应而形成石墨，其反应式为

$$L \longrightarrow A+C$$

第二阶段石墨化，即温度为 738～1154℃过饱和奥氏体在冷却过程中析出石墨，其反应式为

$$A \longrightarrow A+C$$

第三阶段石墨化，即温度为 738℃时，奥氏体通过共析反应而析出石墨，其反应式为

$$A \longrightarrow F+C$$

通常铸铁在高温时原子扩散能力强，故第一和第二阶段的石墨化比较容易进行，而第三阶段石墨化进行得不充分，常被全部或部分地抑制。因此，按石墨化程度不同可获得三种不同基体的组织，即“珠光体＋石墨”“铁素体＋珠光体＋石墨”和“铁素体＋石墨”。

3. 影响铸铁石墨化的因素

影响铸铁石墨化的因素主要有化学成分和冷却速度。

(1) 化学成分

碳和硅分别是形成石墨和强烈促进石墨化的元素，铸铁中碳、硅含量越高，石墨越易析出。硫强烈阻碍石墨化，且易增加铸铁的热裂倾向，因此应严格控制铸铁中硫的含量。

锰虽阻碍石墨化，但锰与硫能形成硫化锰，有利于减弱硫的不利影响，而且还能促进珠光体形成，强化基体，故铸铁中须含一定量的锰。磷是微弱促进石墨化的元素，但是磷会增加铸铁的冷脆性，故一般也应严格控制其含量。

（2）冷却速度

冷却速度越慢，越有利于碳的扩散和石墨形成，而快冷则阻止石墨化。在铸造时，对冷却速度影响较大的是铸型材料和铸件壁厚。如采用导热性差的铸型，有利于减缓冷却速度，促进石墨形成。

从以上分析可知，要获得所需的组织和性能的铸件，应根据铸件的壁厚，控制铸件中碳和硅的含量，配合适当的含锰量，并严格限制硫、磷含量。

1-19　铸铁的分类牌号及应用白口铸铁麻口铸铁灰铸铁

4. 铸铁的分类、牌号及应用

按碳的存在形式和石墨形态不同，可将铸铁分为白口铸铁、麻口铸铁、灰铸铁、球墨铸铁、可锻铸铁、蠕墨铸铁等类型。各类铸铁和钢的碳、硅含量范围如图1-29所示。铸件常见的石墨形态如图1-30所示。

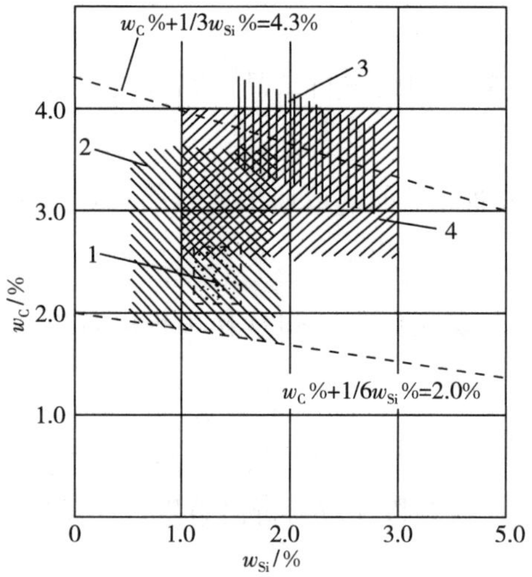

1—可锻铸铁；2—白口铸铁；

3—球墨铸铁；4—灰铸铁。

图1-29　各类铸铁和钢的碳、硅含量范围

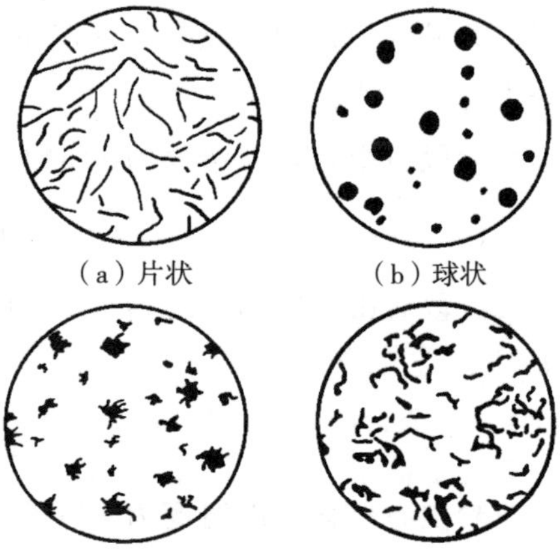

（a）片状　（b）球状

（c）团絮状　（d）蠕虫状

图1-30　铸件常见的石墨形态

（1）白口铸铁

白口铸铁是碳以游离碳化物形式析出的铸铁，断口呈白色。白口铸铁硬而脆，难以加工，很少制造零件，有时利用其硬而耐磨的特点制造某些耐磨零件，如球磨机的衬板、磨球等。

（2）麻口铸铁

麻口铸铁是碳部分以游离碳化物形式析出、部分以石墨形式析出的铸铁，断口呈灰白色相间。麻口铸铁无特殊优点，又难于加工，故很少应用。

(3) 灰铸铁

灰铸铁又称片墨铸铁，即碳主要以片状石墨形成或析出的铸铁，断口呈灰色，如图 1-30 (a) 所示。

① 灰铸铁的性能：

a. 力学性能。由于灰铸铁中碳主要以片状石墨存在，如同在钢的基体中分布着大量裂纹和孔洞一样，起割裂作用，减小了基体的有效承载面积。同时片状石墨端部易引起应力集中，致使灰铸铁的抗拉强度低，塑性、韧性很差。铸铁中石墨含量越多，越粗大，分布越不均匀，力学性能就越差。

按基体组织不同，灰铸铁可分为铁素体灰铸铁、铁素体-珠光体灰铸铁、珠光体灰铸铁三类。铁素体灰铸铁的组织是在铁素体基体上分布着大量粗大的石墨片，故力学性能最差，很少应用。珠光体灰铸铁的组织是在珠光体基体上分布着细小的石墨片，故力学性能较好，常用于制造强度和耐磨性要求较高的零件。珠光体-铁素体灰铸铁的组织和性能介于上述两类铸铁之间，但铸造性能和切削加工性优于珠光体灰铸铁，应用最广泛。

b. 其他使用性能。由于石墨具有良好的润滑性，且可吸附和储存润滑油，使摩擦面保持油膜连续不断，故耐磨性能好。石墨的存在能阻止振动能量的传播，所以减振性能好。由于片状石墨的存在，相当于铸铁中存在大量裂口，使其对外来缺口（如刀纹、划痕等）的敏感性小。

c. 工艺性能。由于灰铸铁铸造时流动性好，收缩性小，故铸造性能很好。由于石墨的存在，易断屑，又起到润滑作用，因此具有良好的切削加工性能。灰铸铁的塑性、韧性很低，不能进行锻造，同时灰铸铁的焊接性和热处理性能也差。

② 灰铸铁的牌号和应用：灰铸铁的牌号是以符号“HT”加三位数字来表示。其中“HT”为“灰铁”的汉语拼音首位字母，后面三位数字表示 ϕ30mm 试棒的最低抗拉强度值（MPa)。灰铸铁的类别、牌号、力学性能及应用举例见表 1-16 所列。设计铸件时，应根据铸件受力处的主要壁厚或平均壁厚参考表 1-16 选择牌号。例如某铸件的主要壁厚为 20～40mm，要求抗拉强度为 195MPa，这时应选择 HT250 而不能选择 HT200。

普通灰铸铁中碳、硅含量较高，石墨片较粗大且分布不均匀，故强度、硬度不高，且强度随着铸件壁厚增大而下降，故只适用于受力不大的零件，且不宜用于厚壁件。

③ 孕育铸铁：孕育铸铁即铁液经孕育处理后获得的亚共晶灰铸铁。在碳硅含量较低的铁液中加入一定量的孕育剂（常用硅铁合金和硅钙合金），可得到细小的石墨片和细晶珠光体组织，使石墨片的割裂作用大大减弱，故强度明显提高，但塑性和韧性仍然很低。孕育铸铁性能对壁厚的敏感性很小，组织和性能的均匀性较高，适用于制造承载能力较大，耐磨性、减振性要求较高的重要铸件，特别是厚大铸件，如机床床身、发动机气缸体等。

表 1-16　灰铸铁的类别、牌号、力学性能及应用举例（摘自 GB/T 9439—2010）

类别	牌号	基体组织	铸件壁厚/mm	最小抗拉强度（单铸试棒）R_m/MPa	铸件本体预期最小抗拉强度 R_m/MPa	应用举例
普通灰铸铁	HT100	F	5～40	100	—	负荷很小的不重要铸件或薄壁铸件，如重锤、防护罩、盖板等
	HT150	F+P	5～10	150	155	中等负荷的铸件，如机座、支架、箱体、轴承座、缝纫机零件等
			10～20		130	
			20～40		110	
			40～80		95	
	HT200	P	5～10	200	205	中等负荷的重要铸件，如气缸、齿轮、机床床身、飞轮、阀体等
			10～20		180	
			20～40		155	
			40～80		130	
孕育铸铁	HT250		5～10	250	250	载荷较大的铸件，尤其是厚壁件，如机体、阀体、液压缸、齿轮箱、机床床身、凸轮等
			10～20		225	
			20～40		195	
			40～80		170	
	HT300		10～20	300	270	载荷较大的重要铸件，尤其是厚壁件，如齿轮、凸轮、重型机床床身、液压件等
			20～40		240	
			40～80		210	
	HT350		10～20	350	315	
			20～40		280	
			40～80		250	

注：铸件壁厚是指铸件工作时主要负荷处的平均厚度。

（4）球墨铸铁

球墨铸铁又称球铁，即铁液经过球化处理而不是在凝固后经过热处理使石墨大部或全部呈球状，有时少量为团絮状的铸铁。在碳、硅含量稍高的铁液内加入适量的球化剂（如稀土镁合金）和孕育剂（如硅铁）进行球化处理和孕育处理，促进石墨呈球状析出，就可得到球墨铸铁，如图 1-30（b）所示。按石墨化程度和热处理方法的不同，球墨铸铁可得到不同的基体，如珠光体、“珠光体+铁素体”以及铁素体等。

1-20　铸铁的分类牌号及应用球墨铸铁可锻铸铁蠕墨铸铁合金铸铁

① 球墨铸铁的牌号、性能和应用：球墨铸铁的牌号是以“球铁”的汉语拼音首位字母“QT”及其后面的二组数字表示，第一、第二组数字分别表示其最低抗拉强度值和断后伸长率。如 QT400-15 表示 $R_m \geqslant 400$MPa，$A \geqslant 15\%$的球墨铸铁。常用球墨铸铁的牌号、基体组织、力学性能及应用举例见表 1-17 所列。

表 1-17　常用球墨铸铁的牌号、基体组织、力学性能及应用举例（摘自 GB/T 1348—2009）

牌号	基体组织	力学性能（不小于）				应用举例
		R_m/MPa	$R_{p0.2}$/MPa	A/%	HBW	
QT400-18	F	400	250	18	120～175	承受冲击、振动的零件，如汽车、拖拉机后桥壳
QT400-15		400	250	15	120～180	
QT450-10		450	310	10	160～210	负荷较大、受力复杂的零件，如汽车、拖拉机曲轴，连杆、凸轮轴、机床蜗杆、蜗轮等
QT500-7	F+P	500	320	7	170～230	
QT600-3	P+F	600	370	3	190～270	
QT700-2	P	700	420	2	225～305	重负荷、受力复杂的零件，如汽车螺旋锥齿轮、大减速齿轮等
QT800-2	P 或索氏体	800	480	2	245～335	
QT900-2	回火马氏体或“屈氏体+索氏体”	900	600	2	280～360	汽车螺旋伞齿轮、拖拉机变速齿轮、柴油机凸轮轴等

球墨铸铁的抗拉强度远远超过灰铸铁，且与碳钢相当，而屈强比（$R_{p0.2}/R_m$）高于相应基体组织的钢。球墨铸铁有较高的疲劳强度、一定的塑性，焊接性和热处理性能也比灰铸铁好。此外，球墨铸铁仍保持灰铸铁的优良性能，如良好的铸造性能、切削加工性能、减振性、耐磨性和较小的缺口敏感性。

② 常用的球墨铸铁：目前应用最广泛的球墨铸铁是珠光体球墨铸铁和铁素体球墨铸铁。珠光体球墨铸铁指基体主要为珠光体的球墨铸铁，强度高，硬度和耐磨性较好，可以代替碳钢制造某些承受较大交变载荷和摩擦的重要零件，如曲轴、连杆、凸轮和蜗杆副等。铁素体球墨铸铁指基体主要为铁素体的球墨铸铁，抗拉强度比珠光体球墨铸铁低，但塑性、韧性较高，力学性能优于可锻铸铁，可取代可锻铸铁制造汽车、拖拉机和农机上的一些零件。

由于石墨呈球状可使其对基体的破坏作用减小到最低程度，因而通过热处理改变基体组织可以明显地改善球墨铸铁的力学性能，常采用的热处理方法有退火、正火、调质和等温淬火等。

（5）可锻铸铁

可锻铸铁又称为马铁，是白口铸铁通过石墨化退火而获得的有较高韧性的铸铁。可锻铸铁中的碳主要以团絮状石墨存在，如图 1-30（c）所示。可锻铸铁是用碳、硅含量较低的铁液先浇注成白口铸铁件，再在固态下经较长时间高温退火（50～70h），使渗碳体分解为团絮状石墨而成。由于石墨呈团絮状，对基体的割裂作用大大减轻，因而它同灰铸铁相比不但有较高的强度，而且有较好的塑性和韧性，可锻铸铁也因此而得名，其实它仍是不可锻造的。

可锻铸铁的牌号是以“可铁”的汉语拼音首位字母“KT”及其后面二组数字表示，第一、二组数字分别表示最低抗拉强度值和断后伸长率。黑心可锻铸铁则在“KT”后加符号“H”，珠光体可锻铸铁则加符号“Z”。常用的可锻铸铁的类别、牌号、力学性能及应用举例见表 1－18 所列。

表 1－18 可锻铸铁的类别、牌号、力学性能及应用举例（GB/T 9440—2010）

类别	牌号	力学性能（不小于）				应用举例
		R_m/MPa	$R_{p0.2}$/MPa	A/%	HBW	
黑心可锻铸铁	KTH300－06	300	—	6	≤150	承受冲击、振动及扭转负荷的零件，如汽车、拖拉机的后桥壳，轮壳、机床附件、低压阀门、管件等
	KTH330－08	330	—	8		
	KTH350－10	350	200	10		
	KTH370－12	370	—	12		
珠光体可锻铸铁	KTZ450－06	450	270	6	150～200	负荷较高和耐磨损零件，如曲轴、连杆、齿轮、凸轮轴等
	KTZ550－04	550	340	4	180～230	
	KTZ650－02	650	430	2	210～260	
	KTZ700－02	700	530	2	240～290	

黑心可锻铸铁的基体为铁素体，断口呈黑绒状，强度虽不高，但有良好的塑性与韧性，故常用来制造承受冲击、振动和扭转载荷的零件；珠光体可锻铸铁的基体主要为珠光体，塑性和韧性比黑心可锻铸铁差，但强度、硬度和耐磨性高，用来制造承受较大负荷和摩擦的零件。

可锻铸铁的力学性能优于灰铸铁，但生产过程较复杂，退火周期长，铸件成本较高。所以主要适于制造形状复杂而又承受冲击和振动的零件，特别是壁厚较小的零件。因为这些零件若用灰铸铁制造，韧性差，极易开裂；若用铸钢制造，由于铸造性能不良，不易保证质量。

（6）蠕墨铸铁

蠕墨铸铁即碳以蠕虫状石墨存在的铸铁［图 1－30（d）］，它是在一定成分的铁液中加入适量的蠕化剂（如镁钛合金等）和孕育剂而获得的。

蠕墨铸铁的牌号是以“蠕铁”的汉语拼音首位字母“RuT”及其后面一组数字表示，数字表示最低抗拉强度值。例如：RuT300 表示最低抗拉强度为 300MPa 的蠕墨铸铁。

由于蠕墨铸铁中的石墨形似蠕虫状，石墨片的长与厚之比较小（一般为 2～10）。端部圆钝，对基体的割裂作用小，强度高于灰铸铁，高温下也有较高的强度，且有一定的韧性和较高的耐磨性以及较好的铸造性能和切削加工性能，兼有灰铸铁和球墨铸铁的某些优点。常用来代替孕育铸铁、合金铸铁、铁素体球墨铸铁和黑心可锻铸铁，制造高层建筑的高压热交换器、钢锭模、液压阀以及大型柴油机的气缸、缸盖、气缸套等。

蠕墨铸铁虽然开发较晚，但在国内外日益引起重视。

（7）合金铸铁

合金铸铁即在铸铁中加入某些合金元素，使其具有较高力学性能或某些特殊性能的铸铁。现代工业不仅要求铸铁具有更高的力学性能，有时还要求具有某些特殊性能，如耐热、耐磨和耐腐蚀等。为此可在铸铁中加入一定量的合金元素制成合金铸铁，例如在孕育铸铁中加入 0.4%～0.6%的磷或同时加入少量的 Cu、Ti 等元素，就可得到高磷耐磨铸铁，可用来制造轴承、活塞环、机床导轨等。在铸铁中加入一定量的 Al、Si、Cr 等元素就可得到耐热铸铁，可用来制造炉门、炉栅等耐热件，甚至代替耐热钢制造坩埚、热交换器等。在铸铁中加入较多的 Si、Ni 等元素可制得耐蚀铸铁，具有较高的抗蚀能力，可用来制造化工设备中的管道、阀门和泵等。这些铸铁与在相似条件下使用的合金钢相比，熔炼简便、成本低廉，但力学性能仍较差，尤其是脆性较大。如果采取相应措施，仍能获得满意的使用效果。

1.4.3　非铁金属材料

1. 铝及铝合金

铝是地壳中储量最丰富的一种金属，其产量在非铁金属中最大。

1－21　铝和铝合金
——工业纯铝和变形铝合金

（1）工业纯铝

铝的质量分数为 99.99%时，熔点为 660℃，具有面心立方晶格，无同素异构转变。工业上使用的纯铝的质量分数为 99.7%～98%，具有以下特性：

① 质量密度小。密度为 2.7g/cm^3，大约是铁密度的 1/3。

② 导电、导热性好。仅次于银和铜，约为纯铜电导率的 64%。

③ 耐大气腐蚀性好。铝表面与氧结合形成一层致密的 Al_2O_3 薄膜，可阻止铝进一步氧化，但铝不耐酸、碱、盐的腐蚀。

④ 塑性好、强度低。可压力加工制成各种型材，如丝、线、棒、管等。

⑤ 无铁磁性。可作为电气设备的屏蔽材料。

在工业纯铝中，主要杂质是铁和硅。铝中所含杂质的量越高，其导电性、导热性、耐蚀性及塑性就越低。工业纯铝分为铸造纯铝和压力加工（铝材）两种。

纯铝主要用途是代替贵重铜合金制作电线、配制各种铝合金，以及制作要求质轻、导热、耐大气腐蚀而强度不高的制件。纯铝强度很低，不适宜作机械零件。

（2）铝合金

在纯铝中加入适量的铜、镁、硅、锰、锌等合金元素制成铝合金，合金元素起固溶强化等作用，可提高强度，并保持密度小、耐蚀性和导热性好的特殊性能。铝合金还可通过冷加工和热处理进一步提高强度。因此铝合金可用于制造承受较大载荷的机械零件和构件。

根据铝合金的化学成分和工艺特点，可将铝合金分为变形铝合金和铸造铝合金两大类。

如图 1-31 所示为铝合金相图，成分在 D'点以左的合金，当加热到固溶线 DF 以上时，可得到均匀的单相固溶体 α，塑性很高，适于压力加工，故称为变形铝合金。成分在 D'以右的合金，由于有共晶反应，熔点低，流动性好，适宜铸造，故称为铸造铝合金。

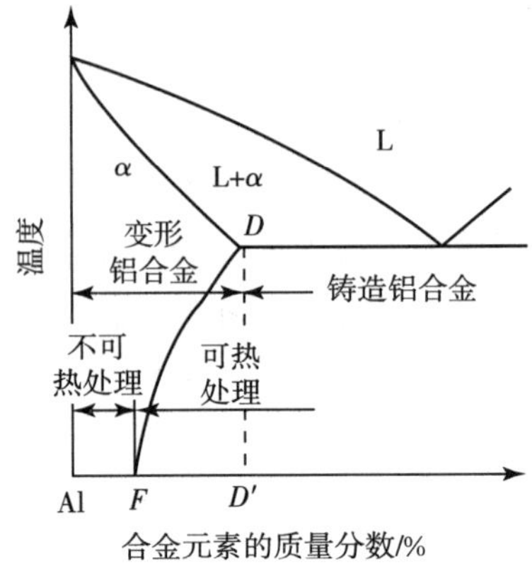

图 1-31　铝合金相图

变形铝合金又可分为两类：一类是成分在 F 点以左的铝合金，固溶体不随温度发生变化，不能用热处理方法强化，为不可热处理强化的铝合金；另一类是成分在 F 点以右的铝合金，固溶体随温度而变化，可用热处理方法强化，称为可热处理强化的铝合金。

① 变形铝合金：变形铝合金按性能特点和用途可分为防锈铝、硬铝、超硬铝和锻铝。变形铝合金牌号由“一位数字＋字母＋二位数字”表示。前面一位数字是主要合金元素 Cu、Mn、Si、Mg、“Mg＋Si”、Zn、其他元素等的顺序（2～8），表示组别；字母表示原始纯铝的改型情况，A 表示原始纯铝，其他字母表示原始纯铝的改型；后面二位数字用以区分同一组中不同的铝合金。如 2A11 表示以铜为主要合金元素的变形铝合金。表 1-19 为常用变形铝合金的类别、牌号、化学成分、热处理、力学性能及应用举例。

a. 防锈铝合金。防锈铝合金的主要合金元素为锰、镁，其主要作用是提高铝合金的耐蚀性，镁还使铝合金密度降低，锰和镁都有固溶强化作用。防锈铝合金的特点是具有较高的耐蚀性、塑性，承受压力加工的能力强，焊接性也很好，但切削加工性较差。常用拉深法制造高耐蚀性薄板容器（如油箱）、防锈蒙皮，以及受力小、质轻耐蚀的制品与结构件（如管道、窗框、灯具等）。

表 1-19　常用变形铝合金的类别、牌号、化学成分、热处理、力学性能及应用举例（摘自 GB/T 3190—2020）

类别	牌号（代号）	化学成分（质量分数）/%，余量为 Al					热处理	力学性能（不小于）			应用举例
		Cu	Mn	Mg	Zn	其余		R_m/MPa	A/%	HBW	
防锈铝金	5A05（LF5）	0.10	0.3～0.6	4.8～5.5	0.20	—	退火	270	23	70	焊接油箱、油管、焊条、铆钉及中载零件
	3A21（LF21）	0.20	1.0～1.6	0.05	0.10	Ti：0.15		130	23	30	焊接油箱、油管、铆钉及轻载零件

（续表）

类别	牌号（代号）	化学成分（质量分数）/%，余量为 Al					热处理	力学性能（不小于）			应用举例
		Cu	Mn	Mg	Zn	其余		R_m/MPa	A/%	HBW	
硬铝合金	2A01（LY1）	2.2～3.0	0.20	0.2～0.5	0.10	Ti：0.15	固溶处理＋自然时效	300	24	70	100℃以下工作的中等强度结构件，如铆钉等
	2A11（LY11）	3.8～4.8	0.4～0.8	0.4～0.8	0.30	Ni：0.10 Ti：0.15		420	18	100	中等强度结构件，如骨架、叶片、铆钉等
	2A12（LY12）	3.8～4.9	0.3～0.9	1.2～1.8	0.30	Ni：0.10 Ti：0.15	固溶处理＋人工时效	480	11	131	150℃以下工作的高强度结构件，如骨架、梁、铆钉等
超硬铝合金	7A04（LC4）	1.4～2.0	0.2～0.6	1.8～2.8	5.0～7.0	Cr：0.10～0.25 Ti：0.10		530	5	150	主要受力构件，如飞机起落架、大梁、桁架等
	7A09（LC9）	1.2～2.0	0.15	2.0～3.0	5.1～6.1	Cr：0.16～0.30 Ti：0.10		530	5	190	
锻铝合金	2A50（LD5）	1.8～2.6	0.4～0.8	0.4～0.8	0.30	Si：0.70～1.2 Ni：0.10 Ti：0.15		420	13	105	形状复杂、中等强度的锻件
	2A70（LD7）	1.9～2.5	0.20	1.4～1.8	0.30	Fe：0.90～1.5 Ni：0.90～1.5 Ti：0.02～0.10		440	13	120	高温下工件的复杂锻件及结构件
	2A14（LD10）	3.9～4.8	0.4～1.0	0.4～0.8	0.30	Si：0.6～1.2 Ni：0.10 Ti：0.15		480	10	135	承受重载荷的锻件

b. 硬铝合金。硬铝合金的主要合金元素是铜、镁，它们能形成强化相 $CuAl_2$ 及 $CuMgAl_2$，通过“固溶处理＋时效”可显著提高强度，故称为硬铝合金。铜、镁含量少的硬铝（如 2A01）强度较低而塑性好，铜、镁含量多的硬铝（如 2A12）则强度高而塑性差。

c. 超硬铝合金。超硬铝合金的主要合金元素是铜、镁、锌。强化相除 $CuAl_2$ 和 $CuMgAl_2$ 相外，还有强化效果更大的 $MgZn_2$ 及 $Al_2Mg_3Zn_3$，在时效时产生强烈的强化作用。这类铝合金的缺点是耐热性、耐蚀性差，一般采用含锌量 1%的铝锌合金或纯铝进行包铝，以提高耐蚀性。

d. 锻铝合金。锻铝合金所含的合金元素种类多，但含量较少。主要强化相为 Mg_2Si、$CuAl_2$、$CuMgAl_2$。常采用“固溶处理＋人工时效”方法强化。由于这类合金热塑性及耐蚀性较好，在高温状态、退火状态和“固溶处理＋人工时效”状态下均有良好的塑性，故可进行冷态和热态压力加工（如锻造、挤压）。

② 铸造铝合金：铸造铝合金具有优良的铸造性能，可生产各种形状复杂的零件。按所含主要合金元素的不同，铸造铝合金可分为铝硅、铝铜、铝镁、铝锌等四个系列。常用铸造铝合金的类别、牌号、化学成分、铸造方法、合金状态、力学性能及应用举例见表1－20所列。铸造铝合金牌号为“ZAl＋元素符号＋数字”，其中“ZAl”为铸铝，“元素符号”为铸造铝合金中所含的合金元素，元素符号后面的数字表示合金元素平均质量分数（百分数），如合金元素平均含量小于1，一般不标数字。

1－22 铝和铝合金——铸造铝合金

铸造铝合金的代号则由字母“ZL”（铸铝）及其后面的三个数字组成。ZL后面的第一个数字表示合金系列，其中：1为铝硅系、2为铝铜系、3为铝镁系、4为铝锌系。后两个数字表示顺序号。

表1－20 常用铸造铝合金的类别、牌号、化学成分、铸造方法、合金状态、力学性能及应用举例（摘自GB/T 1173—2013）

类别	牌号（代号）	化学成分/%，余量为Al						铸造方法	合金状态	力学性能（不小于）			应用举例
		Si	Cu	Mg	Mn	Ti	其他			R_m/MPa	A/%	HBW	
铝硅合金	ZAlSi7Mg（ZL101）	6.5～7.5	—	0.25～0.45	—	—	—	金属型	固溶处理＋自然时效	185	4	50	形状复杂的零件，如飞机零件、仪器仪表零件、抽水机壳体等
								砂型＋变质处理	固溶处理＋人工时效	225	1	70	
	ZAlSi12（ZL102）	10.0～13.0	—	—	—	—	—	砂型＋变质处理	—	145	4	50	
								金属型	—	155	2	50	
	ZAlSi9Mg（ZL104）	8.0～10.5	—	0.17～0.35	0.2～0.5	—	—	金属型	人工时效	200	1.5	65	形状复杂且工作温度低于200℃的零件，如电动机壳体、气缸体等
								金属型	固溶处理＋人工时效	240	2	70	
	ZAlSi5Cu1Mg（ZL105）	4.5～5.5	1.0～1.5	0.4～0.6	—	—	—	金属型	固溶处理＋不完全人工时效	235	0.5	70	形状复杂且工作温度低于250℃的零件，如发动机气缸头、油泵壳体等
								金属型	固溶处理＋软化处理	175	1	65	
	ZAlSi12Cu1Mg1Ni1（ZL109）	11.0～13.0	0.5～1.5	0.8～1.3	—	—	Ni：0.8～1.5	金属型	人工时效	195	0.5	90	较高温度下工作的零件，如活塞等
								金属型	固溶处理＋人工时效	245	—	100	

（续表）

类别	牌号（代号）	化学成分/%，余量为 Al						铸造方法	合金状态	力学性能（不小于）			应用举例
		Si	Cu	Mg	Mn	Ti	其他			R_m/MPa	A/%	HBW	
铝铜合金	ZAlCu5Mn（ZL201）	—	4.5～5.3	—	0.6～1.0	0.15～0.35	—	砂型	固溶处理＋自然时效	295	8	70	工作温度低于 300℃ 的零件，如内燃机气缸头、活塞等
								砂型	固溶处理＋不完全时效	335	4	90	
	ZAlCu10（ZL202）	—	9.0～11.0	—	—	—	—	砂型、金属型	固溶处理＋人工时效	163	—	100	高温下工作不受冲击的零件
铝镁合金	ZAlMg10（ZL301）	—	—	—	9.5～11.0	—	—	砂型、金属型	固溶处理＋自然时效	280	9	60	大气或海水中工作的零件，承受冲击载荷，外形不太复杂的零件，如舰船配件、氨用泵体等
	ZAlMg5Si（ZL303）	0.8～1.3	—	4.5～5.5	0.1～0.4	—	—	砂型、金属型	—	143	1	55	
铝锌合金	ZAlZn11Si7（ZL401）	6.0～8.0	—	0.1～0.3	—	—	Zn：9.0～13.0	金属型	人工时效	245	1.5	90	结构形状复杂的零件，如汽车、飞机、仪器零件
	ZAlZn6Mg（ZL402）	—	—	0.50～0.65	0.2～0.5	0.15～0.25	Zn：5.0～6.5 Cr：0.4～0.6	金属型	人工时效	235	4	70	

a. 铝硅合金。其又称为硅铝明，是铸造性能和力学性能配合最佳的一种铸造铝合金。如 ZAlSi12（ZL102），含 Si 10%～13%，处于共晶成分范围，有极好的流动性与较小的收缩率，因而具有优良的铸造性能。但由于共晶体中的硅晶体为硬脆相，故强度、塑性都较低。为此，在实际生产中常采用变质处理，即在浇注前的液态合金中加入 2%～3%的变质剂（钠盐混合物）。钠能促进硅形核并阻碍晶粒长大，变质处理后强度和塑性有明显的提高。

b. 铝铜合金。铝铜合金主要有 ZAlCu5Mn（ZL201）、ZAlCu10（ZL202）等，具有较高的强度和较好的塑性，且在 300℃以下能保持较高的强度，是耐热铸造铝合金，但它的铸造性能和耐蚀性差。

c. 铝镁合金。铝镁合金主要有 ZAlMg10（ZL301）、ZAlMg5Si（ZL303），其特点是密度小，耐蚀性好，固溶强化效果好，具有较高的强度，但铸造性能差，浇注时易氧化和形成缩松，且耐热性差，不宜在高温下使用。ZAlMg10（ZL301）具有良好的综合力学性能，切削加工后表面粗糙度值低。

d. 铝锌合金。铝锌合金主要有 ZAlZn11Si7（ZL401）、ZAlZn6Mg（ZL402），其铸造性能好，易充满铸型型腔，强度较高且价格低廉，但耐蚀性差，热裂倾向大，常用于生产压铸件，不必进行热处理，经自然时效就可强化。

2. 铜及铜合金

在金属材料中，铜及铜合金的应用范围仅次于钢铁。在非铁金属材料中，铜的产量仅次于铝。铜及铜合金具有下列优良特性：

① 良好的加工性能。铜及其合金塑性很好，容易进行冷、热加工成形；铸造铜合金有很好的铸造性能。

② 优异的物理、化学性能。铜及其合金的导电、导热性很好，对大气和水的耐蚀能力很强，且是抗磁性物质。

1-23　铜和铜合金

③ 特殊力学性能。某些铜合金有优良的减摩性和耐磨性，高的弹性极限和疲劳极限。

④ 色泽美观。

铜及铜合金在电气、仪表、船舶及机械制造中应用广泛。但铜的储量较小，价格较贵，当有耐蚀性、加工性能、力学性能及特殊外观等要求时才考虑使用。

（1）工业纯铜

纯铜又称紫铜、电解铜，熔点为1083℃，密度为8.93g/cm^3，具有高的导电性、导热性、耐蚀性和抗磁性，主要用作导电材料、散热材料及防磁材料等。纯铜的强度、硬度较低，难以满足机械零件的使用要求。

纯铜呈面心立方晶格，具有优良的塑性，但强度不高（R_m＝200～250MPa），硬度低（≤70HV），因而常通过塑性加工制成板材、带材、线材。经冷变形加工后，可使铜的强度提高到R_m＝400～450MPa，硬度提高到110HV，但塑性A却由35%～45%下降至1%～3%。

工业纯铜根据所含杂质多少可分为T1、T2、T3、T4四个牌号，“T”即“铜”的汉语拼音首位字母，其后的数字越大，纯度越低。

（2）铜合金

为提高力学性能，在纯铜中加入合金元素制成铜合金。铜合金可分为黄铜（铜锌合金）、白铜（铜镍合金）和青铜（除黄铜、白铜外其余的铜合金）。白铜具有适当的强度，优良的塑性和耐蚀性，高的电阻率，主要用来制造精密机械、精密仪表中的耐蚀零件及电阻器、热电偶等。工业中应用较广的是黄铜和青铜。

① 黄铜：以锌为主加元素的铜合金，称为黄铜。按化学成分不同，它又分为普通黄铜、特殊黄铜和铸造黄铜。常用黄铜的牌号、主要化学成分、制品种类或铸造方法、力学性能和应用举例见表1-21所列。

表 1-21 常用黄铜的牌号、主要化学成分、制品种类或铸造方法、力学性能和应用举例

（摘自 GB/T 5231—2001，GB/T 2059—2008，GB/T1176—2013）

<table>
<tr><th colspan="2" rowspan="2">牌号</th><th colspan="2">主要化学成分/%</th><th rowspan="2">制品种类或铸造方法</th><th colspan="3">力学性能</th><th rowspan="2">应用举例</th></tr>
<tr><th>Cu</th><th>Zn 及其他</th><th>R_m/MPa</th><th>A/%</th><th>硬度</th></tr>
<tr><td rowspan="3">普通黄铜</td><td>H90</td><td>89～91</td><td rowspan="3">Zn 余量</td><td rowspan="3">板、棒、线、管</td><td>≥245</td><td>≥35</td><td>—</td><td rowspan="3">导管、冷凝器、散热片及导电零件；冷冲件、冷挤件，如弹壳、螺钉、螺母、垫圈</td></tr>
<tr><td>H68</td><td>67～70</td><td>≥290</td><td>≥40</td><td>≤90HV</td></tr>
<tr><td>H62</td><td>60.5～63.5</td><td>≥290</td><td>≥35</td><td>≤95HV</td></tr>
<tr><td rowspan="2">特殊黄铜</td><td>HPb 59-1</td><td>57.0～60.0</td><td>Pb：0.8～1.9
Zn 余量</td><td>板、棒、线</td><td>≥340</td><td>≥25</td><td>—</td><td>结构零件，如销、螺钉、螺母、衬套、垫圈</td></tr>
<tr><td>HMn 58-2</td><td>57.0～60.0</td><td>Mn：1～2
Zn 余量</td><td>板、线</td><td>≥380</td><td>≥30</td><td>—</td><td>船舶和弱电用零件</td></tr>
<tr><td rowspan="4">铸造黄铜</td><td rowspan="2">ZCuZn16 Si4</td><td rowspan="2">79.0～81.0</td><td rowspan="2">Si：2.5～4.5
Zn 余量</td><td>S、R</td><td>≥345</td><td>≥15</td><td>≥90HBW</td><td rowspan="2">在海水、淡水和蒸汽条件下工作的零件，如支座、法兰盘、导电外壳</td></tr>
<tr><td>J</td><td>≥390</td><td>≥20</td><td>≥100HBW</td></tr>
<tr><td rowspan="2">ZCuZn40 Pb2</td><td rowspan="2">58.0～63.0</td><td rowspan="2">Pb：0.5～2.5
Al：0.2～0.8
Zn 余量</td><td>S、R</td><td>≥220</td><td>≥15</td><td>≥80HBW</td><td rowspan="2">大型轴套及滚珠轴承套</td></tr>
<tr><td>J</td><td>≥280</td><td>≥20</td><td>≥90HBW</td></tr>
</table>

注：在铸造方法中，S 代表砂型铸造，J 代表金属型铸造，R 代表熔模铸造

a. 普通黄铜。普通黄铜是铜锌二元合金，平衡状态下室温组织由 α 和 β′两个基本相组成。α 相是锌溶于铜中的固溶体，具有较好的塑性，适于冷、热压力加工。β′相是以 CuZn 为基的固溶体。

工业中应用的普通黄铜，按其平衡状态的组织可分为以下两种类型：当 $w_{Zn}<39\%$时，室温下组织为单相 α 固溶体，称为单相黄铜；w_{Zn}为 39%～45%时，室温下组织为 α+β′，称为双相黄铜。

黄铜不仅有良好的变形加工性能，而且有优良的铸造性能。黄铜的耐蚀性较好，与纯铜接近，超过铸铁、碳钢及普通合金钢。因为有残余应力的存在，黄铜在潮湿的大气或海水中，特别是在含有氨的介质中，容易开裂，称为季裂。黄铜中含锌量越大，季裂倾向越大。生产中可通过去应力退火来消除应力，减轻季裂倾向。

普通黄铜的牌号为“H+二位数字”，其中“H”为“黄铜”，二位数字表示铜的质量分数（百分数）。常用单相黄铜的牌号有 H90、H68 等，由于单相黄铜塑性很好，可进行压力加工，用于制造各种板材、线材、形状复杂的零件。常用双相黄铜的牌号有 H62 等，因高温塑性好，通常热轧成棒材、板材。

b. 特殊黄铜。在普通黄铜中加入其他合金元素所组成的合金，称为特殊黄铜。常加入的元素有锡、铅、铝、硅等，根据所加入的元素，相应地称为锡黄铜、铅黄铜、铝黄

铜、硅黄铜等。特殊黄铜的牌号为“H＋元素符号＋两组数字”，其中“H”为“黄铜”，“元素符号”为特殊黄铜中所含的合金元素，元素后面的第一组数字表示铜的平均质量分数（百分数），第二组数字表示合金元素的平均质量分数（百分数），如 HPb59－1 为含 Cu 59％、含 Pb 1％的铅黄铜。

c. 铸造黄铜。铸造黄铜的牌号为“ZCu＋元素符号＋数字”，其中“ZCu”为“铸造黄铜”，“元素符号”为铸造黄铜中所含的合金元素，元素后面的数字表示合金元素的平均质量分数（百分数），如 ZCuZn16Si4 为含 Zn16％、Si4％，其余为铜的铸造黄铜。合金元素的加入，可提高强度，加入铝、锰、硅、锡可提高黄铜的耐蚀性，加入硅还可改善铸造性能，而加入铅则可改善切削加工性。

② 青铜：青铜原指铜锡合金，又称为锡青铜，但目前已将铝、硅、铅、铍、锰等的铜基合金统称为无锡青铜。青铜包括锡青铜、铝青铜、铍青铜等，可分为压力加工青铜和铸造青铜两类。

青铜的牌号为“Q＋元素符号＋一组或两组数字”。其中“Q”为“青铜”，“元素符号”为青铜中所含的合金元素，元素后面的第一组数字表示主加合金元素的平均质量分数（百分数），第二组数字表示除铜和主加合金元素以外其他元素的平均质量分数（百分数），如 QSn4－3 为含 Sn 4％、含其他元素（Zn）3％的青铜。

a. 锡青铜。含锡量对锡青铜的力学性能的影响如图 1－32 所示。当含锡量 w_{Sn} 小于 6％时，由于加入锡产生固溶强化，形成单相 α 固溶体，使锡青铜的强度、塑性随着含锡量的增加而升高。当含锡量 w_{Sn} 大于 6％时，组织中出现硬脆的 δ 相，塑性急剧下降而强度继续升高。当含锡量 w_{Sn} 超过 20％时，出现大量的 δ 相，使合金变脆，强度急剧下降。因此，工业用锡青铜含锡量一般在 3％～14％。含锡量 w_{Sn} 小于 5％的锡青铜适于冷变形加工；含锡量 w_{Sn} 为 5％～7％的锡青铜适于热变形加工；含锡量 w_{Sn} 为 10％～14％的锡青铜适于铸造。

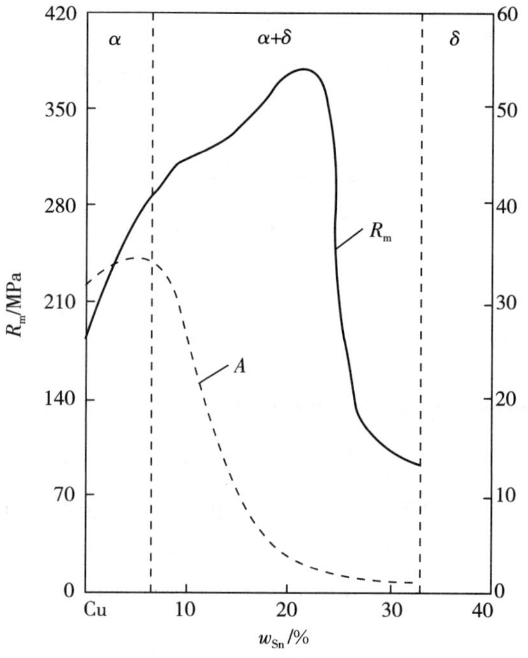

图 1－32　含锡量对锡青铜性能的影响

锡青铜的特点是结晶温度范围较宽，冷却凝固时体积收缩率小，易于获得尺寸接近于铸型的铸件。但锡青铜流动性差，偏析倾向较大，易产生分散缩孔而使铸件的致密度较低。

此外，锡青铜有较好的耐磨性、抗磁性和低温韧性，在海水、蒸汽、淡水中的耐蚀性超过纯铜和黄铜。常用的锡青铜有 QSn4－3、QSn6.5－0.1，用于制造弹性元件、耐磨零件、抗磁零件及耐蚀零件。

b. 铝青铜。铝青铜是以铝为主加元素的铜合金，含铝量 w_{Al} 为 5%～10%，常用的铝青铜有 QAl7 等。铝青铜的结晶温度范围较窄，铸件收缩率大，铸造性能和焊接性较差，但力学性能、耐热性、耐磨性及耐蚀性均高于锡青铜和黄铜。在铝青铜中加入铁、锰、镍等元素，可进一步提高其力学性能。

c. 铍青铜。铍青铜是以铍为主加元素的铜合金，含铍量 w_{Be} 为 1.6%～2.5%，常用的铍青铜有 QBe2 等。铍青铜的时效硬化效果极好，"固溶处理＋时效处理"可大大提高其强度和硬度。铍青铜还具有较高的弹性极限、屈服强度和疲劳强度，耐磨性、耐蚀性、导电性、导热性和焊接性也很好。铍青铜主要用于制作弹性元件、防爆工具、焊机电极、航海罗盘仪中的零件等。

③ 白铜：以镍为主加元素的铜合金称为白铜。白铜可分为普通白铜和特殊白铜两类。

a. 普通白铜。普通白铜只含铜和镍，普通白铜的牌号为"B＋数字"。其中"B"为"白铜"，"数字"为镍的平均质量分数（百分数），如 B19 表示 w_{Ni} 为 19%的普通白铜。

普通白铜的力学性能与镍含量有关（图 1－33）。普通白铜的强度高、塑性好，能进行冷、热变形加工，冷变形加工能提高强度和硬度。普通白铜的耐蚀性好，电阻率较高，主要用于制造医疗器械、化工机械零件等。

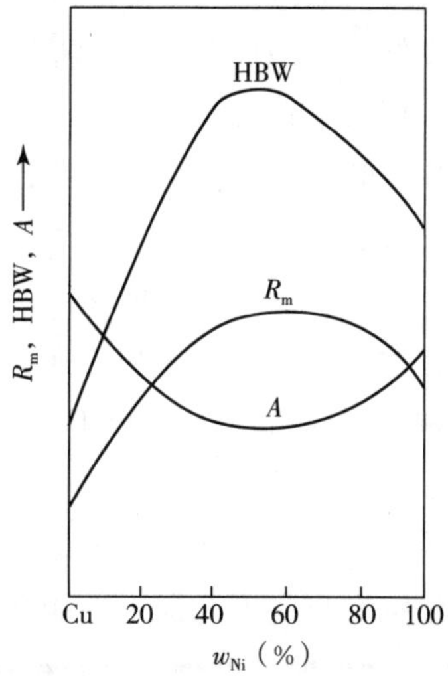

图 1－33 普通白铜的力学性能与镍含量的关系

b. 特殊白铜。在普通白铜中加入锌、锰、铁等元素后形成的特殊白铜，分别称为锌白铜、锰白铜、铁白铜。其牌号为"B＋元素符号＋二组数字"。其中"B"为"白铜"，"元素符号"为所加入的元素，元素后面的第一组数字表示镍的平均质量分数（百分数），第二组数字表示所加入元素的平均质量分数（百分数），如 BZn15－20，表示 w_{Ni} 为 15%，w_{Zn} 为 20%的锌白铜。

特殊白铜的性能和用途与普通白铜不同，常用的锌白铜 BZn15－20 用于潮湿条件下和强腐蚀介质中工作的仪表零件，锰白铜 BMn3－12 用于制造弹簧，BMn40－1.5 用于制作热电偶丝等。

3. 钛及钛合金

钛及钛合金的比强度高、耐热性好、耐蚀性优良，是化工、航空航天、造船等行业中的重要结构材料。

（1）纯钛

钛呈银白色，密度小，熔点高，热膨胀系数小，导热性差。纯钛塑性好，强度低，可加工成细丝和薄片。钛的耐蚀性好，在硫酸、盐酸等介质中都很稳定。

钛的力学性能与纯度有关，钛中常存有O、N、H、C等元素，能与钛形成间隙固溶体，显著提高钛的强度与硬度，降低塑性与韧性。

1-24 钛和钛合金

常用纯钛的牌号有TA1、TA2、TA3。“T”为钛的汉语拼音字首，“A”为密排六方晶格的α钛，数字越大纯度越低。工业纯钛常用于工作温度在350°C以下、强度要求不高的零件，如飞机骨架、发动机部件、阀门等。

（2）钛合金

工业钛合金按其组织状态可分为α钛合金、β钛合金和（α+β）钛合金，其牌号分别以TA、TB、TC加上编号表示。

① α钛合金：α钛合金的组织全部为α相，焊接性和铸造性能良好，蠕变抗力高、热稳定性好，但塑性较低。α钛合金不能淬火强化，只能进行退火处理，主要依靠固溶强化。

常用的α钛合金是TA7，α钛合金具有中等的强度，在高温下仍可保持高的强度，工作温度不超过500°C。主要用于制造导弹的燃料罐、发动机零件、叶片等。

② β钛合金：钛中加入Mo、Cr、V等β相稳定化元素后得到β钛合金。β钛合金强度较高，有优良的冲压性能和焊接性能，经“固溶处理+时效处理”后，合金组织为β相并析出弥散分布的细小α相，强度进一步提高。

常用的β钛合金是TB1，一般在350°C以下使用，主要用于制造气压机叶片、轴、轮盘等承受重载的零件。

③（α+β）钛合金：室温下具有α固溶体和β固溶体混合组织的钛合金。（α+β）钛合金高温抗变形能力和加工性能介于α钛合金和β钛合金之间，塑性较好，耐蚀性强，通过“固溶处理+时效处理”可获得良好的综合性能。

常用的（α+β）钛合金是TC4，用于在−196～400℃工作的火箭发动机外壳、航空发动机叶片和低温下使用的压力容器等。

4. 镁及镁合金

（1）纯镁

镁的储量仅次于铝和铁，为密排六方晶格，密度为1.74g/cm³，是常用金属中最轻的材料，比强度高，阻尼性、导热性、切削加工性和铸造性能好，电磁屏蔽能力强。

纯镁在室温下塑性很差，强度和硬度也很低，纯镁一般不作为结构材料，通过加入其他金属形成镁合金，提高其力学性能、耐蚀性和耐热性。

1-25 镁和镁合金

（2）镁合金

镁合金是镁中加入 Al、Zn、Mn、Zr 等合金元素及稀土元素形成的合金。

铝和镁形成有限固溶体，可提高镁合金的强度和硬度，改善铸造性能。但含铝量过高，合金的应力腐蚀倾向加剧、塑性降低。

锌在镁合金中起固溶强化和时效强化作用，锌与铝结合可提高镁合金室温强度，锌同锆、稀土结合形成强度较高的沉淀以强化镁合金。此外，锌也能减轻镁合金中铁、镍引起的腐蚀。

锰可提高镁合金的耐热性和耐蚀性，并可细化晶粒，提高镁合金的焊接性。

锆可细化镁合金的晶粒，减小热裂倾向，提高力学性能。

稀土元素也可细化镁合金的晶粒，提高耐热性，改善铸造和焊接性能。

此外，镁合金中还存在杂质元素，其中 Fe、Cu、Ni 的危害大，应严格控制它们的含量。

根据生产工艺，镁合金分为铸造镁合金和变形镁合金两类。镁合金的代号为“二位字母＋数字”。其中“ZM”为“铸造镁合金”，“MB”为“变形镁合金”，“数字”为合金的序号，代表合金的化学成分。

（3）铸造镁合金

铸造镁合金分为高强度铸造镁合金和耐热铸造镁合金两类。

① 高强度铸造镁合金。高强度铸造镁合金主要有 ZMl、ZM2、ZM5、ZM7 等，一般在固溶处理或“固溶处理＋时效处理”后使用，具有较高的强度、良好的塑性，适于制造各类零件。但高强度铸造镁合金耐热性较差，使用温度不能超过 150℃。其中，ZM5 在航空和航天工业中应用很广，用于制造飞机、发动机、卫星及导弹仪器舱中承载较高的结构件。

② 耐热铸造镁合金。耐热铸造镁合金主要有 ZM3、ZM4 和 ZM6 等，铸造工艺性能良好，热裂倾向小，铸件致密。合金的常温强度和塑性较低，但耐热性高，长期使用温度为 200～250℃，短时使用温度可达 300～350℃。常用铸造镁合金的牌号、主要化学成分、状态和力学性能见表 1－22 所列。

表 1－22　常用铸造镁合金的牌号、主要化学成分、状态和力学性能（摘自 GB/T 1177—2018）

牌号（代号）	主要化学成分/%						状态	力学性能（不小于）		
	Mg	Al	Zn	RE	Zr	其他		R_m/MPa	$R_{p0.2}$/MPa	A/%
ZMgZn5Zr（ZM1）	余量	0.02	3.5～5.5	—	0.5～1.0	—	T1	235	140	5.0
ZMgZn4RE1Zr（ZM2）	余量	—	3.5～5.5	0.75～1.75	0.4～1.0	Mn：0.15	T1	200	135	2.5
ZMgRE3ZnZr（ZM3）	余量	—	0.2～0.7	2.5～4.0	0.4～1.0	—	F	120	85	1.5

（续表）

牌号（代号）	主要化学成分/%						状态	力学性能（不小于）		
	Mg	Al	Zn	RE	Zr	其他		R_m/MPa	$R_{p0.2}$/MPa	A/%
ZMgRE3Zn3Zr（ZM4）	余量	—	2.0～3.0	2.5～4.0	0.5～1.0	—	T1	140	95	2.0
ZMgAl8Zn（ZM5）	余量	7.5～9.0	0.2～0.8	—	—	Mn：0.15～0.5	T4	230	75	6.0
ZMgNd2ZnZr（ZM6）	余量	—	0.1～0.7	—	0.4～1.0	Nd：2.0～2.8	T6	230	135	3.0
ZMgZn8AgZr（ZM7）	余量	—	7.5～9.0	—	0.5～1.0	Ag：0.6～1.2	T6	275	150	4.0

注：F代表“铸态”，T1代表“人工时效”，T4代表“固溶处理＋自然时效”，T6代表“固溶处理＋完全人工时效”。

（4）变形镁合金

MBl和MB8是在Mg中加入Mn形成的合金，具有良好的耐蚀性和焊接性，可进行冲压、挤压等塑性变形，一般在退火状态下使用，其板材用于制作蒙皮、壁板等焊接结构件，模锻可制作外形复杂的耐蚀件。

MB2、MB3、MB5、MB6和MB7是在Mg中加入Al和Zn形成的合金，强度较高、塑性较好。其中MB2和MB3有较好的热塑性和耐蚀性，应用较多，其余三种合金应力腐蚀倾向较大，且塑性较差。

MB15是在Mg中加入Zn和Zr形成的合金，抗拉强度和屈服强度明显高于其他变形镁合金。MB15合金可进行热处理强化，通常在热变形后进行人工时效，时效温度一般为160～170℃，保温10～24h。MB15主要用来制作承载较大的零件，使用温度不超过150℃，同时因焊接性能较差，一般不用作焊接结构。MB15是航天工业中应用最多的变形镁合金。

5. 滑动轴承合金

制造滑动轴承的轴瓦及其内衬的耐磨合金，称为滑动轴承合金。与滚动轴承相比，滑动轴承承压面积大、工作平稳无噪声，制造检查方便，常用于制作磨床主轴轴承、连杆轴承、发动机轴承等。

1－26　滑动轴承合金

（1）滑动轴承合金的性能要求

滑动轴承是支承轴工作的，当轴高速旋转时，轴承受到交变负荷和冲击的作用，轴颈与轴瓦或内衬发生强烈的摩擦。为了减少轴颈的磨损，轴承合金应满足下列性能要求：

① 足够的力学性能，特别是抗压强度、疲劳强度和冲击韧性。

② 良好的减摩性，即摩擦系数低、磨合性好、抗咬合性及蓄油性好。

③ 良好的耐热性和耐蚀性，以保证轴承不因温升过高而软化或熔化。

④ 能抗润滑油腐蚀。

(2) 滑动轴承合金的组织

常用的轴承合金有两类：

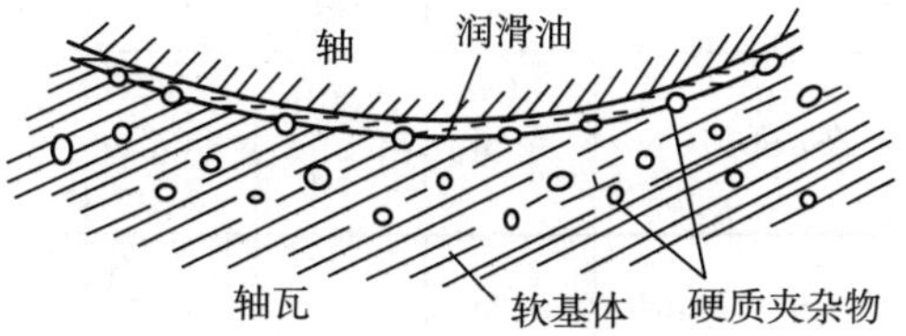

图 1-34　软基体硬质点轴瓦与轴的接触面

① 在软基体上分布着硬质点（一般为化合物）：如图 1-34 所示，硬质点抗磨且突出表面以承受负荷。软基体易被磨损后形成凹坑，可储存润滑油，有利于形成连续的油膜，保证良好的润滑条件和低的摩擦系数，同时软基体还有较好的磨合性和抗冲击振动的能力。但这类组织难以承受高的负荷。属于这类组织的有锡基轴承合金和铅基轴承合金。

② 在较硬的基体（硬度低于轴颈）上分布着软的质点：这类组织能承受较高负荷，但磨合性较差。属于这类组织的有铜基轴承合金和铝基轴承合金。

(3) 常用滑动轴承合金

① 锡基轴承合金：锡基轴承合金是以锡为基体，加入少量锑、铜等元素组成的合金，常用的是 ZSnSb11Cu6。锡基合金具有良好的抗咬合性、耐磨性、耐蚀性和韧性，但疲劳强度较低，其工作温度不超过 100℃，价格较高。

② 铅基轴承合金：铅基轴承合金是以铅-锑为基体，加入锡、铜等元素的轴承合金，常用的是 ZPbSb16Sn16Cu2。铅基轴承合金与锡基轴承合金相比，价格便宜，但性能较差，摩擦系数较大，耐蚀性较差。

③ 铜基轴承合金：铜基轴承合金以铅或锡为主加元素，常用的是 ZCuPb30 和 ZCuSnl0P1。

铅青铜 ZCuPb30 的铜与铅互不相溶，其组织为硬的铜基体上分布着大量软质点（铅晶粒），具有高的疲劳强度、承受高负荷的能力、高的导热性和低的摩擦系数，工作温度可达 350℃，适用于高温、高速、重负荷下工作的轴承。

锡青铜 ZCuSnl0P1 常用作轴承材料，其组织由软基体（α 固溶体）和硬质点（δ 相、化合物 Cu_3P 等）构成，组织中存在较多的分散性缩孔，有利于润滑油的储存，可用于承受中速及较大固定负荷的轴承。

④ 铝基轴承合金：铝基轴承合金是一种适宜在高速、高压、重负荷下工作的轴承合金。常用的铝基轴承合金是 ZAlSn6Cu1Ni1，其组织为硬基体（铝）上分布着软的球状锡晶粒，具有密度小、导热性好、疲劳强度高，以及良好的耐热、耐磨及耐蚀性。

除上述轴承合金外，珠光体灰铸铁也可作滑动轴承材料，其显微组织由硬基体（珠光体）与软质点（石墨）组成，石墨还有润滑作用。灰铸铁轴承可承受较大压应力，价格低廉，但摩擦系数大，导热性低，只适用于低速的不重要轴承。

表1-23为常用滑动轴承合金的种类、牌号、主要化学成分、力学性能和应用举例。

表1-23 常用滑动轴承合金的种类、牌号、主要化学成分、力学性能和应用举例（摘自GB/T 1174—1992)

种类	牌号	主要化学成分/%					HBW（不小于）	应用举例
		Sn	Sb	Pb	Cu	其他		
锡基	ZSnSb11Cu6	余量	10.0～12.0	0.35	5.5～6.5	—	27	1500kW以上汽轮机，400kW涡轮压缩机，高速内燃机轴承
	ZSnSb8Cu4	余量	7.0～8.0	0.35	3.0～4.0	—	24	一般大机械轴承及高负荷汽车发动机的双金属轴承
	ZSnSb4Cu4	余量	4.0～5.0	0.35	4.0～5.0	—	20	涡轮内燃机的高速轴承及轴承衬
铅基	ZPbSb16Sn16Cu2	15.0～17.0	15.0～17.0	余量	1.5～2.0	—	30	110～880kW蒸汽涡轮机，150～750kW电动机和小于1500kW起重机及重载荷推力轴承
	ZPbSb10Sn6	5.0～7.0	9.0～11.0	余量	0.005	—	18	重负荷、耐蚀、耐磨轴承
铜基	ZCuSnl0Pl	9.0～11.5	0.05	0.25	余量	P：0.5～1.0	80	高速重载柴油机轴承
	ZCuPb30	1.0	0.2	27.0～33.0	余量	—	25	高速高压航空发动机、高压柴油机轴承
铝基	ZAlSn6Cu1Ni1	5.0～7.0	—	—	0.7～1.3	Ni：0.7～1.3 Al：其余	35	高速、重载的汽车、拖拉机、柴油机轴承

1.4.4 粉末冶金材料

粉末冶金材料指用粉末冶金方法制造的材料，即制取金属粉末并通过成形和烧结由金属粉末（或金属与非金属粉末）的混合物制成的材料。

1-27 粉末冶金材料

1. 粉末冶金材料的应用

粉末冶金材料应用很广，机械制造中常用作硬质合金、减摩材料、摩擦材料、结构材料和过滤材料等。粉末冶金还可用来制造难熔金属材料（如钨极板和高温合金等）、特殊电磁性能材料（如电器触头和磁性材料等）、多孔金属过滤材料等。特别是组元的熔点和密度相差悬殊、在液态下互不溶解的合金（如钨-铜电触点材料），往往只能用粉末冶金方法制取。但普通粉末冶金制品的密度较低且很不均匀，强度比相应的铸件或锻件低20%～30%，对于细长形、薄壁和沿压制方向变截面的制品，不宜采用粉末冶金材料。同时压模和金属粉末成本较高，一般只适用于中、小型制品的成批、大量生产。

2. 常用的粉末冶金材料

常用的粉末冶金材料有硬质合金、烧结减摩材料、烧结摩擦材料和烧结钢等。

(1) 硬质合金

硬质合金采用高硬度、难熔的金属碳化物（WC、TiC 等）粉末为硬质点，加入 Co、Mo 或 Ni 等作为黏结剂，经过混合、压制和烧结而成。其特点是硬度高（86～93HRA）、耐磨性好、耐热性好（800～1000℃），因此硬质合金刀具的许用切削速度远比高速钢高，且使用寿命长。此外硬质合金还有较高的抗弯强度（900～2800MPa）与刚度，良好的耐蚀性与抗氧化性。但其韧性低，常用来制造刀具以及某些冷作模具、量具以及不受冲击和振动的高耐磨零件（如磨床顶尖等）。

(2) 烧结减摩材料

烧结减摩材料是工作时要求减少摩擦的材料，以多孔轴承材料最常用。这种用铁与石墨、青铜与石墨等粉末烧结制成的轴承，具有多孔性，在毛细作用下，可吸附大量油，以供工作时润滑，所以又称含油轴承。含油轴承一般用于中速、轻载荷的工作条件，特别适宜不能经常加油的场合。

(3) 烧结摩擦材料

烧结摩擦材料通常是用铁、铜等金属材料作为基体，并加入石棉、Al_2O_3 等摩擦组元以及石墨或 MoS_2 等润滑剂的粉末，经加压烧结或烧结后压制而成，能较好地满足摩擦材料的性能要求，广泛用来制造机器上的制动带和离合器片等。

(4) 烧结钢

烧结钢即以碳钢或合金钢粉末为主并用粉末冶金方法制成的材料，可用于制造电钻齿轮和油泵齿轮等。烧结钢制品精度较高、表面光洁，不需或只需少量切削加工，且可通过热处理强化和提高耐磨性。烧结钢制品具有多孔性，可浸渍润滑油减摩，并有减振、消声作用。

1.5 非金属材料

非金属材料是金属材料以外的其他材料，由非金属元素或化合物构成的材料。

1.5.1 高分子材料

高分子材料指相对分子量很大的有机化合物，远比普通的有机物或无机物等低分子化合物的相对分子量（一般为十几或几十，多数在几百以下）大得多。例如，水（H_2O）的相对分子量只有 18，石英（SiO_2）为 60，而天然橡胶一般为 20 万～50 万。

1-28 高分子材料——塑料

高分子材料可分为天然的和人工合成的两大类。前者如松香、蚕丝、蛋白质和天然橡胶等，后者如塑料、合成橡胶等。工程上的高分子材料主要指人工合成的高分子化合物。它们的相对分子量虽然很大，但其化学组成并不复杂，每个大分子都是由一种或几种低分子化合物（称为单体）重复连接（聚合）而成，所以高分子化合物又称为聚合物或高聚物。

高分子化合物的合成方法常见的有两种，即加成聚合（简称加聚）和缩合聚合（简称缩聚）。加成聚合是由一种或几种单体经过反复多次相互聚合而成的高分子化合物的聚合反应。同一种单体加聚而成的高分子化合物称为均聚物，两种或多种单体加聚而成的高分子化合物称为共聚物。80％左右的高分子材料都是加聚而成的。缩合聚合是由两个或多个官能团的单体互相缩合而成的高分子化合物的聚合反应。同一种单体分子的缩聚产物称均缩聚物，两种或两种以上的单体分子的缩聚产物称共缩聚物。

机械工程材料中常用的高分子材料有塑料、橡胶、合成纤维、涂料和胶粘剂等。

1. 塑料

塑料是以高聚物为主要成分，并在加工为成品的某阶段可流动成形的材料。

（1）塑料的分类

塑料的品种很多，可按用途和受热时的性能进行分类。

① 按用途分类：可将塑料分为通用塑料和工程塑料两大类。

a. 通用塑料。通用塑料即力学性能和使用温度较低的塑料，如聚乙烯、聚氯乙烯等，常用于日常生活用品、包装材料等。通用塑料产量大，约占塑料总产量的 70％，改性后也可作为工程塑料使用。

b. 工程塑料。工程塑料即力学性能和使用温度较高的塑料，如聚酰胺（尼龙）、聚甲醛、环氧树脂等。工程塑料强度较高，刚性较大，韧性也较好，但价格较高，常用于制造机械零件和工程构件。

② 按受热时的性能分类：按受热时的性能不同，可将塑料分为热塑性塑料和热固性塑料两大类。

a. 热塑性塑料。热塑性塑料即具有热塑性的塑料，在塑料整个特征温度范围内，能反复加热软化和反复冷却硬化，且在软化状态通过流动能反复模塑为制品。其力学性能较好，加工成形方便，但耐热性较差。常用的热塑性塑料有聚乙烯、聚酰胺、聚四氟乙烯等。

b. 热固性塑料。热固性塑料即具有热固性的塑料，加热和通过其他方法，例如辐射、催化等固化时，能变成基本不溶、不熔的产物。它有较高的耐热性，受压时不易变形，但力学性能较差。常用的热固性塑料有环氧树脂、酚醛塑料、氨基塑料等。

（2）工程塑料的性能特点和应用

与金属材料相比，工程塑料密度小，比强度（强度/密度）高，耐磨性、减振性较好，易于成形，但强度、硬度较低，导热性、耐热性较差，易老化。工程塑料可用于替代金属制造工程构件和机械零件。常用工程塑料的性能特点及应用举例见表 1－24 所列。

表 1-24 常用工程塑料的性能特点及应用举例

类别	名 称	性能特点	应用举例
一般结构零件	丙烯腈-丁二烯-苯乙烯（ABS）	硬度高，耐冲击，表面可电镀，但耐候性和耐热性差	水表外壳、电话机外壳、泵叶轮、汽车挡泥板、小汽车车身
	聚丙烯（PP）	最轻的塑料，力学性能较高，密度小，耐蚀性好	化工容器、管道、法兰接头、汽车零件、仪表罩壳
	高密度聚乙烯（HDPE）	比水轻，−70℃仍柔软，耐酸、碱、有机溶剂，注射成形性好，成形温度范围宽	汽车调节器盖、喇叭后壳、电动机壳、手柄、风扇叶轮
	改性聚苯乙烯（PS）	刚性、韧性好，吸水性低，耐酸、碱，不耐有机溶剂，成形性好	自动化仪表零件、切换开关、电表外壳
	酚醛（PF）	强度和刚性好，耐磨性良好，易于成形	仪表外壳、灯头、插座
耐磨零件	尼龙（PA）	韧性好，耐磨、耐油、吸水性大，影响尺寸稳定性	轴承、密封圈、轴瓦等
	聚甲醛（POM）	耐磨、耐疲劳，抗冲击，摩擦系数低，吸水率小，但成形收缩率较大	大型轴承、齿轮、蜗轮、轴套、阀杆、螺母等
	聚碳酸酯（PC）	抗蠕变性、韧性好，脆化温度为−100℃，透明，制品精度高	小模数仪表齿轮、水泵叶轮、灯罩及电器仪表零件
减摩零件	聚四氟乙烯（F-4）	摩擦系数低，不吸水，耐腐蚀，有“塑料王”之称，加工成形性不好	无油润滑活塞环、密封圈、离心泵端面密封圈
	填充聚四氟乙烯	用玻璃纤维粉末、MoS_2、石墨和铜粉填充，以增加承载能力和刚性	高温腐蚀介质中工作的活塞环、密封圈、轴承等
	高密度聚乙烯（HDPE）	可喷涂于金属表面，防腐、耐磨	小载荷低温下工作的衬套、机床导轨涂层
耐腐蚀零件	聚四氟乙烯（F-4）	耐沸腾盐酸、硫酸、硝酸及王水，只有熔融碱金属、气态氟才能腐蚀它	硝铵管路法兰、化工用阀隔膜
	聚三氟氯乙烯（F-3）	耐各种强酸、强碱、强氧化剂	耐酸泵壳体、叶轮、阀座，可涂于反应锅、贮槽、搅拌器
	氯化聚醚（CPE）	耐各种酸及有机溶剂，不耐高温下浓硝酸、浓双氧水、湿氯气等	腐蚀介质中摩擦传动零件，并可涂于设备表面
耐高温零件	聚砜（PSU）	较高的变形温度，抗蠕变，155℃下可长期工作	高温结构零件
	聚苯醚（PPO）	强度高，耐热性好，收缩率低	高温下工作的齿轮、轴承、外科医疗器械
	氟塑料	耐腐蚀、耐高温，可在−196～260℃下工作	高温环境中工作的化工设备及零件

2. 橡胶

橡胶是可改性或已被改性为某种状态的弹性体。在其改性状态下，用加热或适当压力方式不易将其再模压为固定的形状。橡胶的突出优点是在很宽的温度范围内（－40～150℃）具有高弹性并具有良好的耐磨性和绝缘性，但易老化，应注意维护和保养。

1－29　高分子材料——橡胶

(1) 橡胶的分类

按原料来源，橡胶可分为天然橡胶和合成橡胶两大类。

① 天然橡胶。天然橡胶即从橡胶树中提取的高弹性物质。天然橡胶的综合物理、力学和加工性能均优于合成橡胶，但耐老化性能不及合成橡胶，是用途最广泛的通用橡胶品种，适用于制造轮胎、胶带、胶管和各类橡胶制品。

② 合成橡胶。合成橡胶即由一种或多种单体聚合生产的橡胶，大量使用的单体有乙烯、苯乙烯、丙烯腈等。按性能和用途不同，合成橡胶可分为通用合成橡胶和特种合成橡胶两大类。

a. 通用合成橡胶。通用合成橡胶即性能与天然橡胶相同或接近，能广泛用于轮胎和大多数橡胶制品的合成橡胶，如丁苯橡胶、顺丁橡胶等。

b. 特种合成橡胶。特种合成橡胶即大多数性能较差，但具有某些特殊性能的合成橡胶，如硅橡胶、聚氨酯橡胶等。特种合成橡胶不能用于制造轮胎和一般橡胶制品，但可用于制造某些有耐蚀、耐磨、耐热等特殊性能要求的制品。

(2) 常用橡胶的性能特点及应用

天然橡胶是应用最早和最广泛的橡胶品种，但数量和性能上都难以满足工业发展的要求。合成橡胶的出现和发展，弥补了天然橡胶的不足。目前合成橡胶品种已达数十种，产量也早已超过天然橡胶。常用橡胶的性能特点及应用举例见表1－25所列。

表1－25　常用橡胶的性能特点及应用举例

类别	名称	性能特点	应用举例
通用橡胶	天然橡胶（NR）	强度高，弹性、塑性好，抗撕裂性好，耐屈挠，生胶加工性优良，黏合方便，但耐热、耐油、耐臭氧、耐老化等性能均差，易燃	历史最久，应用最广；用于各种制品，如轮胎、减振制品、胶辊及其他通用制品等
	丁苯橡胶（SBR）	耐磨性较突出，耐老化和耐热性超过天然橡胶，其他物理性能接近天然橡胶，但强度较低、加工性能较天然橡胶差，特别是自黏性差	轮胎、胶板、胶鞋等通用制品等
	异戊（IR，合成天然胶）	有天然胶的大部分优点，吸水性低、电绝缘性好、耐老化优于天然胶，但成本较高、弹性比天然胶低、加工性能较差	各种制品，如胶管、胶带、轮胎等

（续表）

类别	名称	性能特点	应用举例
通用橡胶	顺丁橡胶（BR）	弹性与耐磨性优良、耐寒性较好、易与金属粘合，但加工性能差，自粘性、抗撕裂性差，耐老化性较差	各种制品，特别是耐寒制品，如轮胎及耐寒运输带
	丁基橡胶（IIR）	耐老化性、气密性及耐热性优于其他通用橡胶，吸振阻尼特性良好，耐酸、碱及动植物油脂，但弹性大而加工性能差（包括硫化慢、难粘），耐光老化性差	各种耐热、减振和密封制品，如内胎、水胎、化工容器衬里及防震制品等
	丁腈橡胶（NBR）	耐油性和气体介质优良、耐热性较好、气密性和耐水性好，但耐寒性和耐臭氧性较差、加工性能不好	各种耐油密封制品，如输油管、耐油配件等
特种橡胶	聚氨酯橡胶（PU）	耐磨性高于其他各种橡胶，抗拉强度可达 35MPa，耐油性优良，但耐酸、碱和耐水性差，高温性能差	各种耐磨、耐冲击制品、胶辊、齿形同步带，实心轮胎等
	丙烯酸酯橡胶（ACM）	耐热性较好，耐油、耐老化及耐候性良好，但耐低温性能较差、不耐水	耐热、耐油制品，如汽车配件、油封等
	氯醇橡胶（均聚，CHR）（共聚，CHC）	耐脂肪烃及氧化烃溶液，耐碱、耐水、耐老化性好，耐臭氧性、耐热性好，抗压缩变形性好，气密性高，但电绝缘性差、弹性差	各种耐热、耐碱、耐水密封制品，如胶管、密封件、薄膜和容器衬里等
	硅橡胶（Q）	耐高、低温性能突出（－100～300℃），耐光、耐臭氧性优良，电绝缘性卓越，生理惰性、透气性好，但强度较低，不耐极性溶剂、芳香烃等，耐蒸汽性较差，价格较高	耐高、低温的密封制品，耐高温电绝缘制品，如胶辊、印模材料、医用制品等

1.5.2　工业陶瓷材料

工业陶瓷是除日用陶瓷、艺术装饰陶瓷及建筑卫生陶瓷以外，能使用于工业等部门的陶瓷材料的总称。它包括用传统工艺制成的工业用传统陶瓷制品和采用高技术、新工艺制成的精细陶瓷材料。

1-30　工业陶瓷

传统陶瓷是由黏土、长石和石英等天然原料，经粉碎、制坯和烧结等传统工艺获得的制品。

精细陶瓷又称特种陶瓷，指经过精确控制化学组成、显微结构、形状及制备工艺获得的具有某些高性能特性、能够用于各种高技术领域的陶瓷材料。

陶瓷的硬度和抗压强度高，耐高温、抗氧化、耐磨和耐蚀性强，但质脆易碎，塑性很差，经不住急冷和急热。陶瓷是历史最悠久、应用最广泛的无机非金属材料，近几十年来出现和迅速发展的精细陶瓷，性能有了很大提高，应用更广泛。

按化学成分不同，常用的工业陶瓷材料有氧化铝陶瓷、氮化硅陶瓷和碳化硅陶瓷等。

1. 氧化铝陶瓷

氧化铝陶瓷即主要成分为Al_2O_3的陶瓷材料，硬度高（93～99HRA）、耐高温（可在1200～1450℃下工作），且有良好的绝缘性、化学稳定性和耐蚀性。氧化铝陶瓷广泛用于制造高速切削刀具、量块、拉丝模、内燃机火花塞等。

2. 氮化硅陶瓷

氮化硅陶瓷即主要成分为Si_3N_4的陶瓷材料，除具有陶瓷的共同特点外，线胀系数比其他陶瓷材料小，同时还有良好的自润滑性、抗振性、绝缘性、耐蚀性（除氢氟酸外，可耐各种无机酸的腐蚀）和化学稳定性。这类陶瓷主要用于制造形状复杂、精度要求高的零件，如各种潜水泵、高温轴承和化工球阀的阀芯等。热压氮化硅陶瓷可制造切削淬火钢和冷硬铸铁的刀具。

3. 碳化硅陶瓷

碳化硅陶瓷即主要成分为SiC的陶瓷材料，具有良好的耐磨性、耐蚀性、热稳定性和优异的高温强度，即使在1400℃下仍可保持500～600MPa的抗弯强度。主要用作高温炉管、热电偶套管、刀具材料、燃气轮机叶片等。

1.6 复合材料

复合材料是由两种或两种以上不同性质的物质组合而成的新材料。其主要组成物可分为二类：一类为基体材料（简称基体），形成几何形状并起粘接作用，如金属、树脂和陶瓷等；另一类为增强材料（又称增强体），主要用来承受载荷，起提高强度或韧性等作用，如一维的纤维、二维的片材和三维的颗粒等。复合后的材料既保持了各组成物的特点，又可使各组成物之间取长补短，互相协调，获得优良的综合性能。人们不仅可复合出质轻、强度高、力学性能好的结构材料，也能复合出具有耐磨、耐蚀、导热、导电、隔声、减振、抗辐射等一系列特殊性能的材料。

1-31 复合材料

复合材料分类方法很多，如按用途可分为结构复合材料（用于承力结构和次承力结构的复合材料）和功能复合材料（能提供力学性能以外的其他物理性能的复合材料）；按基体类型可分为金属基复合材料和非金属基复合材料；按增强材料的种类和形状可分为纤维增强复合材料和颗粒增强复合材料等。

1. 纤维增强复合材料

纤维增强复合材料即以树脂、橡胶、陶瓷或金属为基体相，以无机纤维（如玻璃纤维、碳纤维、硼纤维或碳化硅纤维）或有机纤维（如聚酯纤维、尼龙纤维或芳纶纤维）为增强相复合而成的材料。这类复合材料具有高强度、高刚性、密度小、易加工等优点，是复合材料中最重要的一种，应用最为广泛，如制造轴瓦、齿轮、车身和船的壳体等。

2. 颗粒增强复合材料

颗粒增强复合材料是以一种或多种颗粒为增强相，均匀分布在基体材料内所组成的材料。颗粒的作用是阻止金属基体的塑性变形或高分子材料的大分子链的运动等。颗粒大小要适当，一般直径为 0.1～10μm，否则会降低增强效果。

陶瓷颗粒增强金属基复合材料又称为金属陶瓷，增强相主要为氧化物（Al_2O_3、MgO、BeO 等）和碳化物（TiC、SiC、WC 等），金属基体为 Ti、Cr、Ni、Mo、Fe 等。金属陶瓷具有高强度、高硬度、耐磨、耐热、耐腐蚀以及膨胀系数小等特性，用来制造高速切削刀具、重载轴承及火焰喷管的喷嘴等。硬质合金也属于一种金属陶瓷。

复合材料是一个新兴的材料科学领域，在航空航天，火箭导弹、车辆、化工装置、建筑结构以及体育、医疗器械等领域获得了越来越广泛的应用。特别是用于制造某些有特殊需要、单一材料无法替代的制品。据预测，21 世纪末复合材料可能会占到人们使用的结构材料的 70％～80％。

1.7　金属材料热处理

金属材料热处理是将金属在固体状态下加热、保温和冷却，以获得所需要的组织结构和性能的工艺，可用图 1-35 的温度—时间曲线来描述其基本过程。热处理只改变金属材料的组织和性能，而不能改变其形状和大小，这是与铸造、锻造、焊接、切削加工等工艺的不同之处。经过适当热处理，可改善或提高金属材料的力学性能与工艺性能，故热处理是挖掘金属材料潜力的重要手段。据统计，需要热处理的零件，在机床制造中约占 70％左右，而各类工具、弹簧和轴承都需要经过热处理。

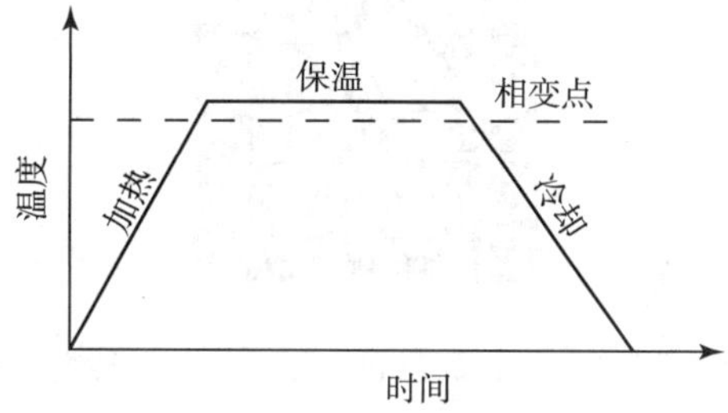

图 1-35　热处理工艺曲线示意图

按热处理的要求和工艺方法的不同，热处理方法可分为：

- 金属热处理
  - 普通热处理
    - 退火
    - 正火
    - 淬火
    - 回火
  - 表面热处理
    - 表面淬火
      - 火焰加热表面淬火
      - 感应加热表面淬火
    - 化学热处理
      - 渗碳
      - 渗氮
      - 碳氮共渗
      - 渗金属（铝、铬等）

1.7.1 钢在加热和冷却时的组织转变

1. 钢在加热时的组织转变

从铁碳合金相图上来看，钢的室温组织由铁素体、珠光体和渗碳体组成。热处理是将钢加热到临界温度以上，使原有的组织转变成奥氏体后，再以不同的冷却速度进行冷却，使奥氏体转变成所需要的组织，从而获得所需要的性能。在铁碳合金相图中，组织转变的临界温度 A_1、A_3、A_{cm} 线是在极其缓慢的加热或冷却条件下测定出来的，而实际生产中，加热和冷却不可能是极其缓慢的，所以需要一定的过热或过冷，才能进行充分的组织转变。加热时实际组织转变温度用 Ac_1、Ac_3、Ac_{cm} 线表示；冷却时实际组织转变温度用 Ar_1、Ar_3、Ar_{cm} 线表示，如图 1－36 所示。也就是说，共析钢要完全转变成奥氏体，必须加热到 Ac_1 线以上；亚共析钢要完全转变成奥氏体，必须加热到 Ac_3 线以上；过共析钢要完全转变成奥氏体，必须加热到 Ac_{cm} 线以上。

1－32　钢在加热和冷却时的组织转变

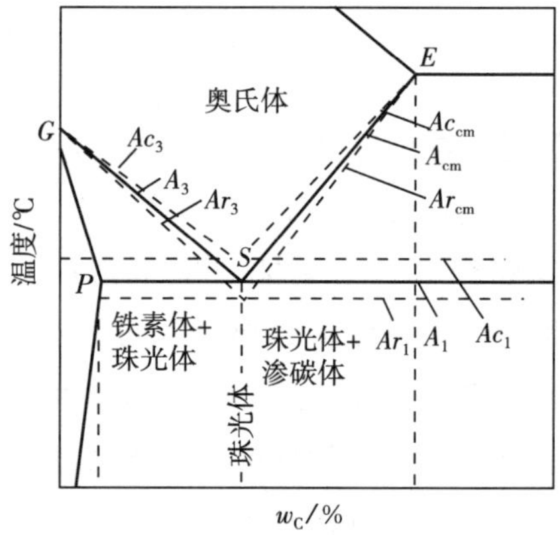

图 1－36　钢在加热或冷却时实际转变温度

初始形成的奥氏体晶粒非常细小，奥氏体晶粒越细小，冷却后的转变组织的晶粒越细小，钢的强度越高，塑性和韧性也越好。加热温度过高或保温时间过长，奥氏体的晶粒长大越明显。所以，应该根据铁碳合金相图以及钢中碳的质量分数，选择合理的加热温度和保温时间，以获得晶粒细小、成分均匀的奥氏体。

2. 钢在冷却时的组织转变

钢经过加热、保温实现奥氏体化后，便需要进行冷却。依据冷却方式及冷却速度的不同，过冷奥氏体（A_1 线以下不稳定状态的奥氏体）可形成多种组织。在实际生产中，有等温冷却和连续冷却两种冷却方式（图 1－37）。

（1）等温转变

等温转变是将奥氏体化的钢迅速冷却到 A_1 线以下某个温度，使过冷奥氏体在保温过程中发生组织转变，待转变完成后再冷却到室温。改变不同等温转变温度，进行多次测试，绘制成等温转变曲线。各种成分的钢均有其等温转变曲线，曲线类似英文字母“C”

字，故称 C 曲线。下面以图 1－38 所示共析钢的等温转变曲线为例进行分析。

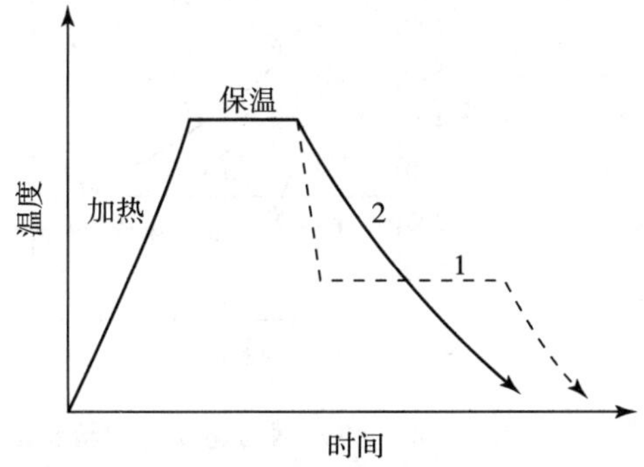

1—等温冷却；2—连续冷却。

图 1－37　奥氏体不同的冷却方式示意图

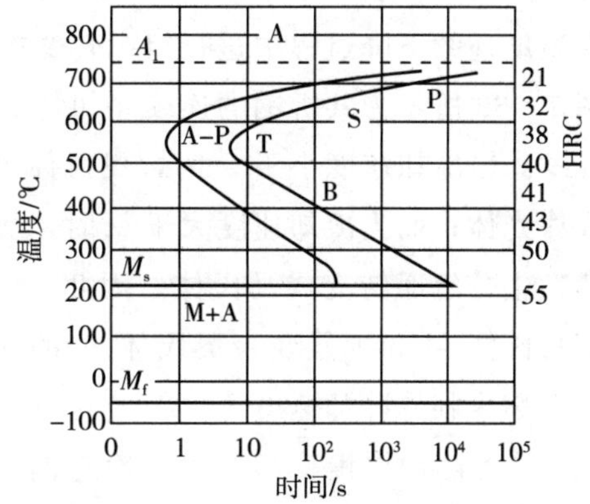

图 1－38　共析钢的等温转变曲线

等温转变曲线可分为如下几个区域：稳定奥氏体区（A_1线以上），过冷奥氏体区（A_1线以下 C 曲线以左），A－P 组织共存区（过渡区），其余为过冷奥氏体转变产物区，它又可分为如下几个区。

① 珠光体转变区：形成于 550℃～Ar_1的高温区，其转变产物为（F＋Fe_3C）组成的片层状机械混合物。依照形成温度的高低及片层的粗细，又可分成三种组织：

a. 珠光体。形成于 650℃～Ar_1，属于粗片层珠光体，以符号 P 表示；

b. 细片状珠光体。形成于 600～650℃，称为索氏体，以符号 S 表示；

c. 极细片状珠光体。形成于 550～600℃，称为托氏体，以符号 T 表示。

② 贝氏体转变区：形成于 M_s～550℃的中温区，以符号 B 表示。图 1－38 中 M_s是马氏体开始转变的温度线，共析钢的 M_s约为 230℃。

③ 马氏体转变区：形成于 M_s以下的低温区。钢在淬火时，过冷奥氏体快速冷却到 M_s以下，由于温度很低，只能发生 γ－Fe→α－Fe 的同素异构转变，钢中的碳难以从溶碳能力很低的 α－Fe 中析出，形成碳在 α－Fe 中的过饱和固溶体，称为马氏体，以符号 M 表示。碳的严重过饱和，致使马氏体晶格发生严重的畸变，因此，中高碳钢淬火所获得的马氏体通常具有高硬度，但韧性很差。低碳钢淬火所获得的马氏体虽然硬度不高，但有着良好的韧性。

图 1－38 中 M_f是马氏体转变的终止温度线，共析钢的 M_f约为－50℃。

M_s和 M_f随着钢含碳量的增加而降低，冷却至室温时，仍残留少量未转变的奥氏体。这种残留的奥氏体称为残余奥氏体，以符号 A′表示。因而，共析钢淬火到室温的最终产物为 M＋A′。

（2）连续转变

把奥氏体化的钢置于某种冷却介质（如空气、水、油）中，连续冷却到室温。实际生产中，绝大多数采用连续冷却方式进行冷却。例如，将加热的钢件投入水中进行淬火，过冷奥氏体是在温度连续下降过程中进行组织转变的。

图1-39所示为共析钢的连续冷却转变图。

v_k线：当冷却速度小于v_k时，奥氏体就会分解形成珠光体；而当冷却速度大于v_k时，奥氏体就不能发生分解而转变成马氏体。因此，v_k是获得全部马氏体M和少量残余奥氏体A′的最低冷却速度，称为临界冷却速度。

v_1线：为随炉缓慢冷却的连续冷却曲线，根据v_1线与C曲线相交的位置，可获得珠光体P组织。

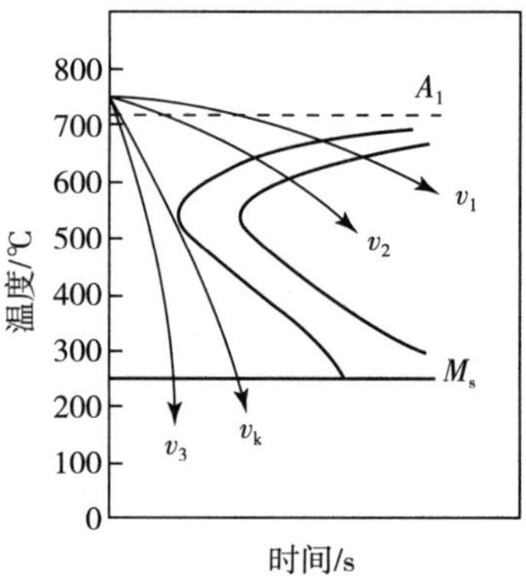

图1-39　共析钢的连续冷却转变图

v_2线：为空气中较缓慢冷却的连续冷却曲线，可获得索氏体S组织。

v_3线：为水中淬火快速冷却的连续冷却曲线，可获得马氏体M和少量残余奥氏体A′组织。

1.7.2　钢的普通热处理

1. 退火

退火是将钢加热、保温，然后随炉或埋入灰中使其缓慢冷却的热处理工艺。各种退火和正火的加热温度范围和工艺曲线如图1-40所示。

1-33　退火

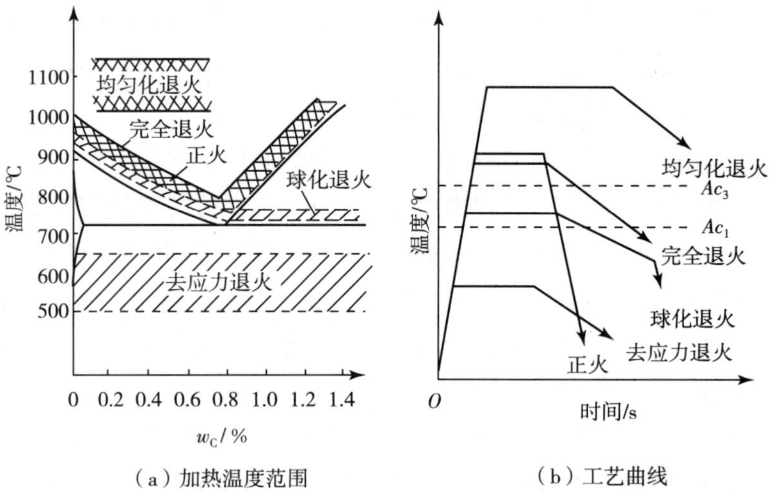

图1-40　各种退火和正火的加热温度范围和工艺曲线

根据退火的目的不同，退火可分为完全退火、球化退火、去应力退火、均匀化退火及再结晶退火等。各种退火工艺、退火后的组织、应用场合及退火目的见表1-26所列。

表 1-26　各种退火工艺、退火后的组织、应用场合及退火目的

热处理名称	退火工艺	退火后的组织	应用场合	目的
完全退火	将亚共析钢件加热到 Ac_3 以上 30～50℃，保温一定时间后，随炉缓冷到室温	铁素体＋珠光体	亚共析钢的铸件、锻件及型材	细化晶粒，去除残余应力，降低硬度，为切削加工和最终热处理做组织准备
球化退火	将钢加热到 Ac_1 以上 30～50℃，保温 2～4h 后，随炉缓冷	铁素体基体上均匀分布着球状渗碳体组织，即球状珠光体	共析钢、过共析钢和合金工具钢的锻件和型材	使钢中的片状渗碳体和网状渗碳体球化，降低硬度、改善切削加工性能，并为淬火做准备
去应力退火	将工件随炉缓慢加热到 500～650℃，随炉缓慢冷却室温	退火前后组织不变	铸件、锻件、焊接件及粗切削加工件	消除残余内应力，提高工件的尺寸稳定性，防止变形和开裂
均匀化退火	又称扩散退火。将工件加热到 1100℃ 左右，保温 10～15h，随炉缓冷到 350℃，再出炉空冷 工件经均匀化退火后，奥氏体晶粒十分粗大，须再进行一次完全退火或正火来消除过热缺陷，细化晶粒	a. 亚共析钢，粗大的铁素体和珠光体； b. 共析钢，粗大的珠光体； c. 过共析钢，粗大的珠光体和二次渗碳体	质量要求高的优质高合金钢的铸锭、成分偏析严重的合金钢铸件	在高温下长时间保温，使原子充分扩散，消除偏析，使成分均匀
再结晶退火	将冷变形后的工件加热至其再结晶温度以上 100～200℃保温，使其发生再结晶，然后随炉缓慢冷却的退火工艺	均匀的等轴晶粒	冷变形金属件	消除冷变形金属的加工硬化，降低金属硬度，提高其塑性变形能力和切削加工性能

2. 正火

将钢加热到 Ac_3（亚共析钢）或 Ac_{cm}（过共析钢）以上 30～50℃，保温后在空气中冷却的热处理工艺称为正火。

1-34　正火

正火是一种操作简便、成本较低而且生产率较高的热处理工艺，主要用于以下几个方面：

（1）普通结构零件的最终热处理

正火可消除铸造或锻造中产生的过热缺陷，细化晶粒，提高力学性能，普通结构零件通过正火可满足使用要求。

（2）取代部分完全退火

正火是在炉外冷却，占用设备时间短，生产率高，故应尽量用正火取代退火。用于低碳钢作为均匀组织的预备热处理，可适当提高其硬度，改善切削加工性能；用于较重要的中碳结构钢零件，能减小零件淬火变形和开裂的倾向性，提高淬火质量。

（3）为过共析钢球化退火作组织准备

正火冷却速度较快，消除网状渗碳体，有利于球化。

3. 淬火

淬火是将钢件加热到 Ac_3 或 Ac_1 以上 30～50℃，保温一定时间，然后快速冷却（冷却速度大于 v_k），以获得马氏体组织的热处理工艺。淬火的主要目的是获得马氏体组织，以提高钢件的硬度和耐磨性，它是钢件重要的强化方法。碳钢的淬火加热温度范围如图 1-41 所示。

1-35　淬火

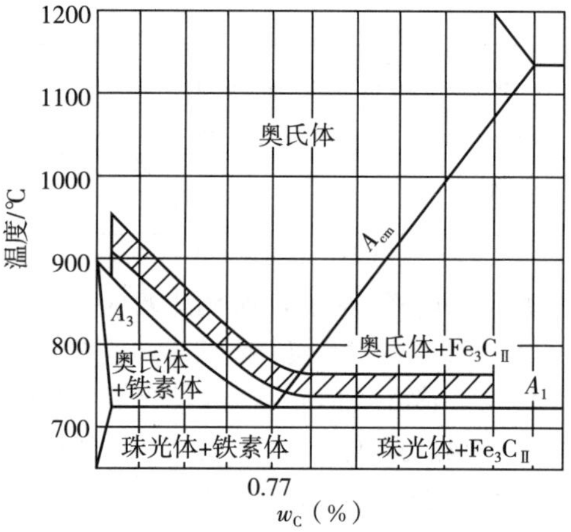

图 1-41　碳钢的淬火加热温度范围

（1）淬火加热工艺

亚共析钢淬火加热温度一般为 Ac_3 以上 30～50℃。淬火后获得均匀细小的马氏体组织。加热温度过高，奥氏体晶粒粗大，淬火后获得的马氏体晶粒粗大，使钢的性能变差，同时钢的氧化脱碳严重；加热温度过低，未转变成奥氏体的铁素体过多，造成淬火硬度不足。

过共析钢淬火加热温度一般为 Ac_1 以上 30～50℃。淬火后获得均匀细小的马氏体和粒状渗碳体组织。由于两者的硬度都很高，因此提高了钢的硬度和耐磨性。加热温度过高，则由于渗碳体全部溶入奥氏体，提高了奥氏体的含碳量，会使 M_s 线下移，淬火后残留奥氏体增多，反而降低钢的硬度，还会使马氏体体积增大，淬火应力增加。同时，加热温度过高引起晶粒粗大、韧性下降，会增加钢件淬火变形开裂倾向。

通常将钢件淬火加热的升温和保温时间的总和，称为淬火加热时间。它与钢的成分、原始组织、钢件形状和尺寸、加热介质、炉温等因素有关。钢在淬火加热过程中，如果操作不当，会产生过热、过烧、表面氧化或脱碳等缺陷。

（2）淬火冷却工艺

淬火冷却时，要保证获得马氏体组织，必须使淬火冷却速度大于临界冷却速度。而快速冷却又会引起很大的淬火应力，使钢件变形，甚至开裂。因此，应合理选择冷却速度和淬火介质。

① 冷却速度：钢的理想淬火冷却曲线如图 1-42 所示，要获得马氏体组织，关键在于避开过冷奥氏体最不稳定的等温转变曲线的鼻尖附近，在 400～650℃应进行快冷，使奥氏体不会转变成珠光体，而在淬火开始温度到 650℃之间，以及 400℃以下，不需要快冷，特别在 200～300℃更需要缓冷。否则，淬火应力大，会引起钢件变形与开裂。

② 淬火介质：常用的淬火介质有水、盐（碱）水和油等。

水的冷却能力强，但水在 200～300℃的冷却速度很大，常使淬火钢件变形开裂。

盐水（含 5%～10%的 NaCl）在 550～650℃时的冷却能力比水高。因此，用盐水淬火的钢件，容易得到高而均匀的硬度。但是，盐水在 200～300℃范围内的冷却能力仍很大，仍有可能使淬火钢件产生变形和开裂。

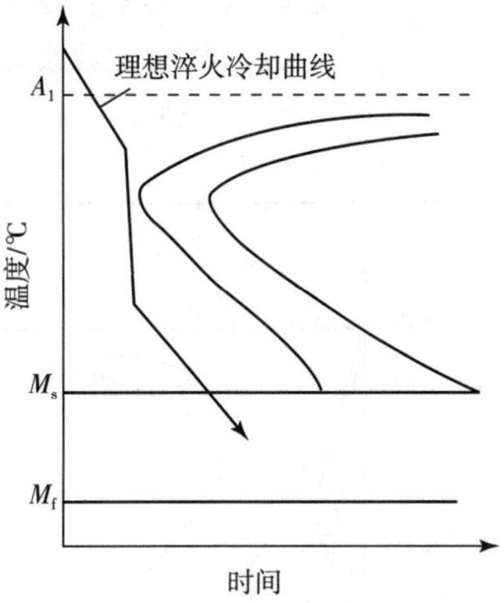

图 1-42　钢的理想淬火冷却曲线

油在 200～300℃的冷却速度远小于水，大大减小了淬火钢件变形与开裂的倾向。但油在550～650℃的冷却速度却很快，因此，油适用于过冷奥氏体稳定性较好的合金钢的淬火，不适用于碳钢的淬火。

硝盐浴和碱浴也可作为淬火介质，其冷却能力介于水与油之间，可减少工件淬火时的变形，常用于形状复杂、尺寸较小和变形要求严格的工件的淬火。

（3）淬火方法

生产中应根据钢的化学成分、工件的形状和尺寸及技术要求等选择淬火方法。选择合适的淬火方法可以在获得所要求的淬火组织和性能的前提下，尽量减少淬火应力，以减小工件变形和开裂的倾向。常用的淬火方法的冷却方式、特点和应用见表 1-27 所列，各种淬火方法的冷却曲线如图 1-43 所示。

表 1-27　常用的淬火方法的冷却方式、特点和应用

淬火方法	冷却方式	特点和应用
单液淬火法	将奥氏体化后的工件放入一种淬火介质中一直冷却到室温	操作简单，已实现机械化与自动化，适用于形状简单的工件
双液淬火法	将奥氏体化后的工件在水中冷却到接近 M_s时，立即取出放入油中冷却	防止马氏体转变时工件开裂，常用于形状复杂的合金钢
分级淬火法	将奥氏体化后的工件放入温度稍高于 M_s 的盐浴中，使工件各部分与盐浴的温度一致后，取出空冷，完成马氏体转变	大大减小热应力、变形和开裂，但盐浴的容积有限，只适用于小型工件的淬火，如刀具、量具等

（续表）

淬火方法	冷却方式	特点和应用
等温淬火法	将奥氏体化的工件放入温度稍高于 M_s 的盐浴中等温保温，使过冷奥氏体转变为下贝氏体组织后，取出空冷	常用来处理形状复杂、尺寸要求精确、强韧性高的工具、模具和弹簧等
冷处理	将淬火冷却到室温的钢继续冷却到 $-80 \sim -70$℃，使残余奥氏体转变为马氏体，然后低温回火，消除应力，稳定新生马氏体组织	提高硬度、耐磨性、稳定尺寸，适用于高精度的工件，如精密量具、精密丝杠、精密轴承等

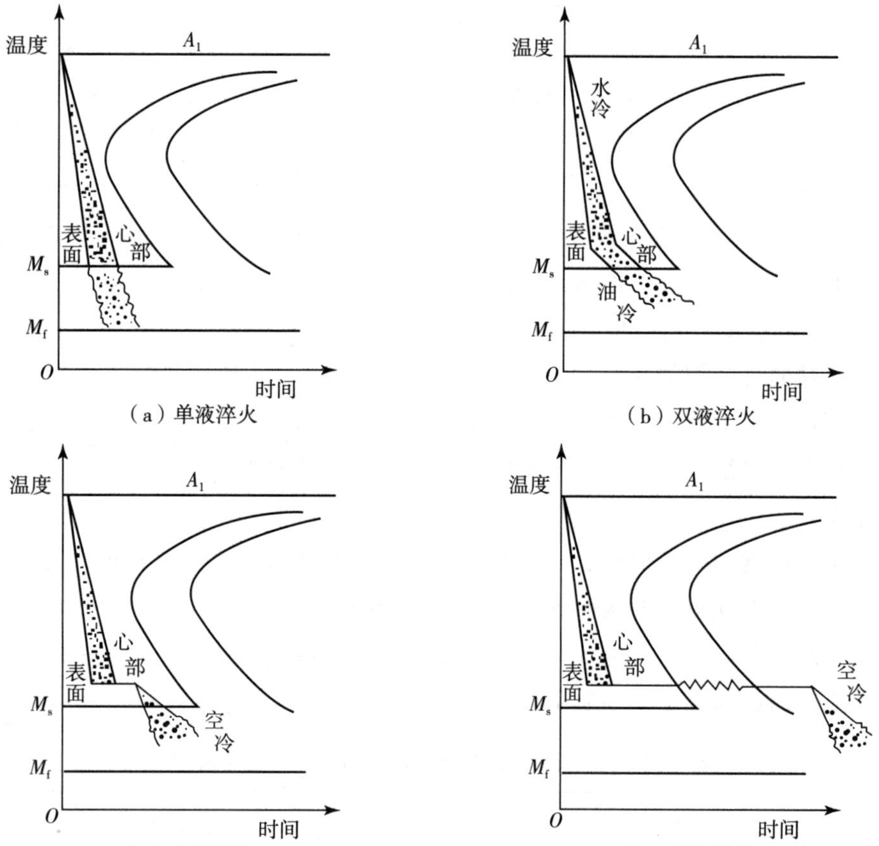

（a）单液淬火　（b）双液淬火　（c）分级淬火　（d）等温淬火

图 1-43　各种淬火方法的冷却曲线

（4）钢的淬透性

① 淬透性概念：钢件淬火时，表面冷却速度最大，越到心部冷却速度越小［图 1-44（a）］，冷却速度 v 大于临界冷却速度 v_k 的部分获得马氏体组织，而小于临界冷却速度 v_k 的部分，会出现非马氏体组织［图 1-44（b）］。

在规定条件下，钢材淬硬深度和硬度分布的特性称为淬透性。淬透性是钢本身固有的

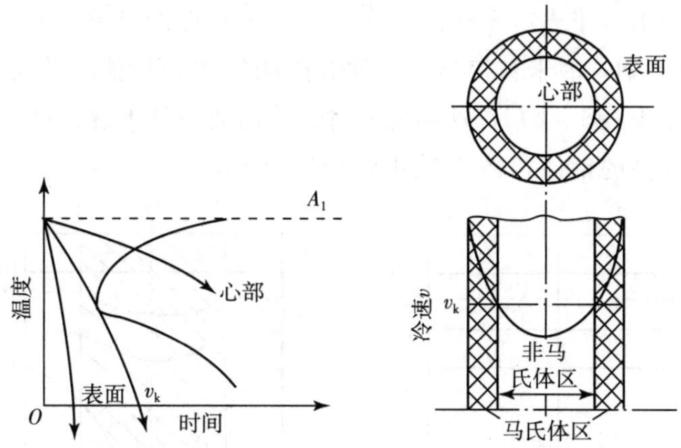

（a）钢件截面上不同冷却速度　（b）淬硬层分布

图 1－44　钢件淬硬层与冷却速度的关系

属性。通常，从淬硬的工件表面测量至半马氏体区（50％马氏体＋50％非马氏体）的垂直距离作为淬硬层深度。不同成分的钢制成相同形状和尺寸的试样，在同样条件下淬火，淬硬层深度越大，表明钢的淬透性越高。

钢的淬透性主要与其临界冷却速度 v_k 有关。在亚共析钢中，随着含碳量的增加，由于临界冷却速度 v_k 的减小，淬透性增高；而在过共析钢中，含碳量 w_C 为 1.2％～1.3％时，由于临界冷却速度 v_k 随含碳量的增加而明显加大，淬透性显著地降低。

钢中的合金元素，除钴和铝（$w_{Al}>2.5\%$）以外，当其溶入奥氏体后都能增加过冷奥氏体的稳定性，使等温转变 C 曲线右移，临界冷却速度减小，从而使钢的淬透性提高。

② 淬透性的表示方法：淬透性常用临界淬透直径大小表示。临界淬透直径是钢在某介质中淬冷后，心部得到全马氏体或 50％马氏体组织的最大直径，用 D_0 表示。在同一冷却介质中，钢的临界直径越大，其淬透性越好；同一种钢在冷却能力强的介质中冷却，所得的临界淬透直径要大一些（表 1－28）。

表 1－28　部分常用钢材的临界淬透直径

牌号	临界淬透直径 D_0/mm		心部组织
	水淬	油淬	
45	13～16.5	5～9.5	50％M
60	11～17	6～12	50％M
40Cr	30～38	19～28	50％M
20CrMnTi	22～35	15～24	50％M
60Si2Mn	55～62	32～46	50％M
GCr15	—	30～35	95％M
9SiCr	—	40～50	95％M

③ 淬透性的应用：钢的淬透性是设计选材的重要依据。淬透性对钢的力学性能的影

响很大，淬透性高的钢，淬火后经高温回火，其组织和性能沿整个截面均匀一致［图 1－45（a)]。淬透性低的钢，因未被淬透，截面各处的组织和性能不均匀，未淬透部分的力学性能明显下降［图 1－45（b)]，这种现象对大截面的钢件表现得更明显。因而，对于截面尺寸大、性能要求高的钢件，必须选用淬透性高的钢。

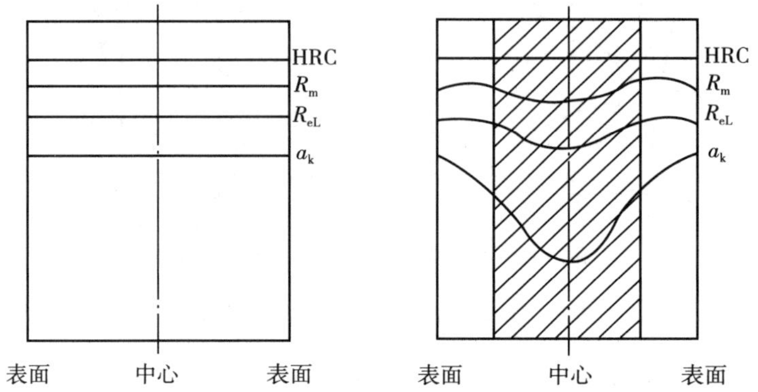

（a）已淬透　　（b）未淬透

图 1－45　淬透性对调质后钢的力学性能的影响

钢件的淬硬层深度，不仅取决于钢的淬透性，还受钢件的截面尺寸和淬火介质影响。截面尺寸小的钢件比大的钢件淬硬层深，水淬比油淬钢件的淬硬层深。

（5） 钢的淬硬性

钢的淬硬性是钢在理想条件下进行淬火硬化所能达到的最高硬度的能力。最高硬度值越大，说明钢的淬硬性越好。淬硬性主要取决于钢的含碳量。如高碳钢的淬硬性高，而淬透性低；低碳合金结构钢的淬硬性较低，而淬透性高。

4. 回火

钢件淬火后，为消除残余应力及获得所要求的组织和性能，将其加热到 Ac_1 下的某一温度，保温一定时间，然后冷却到室温的热处理工艺称为回火。一般情况下，钢件淬火后必须进行回火，淬火与回火是不可分割的。

1－36　回火

（1） 回火目的

① 获得需要的组织和性能：在正常情况下，淬火组织中存在淬火马氏体和少量残余奥氏体，它具有高的强度和硬度，但塑性和韧性很低。为了满足各种钢件的不同性能要求，可以通过适当回火来获得要求的组织，以调整和改善钢的性能。

② 稳定钢件尺寸：淬火马氏体和残余奥氏体都是极不稳定的，它们会自发地向稳定组织转变，从而引起钢件尺寸和形状的变化。通过回火可使淬火组织充分转变为稳定组织，这样就可保证钢件在使用过程中不再发生尺寸和形状的改变。

③ 消除或减小淬火内应力：钢件淬火后，一般存在很大的内应力，如不及时通过回

火消除或减小内应力，会引起变形甚至开裂。

（2）回火后的力学性能与回火温度的关系

回火温度不同，获得的回火组织不同，淬火钢回火后的力学性能也不同。

如图 1－46 所示为 40 钢回火后的力学性能与回火温度的关系。从图中可以看出，回火后的强度和硬度随回火温度的升高而降低；塑性和韧性随回火温度的升高而提高。这主要是由于回火温度越高，马氏体的分解越多，渗碳体析出越多，固溶强化减弱甚至消失，渗碳体聚集长大，弥散强化减弱，淬火内应力消除。

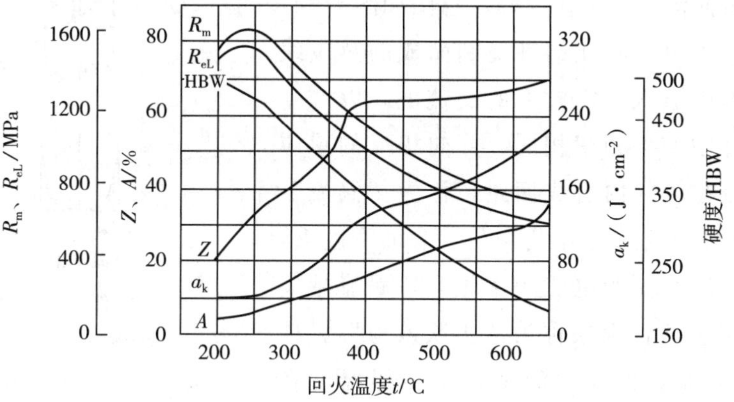

图 1－46　40 钢回火后的力学性能与回火温度的关系

（3）回火种类与应用

① 低温回火：工件在 250℃以下进行的回火，回火组织为回火马氏体。低温回火的目的是保持淬火后的高硬度（58～62HRC）和耐磨性，且降低内应力和脆性，多用于处理各种工具、量具、冷作模具、渗碳件和表面淬火件。

② 中温回火：工件在 350～500℃进行的回火，回火组织为回火托氏体。中温回火的目的是降低硬度（35～45HRC），提高弹性、屈服强度和韧性，多用于处理各种弹簧和锻模。

③ 高温回火：工件在 500℃以上进行的回火，回火组织为回火索氏体。高温回火的目的是使硬度降得更低（25～35HRC），得到强度、塑性、韧性都较好的综合力学性能，多用于处理如轴、齿轮等重要的结构零件。工件淬火并高温回火的复合热处理工艺称为调质。

1.7.3　钢的表面淬火与化学热处理

有些零件在交变载荷、冲击载荷及摩擦条件下工作，要求表面具有较高的硬度和耐磨性，而要求心部有足够的塑性和韧性，如齿轮、凸轮、曲轴等，这些零件大多需要进行表面热处理。

表面热处理主要包括表面淬火和化学热处理。

1．*表面淬火*

表面淬火是仅对工件表层进行淬火的工艺。其通过快速加热使钢件表层奥氏体化，在热量尚未传至心部时迅速冷却，使

1－37　表面淬火

表层具有高硬度、高耐磨性，而心部仍具有较高的塑性和韧性。

按热源不同，表面淬火可分为感应加热表面淬火、火焰加热表面淬火、接触电阻加热表面淬火、激光加热表面淬火、电子束加热表面淬火等。常用的是感应加热表面淬火和火焰加热表面淬火。

（1）感应加热表面淬火

感应加热表面淬火的工作原理示意图如图1-47所示。将钢件放入由空心纯铜管绕制而成的感应线圈内，感应线圈中通入一定频率的交流电，以产生交变磁场，钢件中产生频率相同、方向相反的感应电流，感应电流在工件内自成回路，称为“涡流”。涡流在钢件截面上的分布是不均匀的，表面密度大，中心密度小。感应线圈的电流频率越高，涡流越集中在钢件的表层（这种现象称为“集肤效应”）。使工件表层迅速被加热到淬火温度，而心部温度在 Ac_1 以下或接近室温。随即喷水或浸入油等其他介质中冷却，钢件表层即被淬硬。

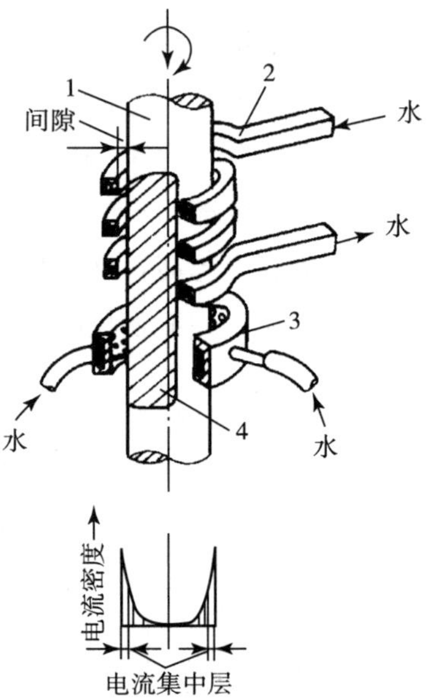

1—工件；2—加热感应器；3—淬火喷水套；4—加热淬火层。

图1-47 感应加热表面淬火的工作原理示意图

感应加热表面淬火的淬硬层深度主要取决于电流频率，电流频率越高，淬硬层越浅。表1-29列出了不同感应加热种类、工作电流频率、淬硬层深度及应用范围。

表1-29 感应加热种类工作电流频率、淬硬层深度及应用范围

感应加热种类	工作电流频率	淬硬层深度/mm	应用范围
高频感应加热	80～1000kHz（常用200～300kHz）	0.5～2	中小模数齿轮（$m<3$）、中小轴、机床导轨等
超音频感应加热	20～60kHz（常用30～40kHz）	2.5～3.5	中小模数齿轮（$m=3\sim6$）、花键轴、曲轴、凸轮轴等
中频感应加热	0.50～10kHz（常用0.8～2.5kHz）	2～10	大中模数齿轮（$m=8\sim12$）、大直径的轴、机床导轨等
工频感应加热	50Hz	10～20	大型零件，如冷轧棍、火车车轮、柱塞等

与普通淬火相比，感应加热表面淬火的特点：

① 感应加热速度极快。只要几秒到几十秒就可以把工件加热至淬火温度，而且淬火加热温度高［Ac_3+（80～150℃）］，比普通淬火加热温度高几十度。

② 加热时间很短。奥氏体晶粒细小均匀，淬火后表层能获得细小针状马氏体或隐晶马氏体，使钢件表层具有比普通淬火稍高的硬度（高2～3HRC）和较低的脆性。

③ 钢件表面不易氧化、脱碳，耐磨性好，且钢件心部无组织变化，因而钢件变形小；

工件表层存在残余压应力，一般工件可提高疲劳强度 20%～30%。

④ 生产率高，易实现机械化和自动化，适宜于大批量生产。

但感应加热设备较贵，维修调整困难，形状复杂的感应线圈不易制造，不适于单件生产。

感应加热表面淬火适用于中碳钢和低合金中碳钢，如 40、45、40Cr，40MnB 等，有时也可用于高碳工具钢、低合金工具钢及铸铁等零件。

为获得需要的组织和性能，表面淬火前一般需进行调质或正火，表面淬火后一般进行低温回火（170～200℃），以降低残余应力，稳定组织。生产上也常采用自回火法，即当淬火冷却至 200℃左右时停止喷水，利用钢件中的余热达到回火的目的。

（2）火焰加热表面淬火

火焰加热表面淬火的工作原理示意图如图 1-48所示。火焰加热表面淬火是利用氧-乙炔或其他可燃气体火焰对钢件表面进行加热，随之淬火冷却的工艺。这种方法适用于中碳钢、中碳合金钢及铸铁制成的单件、小批生产，或大型工件（大模数齿轮、大型轴类、机床导轨、轧辊等）的表面淬火。火焰加热表面淬火方法简单，无须特殊设备，成本低，对大型工件或只需局部表面淬火的工件都比较方便。但其生产率低，工件质量较难控制，使用受到一定的限制。

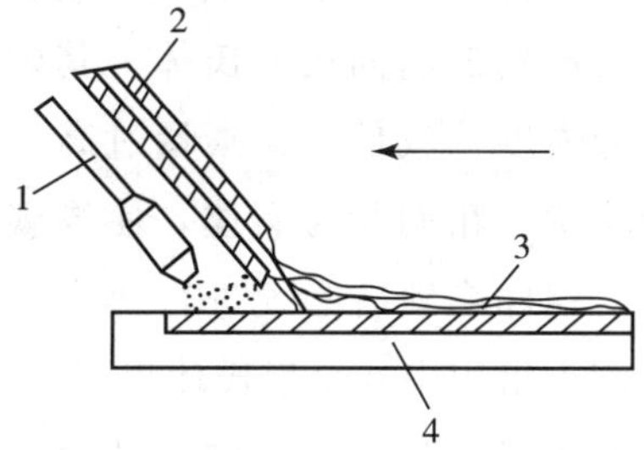

1—烧嘴；2—喷水管；3—淬硬层；4—工件。

图 1-48　火焰加热表面淬火的工作原理示意图

2. 化学热处理

将工件置于适当的活性介质中加热、保温，使一种或几种元素渗入工件表层，以改变其化学成分、组织和性能的热处理称为化学热处理。化学热处理的方法很多，常见的有渗碳、渗氮、碳氮共渗等。常用化学热处理调整零件表层的力学性能或改善一些价廉材料的性能，以代替某些比较贵重的材料。

1-38　化学热处理

化学热处理通过活性介质中的元素向钢中扩散，一般包括以下三个阶段：

① 分解：活性介质中分解出渗入元素的活性原子。

② 吸收：钢件表面吸收活性原子，即活性原子由钢表面进入铁的晶格。

③ 扩散：被钢件吸收的原子，由表层向内部扩散，形成一定厚度的扩散层。

（1）渗碳

将钢件在渗碳介质中加热并保温，使活性碳原子渗入钢的表层，称为渗碳。

渗碳用钢一般为 $w_C=0.10\%\sim0.25\%$ 的低碳钢或低碳合金钢，如 15、20、20Cr 钢等。渗碳的目的是使钢件表面具有高的硬度、耐磨性及疲劳强度，而心部仍具有一定的强度和较高的韧性。

在实际生产中以气体渗碳为主，图 1-49 为井式气体渗碳炉渗碳示意图。图中，钢件置于密封加热炉中，通入渗碳剂并加热到渗碳温度，使钢件在气体渗碳剂中渗碳。

气体渗碳常用的渗碳剂有含碳气体（煤气、天然气、丙烷等）和碳氢化合物有机液体（煤油、苯、醇等）。渗碳温度一般为 900～930℃。保温时间则根据渗碳温度和渗碳层深度来确定，一般按（0.20～0.25）mm/h 的速度进行估算。

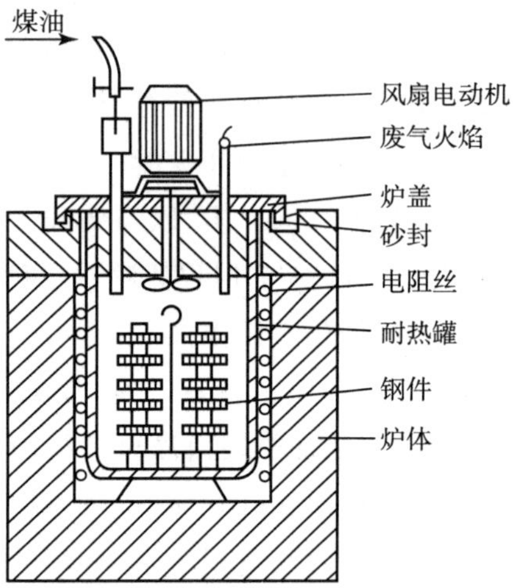

图 1-49　井式气体渗碳炉渗碳示意图

渗碳层的含碳量一般为 $w_C=0.85\%\sim1.05\%$。含碳量过低，“淬火＋低温回火”后得到含碳量较低的回火马氏体，其硬度、耐磨性和疲劳强度均较低。含碳量过高，渗碳层出现大量块状或粗网状渗碳体，使渗碳层变脆，易剥落，钢件渗碳后必须进行淬火，含碳量过高会使淬火组织中残余奥氏体增多，使表层硬度、耐磨性下降，且残余压应力减少，导致疲劳强度显著下降。

在一定的渗碳层深度范围内，渗碳件的疲劳强度、抗弯强度和耐磨性随渗碳层深度的增加而增大，但当超过一定深度限度后，疲劳强度反而随渗碳层深度的增加而降低。渗碳层过深，冲击韧度也将大大降低。

钢件在渗碳后获得“珠光体十二次渗碳体”的过共折组织，所以必须进行“淬火＋低温回火”，以提高表面的硬度和耐磨性常用的淬火方法有三种。

① 直接淬火法：将渗碳后的钢件冷至 850℃左右后直接放入水或油中淬火，然后进行 160～180℃的低温回火以消除淬火应力。这种方法不需要重新加热，可减少热处理变形，节省时间和费用。但渗碳温度高，晶粒粗大，渗碳层的残余奥氏体数量多，会引起钢件表面硬度下降。因此，直接淬火法仅适用于晶粒长大倾向较小的细晶粒钢或性能要求不高的零件。

② 一次淬火法：将渗碳件出炉空冷后，再加热到淬火温度（830～850℃）进行淬火，然后进行 160～180℃的回火。一次淬火法比直接淬火效果好，心部组织可得到细化，力学性能有所提高，一般适用于比较重要的钢件。

③ 两次淬火法：渗碳件出炉空冷或缓冷后，经两次淬火后再进行 160～180℃的低温回火。第一次淬火加热温度应在 Ac_3 以上，使心部的亚共析组织进行一次重结晶，从而细化心部组织，消除表层存在的网状渗碳体。第二次加热温度在 Ac_1 以上 30～50℃，使渗碳层的组织达到使用性能要求，即获得细片状马氏体、均匀分布的粒状碳化物和少量残余奥氏体。两次淬火后渗碳件的表层和心部组织都得到细化，不但表层有较高的硬度、耐磨性和疲劳强度，而且心部也有良好的塑性和韧性。但钢件经两次高温加热后变形较严重，渗碳层易脱碳和氧化，生产周期长且成本高。两次淬火法仅适用于对性能要求很高的重要钢

件或承受重负荷的钢件。

（2）渗氮

将钢件置于氮化炉内加热，并通入氨气，使氨气分解出活性氮原子，并渗入钢的表层，形成氮化物，这一过程称为渗氮。

常用渗氮钢为 $w_C=0.15\%\sim0.45\%$ 的合金结构钢，如 38CrMoAlA、35CrMo、18CrNiW 等。渗氮时形成的氮化物有 AlN、CrN、MoN 等，并以极高的弥散度分布在渗氮层中，使钢的表层具有很高的硬度（约 72HRC）、高耐磨性、高抗疲劳性和高耐蚀性。

渗氮时加热温度一般为 550～570℃，钢件变形小。厚度一般为 0.3～0.5mm。

为提高渗氮零件心部的综合力学性能，在渗氮前要进行调质处理，使工件心部组织为回火索氏体。

钢的渗氮不仅可用于要求耐磨性很高的精密零件（如镗杆、磨床主轴），而且可用于要求耐热、耐蚀、耐磨的零件（如齿轮套、阀门等）及在交变负荷下工作的重要零件（如内燃机曲轴、齿轮）。但是渗氮的生产周期长，成本高，并需要专门的渗氮用钢，因此其应用受到一定限制。

（3）碳氮共渗

碳氮共渗是在一定温度下，将碳、氮同时渗入钢件表层的奥氏体中，并以渗碳为主的化学热处理工艺。

在改进的井式气体渗碳炉中滴入煤油，使其受热分解出渗碳气体，同时往炉中通入渗氮所需的氨气。在共渗温度（820～860℃）下，煤油与氨气除进行渗碳和渗氮外，它们之间还可发生化学反应而产生活性碳和活性氮原子。活性碳和活性氮原子渗入钢件表层奥氏体中，并逐渐向内部扩散，形成碳氮共渗层。

共渗剂除用煤油和氨气组合外，还可用煤气和氨气组合，甲醇、丙烷和氨气组合，三乙醇胺和 20%尿素组合等。

碳氮共渗与渗碳相比，具有加热温度低，钢件变形小，生产周期短，渗层的耐磨性、硬度、疲劳强度较高和一定的耐蚀能力。因此，碳氮共渗工艺的应用越来越广，常用来处理汽车和机床上的各种齿轮、蜗轮、蜗杆和轴类零件等。

1.8 工程材料的发展趋势

在科技和产业革命的驱动下，运载工具、能源动力、信息技术、生命健康等领域对工程材料的性能提出了更高要求。为此，我国提出新材料强国战略，以提高材料自主创新能力为核心，重点发展先进基础材料、关键战略材料、前沿新材料，加快新材料国产化建设进程。目前，金属材料在工程材料中仍占据主导地位，其中，钢铁是产量最大、覆盖面最广的材料。

1－39 工程材料的发展趋势

1. 钢铁生产工艺的完善和开发

智能制造是钢铁生产工艺的重要发展方向。通过数字化生产管理、计算机控制、机器人技术和智能物流等实现高效生产，并向工业互联网、高度自动化生产、跨界融合方向快速发展。

钢铁生产工艺还朝着环保、节能方向发展。研发新型钢铁材料，发展低碳冶炼技术，实现双碳目标和经济可持续性发展。

2. 新材料的研制和开发

（1）先进的金属材料

① 先进钢铁材料：主要有新型高强韧汽车用钢，高速重载轨道交通用钢，新一代耐火、耐蚀、耐候建筑用钢，超大输量油气管线用钢，深海钻、采、输、储用钢等。

② 先进有色金属材料：主要有高性能轻合金，功能元器件用有色金属，稀有金属和稀贵金属等。

③ 高端装备用特种合金：主要有单晶高温合金、黑色耐热合金、黑色耐蚀合金、特种铝镁钛合金等。

④ 稀土功能材料：主要有稀土磁性、稀土发光、稀土催化、稀土晶体、稀土储氢等材料。具有较高的磁导率和磁饱和度，良好的光学转换和荧光效果，良好的化学稳定和热稳定性等优异性能，在电子、磁性、光学和催化等领域发挥着重要作用。

⑤ 高温超导材料：主要有三层铜氧化物 Bi2223、氧化钇钡铜 YBCO 等高临界温度的超导材料，用于生产强磁场高性能超导带材及磁体装备等。

（2）先进的高分子材料

① 先进石化材料：主要有高性能聚烯烃、功能性聚氨酯、特种合成橡胶、特种工程塑料等，具有更好的力学性能、耐热性、耐介质腐蚀性和电性能等，用于包装、建筑、汽车、电子等领域。

② 先进纺织材料：主要有高性能纤维及其编织材料、纺织复合材料、回收再利用纤维材料等，用于航天航空、国防军工等高技术领域。

③ 生物基材料：主要有天然高分子生物基材料、生物基合成材料等，用于人工脏器、制药、医疗器械、仿生等领域。

（3）先进的陶瓷材料

① 电子陶瓷：主要有绝缘装置瓷、电容器瓷、铁电陶瓷、半导体陶瓷和离子陶瓷等，用于制作电子功能元件等，正朝着技术集成化、功能复合化、结构微型化和环保无害化等方向发展。

② 先进结构功能一体化陶瓷：主要有 SiC 复合陶瓷、氧化物陶瓷等，用于生产涡轮静子叶片、喷管调节片和燃烧室火焰筒等航空发动机热端零部件，以及刹车片、气缸盖、气缸体和活塞等汽车零部件。

（4）先进的复合材料

① 纤维复合材料：主要有高性能碳纤维复合材料、高性能对位芳纶纤维复合材料、

超高分子量聚乙烯纤维复合材料、玄武岩纤维增强复合材料等，具有高强度和高模量、轻质、良好的耐腐蚀性、可设计性强等优点，用于航空航天、汽车工业、电子电器等领域。

② 碳陶复合材料：具有高性能陶瓷的优点，还可在 1650℃下工作，并克服常用陶瓷材料脆性大、功能单一等缺点，可用于飞机高温结构材料和汽车刹车摩擦材料。

③ 纳米复合材料：主要有无机纳米塑料、有机纳米塑料、金属纳米塑料等，具有高强度和耐热性、高阻隔及自熄灭性、抗静电性、防辐射性、抗菌性等优点，用于航空航天、汽车制造、医疗等领域。

(5) 先进的其他新兴材料

① 新能源材料：主要有 Si 基太阳能电池材料、GaAs 基太阳能电池材料、锂离子电池材料、全固态电池材料和燃料电池材料等，用于新能源的能量储存和转换。

② 石墨烯材料：主要有新能源领域用石墨烯电极、石墨烯集流体等；航空航天领域用石墨烯橡胶、石墨烯芳纶等；复合材料用石墨烯碳纤维、石墨烯玻璃纤维等。

工程材料综合实验
虚拟仿真教学系统

案例 1　材料鉴别

1. 案例背景

某机械制造公司接到一批重要订单，需生产多种模具和机械零件，但仓库管理员误将 20Cr、45 钢、5CrMnMo、HT250、Cr12 钢的材料标识弄混，需要工艺人员区分材料种类。

2. 辨别过程

(1) 外观初判

工艺人员现场观察发现：两种材料表面光滑，呈银灰色金属光泽，其中一种色泽稍亮；一种材料表面粗糙，颜色灰暗；两种材料表面也有金属光泽，但质感不同。初步判断：表面粗糙颜色灰暗的可能是 HT250；两种银灰色材料含合金元素，色泽亮的含合金元素可能更多。

(2) 火花鉴别

用砂轮机分别打磨五种材料。20Cr 钢材火花束长，流线多而细，爆花分叉较多；45 钢火花束稍短，流线略粗，爆花数量和分叉比 20Cr 少；5CrMnMo 火花束短粗，流线少，爆花也少，因含锰元素，火花颜色偏暗；HT250 磨削时火花极少，手感软，原因是石墨含量高；Cr12 钢火花束极短粗，几乎没有流线，爆花极少，因其合金含量高抑制了火花产生。

(3) 硬度测试

使用洛氏硬度计检测，20Cr 硬度较低；45 钢硬度适中；5CrMnMo 硬度较高；HT250 硬度相对较低且脆性大；Cr12 硬度远超其他几种材料。通过硬度值能进一步区分各种材料。

（4）金相分析

制作金相试样观察微观组织。20Cr组织为铁素体和少量珠光体；45钢组织为比例适中的铁素体和珠光体；5CrMnMo淬火＋中温回火后，组织为回火托氏体和合金碳化物；HT250为钢的基体上分布着片状石墨；Cr12淬火＋低温回火后，组织为大量合金碳化物和回火马氏体组织。

3．材料应用场景

（1）20Cr

具有一定强度和韧性，常应用于对强度要求不特别高、需要较好成形性的结构件，公司用其制作一些简单的机械连接部件。

（2）45钢

综合机械性能优良，是应用最广泛的中碳钢，常用于制造轴类、齿轮等零件，公司用其生产机床传动轴。

（3）5CrMnMo

具有良好的韧性和热疲劳性能，适用于制造热锻模等，公司用其制造汽车零部件热锻模具。

（4）HT250

减振性、铸造性能好，主要用于制造机床床身、发动机缸体等，公司用其制造机床底座。

（5）Cr12钢

高硬度和高耐磨性，常被用来制造冷冲模、冷挤压模等，公司用其生产五金冲压模具。

4．鉴别结果

通过全面系统的辨别流程，成功将混淆的五种材料区分开。机械制造公司重新规范了原材料管理流程，加强员工培训，完善标识和存储方式。后续生产顺利进行，产品质量得到保障，按时完成订单交付，避免了可能因材料错误导致的经济损失和信誉风险。

案例2　钢的热处理

1．案例背景

在矿石加工行业，棒磨机钢棒的性能对生产效率和成本影响重大。某矿业公司原使用的棒磨机钢棒材质为42CrMo，采用常规热处理工艺，淬火加热至850℃后油冷，回火温度为550℃。在实际生产中，钢棒磨损严重，平均使用寿命仅3个月，且在使用过程中频繁出现断裂情况，不仅增加了更换钢棒的成本，还导致停机时间延长，影响生产进度。经分析，传统工艺热处理后的钢棒硬度分布不均匀，表面硬度虽能达到HRC40～45，但淬硬层较浅，仅3～5mm，内部韧性不足，无法满足棒磨机长时间、高强度的工作需求。

2. 改进后的热处理工艺

(1) 加热

采用中频感应加热淬火，将钢棒加热速度提高到 15℃/min，快速升温至 880℃，减少加热过程中的氧化和脱碳。同时，通过旋转装置使钢棒在加热过程中匀速转动，确保加热均匀，避免局部过热或欠热，使钢棒组织充分奥氏体化。

(2) 淬火

淬火介质由普通淬火油改为快速淬火油，采用高压喷淋淬火方式。在 860℃时进行淬火，喷淋压力控制在 0.5MPa 左右，使钢棒快速冷却，形成均匀的马氏体组织，淬硬层深度达到 8～10mm，钢棒表面硬度提高至 HRC50～55。

(3) 回火

回火分两次进行。第 1 次回火温度设定为 200℃，保温 2 小时，消除淬火应力，稳定组织；第 2 次回火温度提高到 580℃，保温 3 小时，进一步提高钢棒韧性，使其在高硬度的同时具备良好的抗冲击能力。

3. 工艺检测

(1) 硬度检测

使用洛氏硬度计对钢棒不同部位进行检测，包括表面、10mm 深度处和中心部位。结果显示，表面硬度稳定在 HRC50～55，10mm 深度处硬度为 HRC45～50，中心部位硬度为 HRC35～40，硬度梯度合理，满足使用要求。

(2) 金相组织分析

在显微镜下观察，钢棒表面为细小均匀的回火马氏体组织，内部为回火索氏体和少量铁素体，组织均匀性良好，无明显缺陷。

(3) 冲击韧性测试

通过冲击试验机对钢棒进行冲击试验，冲击韧度在 $70J/cm^2$ 以上，相比传统工艺提高了 20%，有效增强了钢棒的抗冲击能力。

4. 应用效果

改进热处理工艺后的钢棒投入使用后，效果显著。钢棒使用寿命延长至 8 个月，是原来的近 2 倍，大大减少了更换钢棒的次数和停机时间。同时，由于钢棒磨损减缓，对矿石的研磨效果更稳定，产品粒度均匀性提高，提升了精矿品质。经核算，每年因钢棒性能提升带来的综合经济效益超过 50 万元。该案例表明，合理改进热处理工艺能有效提升棒磨机钢棒性能，降低生产成本，提高生产效率和产品质量，为矿业及相关行业提供了可行的技术方案。

思考题与习题

1-1　常用的评价金属材料力学性能的指标各用什么符号表示？它们的物理含义各是什么？

1-2　测定下列材料或零件的硬度时，宜采用何种硬度指标？为什么？

①热轧钢坯；②青铜铸件；③淬硬钢齿轮；④薄铝板；⑤灰铸铁件。

1-3 试比较体心立方晶格、面心立方晶格和密排立方晶格的晶胞中原子排列的紧密程度。

1-4 生产中常用哪些方法细化晶粒？各类方法使晶粒细化的机理是什么？

1-5 试分析纯铁的结晶过程，并指出金属的同素异构转变与液态结晶的异同点。

1-6 比较铁碳合金各种基本组织的晶体结构和力学性能。

1-7 碳钢与铸铁在成分和组织上有哪些区别？

1-8 试分析 w_C 分别为0.2%、0.77%、1.3%的铁碳合金自高温缓慢冷却到室温的组织转变过程。

1-9 钢中的杂质元素和合金元素对钢的力学性能有哪些影响？

1-10 指出下列钢铁材料牌号的含义和主要用途。

①Q235A；②08F；③T8；④Q355；⑤ZG270-500；⑥HT250；

⑦20Cr；⑧Cr12；⑨5CrMnMo；⑩QT400-15。

1-11 各类铸铁中石墨的形态、力学性能和应用有何不同？

1-12 影响铸铁石墨化的因素有哪些？各是如何影响的？

1-13 比较各类铜合金的性能、特点及应用。

1-14 各类铝合金在性能、特点及应用上有哪些不同？

1-15 下列零件需用铝或铝合金制造，试选所用材料的牌号。

① 内燃机的气缸体；②油箱；③内燃机活塞；④形状复杂的仪表零件壳体。

1-16 根据生产工艺，镁合金分为哪两类，它们各有什么特点？

1-17 试举例说明轴承合金在性能上有何要求，在组织上有何特点？

1-18 常用的粉末冶金材料有哪些？各有何性能特点及应用？

1-19 比较热塑性塑料和热固性塑料的性能特点及应用。

1-20 天然橡胶和合成橡胶的性能特点及应用有何区别？

1-21 按化学成分的不同，常用的工业陶瓷材料有哪几种？它们在性能上各有何特点？

1-22 复合材料有何特点？为什么纤维增强材料应用最广泛？

1-23 比较钢的各类普通热处理工艺的加热温度范围、冷却方式和目的。

1-24 轴、弹簧、锯条和扳手各需进行何种热处理？为什么？

1-25 淬透性与淬透层深度、淬硬性有哪些区别？影响淬透性的因素有哪些？

1-26 常用的粉末冶金材料有哪些？各有何性能特点及应用？

1-27 比较热塑性塑料和热固性塑料的性能特点及应用。

1-28 天然橡胶和合成橡胶的性能特点及应用有何区别？

1-29 按化学成分分类，常用陶瓷有哪些？各有何应用场合？

1-30 复合材料的组成物可分为哪两类？各起什么作用？

1-31 什么是纤维增强复合材料？试述其性能特点及应用。

1-32 什么是颗粒增强复合材料？试述其性能特点及应用。

1-33 工程材料的发展趋势如何？

第2章 铸 造

【知识目标】

1. 识记铸造的基本概念、特点及应用范围；
2. 理解铸造工艺及铸造合金的铸造性能及其对铸件质量的影响；
3. 识记和比较各种铸造方法的特点和应用范围；
3. 识记和理解铸造工艺设计内容。

【技能目标】

1. 能够分析铸件产生缺陷的原因，评价工艺方法和工艺措施的合理性；
2. 能够根据零件的材料、使用要求和生产批量等合理选择铸造方法；
3. 能够设计典型零件的铸造工艺，绘制出铸造工艺图；
4. 能够评价铸件结构的合理性，设计合理的铸件结构。

【素质目标】

1. 质量意识、安全意识、标准意识、绿色环保意识；
2. 专业认同感、家国情怀；
3. 工匠精神、创新精神。

铸造指熔炼金属、制造铸型并将熔融金属浇入铸型凝固后，获得具有一定形状、尺寸和性能的毛坯或零件的成形方法。按工艺方法的不同，铸造可分为砂型铸造和特种铸造两大类。砂型铸造是在砂型中生产铸件的铸造方法，是目前应用最广泛的铸造方法。特种铸造是与砂型铸造不同的其他铸造方法，如金属型铸造、压力铸造、低压铸造、离心铸造等。

2-1 铸造的概念

与其他金属成形方法相比，铸造的工艺适应性强，铸件的结构形状和尺寸几乎不受限制，质量可以从几克至几百吨；工业上常用的合金几乎都能铸造；铸造原材料来源广泛，价格低廉，设备投资较少。但铸件的质量取决于成形工艺、铸型材料、合金的熔炼与浇注等诸多因素，易出现浇不到、缩孔、气孔、裂纹等缺陷，且往往组织疏松、晶粒粗大。一般情况下，铸件的性能远不及塑性成形件。近年来，随着铸造技术的迅速发展，铸件的质量和性能已大大提高，应用也越来越广泛。

铸造适于制造形状复杂、特别是内腔形状复杂的毛坯或零件，尤其是要求承压、抗振或耐磨的零件。铸造是现代工业的基础，铸件在机械产品中占有很大的比例，按质量计，在汽车中约占25%，在机床中占60%～80%。

2.1 铸造基础

2.1.1 金属液的充型能力

金属液的充型能力指金属液充满铸型型腔，获得轮廓清晰、形状准确的铸件的能力。充型能力差的金属液易产生浇不到和冷隔等缺陷，使铸件形状不完整，或因有未完全熔合的缝隙而使力学性能大大降低，甚至报废。

2-2 金属液的充型能力及其影响因素

充型能力主要取决于液态金属的流动性，同时又受铸型、浇注条件等外界因素的影响。

1. 金属的流动性

金属的流动性即金属液本身的流动能力。金属的流动性越好，充型能力也越强，越易获得轮廓清晰、壁薄而形状复杂的铸件，越有利于金属液中非金属夹杂物及气体上浮排除，越有利于对凝固过程中金属的收缩进行补缩。

金属的流动性用在规定的铸造工艺条件下流动性试样的长度来衡量（图2-1）。在相同的铸型及浇注条件下，流动性试样越长，则金属的流动性越好。在常用的铸造合金中，灰铸铁的流动性试样长度可达1500mm以上，流动性最好；铸钢的流动性试样长度只能达200mm左右，流动性最差。

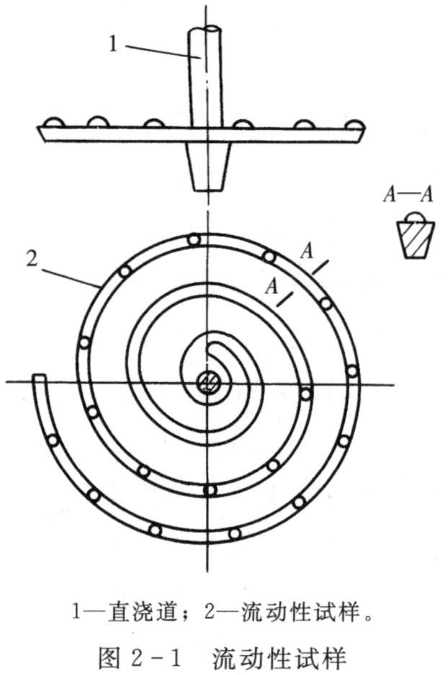

1—直浇道；2—流动性试样。

图2-1 流动性试样

流动性与金属的成分、杂质含量及物理性能等有关。

（1）合金成分

合金成分是影响金属流动性的主要因素。纯金属和共晶成分的合金是在恒温下结晶的，结晶过程由表面向心部呈逐层凝固方式［图2-2(a)］，凝固区域宽度很小或接近于零，故凝固层的内表面较光滑，对未凝固的金属液的流动阻力小，流动性最好。

非共晶成分的合金是在一定的温度范围内结晶的，存在一个既有液体又有枝晶的两相区，凝固区域也较宽，呈中间凝固方式［图 2－2（b)］，且凝固层的内表面较粗糙，故金属液的流动阻力大，流动性较差。合金成分距离共晶成分越远，凝固温度范围（合金从开始凝固到凝固完毕的温度范围）也越宽，流动性就会越差。当凝固温度范围过大时，液、固并存的两相区甚至贯穿整个铸件断面而呈糊状凝固方式［图 2－2（c)］，此时流动性最差。铁碳合金的流动性与碳含量的关系如图 2－3 所示。显然，结晶温度范围越窄，金属的流动性越好。

（2）合金的质量热容、密度和热导率

合金的质量热容是单位质量物质升高单位温度的热容。合金的质量热容和密度越大，在相同的过热度（加热温度超过熔点或液相线温度的温度值）下，合金所含的热量越多，保持高温的时间越长，流动性越好。合金的热导率越小，热量散失越慢，流动性越好。

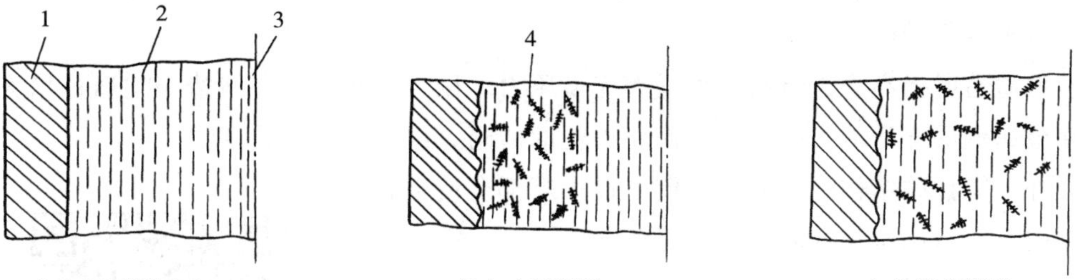

（a）逐层凝固　　（b）中间凝固　　（c）糊状凝固

1—凝固层；2—液相区；3—铸件中心；4—固－液相区。

图 2－2　合金的凝固方式

2. 铸型条件

（1）铸型的蓄热系数

铸型的蓄热系数即铸型从其中的金属液吸收并储存热量的能力。铸型的蓄热系数越大，激冷能力越强，金属液保持液态的时间就越短，充型能力越低。应尽量选用蓄热系数小的造型材料。在金属型的型腔壁喷涂料，可以减小蓄热系数。

（2）铸型温度

铸型温度越高，金属液冷却越慢，保持液态时间越长，越有利于提高充型能力。故熔模铸造常在型壳焙烧后趁热浇注，金属型铸造的铸型通常要预热至 150～400℃ 再

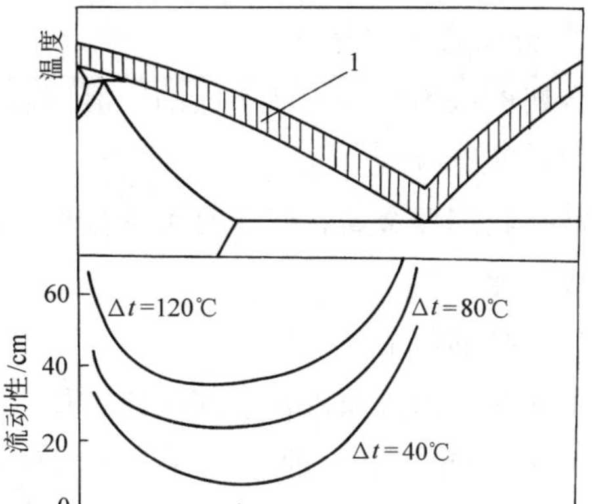

1—金属液过热温度范围；Δt—金属液过热度。

图 2－3　铁碳合金的流动性与碳含量的关系

浇注。

（3）铸型中的气体

浇注时，如果铸型的发气量过大且排气能力不足，就会使型腔中气压增大，阻碍充型。为此，应适当降低型砂的含水量和发气物质的含量，以及开设必要的排气孔和增设排气冒口。

3. 浇注条件

（1）浇注温度

提高浇注温度，有利于降低金属液的黏度，延长保持液态的时间，从而提高流动性。但浇注温度不宜过高，否则金属液吸气增多，氧化严重，不仅充型能力提高不多，反而增大了缩孔、气孔、粘砂等缺陷倾向。

（2）充型压力

充型压力即金属液充型时在流动方向上所受到的压力。充型压力越大，充型能力就越强。但充型压力不宜过大，以免产生金属飞溅而加剧氧化，以及因气体来不及排出而产生气孔、浇不到等缺陷。

砂型铸造时提高直浇道高度可增大充型压力。压力铸造、离心铸造等均通过增大充型压力使金属液的充型能力提高，从而获得轮廓清晰、组织致密的铸件。

此外，铸件的结构过于复杂、壁厚过小等都会使金属液充型困难，在结构设计时应予以避免。

2.1.2 金属的收缩特性

金属的收缩指铸造金属从液态凝固和冷却至室温过程中产生的体积和尺寸的缩减。收缩较大的金属易产生缩孔、缩松缺陷以及因铸造应力的出现而易产生变形、裂纹等铸造缺陷。

2-3 金属的收缩及其影响因素

1. 金属的收缩阶段

金属的收缩可分为液态收缩、凝固收缩和固态收缩三个阶段。

（1）液态收缩

液态收缩即金属在液态时由于温度降低而发生的体积收缩。液态收缩量与金属液的过热度成正比。

（2）凝固收缩

凝固收缩即金属液在凝固阶段的体积收缩。纯金属及在恒温下凝固的合金，其凝固收缩是由液-固相变引起的；具有一定凝固温度范围的合金，除液一固相变引起的收缩外，还有因凝固阶段温度下降引起的收缩。

液态收缩和凝固收缩是铸件产生缩孔的根本原因。

（3）固态收缩

固态收缩即金属在固态时由于温度降低而发生的体积收缩。固态收缩表现为线尺寸的缩小，故一般用线收缩率表示。固态收缩是铸件产生铸造应力并进而引起变形、裂纹等缺陷的主要原因。

2. 影响金属收缩的因素

影响金属收缩的因素有金属的化学成分、浇注温度和铸型条件等。

（1）金属的化学成分

铁碳合金中，铸钢和白口铸铁的收缩大，灰铸铁的收缩小，这是由于灰铸铁凝固时碳大部分以石墨形式析出，石墨比容大，可以抵消部分收缩。当灰铸铁的碳、硅含量增多时，有利于促进石墨化，使收缩减小；而硫含量增多时，会阻碍石墨化，使收缩增大。几种常用的铁碳合金自浇注温度至室温的收缩率见表2－1所列。

表2－1 几种常用的铁碳合金自浇注温度至室温的收缩率

合金种类	体收缩率/%	线收缩率/%
铸造碳钢	10～14.5	1.3～2.0
白口铸铁	12～14	1.5～2.0
灰铸铁	5～8	0.7～1.0

（2）浇注温度

随着浇注温度的提高，金属冷却时的液态收缩会增大，总体积收缩相应增大。

（3）铸型条件

铸件冷却过程中，可能会由于各部分冷却速度的不同，使收缩相互制约而不能自由收缩，也可能受到铸型、型芯等的阻碍而不能自由收缩。通常，带有内腔或侧凹的铸件收缩较小（图2－4）；型砂和型芯砂的紧实度越大，铸件的收缩越小。

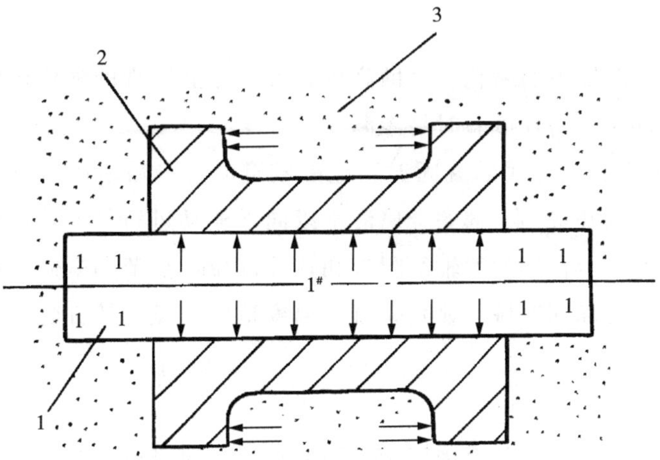

1—型芯；2—铸件；3—型砂。

图2－4 铸件收缩受到铸型和型芯阻碍

2－4 缩孔与缩松

3. 缩孔与缩松

（1）缩孔

缩孔即铸件在凝固过程中，由于补缩不良而产生的孔洞。形状不规则、孔壁粗糙并带有枝状晶，常出现在铸件最后凝固的部位。广义的缩孔也包括缩松。

缩孔的形成过程如图 2-5 所示。当金属液充满铸型后，靠近型腔壁的金属液很快凝固。接着，内浇道也凝固。随着温度的下降，凝固层加厚，型腔内的金属液液面因液态收缩和补充凝固层的收缩而下降。完全凝固后，在铸件上部形成缩孔。

纯金属、共晶合金和凝固温度范围窄的合金凝固时呈逐层凝固方式，易产生缩孔缺陷。

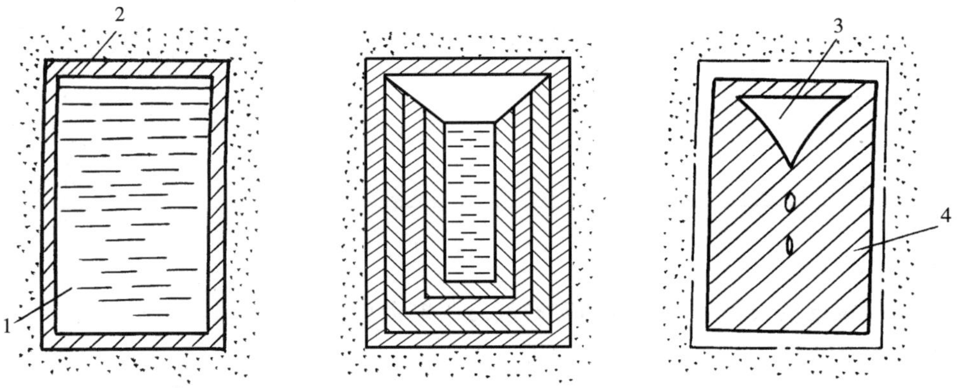

（a）外层凝固　（b）凝固层增厚　（c）完全凝固

1—熔融金属；2—凝固层；3—缩孔；4—固态收缩后的铸件。

图 2-5　缩孔的形成过程

（2）缩松

缩松即铸件断面上出现的分散而细小的缩孔。借助高倍放大镜才能发现的缩松称为显微缩松。铸件有缩松缺陷的部位，在气密性试验时易渗漏。

缩松的形成过程如图 2-6 所示。当金属的凝固温度范围较宽时，最后凝固区域呈糊状凝固方式，金属液被大量枝晶分隔开来，上部的金属液难以向下流动进行补缩，最终形成大量细小而分散的孔穴。缩松多产生在铸件的轴线附近和热节部位，热节即凝固过程中铸件内比周围金属凝固缓慢的节点或局部区域。显然，凝固温度范围越宽，铸件越易产生缩松缺陷。

（3）缩孔和缩松的防止

缩孔和缩松均使铸件的力学性能下降，甚至因产生渗漏而报废，应采取适当的工艺措施予以防止。

① 采用顺序凝固原则：顺序凝固是使铸件按规定方向从一部分到另一部分依次凝固的原则，经常是向着冒口或内浇道方向凝固。冒口是铸型内储存用于补缩的金属液的空

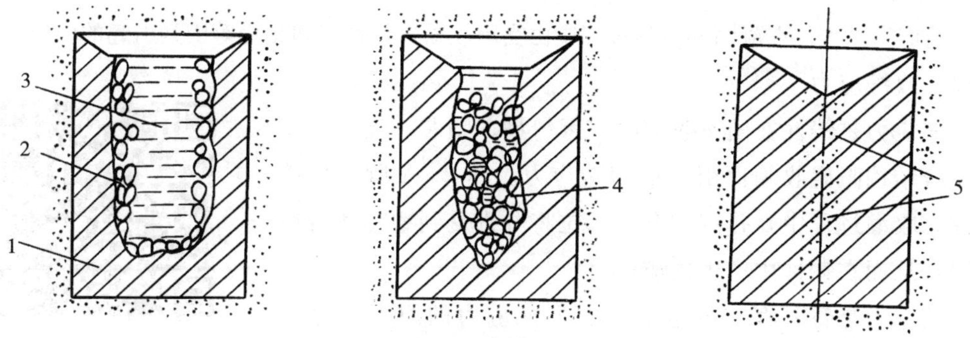

（a）凝固层加厚

（b）最后凝固区域呈糊状凝固

（c）完全凝固，缩松形成

1—凝固层；2、4—固-液相区；3—液相区；5—缩松。

图 2-6　缩松的形成过程

腔。如图 2-7 所示，将内浇道和冒口置于铸件的厚部，并保证冒口有足够的体积。当金属液经冒口充型后，可保证离冒口越远，金属液温度越低，从而实现自薄部向着冒口方向顺序凝固、依次补缩，最终将缩孔转移到冒口中。对于铸件上的热节部位，可设置冷铁以保证铸件的顺序凝固（图 2-8）。冷铁是为增加铸件局部的冷却速度在砂型、型芯表面或型腔中安放的金属物或其他激冷物。铸件的热节可用“内切圆法”确定，即在铸件壁部做内切圆，直径较大处即为热节。

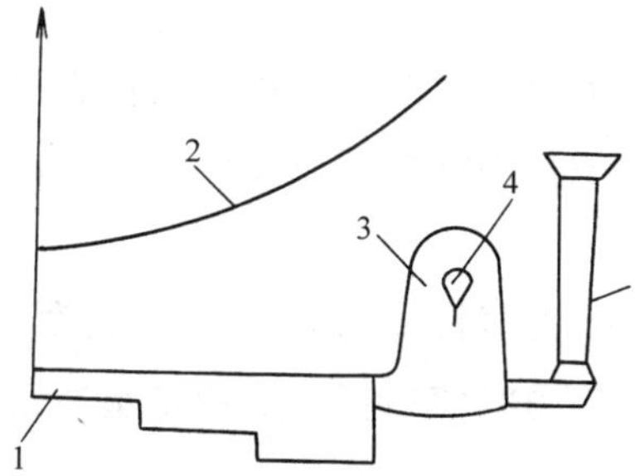

1—铸件；2—铸件温度分布曲线；3—冒口；4—缩孔；5—浇注系统。

图 2-7　顺序凝固示意图

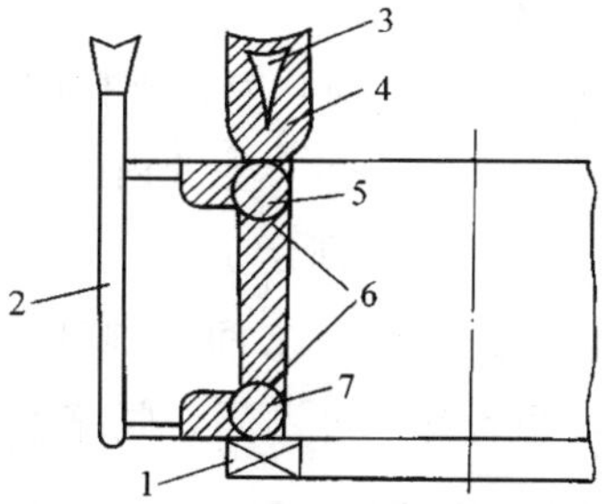

1—环形冷铁；2—浇注系统；3—缩孔；4—冒口；5、7—热节；6—内切圆。

图 2-8　顺序凝固示例

顺序凝固可获得致密的铸件，但使铸件各部分的温差加大，易产生内应力、变形和裂纹，且设置冒口增加了铸件成本。顺序凝固通常用于收缩较大、凝固温度范围较小的合金，如铸钢、碳硅含量低的灰铸铁、铝青铜等合金以及壁厚差别较大的铸件。

② 加压补缩：将铸型置于压力罐中，浇注后使铸件在压力下凝固，可显著减少显微缩松。此外，采用压力铸造、离心铸造等特种铸造方法使铸件在压力下凝固，可有效地防止缩孔和缩松。

4. 铸造应力

铸造应力是铸件在凝固和冷却过程中由受阻收缩、热作用和相变等因素引起的内应力。

(1) 收缩应力

收缩应力是铸件在固态收缩时，因铸型、型芯、浇冒口及铸件本身结构阻碍收缩而引起的铸造应力。图 2-4 所示的铸件在固态收缩过程中，孔壁和凸缘部位将分别受到型芯和铸型的阻碍，从而在铸件中产生内应力。

收缩应力是暂时存在的应力，当形成应力的原因消除后（如落砂、去除冒口等）便会自行消失。但收缩应力一般是拉应力或切应力，由于铸件在高温下抗拉强度较低，若某瞬间铸件上某部位的收缩应力和热应力之和超过其抗拉强度时，就可能产生裂纹。

2-5 铸造应力

采取提高型（芯）砂的退让性，合理设置浇注系统和及时开箱落砂等措施，可有效地减小收缩应力。

(2) 热应力

热应力即铸件在凝固和冷却过程中，不同部位由于温差造成不均匀收缩而引起的铸造应力。铸件凝固冷却后，热应力将残留在铸件内部。

① 热应力的形成过程：如图 2-9 (c) 所示的框形铸件，由粗杆和细杆构成，其凝固后冷却过程中时间与温度、应力的变化情况如图 2-9 (a)、图 2-9 (b) 所示，可分为以下三个阶段。

阶段Ⅰ：τ_1之前，粗、细杆的温度较高，易于产生塑性变形。虽粗、细杆冷却速度不同，收缩不一致，但产生的内应力将会引起它们产生微量塑性变形而自行消除，如图 2-9 (d)、图 2-9 (e) 所示。

阶段Ⅱ：τ_1和τ_2之间，细杆温度已较低，难于产生塑性变形，但粗杆温度仍较高。粗、细杆虽冷却速度不同，收缩不一致，但产生的内应力将使粗杆产生微量塑性变形而自行消除。

阶段Ⅲ：τ_2之后，粗、细杆的温度均较低，难以产生塑性变形。其中，细杆温度已接近室温，收缩趋于停止；粗杆温度较细杆高，冷却时仍有较大收缩，因此将受到细杆阻碍而受拉，而细杆则受压，直至室温，故在铸件中形成了热应力，如图 2-9 (f) 所示。

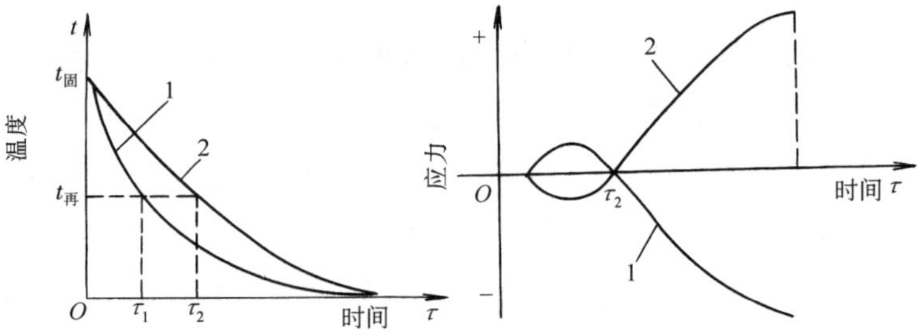

(a) 温度变化曲线　　(b) 应力变化曲线

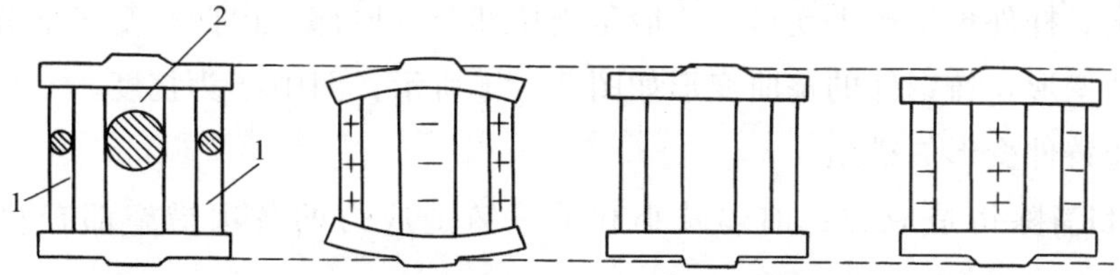

（c）框形铸件　（d）高温下瞬时应力分布　（e）应力通过塑性变形而消除　（f）室温下残留应力的分布

1—细杆；2—粗杆；$t_{固}$—凝固温度；$t_{再}$—再结晶温度；+—拉应力；-—压应力。

图 2-9　框形铸件热应力形成过程

② 减小和消除热应力的方法：热应力使铸件的精度和耐蚀性大大降低，在存放、加工及使用过程中，还会因热应力的重新分布而导致铸件变形甚至产生裂纹，故应尽量减小或消除热应力。常用的方法有合理设计铸件结构、采用同时凝固原则和去应力退火等。

a. 合理设计铸件结构：铸件壁厚应均匀且减少热节。壁与壁之间的连接应尽量采用圆角过渡，以免因产生应力集中而开裂。

b. 采用同时凝固原则：同时凝固是使型腔内各部分金属液温差很小，同时进行凝固的原则。如图 2-10 所示，将内浇道开于薄部，以使金属液充型后该部分的温度与厚部相近。必要时，可在铸件厚部或热节处设置冷铁，以加快其冷却速度。采取以上措施，可使铸件各部分温差大大减小，基本上做到同时冷却凝固和收缩，从而有效地降低热应力。

同时凝固铸造应力小，不易产生热裂，且因无须设置冒口而省工省料，但铸件组织不致密，轴心处往往会出现缩松。同时凝固适用于收缩较小的合金（如碳硅含量高的灰铸铁）和结晶温度范围宽倾向于糊状凝固的合金（如锡青铜），同时也适用于气密性要求不高的铸件和壁厚均匀的薄壁铸件。

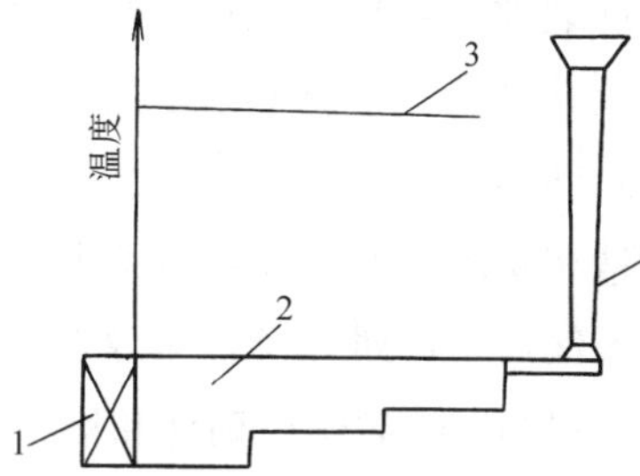

1—冷铁；2—铸件；

3—铸件温度分布曲线；4—浇注系统。

图 2-10　同时凝固示意图

c. 去应力退火：为去除铸件内存在的残余应力而进行的退火。铸钢、铸铁件的加热温度一般为 500～650℃，经保温后随炉冷却至 200～300℃后出炉空冷。一般可消除残余应力的 50%～80%。

5. 铸件变形

铸件变形是铸件在铸造应力和残余应力作用下所发生的变形以及由于模样或铸型变形引起的变形。

(1) 铸件变形的主要原因

由于残余应力的存在，铸件内部处于不稳定状态，而铸件总是力图趋于稳定状态，故会自发地产生变形。通常铸件上受到弹性拉伸的部分会有所缩短，受到弹性压缩的部分会有所伸长，从而使应力得到缓解。壁厚不均匀、截

2-6　铸件的变形和防止措施

面不对称的梁、杆件更易产生变形，一般是受拉部分（厚部）内凹，受压部分（薄部）凸出，产生挠曲变形，铸钢件的挠曲变形如图 2－11 所示，图中 f 为挠度。

（2）防止铸件变形的措施

① 减小和消除铸造应力：前述减小和消除铸造应力的各项措施都有利于防止铸件变形。

② 反变形法：造型时使型腔具有与铸件挠曲量相等而方向相反的预变形量，铸件凝固后冷却时即可抵消其挠曲变形（图 2－12）。

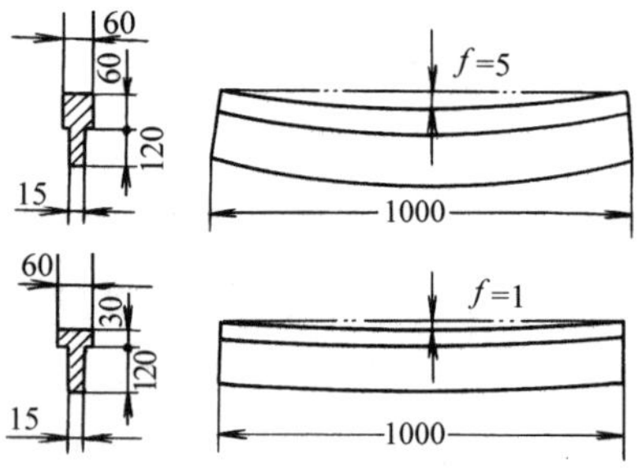

图 2－11　铸钢件的挠曲变形

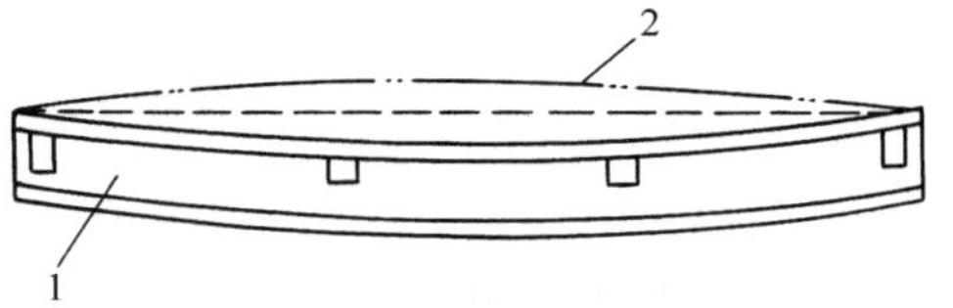

1—铸件；2—型腔反挠度。

图 2－12　以型腔反挠度抵消铸件的挠曲变形

6. 铸件裂纹

铸件裂纹是指铸件表面或内部由于各种原因发生断裂而形成的条纹状裂缝，包括热裂、冷裂、热处理裂纹等。

2－7　铸件裂纹和防止措施

（1）热裂

铸件在凝固后期或在凝固后较高温度下形成的裂纹。其断面严重氧化，无金属光泽，裂纹沿晶粒边界产生和发展，外形曲折而不规则。热裂是铸钢件和铝合金铸件的常见缺陷。

（2）冷裂

铸件凝固后在较低温度下形成的裂纹。裂纹常穿过晶粒延伸到整个断面，有金属光泽或呈微氧化色，多为直线或圆滑曲线。冷裂常出现在受拉伸的部位，特别是应力集中处。壁厚差别大、形状复杂的铸件易产生冷裂。

（3）防止裂纹的措施

前述减小和消除铸造应力的各项措施均有利于防止裂纹产生。此外，应严格限制铸铁和铸钢中硫、磷的含量，以降低其脆性。

2.1.3　常用铸造合金的铸造性能

2－8　常用铸造合金的铸造性能

金属的铸造性能指金属在铸造成形过程中获得外形准确、内部健全的铸件的能力。其主要包括金属的流动性、收缩特性、热裂倾向性、吸气性、氧化性等。一般说来，良好的铸造性能表现在金属的流动性好、收缩小、热裂倾向小、吸气性和氧化性小、不易产生铸造缺陷等。

常用的铸造合金有铸铁、铸钢、铸造铝合金和铸造铜合金等，它们的铸造性能有很大差别。对于铸造性能差的合金，应采用适当的工艺措施，以保证铸造质量。

1. 铸铁

(1) 灰铸铁

灰铸铁的铸造性能优良。由于灰铸铁接近共晶成分，凝固温度范围窄，铁液流动性好。灰铸铁凝固过程中碳大部分以石墨形式析出，故收缩远小于铸钢。相比于其他铸造合金，灰铸铁产生铸造缺陷的倾向最小。

灰铸铁对铸件壁厚的均匀性要求较低，铸造工艺简便，一般均采用同时凝固原则，无须设置冒口，省工、省料且热应力小，是应用最广的铸铁。

(2) 球墨铸铁

球墨铸铁的铸造性能介于灰铸铁和铸钢之间。球墨铸铁虽接近共晶合金，但因其共晶凝固温度范围较宽，且球化处理时易产生氧化物和硫化物夹杂，故铁液流动性较差。球墨铸铁的石墨化膨胀量大于灰铸铁，如图 2-13 (a) 所示，初凝固的外壳又不够坚实，很容易胀大型腔，使收缩量加大而产生缩孔、缩松缺陷。相比之下，图 2-13 (b) 所示的灰铸铁，外壳结实，型腔不会胀大，所以不易产生缩孔、缩松。

(a) 球墨铸铁　　(b) 灰铸铁

图 2-13　球墨铸铁与灰铸铁产生缩孔、缩松的倾向性对比

生产球墨铸铁件多需设置冒口和冷铁，采用顺序凝固原则，如图 2-14 所示。为防止铸件胀大，应提高砂型的紧实度和透气性，如采用干砂型或水玻璃自硬砂型等。浇注时应注意挡渣和使铁液迅速、平稳地充型，以减少夹渣缺陷。此外，还应减少铁液的硫、镁含量和型砂的含水量，以免它们相互作用致使铸件产生皮下气孔（位于铸件表皮下的分散性气孔）。

(3) 可锻铸铁

生产可锻铸铁的原铁液铸造性能差。可锻铸铁是白口铸铁经石墨化退火而得的，为铸造出白口坯件，原铁液的碳、硅含量均较低，凝固温度范围较大，故流动性较差。由于凝固时无石墨析出，故收缩较大，缩孔和裂纹倾向均较大。

生产可锻铸铁件应设置体积较大的补缩冒口，采用顺序凝固原则，可锻铸铁件浇冒口示例如图 2-15 所示。浇道截面应较大、浇注温度应较高，以保证足够的流动性，此外，还应提高铸型的退让性，以防产生裂纹。

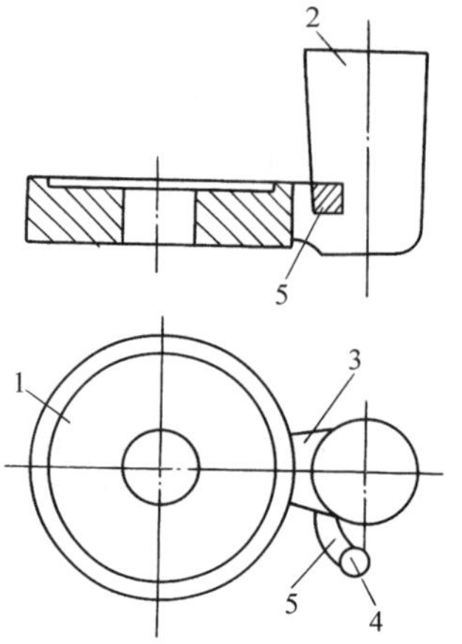

1—铸件；2—冒口；3—冒口颈；
4—直浇道；5—横浇道。

图 2-14　球墨铸铁轮毂砂型

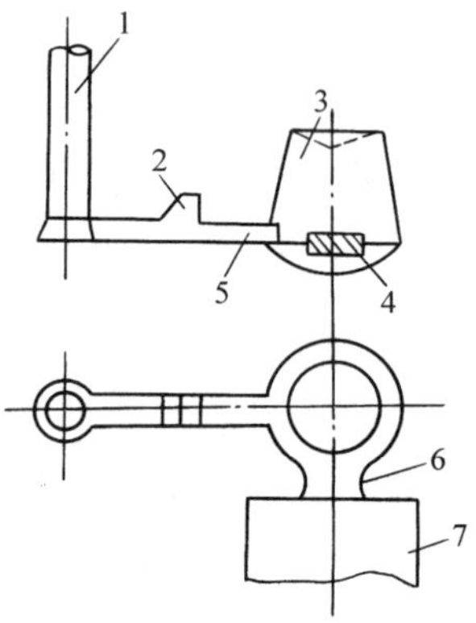

1—直浇道；2—集渣包；3—暗冒口；
4、6—内浇道；5—横浇道；7—铸件。

图 2-15　可锻铸铁件浇冒口示例

2. 铸钢

铸钢的铸造性能差。由于熔点高，钢液易氧化和吸气，且充型后冷却速度较快，保持液态的时间较铸铁短，故流动性差，易产生冷隔、浇不到、夹杂、气孔等缺陷。铸钢凝固时无石墨析出，故收缩远大于铸铁，易产生缩孔、裂纹等缺陷。

生产铸钢件常设置冒口和冷铁，采用顺序凝固原则，以免产生缩孔（图 2-16）。铸型应有较高的强度、良好的透气性和耐火性，中、大型件的铸型一般采用粘土砂干型或水玻璃自硬砂型。型腔表面应涂耐火涂料，以防产生粘砂缺陷。

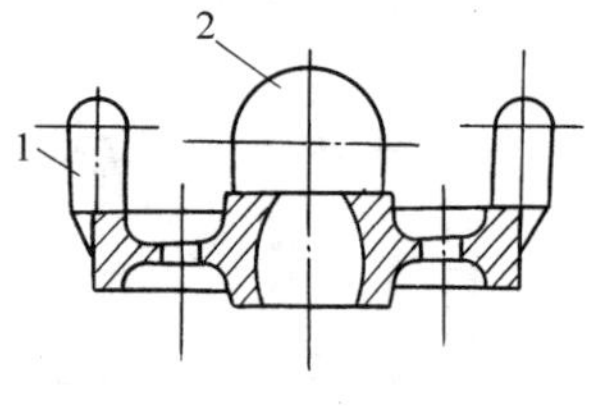

1—轮缘冒口；2—轮毂冒口。

图 2-16　铸钢齿轮铸件的冒口

3. 铸造铝合金

铝硅合金的铸造性能好，该类合金为共晶成分，流动性好，收缩略大于铸铁。铝锌合金流动性好，但热裂倾向大。其他系列的铸造铝合金均远离共晶成分，凝固温度范围宽，多呈糊状凝固，流动性差，且收缩较大，难以通过补缩获得致密件，故铸造性能差。此外，各类铸造铝合金均极易吸气和氧化，故易产生夹杂和气孔缺陷。

生产铝合金铸件可采用各种铸造方法，批量大或重要铸件宜采用特种铸造。砂型铸造时一般设置冒口顺序凝固，如图 2-17（a）所示。为保证铝液快速而平稳地充型，以免吸气和氧化，通常采用开放式浇注系统及弯曲形状的直浇口，且内浇道数目较多。此外，熔炼时还应注意除气和去渣。

4. 铸造铜合金

锡青铜的铸造性能较差，其凝固温度范围宽，呈糊状凝固，金属液流动性差，且收缩较大，易产生缩孔、缩松等缺陷，但氧化倾向不大。壁厚较大的重要铸件须设置冒口顺序凝固；形状复杂的薄壁铸件，致密性要求不高时，可采用同时凝固原则。

铝青铜和铝黄铜等含铝较高的铜合金，铸造性能较好，其凝固温度范围窄，呈逐层凝固，铜液流动性好，但收缩较大，易形成集中缩孔，须设置冒口顺序凝固如图 2－17（b）所示。由于铜液极易氧化和吸气，应提高浇注系统的撇渣能力，如采用带过滤网的底注式浇口和敞开式顶冒口。

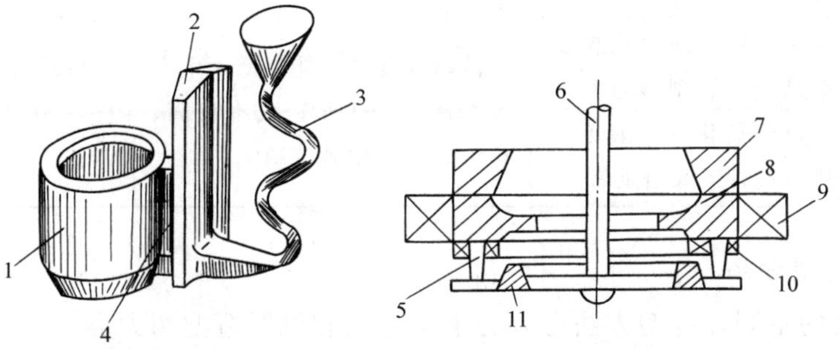

（a）铝合金壳体　　　（b）铝青铜蜗轮

1、8—铸件；2、7—冒口；3、6—直浇道；4、5—内浇道；9、10—冷铁；11—横浇道。

图 2－17　非铁金属铸件的浇注系统

2.2　铸造方法

按工艺方法的不同，常用的铸造方法可分为砂型铸造和特种铸造两大类。

2－9　铸造方法——砂型铸造方法

2.2.1　砂型铸造

砂型铸造是在砂型中生产铸件的铸造方法。下面着重介绍砂型铸造中常用的砂型和造型方法的主要特点和适用范围。

1. 常用的砂型

砂型铸造中常用砂型的主要特点和适用范围见表 2－2 所列。

表 2－2　常用砂型的主要特点和适用范围

铸型种类	铸型特征	主要特点	适用范围
湿砂型（湿型）	以粘土作粘结剂，不经烘干可直接进行浇注的砂型	生产周期短、效率高，易于实现机械化、自动化，设备投资和能耗低；但铸型强度低、发气量大，易于产生铸造缺陷	单件或批量生产，尤其是大批量生产，广泛用于铝合金、镁合金和铸铁件
干砂型（干型）	经过烘干的高粘土含量（粘土质量分数为 12%～14%）的砂型	铸型强度和透气性较高，发气量小，故铸造缺陷较少；生产周期长，设备投资较大，能耗较高，且难于实现机械化与自动化	单件、小批生产质量要求较高，结构复杂的中、大型铸件

（续表）

铸型种类	铸型特征	主要特点	适用范围
表面烘干型	浇注前用适当方法将型腔表层（厚15～20mm）进行干燥的砂型	兼有湿砂型和干砂型的优点	单件、小批量生产中、大型铝合金铸件和铸铁件
自硬砂型	常用水玻璃或合成树脂作粘结剂，靠型砂自身的化学反应硬化，一般不需烘烤，或只经低温烘烤	铸型强度高，能耗低，生产效率高，粉尘少；成本较高，有时易产生粘砂等缺陷	单件或批量生产各类铸件，尤其是大型、中型铸件

2. 常用的造型方法

按使用工具的不同，造型方法可分为手工造型和机器造型两大类。

（1）手工造型

手工造型即全部用手工或手动工具完成的造型工序。常用的手工造型方法有两箱造型、三箱造型、脱箱造型、刮板造型、地坑造型等。传统的手工造型方法在单件、小批生产特别是大型复杂铸件的生产中仍有应用，但其中的填砂、搬运、翻转砂箱等笨重操作已大都被机械代替。手工造型操作技术要求高，劳动强度大，生产效率低，造型质量不稳定，应用范围已逐渐缩小。常用的手工造型方法的主要特点和适用范围见表2-3所列。

表2-3　常用的手工造型方法的主要特点和适用范围

造型方法	主要特点	适用范围
两箱造型	用两个砂箱制造砂型，可采用多种模样（整体模、分开模、刮板模等）和多种造型方法（挖砂、假箱等），操作一般较简便	单件或批量生产各种尺寸的铸件，是最基本的造型方法
多箱造型	用三个以上砂箱制造砂型，须采用分块模，操作费工、生产效率低	单件、小批生产需两个以上分型面的铸件或高大、复杂的铸件
脱箱造型	在可脱砂箱内造型，合型后脱去砂箱，操作简便灵活，生产效率高，适应性较强	单件或批量生产湿型铸造的中、小型铸件，在手工造型和机器造型中均可采用
刮板造型	不用模样或芯盒而用刮板造型，可节省制造模样的材料和工时，但操作技术要求高、生产效率低，铸件精度低	单件、小批量生产等截面或回转体类的大、中型铸件
地坑造型	在砂坑或地坑中制造下型，可省去下砂箱，也可不用上型，但技术要求高，生产效率低	单件生产大、中型铸件

（2）机器造型

机器造型：即用机器全部完成或至少完成紧砂操作的造型工序，常用的机器造型方法有震压造型、微震压实造型、高压造型、抛砂造型、气冲造型、负压造型等。其中，气冲造型和负压造型是近年来发展很快的先进造型方法。

① 气冲造型：即用燃气或压缩空气瞬间膨胀所产生的压力波紧实型砂的造型方法。一般是通过一种特殊的快开阀将低压气体（$p\leqslant$ 0.5～0.6MPa）迅速引入填满型砂的砂箱上部，使型砂冲压紧实的。

气冲紧实过程可分为两个阶段。第一阶段，气压差使表层型砂的紧实度迅速提高，形成初实层并迅速下压，使下面的型砂加速并初步紧实［图2-18（a）］。第二阶段，型砂紧实前锋与模板剧烈冲击而突然滞止，紧实度急剧提高，并自下而上使型砂逐层滞止而提高紧实度［图2-18（b）］。

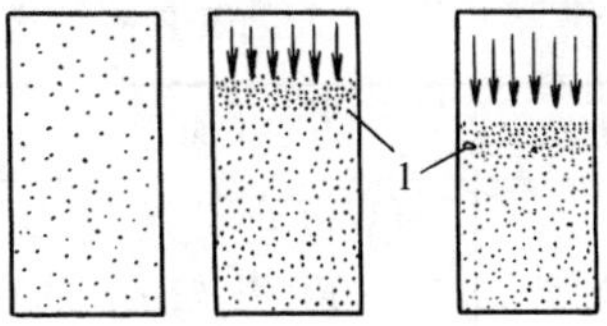

（a）初实层下压阶段

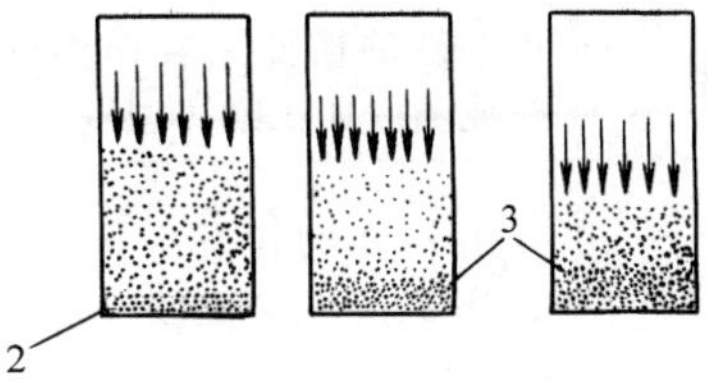

（b）逐层滞止阶段

1—初实层；2、3—滞止层。

图2-18 气冲造型原理

② 负压造型：又称为真空密封造型，是利用负压将干砂紧实成形的造型方法。型砂不含粘结剂，被密封于砂箱与塑料膜之间，借助负压使其中的干砂紧实成形，负压造型工艺过程如图2-19所示。首先抽真空使塑料薄膜吸贴到模样表面，填砂后微振压实，再刮平型面，覆以背膜，并抽真空使干砂紧实。负压造型起模、下芯、合型、浇注等操作均在负压状态下进行，铸件凝固后恢复常压，型砂自行溃散，即可取出铸件。

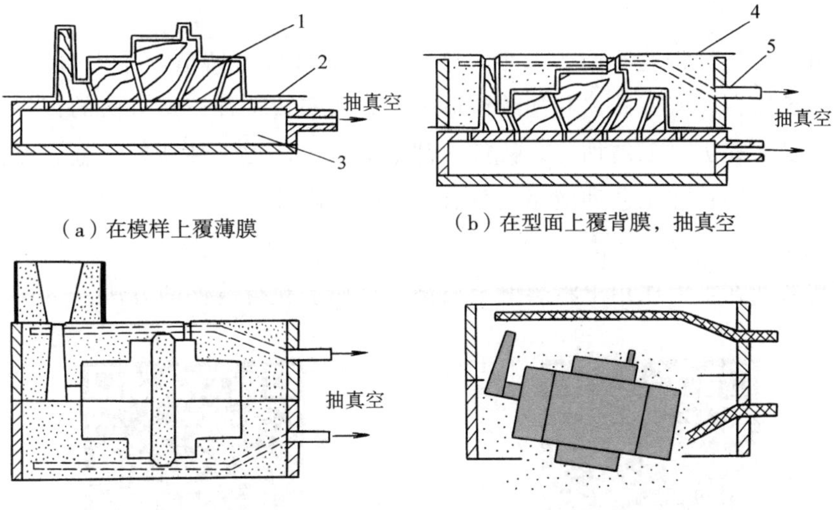

（a）在模样上覆薄膜　（b）在型面上覆背膜，抽真空

（c）合型，在负压下浇注　（d）落砂

1—模样；2、4—塑料薄膜；3—抽气箱；5—过滤抽气管。

图2-19 负压造型工艺过程

机器造型生产效率高，劳动条件较好；铸件精度较高，表面质量较好；设备投资较大，对产品变换的适应性较差。机器造型是现代铸造生产的主要造型方式，适用于成批、大量生产各类铸件。常用机器造型的原理、主要特点和适用范围见表2-4所列。

表2-4　常用机器造型的原理、主要特点和适用范围

工艺方法	原理	主要特点和适用范围
震压造型	先以机械振击紧实型砂，再用较低的比压（0.15～0.4MPa）压紧	设备结构简单、造价低，效率较高，紧实度较均匀；但紧实度较低，噪声大。适用于成批大量生产中、小型铸件
微震压实造型	在高频率低振幅振动下，用型砂的惯性紧实作用同时或随后加压紧实型砂	砂型紧实度较高且均匀，振动频率较高，能适应各种形状的铸件，对地基要求较低；机器微振部分磨损较快，噪声较大。适用于成批、大量生产各类铸件
高压造型	用较高的比压（0.7～1.5MPa）紧实型砂	砂型紧实度高，铸件精度高、表面光洁；效率高，劳动条件好，易于实现自动化；设备造价高、维护保养要求高。适用于成批、大量生产中、小型铸件
抛砂造型	用离心力抛出型砂，使型砂在惯性力下完成填砂和紧实	砂型紧实度较均匀，不要求专用模板和砂箱，噪声小，生产效率较低、操作技术要求高。适用于单件、小批生产中、大型铸件
气冲造型	用燃气或压缩空气瞬间膨胀所产生的压力波紧实型砂	砂型紧实度高，铸件精度高；设备结构较简单、易维修且能耗低，散落砂少，噪声小。适用于成批、大量生产中、小型铸件，尤其适于用形状较复杂的铸件
负压造型	型砂不含粘结剂，被密封于砂箱与塑料膜之间，抽真空使干砂紧实	设备投资较少；铸件精度高、表面光洁；落砂方便，旧砂处理简便；能耗和环境污染较小；生产效率较低，形状复杂件覆膜较困难。适用于单件、小批生产形状不太复杂的铸件

2.2.2　特种铸造

特种铸造是与砂型铸造不同的其他铸造方法，如金属型铸造、压力铸造、低压铸造、离心铸造、熔模铸造、实型铸造和连续铸造等。绝大多数特种铸造方法的铸件精度高、表面粗糙度低，易实现少、无屑加工；铸件内部组织致密，力学性能好；金属液消耗少，工艺简单，生产效率高；在工艺和应用上各有一定的局限性。

1. 金属型铸造

金属型铸造即在重力作用下将熔融金属浇入金属型获得铸件的方法。

2-10　特种铸造应用定义及其特点　　　　2-11　铸造方法——金属型铸造

（1）金属型

金属型多采用铸铁制成，其中应用最多的是灰铸铁。铸件性能要求高时，也可采用低

合金铸铁、碳钢或低合金钢。金属型可分为整体型、水平分型、垂直分型和综合分型四种类型（图 2-20）。其中垂直分型便于开设浇冒口和安放金属芯，易于排气，便于实现机械化，应用较广。因金属型导热性较强，故浇道截面积比砂型铸造大 20%～25%，浇道长度也较短。金属型无透气性，故其上部应开设出气冒口，分型面上应开设排气道，难以排气的部分应增设出气孔或通气塞。

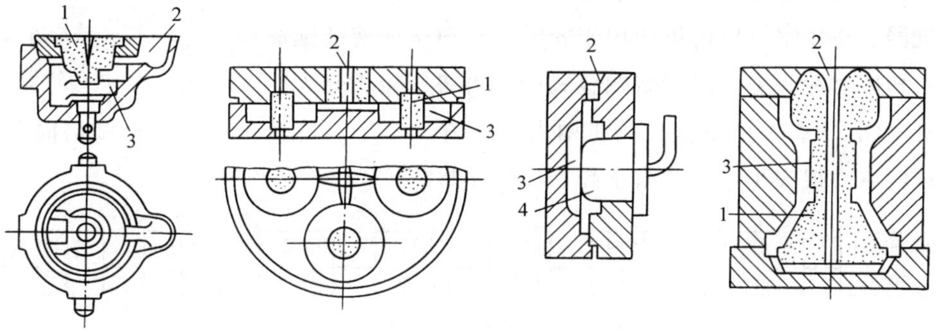

（a）整体型　（b）水平分型　（c）垂直分型　（d）综合分型

1—型芯；2—浇口杯；3—型腔；4—金属芯。

图 2-20　金属型的类型

（2）金属型铸造的工艺特点

① 铸型必须预热：金属型导热性强，铸件极易产生冷隔、浇不到、气孔等铸造缺陷，故浇注前须预热。预热温度根据铸件材质确定，灰铸铁件一般为 250～350℃，铝合金铸件一般为 200～300℃。工作过程中应注意散热，以免铸型温度过高。

② 型腔须喷刷涂料：在型腔表面喷刷涂料，可以保护其免受金属液直接冲蚀和热击，且可利用涂料层的厚薄不同调节铸件各部分的冷却速度。涂料厚度通常为 0.3～0.4mm。涂料成分因铸件材质不同而异，铸造铝合金件时所用的涂料常用氧化锌粉、白垩粉、水玻璃和水配制。

③ 及时开型取件：铸件在金属型内停留越久，收缩量越大，这不仅增大了内应力、裂纹倾向，还使铸件取出的难度增大，故浇注后在保证铸件高温强度足够的前提下，应及时开型取件。一般中、小型铸件开型取件时间为浇注后 10～60s。

（3）金属型铸造的优点、缺点及应用

金属型铸造一型多铸，节省造型材料且减少了环境污染；工艺简便，易于实现机械化和自动化；铸件精度高、表面粗糙度低、力学性能好。但其制型费用高，铸型无透气性和退让性，且铸件冷却快，不宜铸造结构复杂、薄壁或大型铸件；用于铸钢、铸铁等熔点较高的合金时，铸型寿命短；灰铸铁件铸造时还易于产生白口组织。

金属型铸造主要用于成批、大量生产铝合金、铜合金等非铁合金中、小型铸件，如活塞、缸体、液压泵壳体、轴瓦和轴套等。

2. 压力铸造

压力铸造即熔融金属在高压下高速充型，并在压力下凝固的铸造方法，又称为压铸。压力铸造的工艺流程如图2-21所示。

2-12 铸造方法——压力铸造

（1）压铸机

压铸机即有开合型、压射、抽芯、顶出铸件等机构的压力铸造用机器。按压室（压铸机中用于容纳待压射金属液的圆筒形缸体）和压射冲头是否浸于熔融金属中，可将压铸机分为冷室压铸机（图2-22）和热室压铸机两大类（图2-23）。冷室卧式压铸机结构简单，金属液流程短，压力损失小，生产效率高，故应用最广。

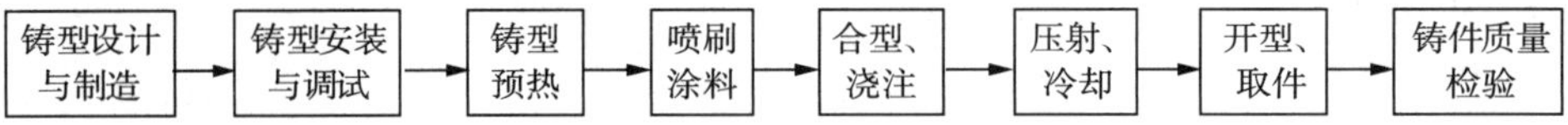

图2-21 压力铸造的工艺流程

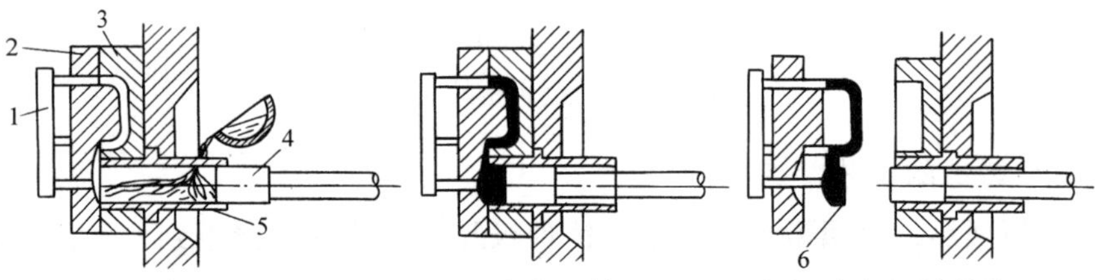

（a）合型　（b）压射　（c）开型、顶出铸件

1—顶出机构；2—动型；3—压射气缸；4—压射冲头；5—压室；6—铸件。

图2-22 冷室卧式压铸机的工作过程

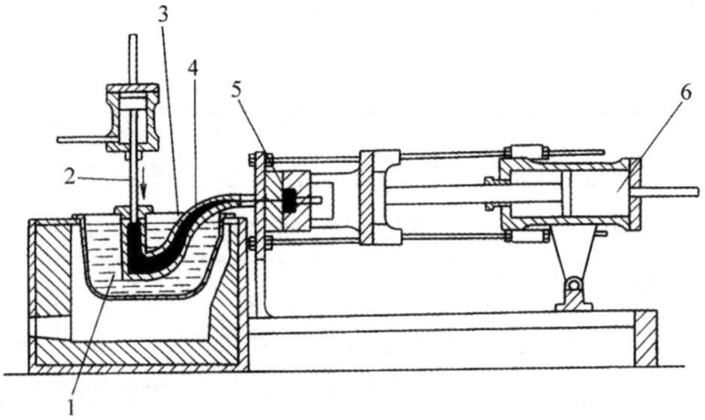

1—熔融金属；2—柱塞；3—压室；4—高压金属液；5—压铸型型腔；6—开合型气缸。

图2-23 热室压铸机的工作原理

（2）压铸型

压铸型即由定型、动型及金属芯组成的压力铸造用金属型。定型安装在压铸机固定板上固定不动，有浇道与压室相通。动型安装在压铸机移动板上，带有铸件顶出机构。压铸型的精度和表面质量要求较高，为能承受高温、高速金属液的冲击，须用热作模具钢制成。型腔内须喷刷涂料，以防金属液直接冲蚀、热击及粘附，常用的涂料有胶体石墨、蜂蜡、石蜡等。压铸过程中压铸型的温度应保持在 120～280℃，以保证金属液有良好的充型能力且铸型不过热。

(3) 压铸的特点及应用

高压（可达数百兆帕）、高速（10～120m/s）、充填铸型的时间极短（0.01～0.2s）是压铸与其他铸造方法的根本区别。

压铸的生产率很高，操作简便；可获得形状复杂的薄壁件，且铸件精度高、表面粗糙度低；铸件晶粒细小，组织致密，力学性能好。但其设备投资大；用于铸钢、铸铁件时，铸型的寿命很低。此外，由于压铸时气体难以排出，压铸件表皮下易产生小气孔，故压铸件不能进行较大余量的切削加工，以防气孔露出；也不能进行热处理，否则孔内气体膨胀会使铸件表面起泡或变形。

压铸发展较快、应用较广，主要用于铝、锌、镁等各类非铁合金中、小型铸件的大量生产，如内燃机缸体、缸盖、仪表和电器零件等。

3. 低压铸造

低压铸造即铸型安放在密封的坩埚上方，坩埚中通入压缩空气在熔池表面形成低压（一般为 60～150kPa），使金属液通过升液管充填铸型和控制凝固的铸造方法。铸型多为金属型，也可采用砂型。低压铸造的工艺流程如图 2-24 所示。

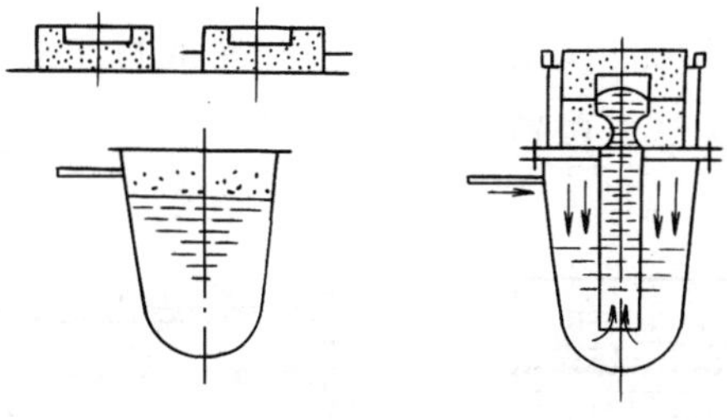
（a）炉料熔化、铸型准备　（b）加压充型

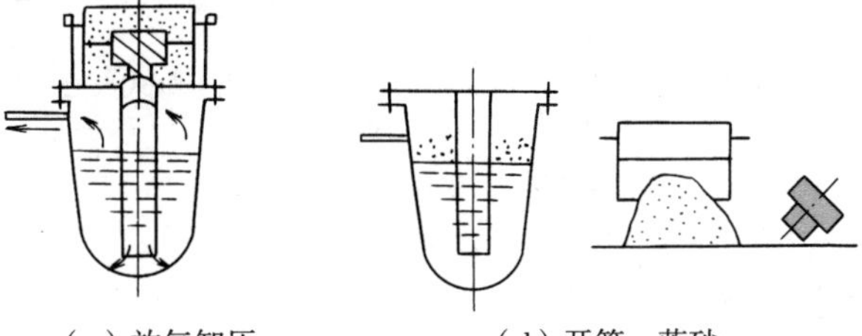
（c）放气卸压　（d）开箱、落砂

图 2-24　低压铸造的工艺流程

低压铸造金属液填充平稳，夹杂和气孔少，铸件废品率低；利于提高金属液的充型能力，且充型压力和速度可调；铸件形状可较复杂，精度较高；在压力下结晶和补缩，铸件

组织致密、力学性能高；无须冒口，金属利用率高（一般在90%以上）；劳动条件较好。但升液管寿命短，金属液在保温时易氧化且生产效率低于压铸。

低压铸造主要用于铝、镁等非铁合金中、小型铸件的成批、大量生产，适于铸造形状较复杂的薄壁铸件，如内燃机活塞、缸盖和缸体等。

4. 离心铸造

离心铸造是指将金属液浇入绕水平、倾斜或立轴旋转的铸型中，在离心力作用下凝固成铸件的铸造方法。铸件多是简单的圆筒体，不用型芯即可形成圆筒内孔，也可用于生产非回转体铸件。离心铸造可采用各类铸型，如砂型、金属型、熔模型壳等。

2-13　铸造方法——低压铸造

2-14　铸造方法——离心铸造

（1）离心铸造机

按铸型旋转轴轴线位置的不同，离心铸造机可分为立式和卧式两类。立式离心铸造机工作时，铸型绕垂直轴旋转［图2-25（a）］，由于金属液自重的影响，铸件壁厚不均匀，上薄下厚，故多用于高度小于直径的圆环类铸件和非回转体铸件。卧式离心铸造机工作时，铸型绕水平轴旋转［图2-25（b）］，由于不会因金属液自重的影响而使壁厚不均匀，故多用于长度远大于直径的套筒类、管类铸件。

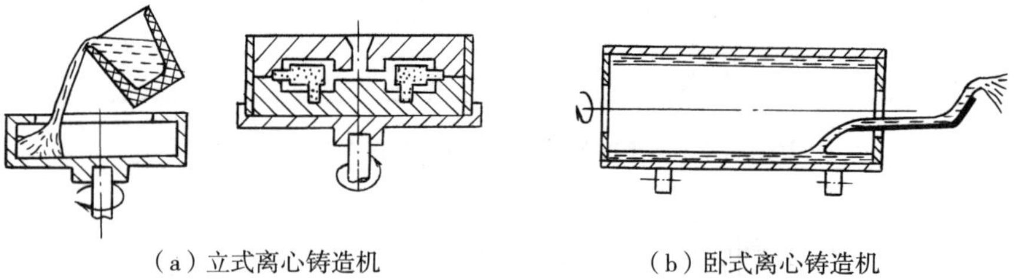

（a）立式离心铸造机　　（b）卧式离心铸造机

图2-25　离心铸造机类型

（2）离心铸造的特点及应用

离心铸造使金属液在离心力作用下由外表面向内表面顺序凝固，易于补缩且渣粒、砂子和气体等易向内表面浮动，铸件组织致密，内部不易产生缩孔、缩松、夹杂物、气孔等铸造缺陷，力学性能高。生产管状、筒状铸件时，采用离心铸造可不用型芯，工艺简化，生产率较高。离心铸造便于生产双金属铸件，如钢背铜轴瓦（套）、外层为白口铁的铸铁轧辊等。但离心铸造件易形成成分偏析，内表面粗糙且尺寸不易控制，离心铸造设备的投资也较大。

离心铸造可用于各类铸造合金及各种尺寸的铸件的成批、大量生产，尤其适用于空心回转体类铸件，如铸铁管、气缸套、滑动轴承等。

5. 熔模铸造

熔模铸造即用易熔材料如蜡料制成模样，在模样上包覆若干层耐火涂料，制成型壳，熔出模样后经高温焙烧即可浇注的铸造方法。熔模铸造工艺流程包括制模、制模组、挂涂料、撒砂、脱模、焙烧和浇注等，如图 2-26 所示。

2-15 铸造方法
——熔模铸造

(1) 压型与模样

压型是用于压制模样的型，一般用钢、铝合金制成，小批生产时可用易熔合金、环氧树脂、石膏等制造，其型腔尺寸应考虑到模料和铸件合金两者的线收缩率。

最常用的制模材料是石蜡和硬脂酸，经过熔化和搅拌，制成糊状或液态。将模料压注入压型中，分别制成铸件模样和浇注系统模样，再用焊接或胶接等方法组合成蜡模组 [图 2-26 (a)、图 2-26 (b)]。

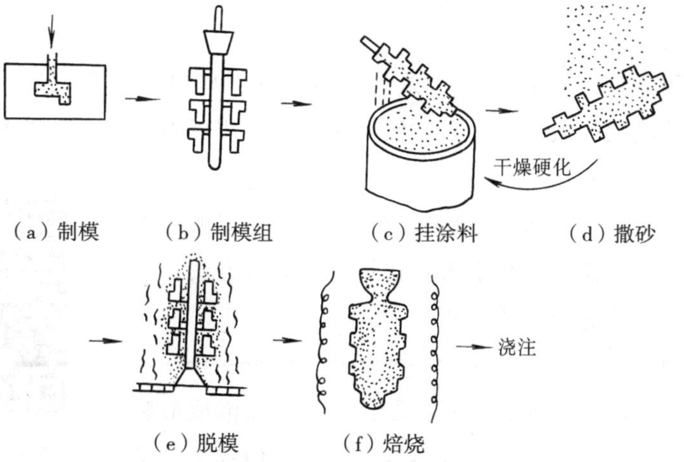

(a) 制模　(b) 制模组　(c) 挂涂料　(d) 撒砂

(e) 脱模　(f) 焙烧

图 2-26 熔模铸造工艺流程

(2) 型壳制造

① 制壳材料：包括耐火材料和粘结剂两大类，常用的耐火材料有硅砂（SiO_2）、刚玉砂（Al_2O_3）等，加工成粉料（粒度<0.053mm）和粒料（粒度为 0.15～1.70mm），分别用于配制浆料和撒砂。常用的黏结剂有水玻璃、硅酸乙酯水解液等。

② 制壳工艺：经模组挂涂料、撒砂、干燥、硬化等工序并反复多次至壳厚为 5～10mm 时，再进行脱模和焙烧。

a. 挂涂料和撒砂：将模组浸于浆料中转动和移动，使浆料均匀挂涂于模组表面后，再进行撒砂［图 2－26（c）、图 2－26（d）］。

b. 干燥和硬化：型壳经自然干燥或通风干燥后，即可进行硬化。硬化剂根据型壳采用的粘结剂类型确定。水玻璃型壳常采用氯化铵、氯化铝等类水溶液做硬化剂，硅酸乙酯水解液型壳常采用氨气做硬化剂。

c. 脱模和焙烧：型壳脱模可采用热水（水温约 95℃）或水蒸气（气温约 120℃）加热，使模料熔化流出［图 2－26（e）］。脱模后即可将型壳加热到一定温度（800～1000℃）烧结成形，以增加铸型强度［图 2－26（f）］。焙烧还可去除型壳内的水分、残余模料等，以提高型壳的透气性且使型壳获得浇注时所需的高温。

（3）浇注和后处理

熔模铸件的浇注可采用重力浇注、真空浇注、低压浇注、离心浇注等方式，其中，重力浇注设备简单、成本低，应用最广泛。铸件的后处理包括落砂、清理等，铸件的落砂可采用机械振击、喷水等方式，落砂后可采用滚筒清理、喷砂清理等方式进一步清除铸件表面的粘附物，使其表面光洁。

（4）熔模铸造的特点及应用

熔模铸造适用于各种铸造合金，尤其是高熔点、难加工的高合金钢；铸件精度较高、表面粗糙度较低、形状可较复杂。但其工序繁杂、生产周期长，原料较贵，故铸件成本较高，大尺寸的蜡模还易变形。

熔模铸造可用于各种铸造合金，尤其是高熔点、难加工合金（如耐热合金、不锈钢等）的小型铸件的成批、大量生产，如汽轮机叶片、成形刀具和小型零件等。

6. 实型铸造

实型铸造又称消失模铸造，是用泡沫塑料模制造铸型后不取出模样，浇注金属时模样气化消失获得铸件的铸造方法。如图 2－27 所示为实型铸造的工艺过程。

2－16　铸造方法——实型铸造

（1）模样和型砂

制模材料常用聚苯乙烯泡沫塑料，制模方法有发泡成形和加工成形两种。发泡成形是用蒸汽或热空气加热，使置于模具内的预发泡聚苯乙烯珠粒进一步膨胀，充满模腔成形。发泡成形常用于成批、大量生产。加工成形是采用手工或机械加工预制出各个部件，再经粘结和组装成形，用于单件、小批生产。模样表面应涂刷涂料，以使铸件表面光洁或提高型腔表面的耐火性。型砂有以水泥、水玻璃或树脂为黏结剂的自硬砂和无黏结剂的干硅砂等，分别应用于单件、小批生产和成批、大量生产。

（2）实型铸造的特点和应用

实型铸造不必起模和修型，工序少，生产效率高；铸件精度高、形状可较复杂；可采用无黏结剂的干砂造型，劳动强度低。但此方法目前尚存在模样气化时污染环境、铸钢件

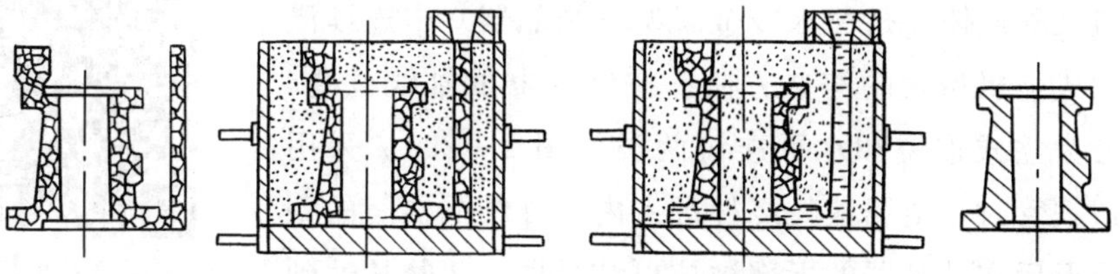

图 2-27 实型铸造的工艺过程

表层易增碳等问题。实型铸造应用范围较广，几乎不受铸件结构、尺寸、重量、批量和合金种类的限制，特别适用于形状较复杂铸件的生产。

(3) 实型铸造的发展

实型铸造与陶瓷型铸造、熔模铸造、磁型铸造等铸造方法相结合，已发展形成了许多新的造型和铸造方法（图 2-28）。

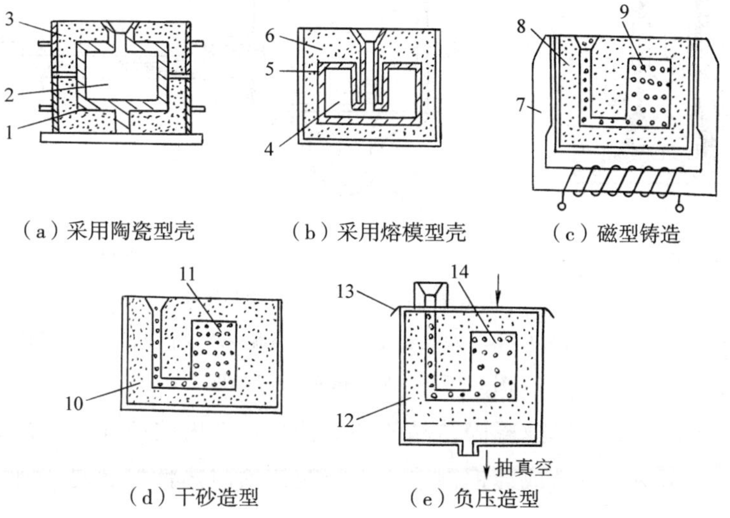

1—陶瓷型腔；2、4—泡沫塑料消失后的型腔；3—型砂；5—熔模型壳；6、10—干砂；7—磁型机；8—铁丸；9、11、14—泡沫塑料模；12—干砂或铁丸；13—密封薄膜。

图 2-28 实型铸造的发展

陶瓷型铸造是用耐火浆料浇灌于母模上经喷烧和焙烧形成陶瓷型壳再浇注铸件的，若采用泡沫塑料做母模则无须起模，型壳焙烧时模样即气化消失。同样，若用泡沫塑料取代蜡模制备型壳，则不必在焙烧前熔失模样。磁型铸造用泡沫塑料制造模样，用铁丸代替型砂造型，靠电磁力吸固铁丸，不必起模即可浇注。以上铸造方法均适用于形状复杂、难以起模的铸件。

7. 连续铸造

连续铸造又称连铸，是往水冷金属型（结晶器）中连续浇注金属，凝固成金属型材的铸造方法。按结晶器的轴线位置，连续铸造可分为立式连铸和水平连铸两类（图 2-29）。采用立式连铸铸造铁管时，金属液经浇杯进入内、外结晶器间的型腔中，凝固成形后在结晶器的下部被拉出结晶器，至管长达到预定要求后，停止浇注，即可从铸管机上取下铁管。

2-17　铸造方法——连续铸造

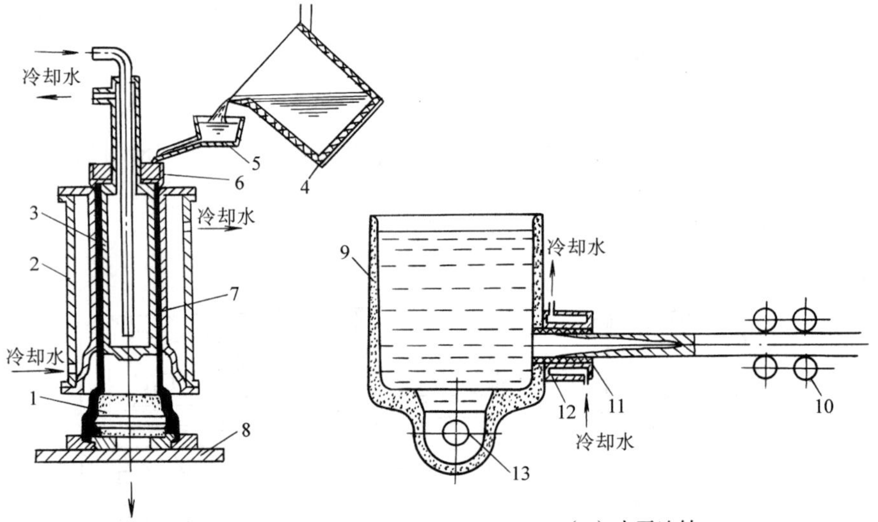

（a）立式连铸　　（b）水平连铸

1—承口型芯；2—外结晶器；3—内结晶器；4—浇包；5—浇杯流槽；6—转动浇杯；7—铸铁管；8—引管板；9—保温炉；10—拉拔装置；11—结晶器；12—水冷套；13—感应圈。

图 2-29　连续铸造工作原理

结晶器是使铸件成形并迅速凝固结晶的特殊铸型，其内腔截面形状决定了铸件的断面形状。结晶器可采用钢、铸铁或纯铜制造，由于灰铸铁耐热性好、易于加工、成本低，应用最广泛。

连续铸造工艺简便、生产效率高；铸件组织致密、晶粒细小且无夹杂物、气孔、缩孔等铸造缺陷；铸件精度高、表面光洁、力学性能好；无浇、冒口系统，金属利用率高。但此方法只能铸造等截面的长铸件，且水平连铸只适于大量生产。连续铸造主要用于铸钢、铸铁、铜合金和铝合金等的等截面长铸件的成批、大量生产，如铸铁管、型材等。

2.2.3　常用铸造方法比较

在常用的铸造方法中，砂型铸造工艺适应性最强、设备费用和铸件成本较低，应用最广泛，目前世界铸件总产量中砂型铸件约占 80%～90%。但在特定的场合下，如薄壁件、精密件铸造或大批量生产时，特种铸造往往显示出独特的优越性。常用铸造方法的特点和适用范围见表 2-5 所列。

表 2-5 常用铸造方法的特点和适用范围

项目		砂型铸造	金属型铸造	压力铸造	低压铸造	离心铸造	熔模铸造	实型铸造	连续铸造
铸件特征	材质	各类合金	非铁合金为主	非铁合金	各类合金	各类合金	各类合金	各类合金	各类合金
	尺寸大小	各种尺寸	中、小件	中、小件	中、小件	各种尺寸	小件为主	各种尺寸	各种尺寸
	结构	复杂	一般	较复杂	较复杂	一般	复杂	较复杂	简单
铸件质量	尺寸精度（CT）	7～13	6～9	4～8	6～9	6～9	4～7	7～9	7～9
	内部质量	组织较松，晶粒较粗	组织致密，晶粒细小	组织致密，晶粒细小，有气孔	组织致密，晶粒细小	组织致密，晶粒细小	组织较松，晶粒较粗	组织较松，晶粒较粗	组织致密，晶粒细小
技术经济指标	生产效率	低或一般	较高	很高	较高	较高	低或一般	一般	高
	设备费用	低或中	中	高	中	中或高	低或中	中	中或较高
	生产准备周期	短	较长	长	较长	较长	较长	较长	较长

2.3 铸造工艺设计

2.3.1 设计内容

铸造工艺设计是根据铸件结构特点、技术要求、生产批量等，确定铸造方案和工艺参数，绘制图样和标注符号、编制工艺等。铸造工艺设计的主要内容是绘制铸造工艺图、铸件图和铸型装配图等。单件、小批生产时只需绘制铸造工艺图。

2-18 铸造工艺设计

1. 铸造工艺图

铸造工艺图是表示铸型分型面、浇冒口系统、浇注位置、工艺参数、型芯结构尺寸、控制凝固措施（冷铁、保温衬板）等的图样。可按规定的工艺符号或文字标注在零件图上或另外绘制工艺图。铸造工艺图是各种批量生产中制造模样、模板、生产准备和验收工作的依据。绘制铸造工艺图时，首先应对零件进行结构分析，改进结构工艺性不良的部位，然后确定浇注位置和分型面，选定工艺参数，设计型芯、浇注系统等。在此基础上，绘出铸造工艺图。

2. 铸件图

铸件图又称为毛坯图，是反映铸件实际形状、尺寸和技术要求的图样，是铸造生产、铸件检验与验收的主要依据。绘制铸件图应根据已确定的工艺方案，用图形、工艺符号和文字标注，内容包括要求的机械加工余量、工艺余量、不铸出的孔槽、铸件尺寸公差、加工基准、铸件精度等级、热处理规范、铸件验收技术条件等。铸件图是在铸造工艺图的基础上绘出的，适用于成批、大量生产或重要铸件的制造。

3. 铸型装配图

铸型装配图即表示合型后铸型各组元间装配关系的工艺图，内容包括浇注位置、型芯、浇冒口系统、冷铁布置以及砂箱结构和尺寸等。在成批、大量生产或重要铸件生产时，铸型装配图用作生产准备、合型、检验等的依据，通常在完成砂箱设计后绘出。

支架零件的铸造工艺图和铸型装配图如图 2-30 所示。

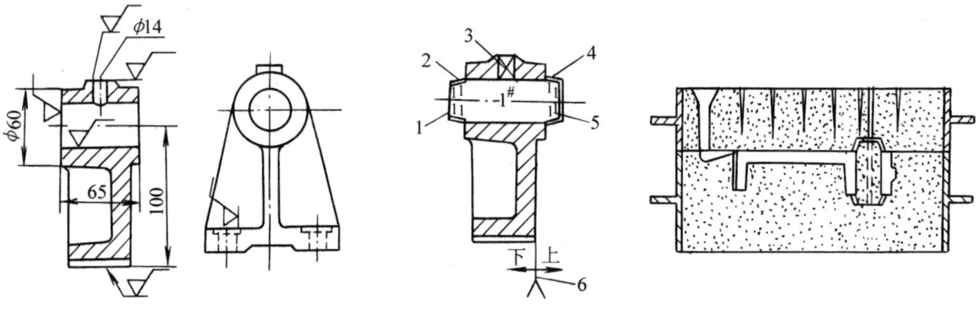

（a）支架零件图　　（b）铸造工艺图　　（c）铸型装配图

1、5—型芯头；2、4—型芯座；3—不铸出孔；6—分型面。

图 2-30　支架零件的铸造工艺图和铸型装配图

2.3.2　铸造方法和造型方法选择

选择铸造方法、造型及制芯方法时，应根据零件的结构特点、合金种类、生产批量等进行综合分析，以选择较为合适的方法。单件、小批生产时一般采用砂型铸造（手工造型），批量较大时可采用砂型铸造（机器造型）或合适的特种铸造方法。

2.3.3　浇注位置及分型面的选择

浇注位置是浇注时铸件在铸型内所处的位置，其合理与否对铸件质量影响很大。分型面是铸型组元间的接合面，其位置合理与否不仅影响到铸件质量，还影响到能否简化铸造工艺。浇注位置与分型面的选择密切相关，通常先选定浇注位置再选定分型面，以保证铸件质量。对于质量要求不高的支架类铸件，应以简化造型工艺为主，可先选择分型面。

2-19　铸造工艺设计-浇注位置及分型面选择

1. 浇注位置选择

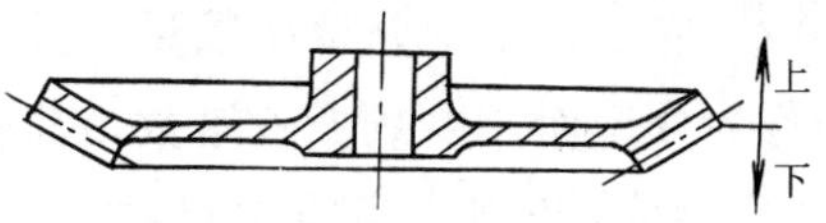

图 2-31 锥齿轮铸件的浇注位置

(1) 铸件的重要加工面或主要工作面应处于底面或侧面，以避免出现气孔、砂眼、缩孔、缩松等铸造缺陷。如图 2-31 所示的锥齿轮铸件，其轮齿部位是重要加工面和主要工作面，应朝下。

(2) 铸件的大平面应尽可能朝下或采用倾斜浇注，以避免产生夹砂、夹渣、气孔等缺陷。如图 2-32a 所示平台铸件的浇注位置。两端面均为大平面的铸件，则应倾斜浇注。

(3) 铸件的薄壁部分应放在铸型的下部或侧面，以免产生浇不到、冷隔等铸造缺陷，如图 2-32b 所示。

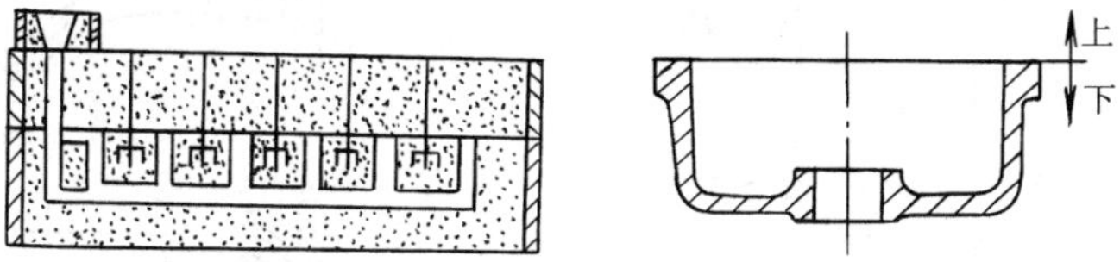

(a) 大平面铸件　　(b) 壳体铸件

图 2-32 铸件的浇注位置

(4) 对于收缩大的铸件，为利于设置冒口进行补缩，厚实部位应置于上方，如图 2-33 所示。在这种情况下，可能会使重要加工面或主要工作面朝上，可通过加大加工余量来保证质量。

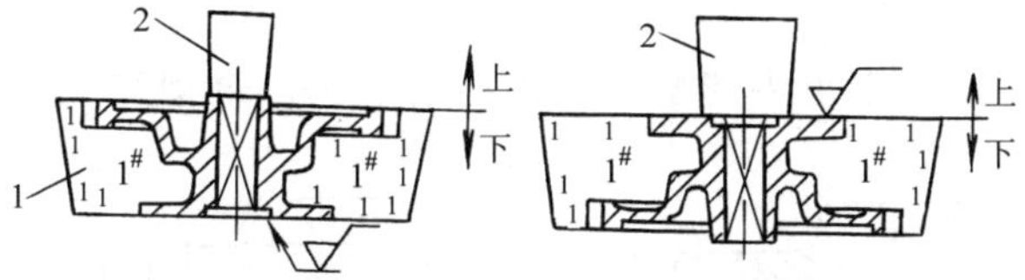

(a) 不合理　　(b) 合理

1—外型芯；2—冒口。

图 2-33 需冒口补缩的铸件的浇注位置

2. 分型面选择

分型面一般应取在铸件的最大截面上，否则难以取出模样。此外，还应遵循下述原则：

(1) 铸件的机械加工面和基准面应尽量放在同一砂箱中。铸件上的机械加工面以及机械加工和尺寸检查时用于定位和装夹基准的表面应尽量放在同一砂箱中，以保证铸件的加工精度。如图 2-34 所示的铸件，当浇注位置为轴线垂直时，有Ⅰ、Ⅱ两个分型面可供选择。考虑到 ϕ602 外圆面是机械加工时的定位基准，为减少加工时的定位误差，采用分型面Ⅱ较合理。

（2）应尽量减少分型面数量，并力求采用平面作为分型面，以减少砂箱数，简化造型工艺。对于机器造型，一般应只有一个分型面。如图2-35所示的壳体沿轴线方向有两个最大截面，须采用两个分型面。通过增加外型芯，则只需一个分型面。图2-36（a）所示的分型面采用曲面，不合理；图2-36（b）所示的分型面采用平面，较合理。

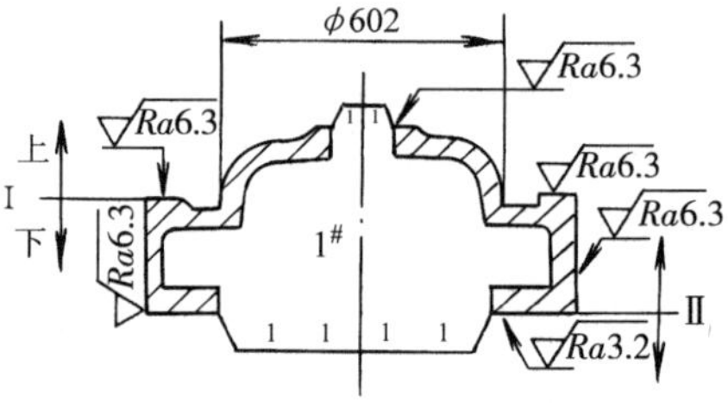

图2-34　箱体铸件分型面的选择

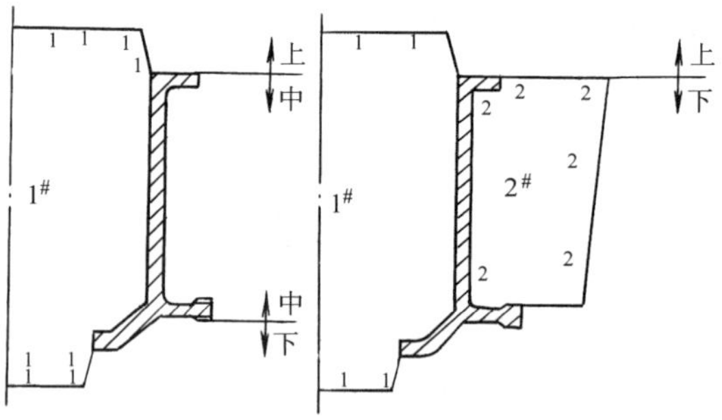

（a）两个分型面　　（b）一个分型面

图2-35　壳体分型面选择

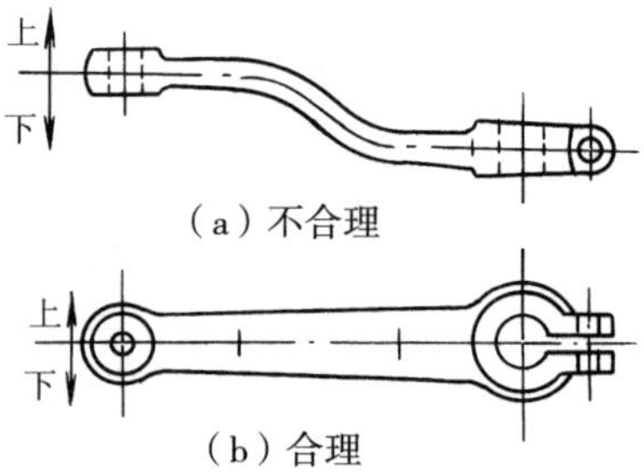

（b）合理

图2-36　弯臂分型面的选择

（3）应尽量减少型芯、活块的数量，以减少成本、提高工效。机器造型时应避免使用活块，必要时可用型芯代替，以提高工效［图2-37（a）］；而手工造型时，应采用活块替代型芯，以减少成本［图2-37（b）］。

（4）主要型芯应尽量放在下半铸型中，以利于下芯、合型和检查型腔尺寸。

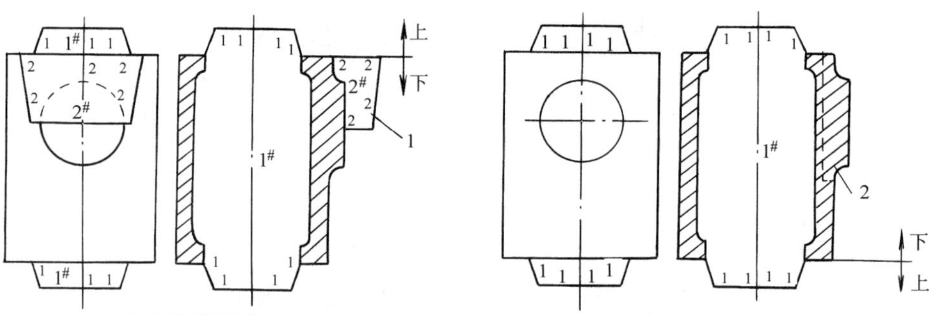

（a）机器造型　　（b）手工造型

1—外型芯；2—活块。

图2-37　带凸台铸件的分型面选择

2.3.4　铸造工艺参数的选定

铸造工艺参数主要有铸件尺寸公差、要求的机械加工余量、线收缩率、起模斜度等。

1. 铸件尺寸公差

铸件尺寸公差即铸件尺寸允许的变动量，共分为16个等级，由精到粗以CT1～CT16表示。一般情况下，铸件的尺寸公差等级这样选取，单件、小批生产应低于成批大量生产，砂型铸造应低于特种铸造，铸钢、铸铁件应低于非铁金属件。同一尺寸公差等级，铸件的基本尺寸越大，公差值越大。用粘土砂手工造型时铸铁、铸钢件的尺寸公差等级，单件、小批生产时为CT13～CT15级，大批量生产时为CT11～CT14级。

2-20 铸造工艺设计-铸造工艺参数

2. 要求的机械加工余量（RMA）

要求的机械加工余量即在毛坯铸件上为了随后可用机械加工方法去除铸造对金属表面的影响，并使之达到所要求的表面特征和必要的尺寸精度而留出的金属余量。其等级有10级，称之为A、B、C、D、E、F、G、H、J和K级，加工余量值依次增大。

通常对同一铸件所有需机械加工的表面只规定一个要求的机械加工余量值，且该值应根据零件的最大轮廓尺寸选取。一般情况下，铸件的机械加工余量等级这样选取，砂型铸造应低于特种铸造，手工造型应低于机器造型，铸钢应低于铸铁、铜合金及非铁金属。同一机械加工余量等级下，零件的轮廓尺寸越大，余量值也越大。砂型铸造时铸钢件和铸铁件要求的机械加工余量等级，手工造型时分别为G～K和F～H级；机器造型时分别为F～H和E～G级。各等级铸件要求的机械加工余量见表2-6所列。

表2-6 各等级铸件要求的机械加工余量（RMA）（摘自GB/T 6414—2017）（单位：mm）

最大尺寸①		要求的机械加工余量等级					
大于	至	E	F	G	H	J	K
—	40	0.4	0.5	0.5	0.7	1	1.4
40	63	0.4	0.5	0.7	1	1.4	2
63	100	0.7	1	1.4	2	2.8	4
100	160	1.1	1.5	2.2	3	4	6
160	250	1.4	2	2.8	4	5.5	8
250	400	1.4	2.5	3.5	5	7	10
400	630	2.2	3	4	6	9	12
630	1000	2.5	3.5	5	7	10	14

注：①最大尺寸为最终机械加工后铸件最大轮廓尺寸。

3. 铸件线收缩率

铸件线收缩率即铸件从线收缩起始温度冷却至室温时线尺寸的相对收缩量，以模样与铸件的长度差占模样长度的百分比表示，即

$$\varepsilon = (L_0 - L_1) / L_0 \times 100\%$$

式中：ε——铸件线收缩率；

L_0、L_1——同一尺寸分别在模样和铸件上的长度。

铸件线收缩率取决于合金种类、铸型种类、铸件结构和尺寸、生产批量等因素。灰铸铁件的线收缩率一般为 0.7%～1.0%，球墨铸铁件一般为 0.5%～1.0%，铸钢件一般为 1.3%～2.0%，收缩受阻时取较小值。

4. 起模斜度

起模斜度是为了使模样容易从铸型中取出或型芯自芯盒中脱出，平行于起模方向在模样或芯盒壁上的斜度。

起模斜度的形式如图 2 - 38 所示。增加铸件壁厚用于与其他零件配合的机加工面，加减铸件壁厚用于非配合的机加工面，减少铸件壁厚用于与其他零件配合的非加工面。一般情况下，壁的高度越大，斜度（角度值）应越小；内壁的斜度值应大于外壁，以利于用砂垛取代砂芯；机器造型的斜度值应小于手工造型。粘土砂造型时铸件的起模斜度（角度值）α 一般为 $0°30'$～$3°$，起模斜度（尺寸值）a 一般为 1～1.4mm。

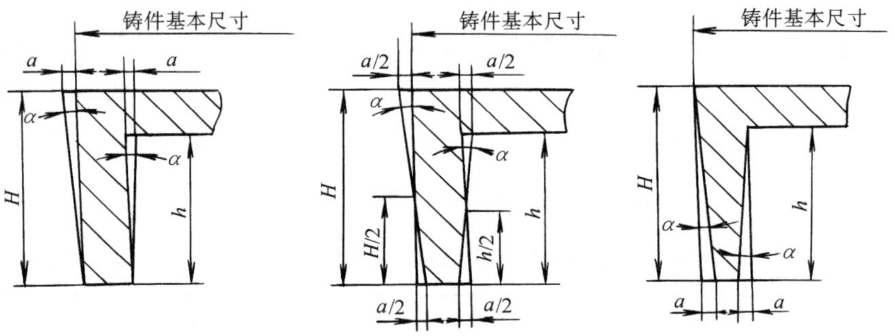

（a）增加铸件壁厚　　（b）加减铸件壁厚　　（c）减少铸件壁厚

α—起模斜度（角度值）；a—起模斜度（尺寸值）。

图 2 - 38　起模斜度的形式

5. 最小铸出孔、槽尺寸

零件上的孔、槽应尽量铸出，以节约金属和减少机械加工工作量，且减少缩孔、缩松等铸造缺陷。但当孔、槽尺寸过小时，直接铸出易产生粘砂、偏心等缺陷或增大造型难度，不如通过机械加工制出方便、经济。

通常，批量越大，铸出孔、槽尺寸可越小；铸钢件的最小铸出孔、槽尺寸应大于灰铸铁件。灰铸铁件最小铸出孔尺寸单件小批生产时为 30～50mm，大量生产时为 12～15mm。零件上不要求加工的孔、槽，一般均应铸出。

6. 芯头和芯座

芯头是型芯的外伸部分，不形成铸件轮廓，只是落入芯座内，用以定位和支承型芯。芯座是铸型中专为放置型芯头的空腔。根据型芯在铸型中安放的位置，芯头可分为垂直芯头和水平芯头两大类，如图 2 - 39 所示。芯头尺寸一般取决于铸件相应部位的孔、槽尺

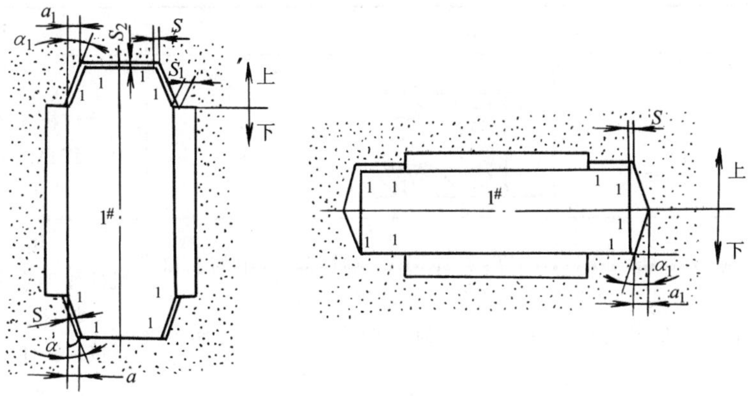

（a）垂直芯头　　　（b）水平芯头

S、S_1、S_2—芯头间隙；α、α_1—芯头斜度（角度值）；a、a_1—芯头斜度（尺寸值）。

图 2－39　芯头类型

寸，且与铸造方法和铸型种类有关。芯头和芯座侧壁一般应有一定的斜度，芯头与芯座间一般应有一定的间隙，以利于下芯和型芯的稳固。实际生产中，芯头的尺寸、斜度和间隙可根据经验结合查表确定。

2－21　铸造工艺设计-常用铸造工艺符号及其表

在选定浇注位置、分型面和各项工艺参数之后，再经浇注系统、冒口等的设计，即可按规定的工艺符号或文字将工艺方案、工艺参数等标注在零件图上，也可另外绘制铸造工艺图。砂型铸造常用的铸造工艺符号和表示方法见表 2－7 所列。

表 2－7　砂型铸造常用的铸造工艺符号和表示方法

名称	图例	说明
分模线	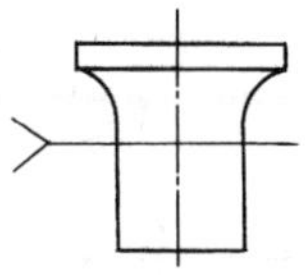	用细实线表示，在任一端画“>”号；零件图上标注用红色线
分型线	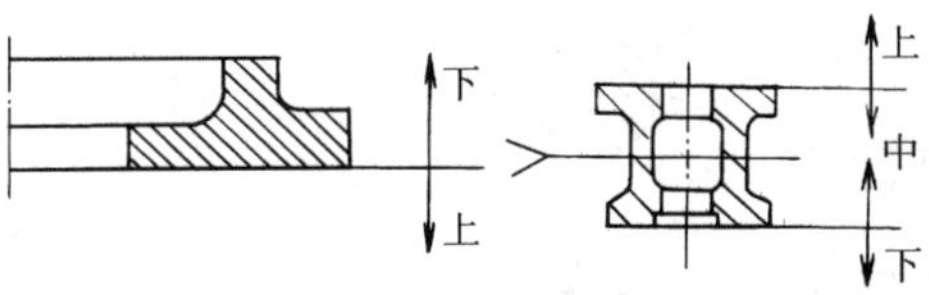	用细实线表示，并写出“上”“中”“下”字样；零件图上标注用红色线
分型分模线	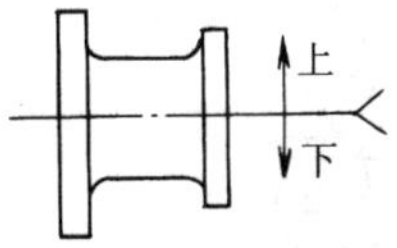	用细实线表示，零件图上标注用红色线

（续表）

名称	图例	说明
不铸出的孔和槽	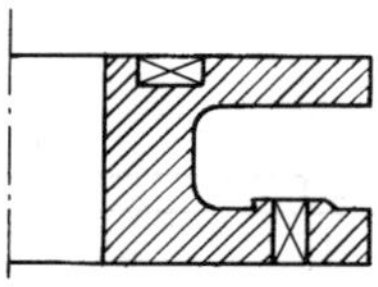	铸件图上不画出；零件图上用红色线打叉
要求的机械加工余量	例1："GB/T 6414—CT12—RMA6（H）"，其中的6和H分别为要求的机械加工余量值和等级。 例2：要求机械加工余量值为2.5mm的个别表面的标注。 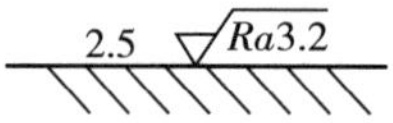	（1）用公差代号、要求的机械加工余量代号及余量值统一标注，且允许在图样上直接标注计算得出的尺寸值； （2）需要个别要求的机械加工余量值，应标注在图样的特定表面上
型芯与芯头	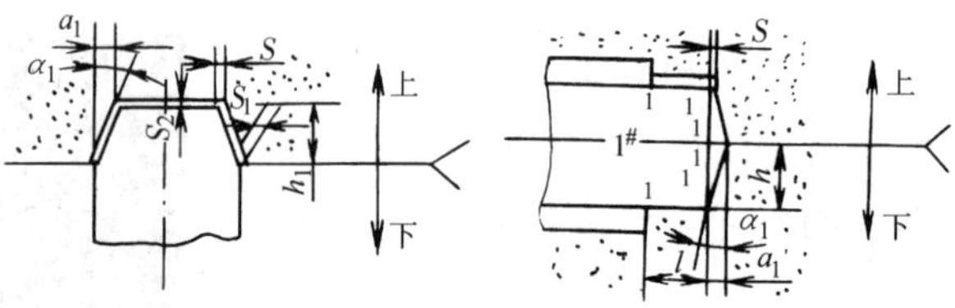	型芯编号用阿拉伯数字1#、2#等标注；芯头边界用细实线表示，零件图上标注用蓝色线；边界符号一般只在芯头处及相邻型芯交界处用与砂芯编号相同的小号数字表示；芯头斜度和芯头间隙值也应注出
模样活块	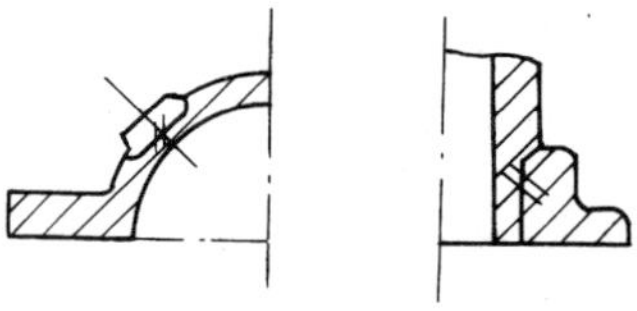	用细实线表示，并在此线上画两条平行短线；零件图上标注用红色线
冷铁	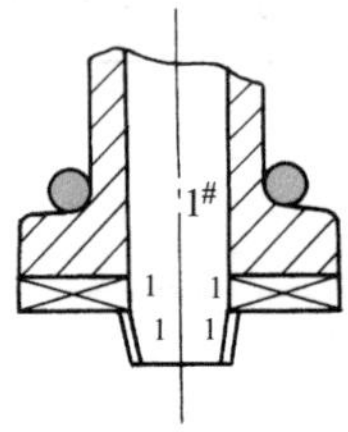	用细实线在成形冷铁处打叉，零件图上标注用蓝色线；圆钢冷铁涂淡黑色，零件图上标注涂淡蓝色
浇注系统	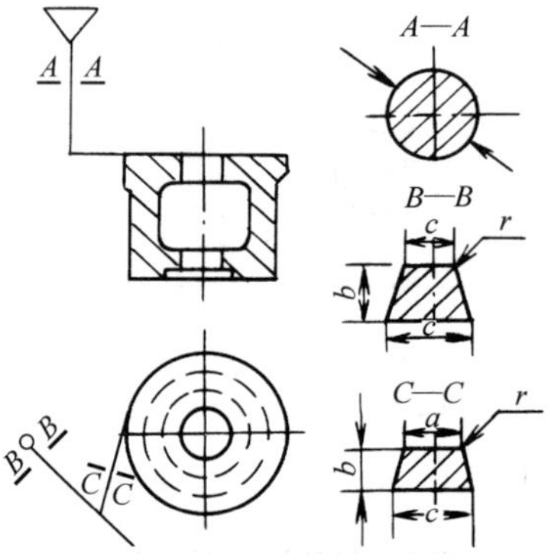	用细实线或细双实线表示，并注明各部分尺寸，零件图上标注用红色线

2.3.5 铸造工艺设计示例

支架零件如图 2－40（a）所示，材料为 HT200，单件、小批生产，工作时承受中等静载荷，试进行铸造工艺设计。

1. 零件结构分析

从铸造工艺性考虑，零件结构存在两个问题。一是筒壁过厚，易产生粗晶、缩孔等缺陷；二是凸缘至筒壁的转角处未采用圆角过渡，易产生应力集中。修改后的结构如图 2－40（b）所示。

2－22 铸造工艺设计-铸造工艺设计示例

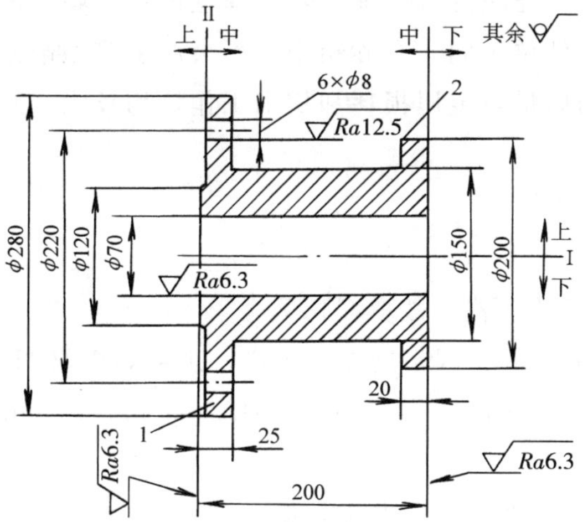

1、2—凸缘。

（a）支架零件

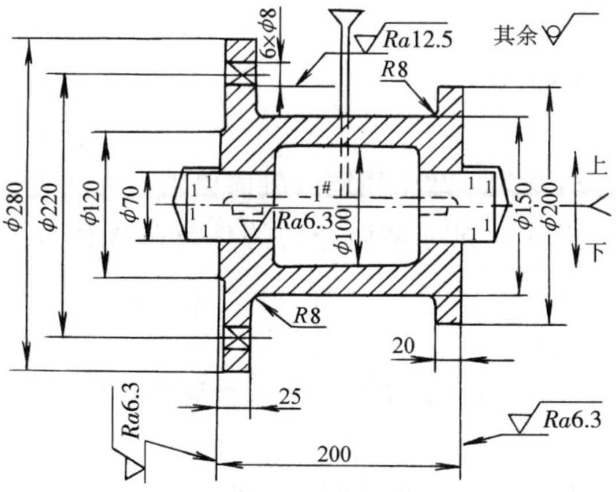

注：（1）铸件尺寸公差、机械加工余量：GB/T 6414-CT15-RMA5（H），ϕ70孔机械加工余量为6.5mm；
（2）线收缩率：0.8%；
（3）凸缘端面起模斜度：1°，增厚式。

（b）铸造工艺简图

图 2－40 支架零件及其铸造工艺简图

2. 选择铸造方法及造型方法

该支架为普通灰铸铁件，工作时承受中等静载荷，强度、精度和质量要求均不高，且为单件、小批生产。参考表2-3，宜采用砂型铸造（手工造型）中的两箱造型。

3. 选择浇注位置和分型面

有两种方案可供选择，如图2-40（a）所示。

方案Ⅰ：采用分模两箱造型。浇注时铸件轴线处于水平位置，两凸缘端面侧立，质量较易保证。各圆柱面虽有一部分朝上，但多为非加工面，ϕ70mm内表面虽需加工但质量要求不高。该方案的分型面与模样的分模面重合，且芯头位于分型面上，便于下芯、型芯排气和尺寸检验。但该方案铸件分在两个砂箱，易产生错型缺陷，合型时需加强砂型定位。

方案Ⅱ：采用分模三箱造型。浇注时铸件轴线处于垂直位置，朝下的凸缘端面质量较好。分型面为两凸缘端面，铸件位于同一个砂箱中，不会产生错型缺陷。但需加大加工余量以保证朝上的凸缘端面的质量，金属损耗和切削工作量均较大，且三箱造型操作费工。

经比较，采用方案Ⅰ较为合理。

4. 确定工艺参数

（1）铸件尺寸公差：因精度要求不高，故取CT15。

（2）要求的机械加工余量（RMA）：因精度要求不高，余量等级取H级。参考表2-6，余量值取5mm，标注为GB/T 6414-CT15-RMA5（H），ϕ70mm孔的余量值取6.5mm。

（3）铸件线收缩率：因是灰铸铁件及受阻收缩，取0.8%。

（4）起模斜度：因该铸件凸缘端面为机械加工面，参考图2-38，选择增加铸件壁厚形式，起模斜度（角度值）取1°。

（5）不铸出的孔：该铸件6个ϕ8孔均不铸出。

（6）芯头形式：参考图2-39，采用水平芯头。

5. 设计浇注系统

该铸件为灰铸铁件，铸造性能好，壁厚较均匀，故采用同时凝固原则。为均匀地引入金属液，且减小对型芯的冲击及便于造型操作，在分型面处的铸件两凸缘位置开设内浇道。

6. 绘制铸造工艺图

参考表2-7，绘出铸造工艺简图如图2-40（b）所示（工艺参数从略）。

2.4 零件结构的铸造工艺性

2.4.1 零件结构的工艺性

零件结构的工艺性是在一定的生产批量和制造条件下，零件结构能否用最经济的方法制造出来并符合设计要求的能力。

为使零件结构的工艺性良好，一方面，要综合考虑毛坯制造、切削加工、装配和维修等各个阶段对零件结构的要求；另一方面，还要考虑零件材质、生产批量、加工设备和工艺技术等对零件结构工艺性的不同要求。

良好的结构工艺性使零件的制造省工省料，成本低，生产效率高，有着显著的技术经济效益。

2-23 零件结构的铸造工艺性

2.4.2 零件结构的铸造工艺性

零件结构的铸造工艺性指零件采用铸造方法制坯时，其结构能否用最经济的方法制造出来并符合设计要求的能力，它直接影响到铸件质量和生产成本，甚至影响到能否铸造成形。

为使零件结构具有良好的铸造工艺性，铸件结构设计的基本原则是：

(1) 铸件的结构形状应便于造型、制芯和清理；

(2) 铸件的结构形状应利于减少铸造缺陷；

(3) 对铸造性能差的合金如球墨铸铁、可锻铸铁、铸钢等，其铸件结构应从严要求，以免产生铸造缺陷。

下面着重从保证铸件质量和简化铸造工艺两方面分析铸件结构设计时应考虑的问题。

1. 合金的铸造性能对零件结构的要求

(1) 铸件壁厚

① 铸件壁厚应适当：若壁厚过小，金属的充型能力差，易产生浇不到、冷隔等缺陷。砂型铸件的最小允许壁厚，铸钢件一般为 6～12mm，灰铸铁件一般为 5～10mm，铸件尺寸小时取较小值。若壁厚过大，壁的中心部位晶粒粗大，且易产生缩孔、缩松等缺陷。如图 2-41 所示为铸件壁厚应适当的示例。

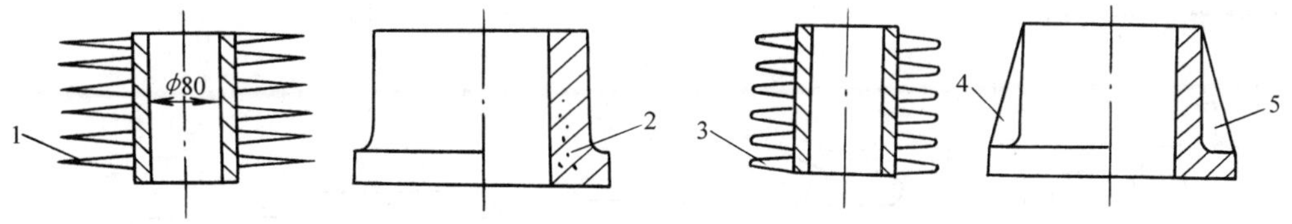

(a) 不合理结构　　(b) 合理结构

1、3—散热片；2—缩松；4、5—加强肋。

图 2-41 铸件壁厚应适当

② 铸件壁厚应均匀：铸件各部位壁厚应均匀一致，以利于减少热节，防止产生缩孔、缩松、裂纹等缺陷。如图 2-42 所示为铸件壁厚应均匀的示例。

③ 内壁厚度应小于外壁：铸件内部的肋、壁等，散热条件差，冷却速度较慢，故内壁厚度应比外壁薄，以使整个铸件均匀冷却，从而减少内应力和防止裂纹产生。如图 2-43 所示为铸件内壁应小于外壁的示例。

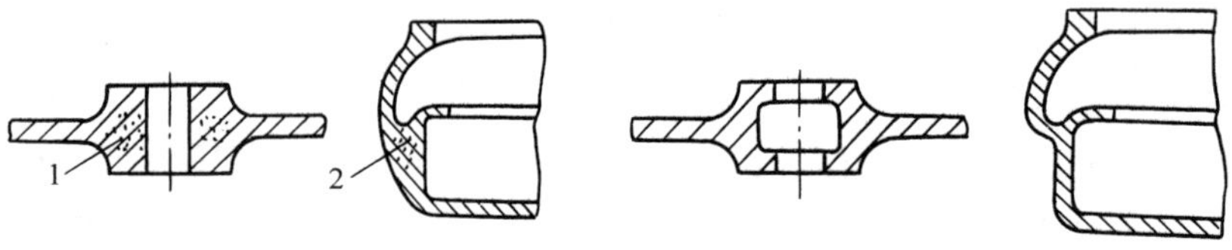

（a）不合理结构　　（b）合理结构

1、2—缩松。

图 2-42　铸件壁厚应均匀

（2）铸件壁的连接

① 转角处应采用圆角过渡：铸件壁的转角处均应采用圆角过渡，以防止形成热节而产生内应力、缩孔、缩松等缺陷。如图 2-44 所示为转角处应采用圆角过渡的示例。

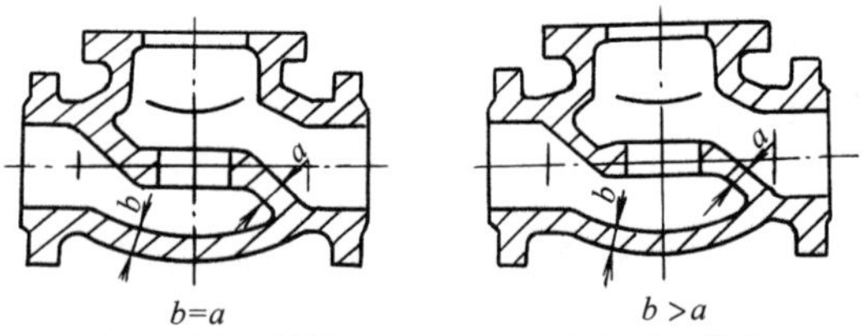

（a）不合理结构　　（b）合理结构

图 2-43　铸件内壁应小于外壁

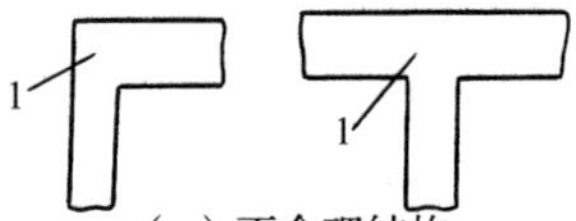

（a）不合理结构

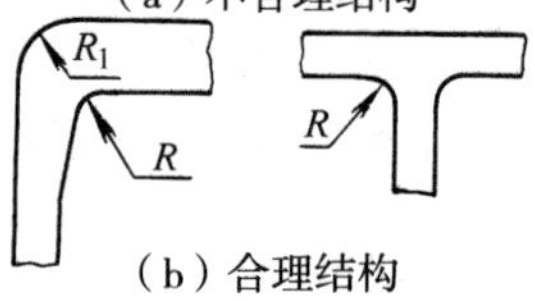

（b）合理结构

1—热节。

图 2-44　转角处应采用圆角过渡

② 应避免壁的交叉和锐角连接：壁或肋的交叉或锐角连接均易形成热节而产生铸造缺陷，如图 2-45（a）所示。为此，中小件可采用交错接头，大件可采用环状接头，锐角连接可采用过渡形式，如图 2-45（b）所示。

③ 应避免壁厚突变：在厚、薄壁连接处应避免壁厚突变，以防产生应力集中而开裂。壁厚差别较小时可采用圆角过渡，壁厚差别较大时可采用楔形连接。如图 2-46 所示为应避免壁厚突变的示例。

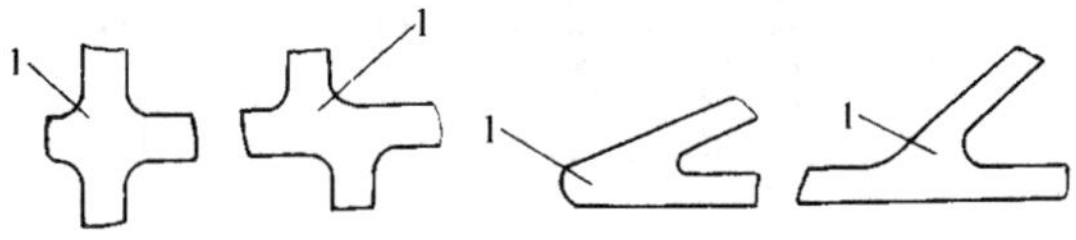

（a）不合理结构

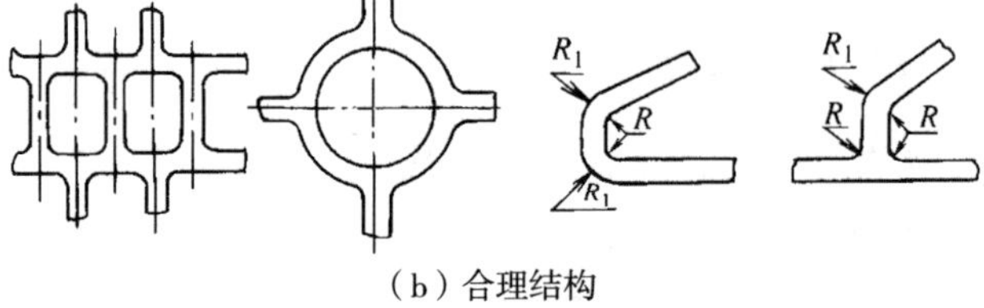

（b）合理结构

1—热节。

图 2-45　应避免壁的交叉和锐角连接

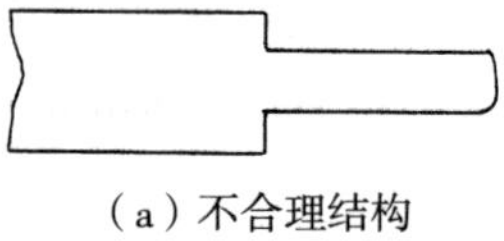

（a）不合理结构

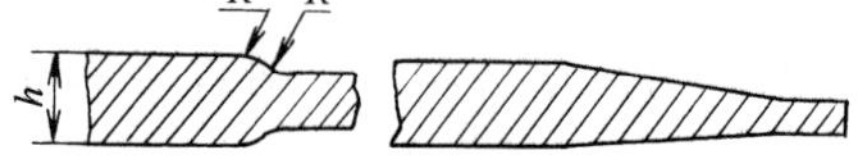

（b）合理结构

图 2-46　应避免壁厚突变

(3) 防止铸件变形

某些壁厚不均匀的梁、杆件，因各部分冷却不均匀易引起较大的内应力而产生挠曲变形。某些壁厚虽均匀但结构刚度差的梁、杆件及较大的平板件，其各部分因冷却条件不同也会产生内应力并可能引起变形。这类铸件应力求壁厚均匀、结构对称或设置加强肋，以免产生挠曲变形。如图 2-47 所示为防止铸件变形的示例。

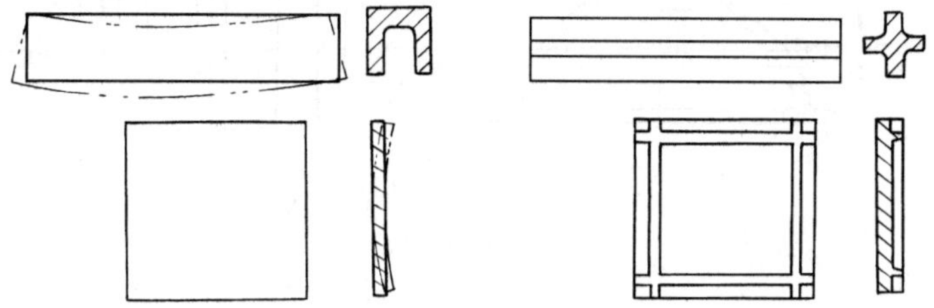

(a) 不合理结构　　(b) 合理结构

图 2-47　防止铸件变形

(4) 避免较大的水平面

铸件上较大的水平面浇注时极易产生夹砂、气孔、浇不到等缺陷，应尽量设计成倾斜面。如图 2-48 所示为避免较大的水平面的示例。

(5) 减少轮形铸件的内应力

轮形铸件中部轮毂壁厚较大，冷却较慢，故铸件冷却收缩时轮辐部位易产生较大的拉应力，可能产生裂纹。因此，辐条宜设计成弯曲状或改为辐板状，以减小铸件刚性或增大轮辐处的横截面，从而减小内应力。如图 2-49 所示为减小轮形铸件的内应力的示例。

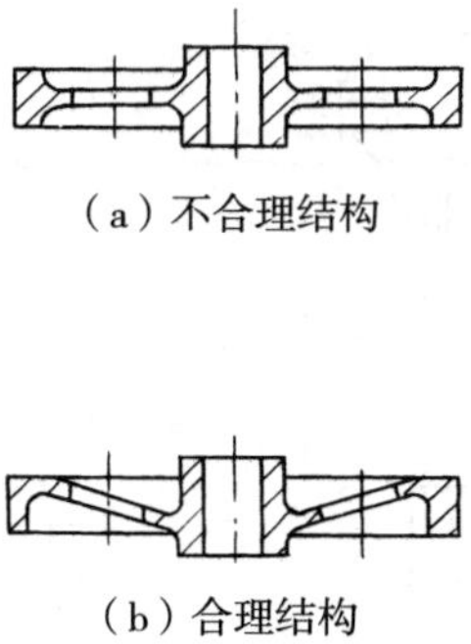

(a) 不合理结构

(b) 合理结构

图 2-48　避免较大的水平面

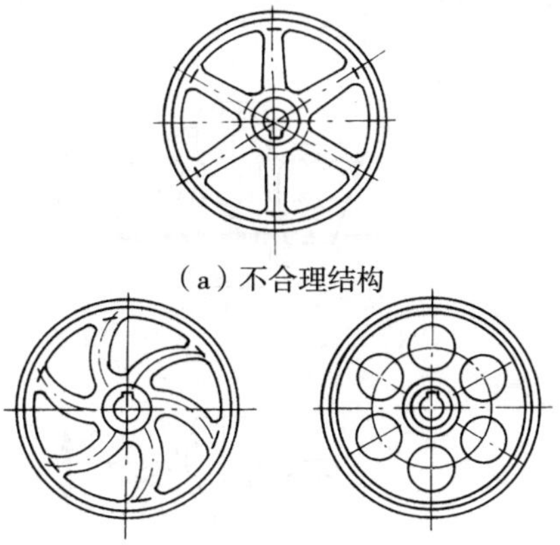

(a) 不合理结构

(b) 合理结构

图 2-49　减小轮形铸件的内应力

2. 铸造工艺对零件结构的要求

(1) 铸件外形

① 应利于减少和简化铸型的分型面：铸型的分型面数目应尽量少，并应尽量避免不

平的分型面，以利于造型。如图 2－50（a）所示，一个铸件有两个凸缘，造型时须采用两个分型面；另一个铸件端面有圆角，不得不采用曲折的分型面，须采用挖砂或假箱造型，均使操作难度增大，故应采用图 2－50（b）所示的结构。

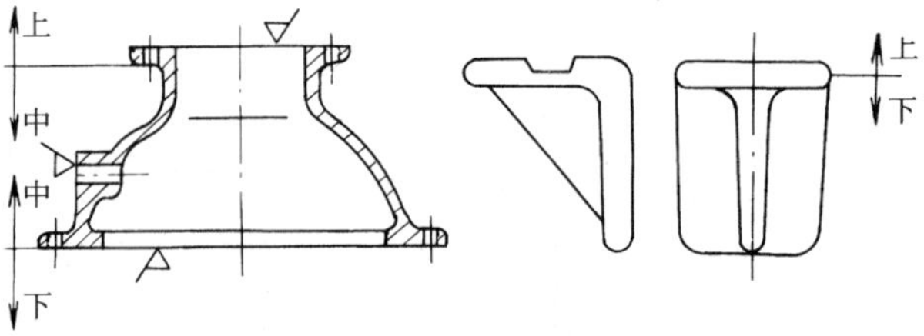

（a）不合理结构

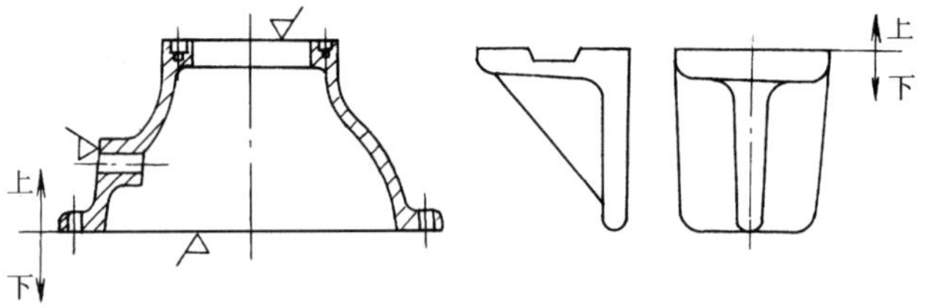

（b）合理结构

图 2－50　应利于减少和简化铸件分型面

② 侧凹和凸台不应妨碍起模：铸件侧壁上的凹槽和凸台常常妨碍起模，造型时需采用外型芯或活块，较为费工。应尽量避免外部侧凹和凸台，也可将侧凹延伸至铸件小端，凸台延伸至铸件大端。如图 2－51 所示为侧凹和凸台不应妨碍起模的示例。

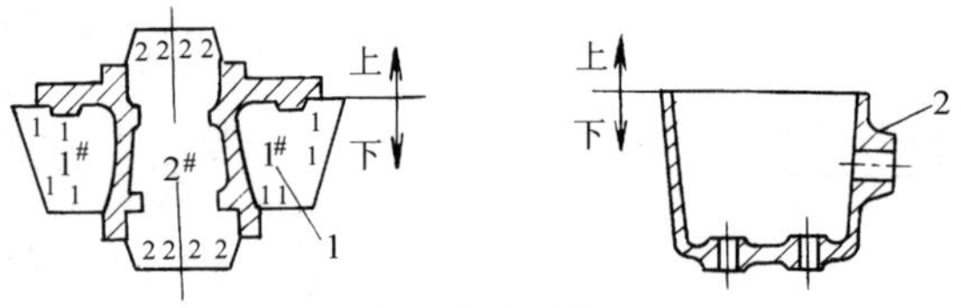

（a）不合理结构

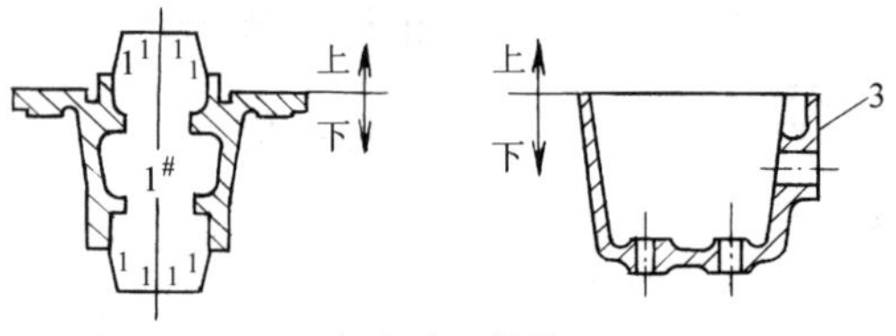

（b）合理结构

1—侧凹；2、3—凸台。

图 2－51　侧凹和凸台不应妨碍起模

③ 垂直于分型面的非加工面应有结构斜度：结构斜度是零件结构所具有的斜度，铸件上与分型面垂直的非加工面应有结构斜度，以便于造型时取出模样。考虑到保持铸件的壁厚均匀，内、外壁应相应倾斜，且内壁倾斜还有利于造型时以砂垛取代型芯。如图2－52所示为应有结构斜度的示例。

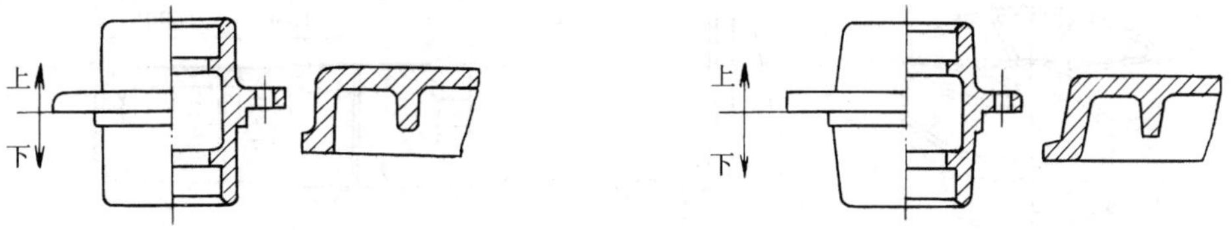

（a）不合理结构　　（b）合理结构

图2－52　应有结构斜度

（2）铸件的内腔

① 内腔形状应利于制芯或省去型芯：简单的内腔形状，可简化芯盒结构及便于制芯。内腔较浅时，其形状还应利于用砂垛替代型芯。如图2－50所示的铸件内腔，将出口处加大后即可省去型芯。对于箱形结构，还可考虑用肋板结构替代型芯，如图2－53所示。

② 应利于型芯固定、排气和清理：当型芯上芯头数量不足时，下芯时往往需采用吊芯、芯撑等，造型费工，且型芯的排气和清理都较困难。通过在铸件壁部增设工艺孔，可增加芯头数，不必采用吊芯和芯撑，并利于型芯的排气和清理。如图2－54所示为应利于型芯固定、排气和清理的示例。

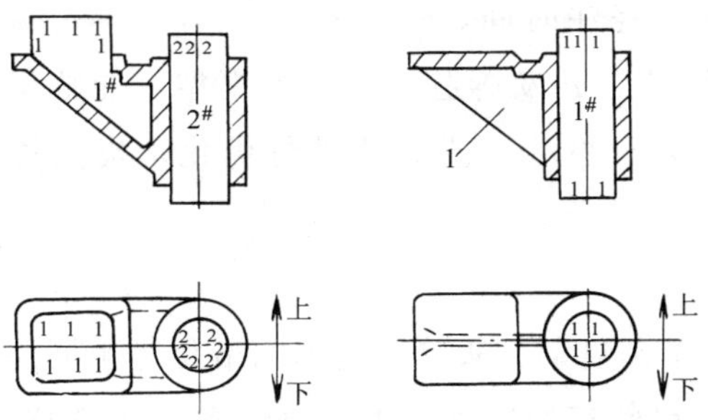

（a）箱形结构　　（b）肋板结构

1—肋板。

图2－53　以肋板结构替代型芯

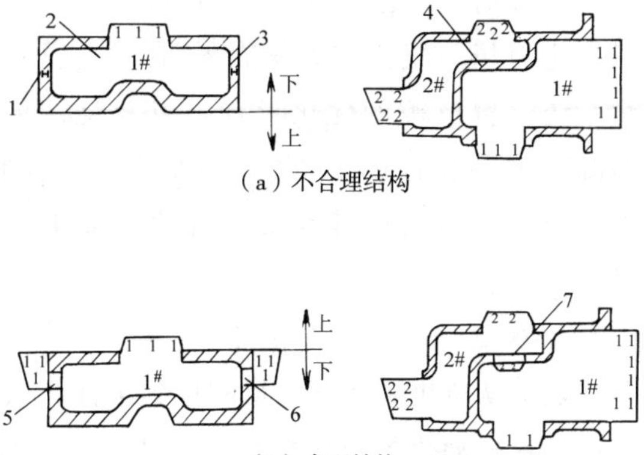

（a）不合理结构

（b）合理结构

1、3、4—芯撑；2—吊芯；5、6、7—工艺孔。

图2－54　应利于型芯固定、排气和清理

(3) 大件和形状复杂件可采用组合结构

在不影响铸件精度、刚度和强度的前提下，大件和形状复杂件可采用组合结构，即将其分为若干件分别铸造，再通过焊接或机械连接等方法组合为一体，以简化结构设计和制造工艺。如图2-55所示为组合结构的示例。

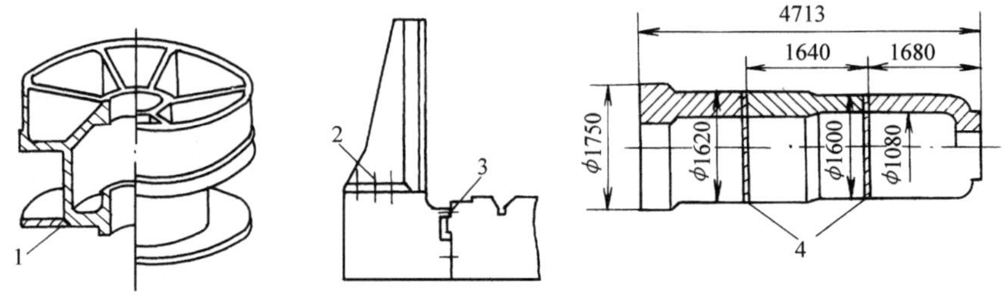

(a) 壳体　　(b) 镗床床身　　(c) 水压机工作缸

1、4—焊缝；2、3—螺纹紧固件。

图2-55　组合结构

2.5　铸造技术的发展趋势

随着科学技术的迅速发展，尤其是计算机和人工智能技术的广泛应用，传统铸造工艺和材料正逐步被新工艺、新材料所取代。

2-24　铸造技术的发展趋势

2.5.1　计算机的应用

1. 计算机辅助工艺设计（CAPP）

计算机辅助工艺设计已普遍应用于充型过程流动场、温度场、应力场、凝固组织等的模拟，实现对铸件浇注位置、浇注系统、冒口等的优化设计，以及浇注温度、浇注时间、铸型温度等参数的分析和优化。基于人工智能算法，开发铸造工艺决策模型，能够根据铸件要求、生产条件等因素，自动生成工艺方案，并对工艺参数进行优化，提高铸件质量。

2. 铸造过程的控制与检测

实现了从单机到系统、从刚性到柔性、从简单到复杂、从单元化到网络化等不同层次的铸造过程自动化控制与检测。通过集成电路、可编程控制器、工业总线和云计算技术，实现铸造设备和铸造生产线的智能控制。对型砂性能及砂处理过程、炉料配比及熔炼质量、铸型性能及造型线工作状况等的实时监控和控制，有效地提高了铸件质量和生产效率。数字孪生技术通过构建数字孪生模型，实现对铸造过程的实时监测、数据分析、模拟仿真和优化调整，从而提高生产效率和质量。

压铸、造型等柔性单元的广泛应用，可按预定的工艺方案不停机快速更换模具或模板，实现多品种不同批量的铸件生产。

具有自我感知、决策和行动的工业机器人在铸造生产过程中的应用也越来越广泛。

2.5.2　先进制造技术的应用

1. 精密铸造技术

高压造型、气冲造型、自硬砂造型等高紧实度砂型铸造，以及压力铸造、熔模铸造、实型铸造等精密铸造技术发展迅速。

压铸机正趋于大型化，新能源汽车车架已可以整体铸出。

2. 快速成形技术

采用光固化、烧结或熔化等多种方式，将树脂、塑料、蜡或金属等材料快速叠加获得制品的快速成形技术，已广泛用于生产蜡模、铸型、型壳、型芯等铸造生产过程。图 2－56 所示为采用激光束扫描光敏树脂使其逐层固化快速成形的工作原理。

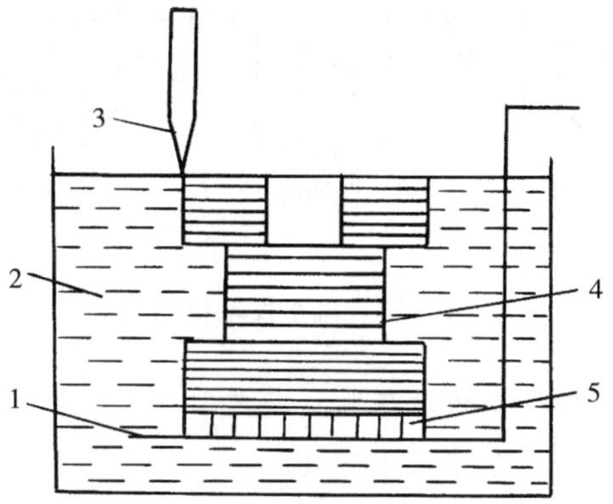

1—底板；2—树脂液；3—激光束；4—固化后的塑胶件；5—支撑层。

图 2－56　激光快速成形

2.5.3　金属的熔炼

大型冲天炉朝着大容量、长炉龄、外热风、水冷、连续熔炼和节能环保方向发展，小型冲天炉，采取强化预热送风、加氧送风和脱湿送风等措施，提高了铁液质量。冲天炉一电炉双联熔炼广泛应用于大批量生产和重要铸件生产中。感应电炉逐步取代冲天炉，一电源多炉体的熔炼技术降低了能耗。真空电子束熔炼和浇注、炉外精炼、强化孕育、定向结晶和快速凝固等材料的净化与强化技术发展迅速。反射炉群、侧井炉等再生金属熔炼设备在金属熔炉中的占比逐年增加。

2.5.4　造型材料

粘土砂的湿型铸造工艺成熟、成本低、工艺适应性广、生产能力强，仍然是中小型铸件主要的造型材料。树脂砂的强度高、热稳定性好、成形性好、工艺简便、旧砂回用率高、铸件表面质量较好，应用越来越广泛。适合铸钢件生产的水玻璃砂作为少、无污染的绿色造型材料，应用逐步扩大。造型材料正朝着高性能、绿色环保、低成本等方向发展。

案例　汽车发动机曲轴毛坯件铸造工艺

1. 案例背景

汽车零部件制造企业采用砂型铸造工艺，生产如图2－57所示的某型号汽车发动机曲轴毛坯，曲轴工作过程中需承受交变载荷和扭矩，要求具有高的疲劳强度、良好的耐磨性及尺寸精度。

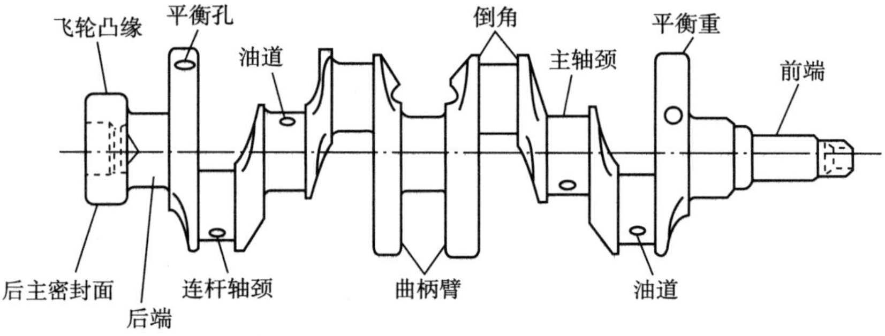

图2－57　汽车发动机曲轴

企业选用球墨铸铁QT600—3铸造成形，热处理后可满足使用要求，成本只有调质钢曲轴1/3左右。企业实际生产中存在以下问题：

(1) 缩孔与缩松缺陷

由于冷却速率不均，曲轴主轴颈和连杆轴颈处易出现缩孔与缩松，影响力学性能。

(2) 尺寸超差

砂型精度不足，导致曲轴轴颈直径偏差超过±0.5mm，后续加工余量不稳定。

(3) 表面质量差

铸件表面存在粘砂、气孔等缺陷，增加清理成本并影响加工精度。

2. 改进后的铸造工艺

(1) 模样设计与造型材料优化

① 砂型改进：采用树脂砂代替普通黏土砂，提高砂型强度和表面质量；利用定位销确保合模精度。

② 冒口与冷铁设计：在曲轴主轴颈和连杆轴颈处增设保温冒口，配合冷铁，实现顺序凝固，避免缩孔的产生。

(2) 熔炼与浇注控制

① 熔炼工艺：在碳硅含量稍高的铁水中加入球化剂（稀土镁合金）和孕育剂（硅

铁)，铁水出炉温度为1480～1520℃，浇注温度为1350～1380℃。

② 浇注系统：采用底注式浇注系统，避免铁水紊流，减少氧化夹杂；浇注时间控制在20～30s以内。

(3) 冷却与后处理

① 冷却速率控制：铸件出型后立即放入保温箱缓冷至600℃，再空冷至室温，避免因快速冷却产生内应力。

② 表面清理：采用抛丸清理工艺去除表面粘砂，并对关键部位进行磁粉探伤，确保无表面裂纹。

3. 工艺检测

(1) 尺寸检测

使用三坐标测量仪检测曲轴主轴颈、连杆轴颈及总长尺寸。

检测结果：轴颈直径偏差≤±0.2mm，总长偏差≤±0.3mm，满足加工要求。

(2) 表面质量检测

通过目视检查及工业内窥镜观察曲轴表面。

检测结果：表面无粘砂、气孔及裂纹，粗糙度 $Ra \leqslant 6.3\mu m$

(3) 力学性能检测

① 拉伸试验：抗拉强度≥600MPa，断后伸长率≥3%。

② 疲劳试验：模拟发动机工况下，曲轴疲劳寿命≥100万次循环，符合设计要求。

4. 改进效果

通过优化砂型设计、熔炼工艺及冷却控制，曲轴铸件质量显著提升：缩孔与缩松缺陷率由15%降至2%以下；加工余量稳定，减少后续机加工成本约20%；表面质量达标，探伤合格率提升至98%。力学性能满足QT600－3标准，曲轴使用寿命延长30%。

5. 要点总结

(1) 铸造工艺参数匹配

温度、浇注速度与冷却速率的协同控制是避免缺陷的关键。

(2) 造型材料选用与模样设计

砂型材质与冒口布局直接影响铸件的补缩效果。

(3) 检测技术应用

综合运用无损检测与破坏性试验验证铸件可靠性。

思考题与习题

2－1 由Fe－C相图分析，什么样成分的铁碳合金流动性好？为什么？

2－2 成批生产的灰铸铁件，若出现下列情况，可能存在哪些问题？

① 冷隔与浇不到缺陷增多。

② 气孔及夹杂物缺陷增多。

2-3　比较下列情况下金属的流动性。

① 粘土砂干型与湿型。

② 碳硅含量较高与较低的灰铸铁。

③ 金属型预热与不预热。

2-4　缩孔与缩松有何区别？各易出现于何类合金中？为什么缩松较难消除？

2-5　如题2-5图所示梁类铸件是否存在残留应力？如存在残留应力，指出其分布情况和铸件挠曲方向。

2-6　铸铁圆柱体是否存在残留应力？若将其车成细轴、镗成圆管或刨平一个侧面，会不会产生变形？如何变形？

金属液的充型能力及流动性测定虚拟仿真实验教学系统

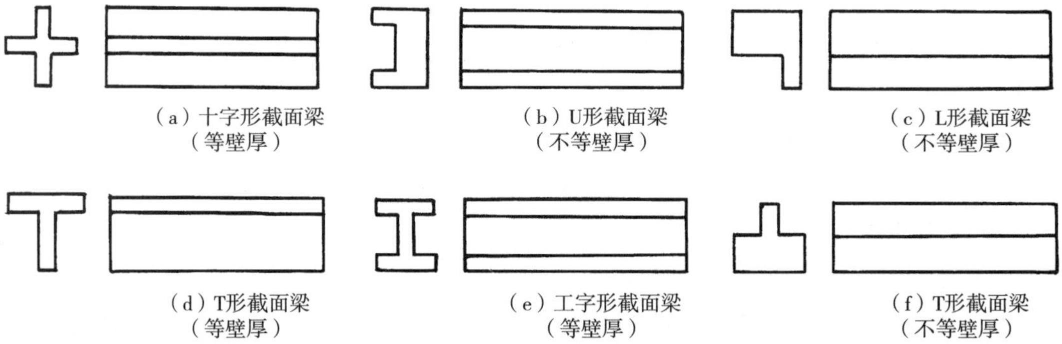

题2-5图　梁类铸件

2-7　铸件为什么会产生裂纹？如何避免？

2-8　比较灰铸铁、球墨铸铁和铸钢的铸造性能。应分别采取哪些铸造工艺措施来保证铸件质量？

2-9　为什么在各种铸造方法中砂型铸造应用最广泛？为什么干砂型正在被自硬砂型所取代？

2-10　在常用的机器造型方法中，哪些方法可获得精密铸件？为什么？

2-11　砂型铸造、熔模铸造和实型铸造的模样及铸型的材质有何不同？各有何利弊？

2-12　哪些铸造方法可获得高质量的铸件？为什么？

2-13　压铸与其他铸造方法的根本区别是什么？有何利弊？

2-14　熔模铸造是如何保证铸件较高精度的？为什么该方法不宜生产大、中型铸件？

2-15　下列铸件生产批量较大时，宜选择何种铸造方法？为什么？

①内燃机缸套（合金铸铁）；②齿轮箱壳（灰铸铁）；③煤气管道（球墨铸铁）；

④内燃机活塞（铝合金）；⑤车床床身（灰铸铁）；⑥铣刀体（铸钢）。

2-16　同一零件的零件图、铸造工艺图和铸件图之间有何联系和区别？

2-17　确定浇注位置时，如果不能保证铸件的各主要加工面都朝下或侧立，可采取哪些措施保证铸件质量？

2-18 为什么型芯头和型芯座应有一定的斜度和间隙?

2-19 试确定如题 2-19 图所示零件的浇注位置和分型面,并说明理由。

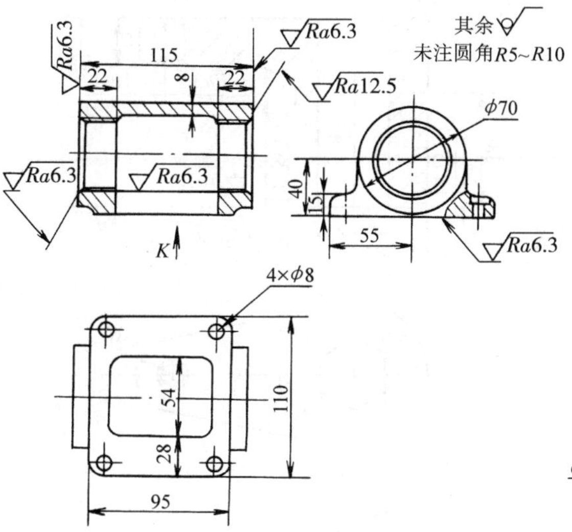

名称:加强管接头 材料:HT150 重量:2kg

(a)加强管接头

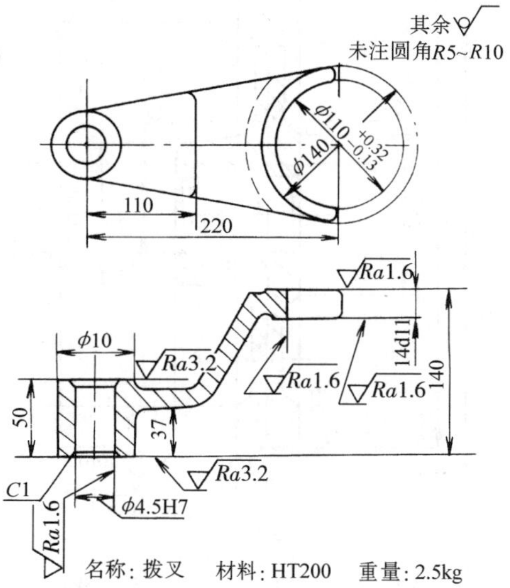

名称:拨叉 材料:HT200 重量:2.5kg

(b)拨叉

题 2-19 图 零件图一

2-20 试绘出如题 2-20 图所示零件的铸造工艺简图。

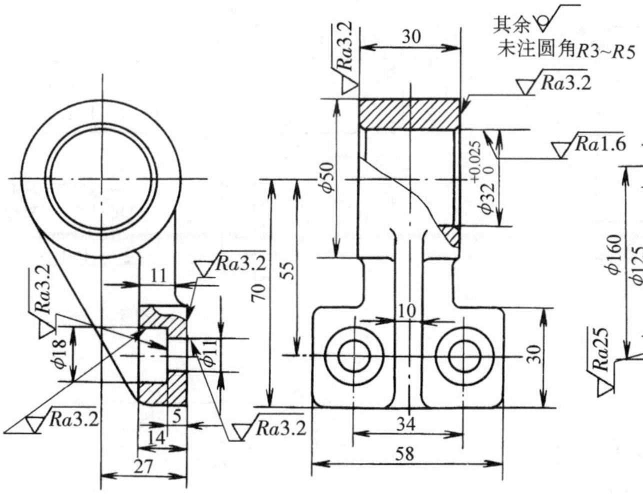

名称:轴承座 材料:HT250 重量:3kg

(a)轴承座

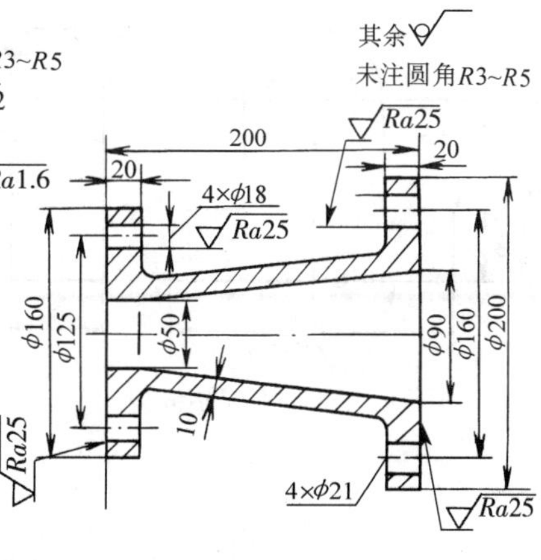

名称:支承座 材料:HT150 重量:10.2kg

(b)支承座

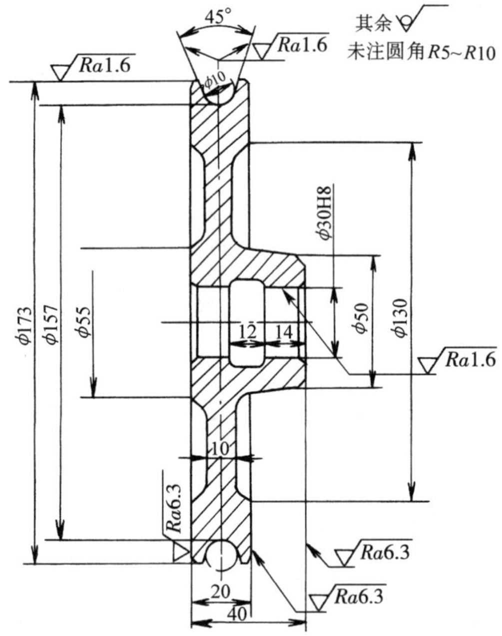

名称：滑轮　材料：HT150　重量：25kg

（c）滑轮

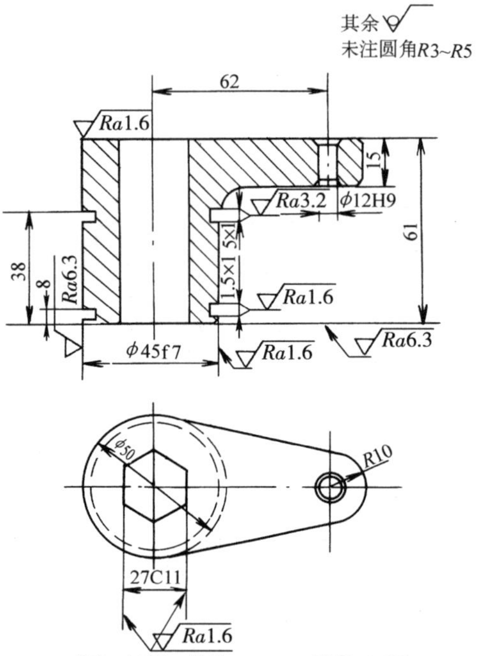

名称：杠杆　材料：HT200　重量：0.69kg

（d）杠杆

题 2－20 图　零件图二

2－21　试改进如题 2－21 图所示零件的结构，并说明理由。

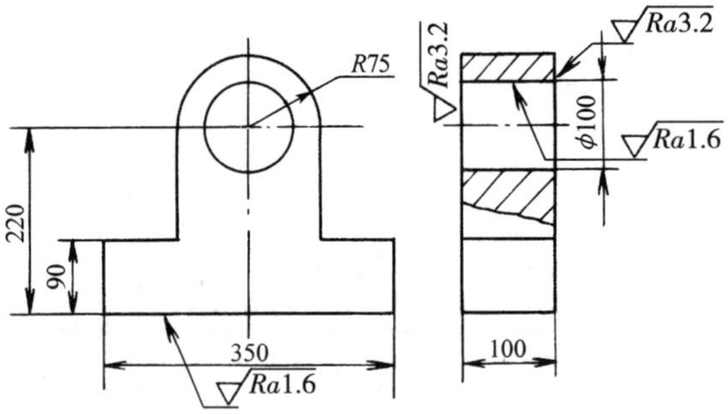

（a）垫板

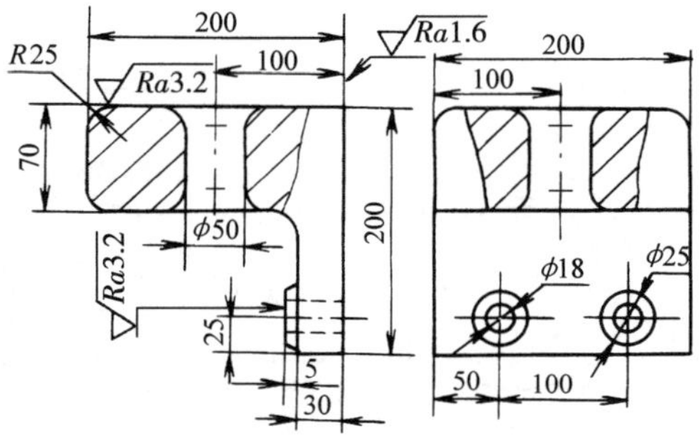

（b）支座

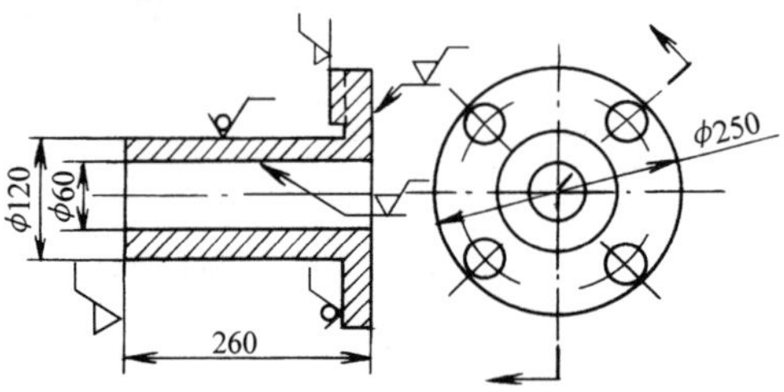

（c）轴承座

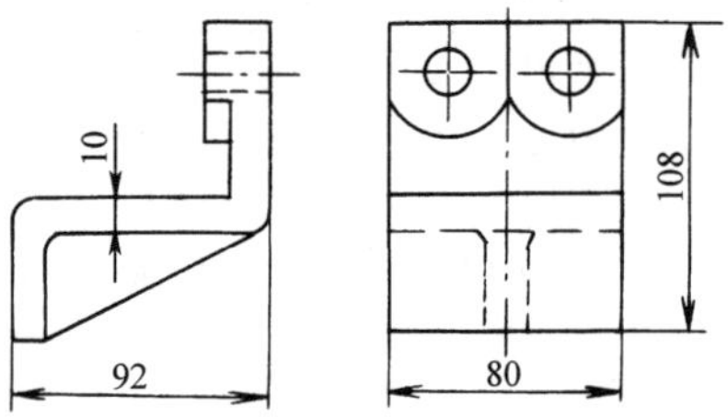

（d）托架

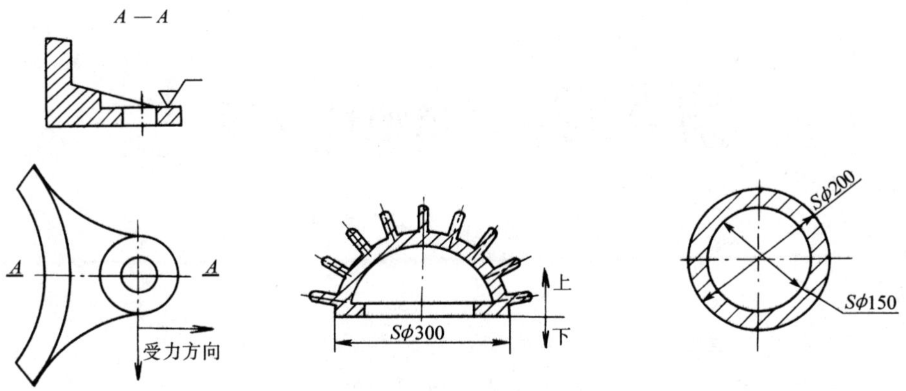

（e）支架　　（f）压缩机缸盖　　（g）空心球

题 2-21 图　零件图三

第3章 金属塑性成形

【知识目标】

1. 识记和理解金属塑性成形的基本原理、方法和工艺流程；
2. 比较自由锻、模锻、冲压的特点和适用范围；
3. 理解自由锻、模锻、冲压的工艺设计内容。

【技能目标】

1. 能够从塑性成形的基本原理分析零件失效原因；
2. 能够进行典型零件的自由锻、模锻、冲压的工艺设计；
3. 能够评价和改进金属塑性成形件的结构。

【素质目标】

1. 质量意识、安全意识、标准意识、绿色环保意识；
2. 专业认同感、家国情怀；
3. 工匠精神、创新精神。

3－1　塑性成形的定义及其特点和应用

金属塑性成形是利用外力使金属产生塑性变形，使其改变形状、尺寸和改善性能，获得型材或锻压件的加工方法，包括锻造、冲压、挤压、轧制、拉拔等。钢和大多数非铁金属及其合金均具有一定的塑性，都可采用塑性成形。

塑性成形使金属组织致密、晶粒细小、力学性能提高；坯料形状和尺寸接近成品零件，材料利用率高，切削工作量较小，生产率高。但其制件形状较简单，模具投资较高。

塑性成形是生产金属型材、板材、线材等的主要方法。此外，承受较大负荷或复杂载荷的机械零件，如机床主轴、内燃机曲轴、连杆、工具、模具等通常需采用塑性成形。

3.1　金属塑性成形基础

3－2　金属塑性变形的机理

3.1.1　金属塑性变形的机理

1. 单晶体的塑性变形

在外力作用下，金属内部将产生应力和应变。单晶体在切应力作用下产生应变的情况如图 3-1 所示。当切应力较小时，晶格仅产生弹性变形［图 3-1（b）］。当切应力达到材料的屈服强度时，晶格内还将产生相对滑移［图 3-1（c）］。外力去除后，晶格的弹性变形消失，而滑移造成的变形保留下来［图 3-1（d）］，故形成宏观塑性变形。

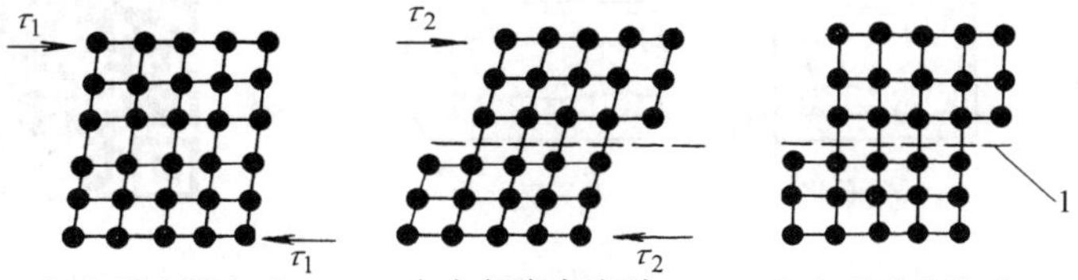

（a）未受力时 （b）受力较小时 （c）切应力达到屈服强度时 （d）外力去除后

1—滑移面；τ_1、τ_2—切应力。

图 3-1 单晶体在切应力作用下产生应变的情况

按晶体两部分沿滑移面做整体的相对滑动计算出的滑移所需的切应力值，比实测切应力值要大几千倍，这是什么原因呢？通过理论研究和实验观察证实，滑移通常是通过位错（晶体中的线缺陷）的移动来实现的。图 3-2（a）所示为晶体中最简单的一种位错，晶体的上半部多余了半个原子面，其下缘附近即为位错，呈线状孔隙，它使周围原子处于不稳定状态。在切应力作用下，半原子面每移动一个原子间距，仅需位错附近的极少量原子产生微量位移即可，通过位错和半原子面的不断移动［图 3-2（a）至图 3-2（c），“⊥”表示位错线位置］，最终形成晶体两部分的相对滑移［图 3-2（d）］，故所需的切应力远小于理论值。

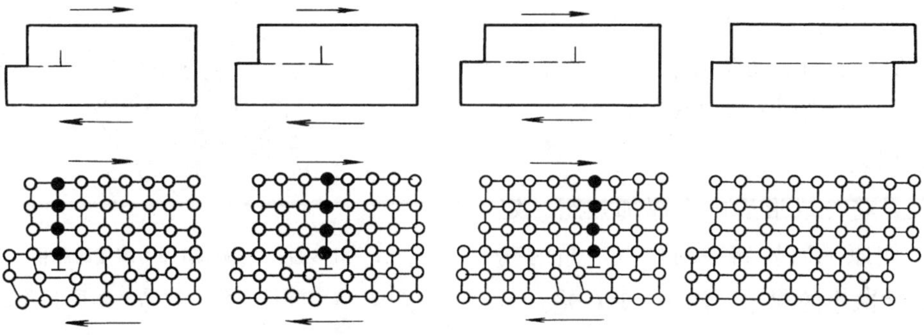

（a）位错的移动（一） （b）位错的移动（二） （c）位错的移动（三） （d）塑性变形

图 3-2 位错运动造成滑移的机理

2. 多晶体的塑性变形

实际的金属晶体通常都是多晶体，其塑性变形情况要比单晶体复杂得多。多晶体的塑性变形包括晶内变形和晶间变形。晶内变形即晶粒内部的变形，主要是以滑移方式进行的。晶间变形即晶粒之间的相对位移，包括晶粒间的相对滑动和转动（图 3-3）。由于晶界处晶格畸变和存在杂质，变形抗力较大，故低温时的塑性变形主要是晶内变形；高温时晶界强度降低，晶间变形才较易进行。又因晶内变形必须在沿滑移面的切应力达到一定值时才能进行，故各晶粒的变形总是分批、逐步进行的。

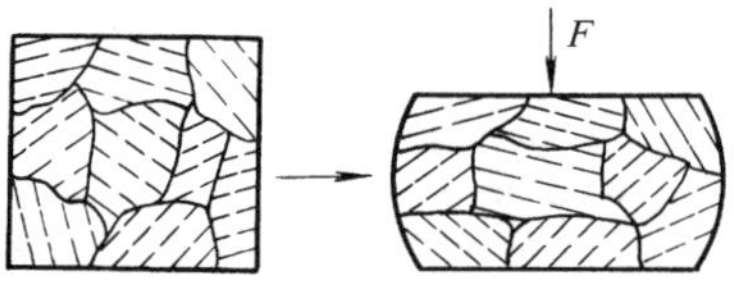

（a）变形前　　（b）变形后

图3-3　多晶体的塑性变形

3-3　加工硬化回复
再结晶冷成形、热成形

3.1.2　金属的加工硬化、回复和再结晶

1. 金属的加工硬化

金属的加工硬化是金属在低于再结晶温度加工时，由于塑性应变而产生的强度和硬度增加的现象。塑性变形过程中，金属的组织和性能将会产生一系列的变化，主要是晶粒沿变形方向被拉长，滑移面附近晶格产生畸变，并出现许多微小碎晶（图3-4）。晶格畸变和碎晶使变形阻力加大，从而使金属的强度和硬度增加，塑性和韧性下降，并出现残余应力。加工硬化可以强化金属，是重要的金属强化方法之一，尤其适合于不能热处理强化的合金。但加工硬化会使后续的塑性成形或切削加工难度加大，故在多数情况下应予消除。

2. 回复和再结晶

加工硬化使金属处于不稳定状态，通过加热可以使原子的活动能力增强，产生回复和再结晶，使硬化现象得以减轻或消除。

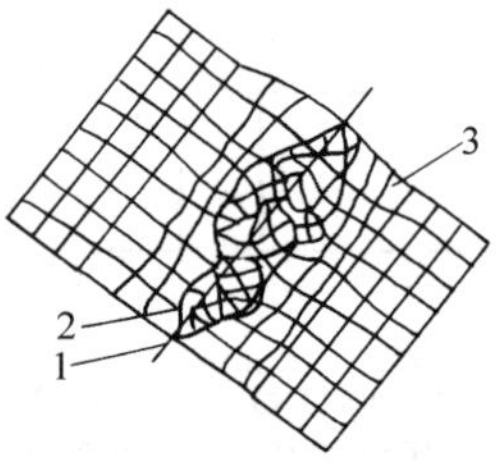

1—滑移面；2—碎晶；3—畸变的晶格。

图3-4　滑移面附近的晶格畸变和碎晶

（1）回复

回复是将冷成形后的金属加热至一定温度后，使原子回复到平衡位置，晶内残余应力大大减小的现象［图3-5（c）］。回复温度为（0.25～0.30）$T_{熔}$ K。回复使晶格畸变减轻或消除，但晶粒的大小和形状并无改变，在生产中用于使制件保持较高的强度且降低脆性的场合。如冷拔钢丝经冷卷成形后的低温退火可使弹簧定形且仍保持良好的弹性。

（2）再结晶

再结晶是塑性变形后金属被拉长了的晶粒重新生核、结晶，变为等轴晶粒的现象［图3-5（d）］。再结晶温度一般为$0.4T_{熔}$ K以上。再结晶使金属的加工硬化现象得以完全消除，重新获得良好的塑性，在塑性成形中广泛应用。如线材的多次拉拔和板料的多次拉深时，常需在工序间穿插再结晶退火，以使工件顺利成形。

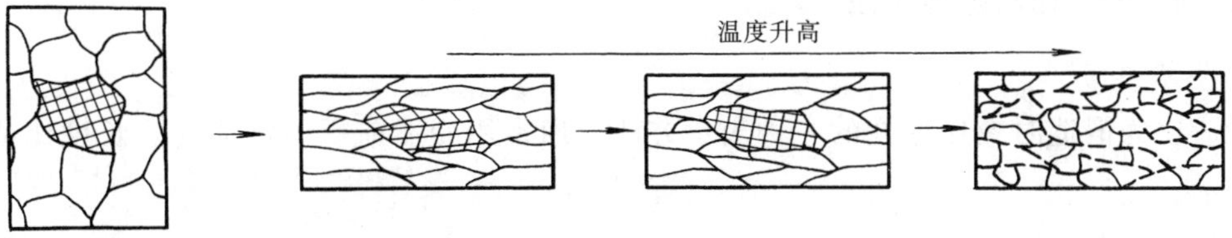

（a）原始组织　（b）塑性变形后的组织　（c）回复组织　（d）再结晶组织

图 3－5　回复和再结晶过程

3.1.3　金属的冷成形、热成形及温成形

1．冷成形

冷成形为坯料在回复温度以下进行的塑性成形过程，变形过程中会出现加工硬化。冷成形是一种精密成形方法，有利于提高金属的强度和表面质量，但变形程度不宜过大，以免产生裂纹。冷成形在生产中的应用有冷轧、冷锻、冷冲压、冷拔等，常用于制造半成品或成品。

2．热成形

热成形为金属在再结晶温度以上进行的塑性成形过程，变形过程中既有加工硬化又有再结晶，且硬化被再结晶完全消除，获得综合力学性能良好的再结晶组织。若加热温度过高或保温时间过长，晶粒还会聚合长大，使力学性能降低，这种晶粒的聚合长大称为二次再结晶，在生产中应予以避免。低碳钢热轧前后组织的变化情况如图 3－6 所示。热成形变形力小，变形程度大，在生产中应用更广泛，如热轧、热锻、热冲压、热拔等，常用于毛坯或半成品的制造。

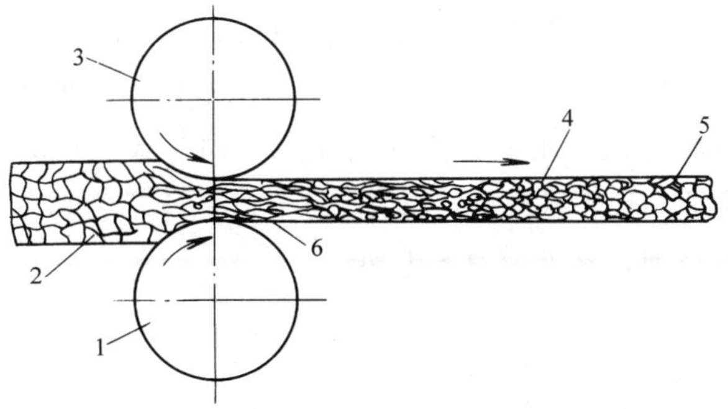

1、3—轧辊；2—原始组织；4—再结晶组织；5—二次再结晶组织；6—加工硬化组织。

图 3－6　低碳钢热轧前后组织的变化情况

3．温成形

温成形为金属在高于回复温度且低于再结晶温度范围内进行的塑性成形过程，变形过程中有加工硬化及回复现象，但无再结晶现象，硬化只得到部分消除。温成形较之冷成形可降低变形抗力且利于提高金属塑性，较之热成形可降低能耗且减少加热缺陷，适用于强度较高、塑性较差的金属，在生产中的应用如温锻、温挤压、温拉拔等，用于尺寸较大、材料强度较高的零件或半成品制造。

3.1.4 锻造比与锻造流线

1．锻造比

锻造比为锻造时变形程度的一种表示方法，通常用变形前后的截面比、长度比或高度比来表示。

拔长时：

$$y=A_0/A=L/L_0$$

镦粗时：

$$y=A/A_0=H_0/H$$

式中：y——锻造比；

A_0、A——毛坯变形前后截面积；

L_0、L——毛坯变形前后的长度；

H_0、H——毛坯变形前后的高度。

3-4 锻造比与锻造流线

在锻造过程中，在一定范围内随着锻造比的增加，金属的力学性能显著提高，这是由组织致密程度和晶粒细化程度提高所致。结构钢钢锭的锻造比一般为2～4，各类钢坯和轧材的锻造比一般为1.1～1.3。

2．锻造流线

锻造时，金属的脆性杂质被打碎，沿金属主要伸长方向呈碎粒状或链状分布；塑性杂质随着金属变形沿主要伸长方向呈带状分布，这样热锻后的金属组织就具有一定的方向性，通常称为锻造流线。当达到一定的锻造比后，由于锻造流线明显形成，金属沿流线纵向上的力学性能尤其是塑性和韧性将显著高于流线横向（图3-7）。因此，热成形时应使工件上的锻造流线分布合理。如图3-8（a）所示是锻造成形的曲轴流线分布示意图，其流线分布较合理，工作时的最大正应力方向与流线方向一致，切应力方向与流线方向垂直，且流线沿零件轮廓分布而不被切断。如图3-8（b）所示为切削成形的曲轴流线分布示意图，其流线分布不合理，易沿轴肩产生裂纹。

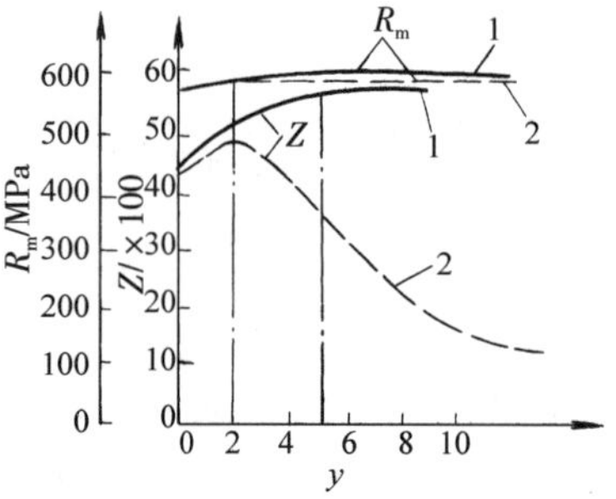

1—纵向性能；2—横向性能。

图3-7 金属热成形时力学性能与变形程度的关系

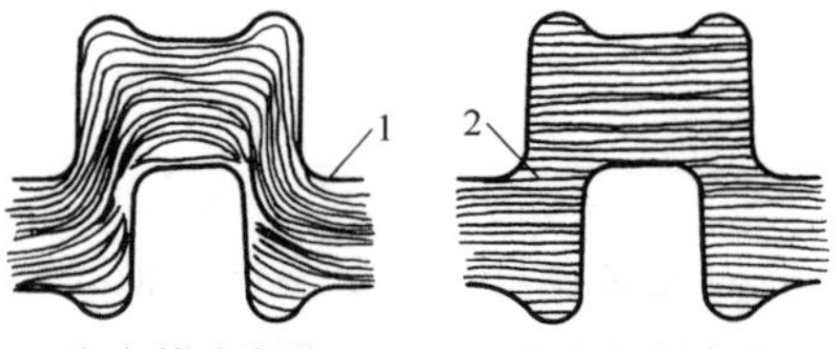

（a）锻造成形　（b）切削成形

1—轴肩；2—裂纹。

图3-8 曲轴流线分布示意图

3.1.5　材料的塑性成形性

材料的塑性成形性是材料经过塑性变形不产生裂纹和破裂以获得所需形状的加工性能。其中，材料在锻造过程中经过塑性变形而不开裂的能力称为可锻性。

材料的塑性成形性常用塑性和变形抗力综合衡量，通常材料的塑性越好，变形抗力越低，则塑性成形性越好。材料的塑性成形性取决于材料的本质和变形条件两方面的因素。

3－5　材料的塑性成形性

1. 材料本质的影响

材料本质方面的影响因素有化学成分、金属组织等。

(1) 化学成分

一般情况下，纯金属的塑性成形性优于合金，且钢中合金元素含量越多，塑性成形性越差。合金元素易引起固溶强化或形成硬、脆的碳化物，且硫易使钢产生热脆，磷易使钢产生冷脆，这些都会使钢的塑性成形性降低。

(2) 金属组织

同样的化学成分，固溶体组织的塑性成形性优于机械混合物，细晶组织的塑性成形性优于粗晶组织，热成形组织的塑性成形性优于冷成形组织和铸态组织。

2. 变形条件的影响

变形条件方面的影响因素有变形温度、应变速率和应力状态等。

(1) 变形温度

一般说来，随着变形温度的提高，金属的塑性成形性提高（图 3－9）。这是由于原子的热运动增强，有利于滑移变形和再结晶。但过高的变形温度会使金属的加热缺陷和烧损增多，甚至使工件报废。

(2) 应变速率

应变速率又称为应变速度，是应变相对于时间的变化率（单位为 s^{-1}）。应变速率对金属塑性成形性的影响如图 3－10 所示。普通锻锤上锻造时，金属的应变速率接近图中 $e\dot{L}_c$

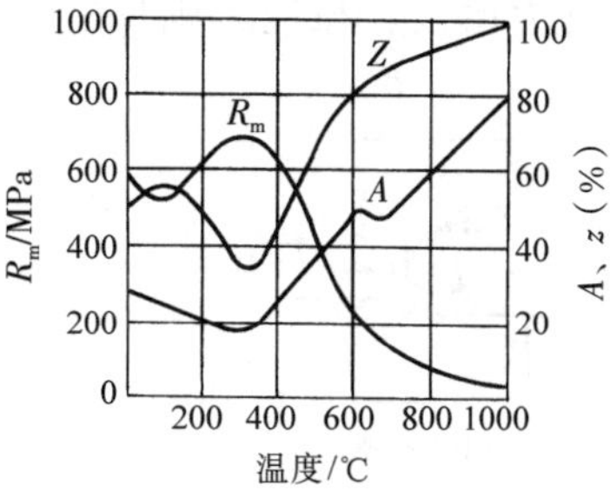

图 3－9　变形温度对钢的塑性成形性的影响

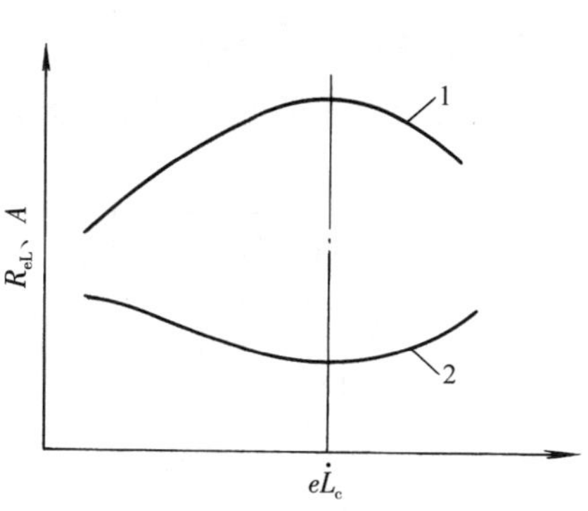

1—变形抗力曲线；2—塑性曲线。

图 3－10　应变速率对金属塑性成形性的影响

值，成形性差。当应变速率低于 $e\dot{L}_c$ 时，应变速率越小，金属的塑性成形性越好，这是由于加工硬化速度减慢，易被再结晶消除，故塑性差的金属宜采用压力机成形。当应变速率高于 $e\dot{L}_c$ 时，应变速率越大，金属的塑性成形性越好，这是由于塑性变形过程中，变形能量转化的热能来不及传出，使金属温度上升，故强度高、塑性低、形状复杂的零件宜采用高速锤锻造、爆炸成形等应变速率高的加工方法。高速锤是在短时间内释放高能量而使金属成形的一种锻锤，打击速度为 20m/s 左右。但应变速率不宜过高，以防金属产生过烧缺陷。

（3）应力状态

通过受力物体内一点的各个截面上的应力状况简称为物体内一点处的应力状态。常用主应力图来定性说明物体内一点处的主应力作用情况。变形体内任一单元总可以找到三个相互垂直的平面，在这些平面上只有正应力而没有剪应力。这些平面称为主平面，作用在主平面上的正应力就是主应力。主应力图共有九种，按塑性发挥的有利程度由高到低排列，如图 3－11 所示。

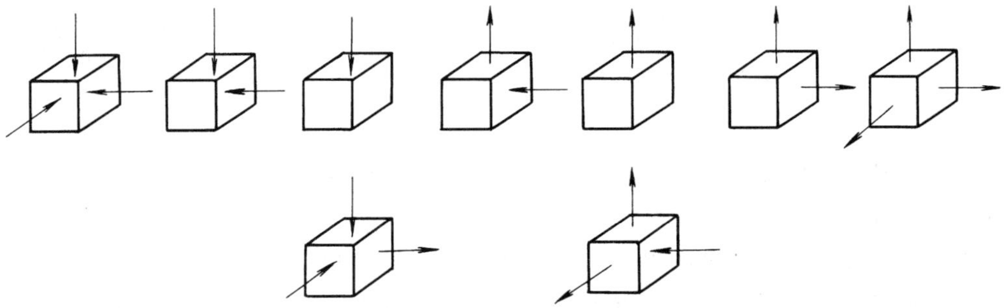

图 3－11　主应力图

由于压应力有利于防止裂纹的产生和扩展，故压应力个数越多、数值越大，金属的塑性就越好。反之，拉应力的个数越多、数值越大，金属的塑性就越差。在模锻、挤压等成形加工中，变形区金属处于三向压应力状态［图 3－12（a)］，有利于提高金属塑性；拉拔时，金属两向受压，一向受拉（图 3－12b)，使金属的塑性降低，故不宜用于塑性差的金属。但压应力使金属内部的摩擦力增大，从而使变形抗力增大，拉应力则反之。此外，同

(a) 挤压　　(b) 拉拔

图 3－12　金属的应力状态

号应力状态（各向应力同为拉或压）较之异号应力状态变形抗力大，故拉拔时金属的变形抗力远小于挤压和模锻。

3.1.6　金属塑性成形的基本规律

金属塑性成形过程有一些基本的变形规律，如体积不变条件、最小阻力定律等。依据这些规律，可控制坯料的变形，以提高生产效率和保证产品的质量要求。

1. 体积不变条件

由于塑性变形时金属密度的变化很小，所以可认为变形前后的体积相等，此假设称为体积不变条件，常用 $e_x+e_y+e_z=0$ 表示（e_x、e_y、e_z 分别代表沿 x、y、z 方向的微小应变）。

由上式可知，$e_x=-(e_y+e_z)$，即某一主方向的微小应变等于另外两个方向的微小应变之和，且变形方向相反。如自由锻拔长时，随着坯料长度的增加，必然会有高度的减小和宽度的增大，且每次锻打时坯料高度的减小量等于长度和宽度的增量和。例如，为提高拔长效率，应尽量减小宽度的增量，常采用 V 形砧拔长。

根据体积不变条件，可以很方便地确定所需金属坯料的体积和坯料变形过程中各工序的工序尺寸，故在各类塑性成形工艺中获得了广泛的应用。例如，若将变形过程中坯料平均厚度的变化忽略不计，则体积不变可视同为面积不变；若将坯料的平均厚度和平均宽度的变化均忽略不计，则体积不变可视同为长度不变。冲压工艺中，常采用上述方法确定所需坯料的面积或长度。

2. 最小阻力定律

最小阻力定律即如果物体变形过程中某质点有向各种方向移动的可能性时，则物体各质点将向着阻力最小的方向移动，故宏观上变形阻力最小的方向上变形量最大。依据该定律，在锻粗矩形截面的坯料时，如果各方向上的摩擦力相等，各方向上的变形量的大小就和各边长度成正比，如能不断镦粗下去，坯料最终可能成为圆形截面（图 3 - 13，图中箭头长度可视为变形量的多少）。

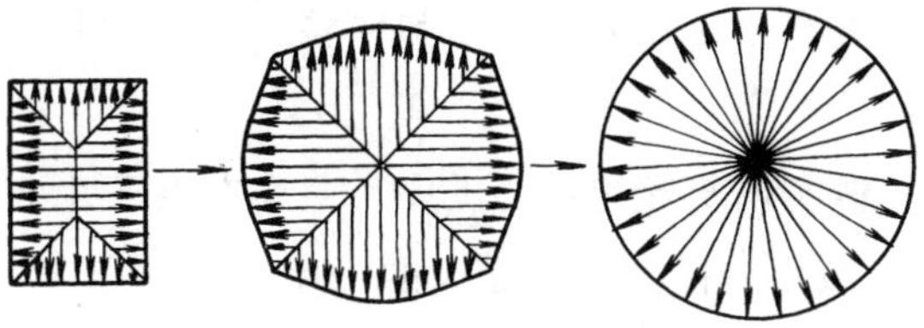

图 3 - 13　矩形截面坯料镦粗时的变形情况

同理，拔长坯料时，为提高拔长效率，须使坯料送进量与其直径或宽度之比小于 1，一般取 0.4～0.7。图 3 - 14 所示为在不同的送进量下拔长时金属的变形情况。

根据体积不变条件和最小阻力定理可以分析塑性成形过程中金属坯料的变形趋势，并采取相应的工艺措施，以保证生产过程和产品质量的控制。

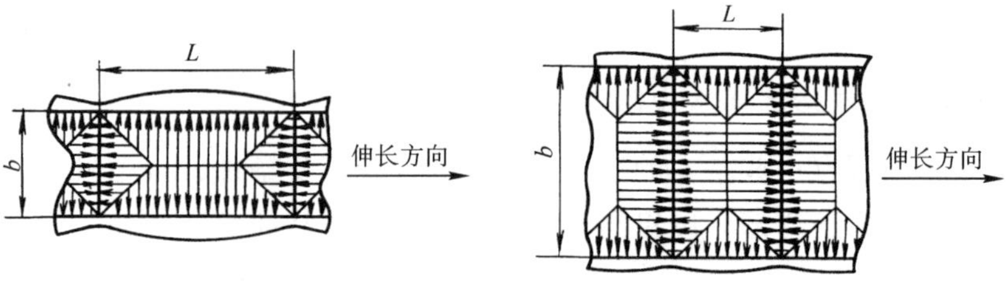

（a）伸长量小于展宽　　（b）伸长量大于展宽

L—送进量；b—坯料宽度。

图3－14　在不同的送进量下拔长时金属的变形情况

3.2　锻　造

常用的金属塑性成形方法有锻造、冲压、挤压、轧制、拉拔等。此外，一些新型的塑性成形技术也得到了开发和应用。

3－6　塑性成形及自由锻造方法

锻造是在加压设备及工（模）具的作用下，使坯料、铸锭产生局部或全部的塑性变形，以获得具有一定几何尺寸、形状和质量的锻件的加工方法。按所用的设备和工（模）具的不同，锻造可分为自由锻和模锻两大类。

3.2.1　自由锻

自由锻即只用简单的通用性工具，或在锻造设备的上、下砧间直接使坯料变形而获得所需的几何形状及内部质量锻件的加工方法。自由锻时，金属只有部分表面受到工具限制，其余则为自由表面。

1. 自由锻成形方法

常用的自由锻设备有空气锤、蒸气-空气自由锻锤、液压机等。

自由锻的工序可分为基本工序、辅助工序和精整工序三大类。

（1）基本工序

基本工序是使金属坯料实现变形的主要工序，主要有以下几个工序：

① 镦粗。使坯料高度减小、横截面积增大的工序。

② 拔长。使坯料横截面积减小、长度增大的工序。

③ 冲孔。使坯料具有通孔或盲孔的工序。

④ 弯曲。使坯料轴线产生一定曲率的工序。

⑤ 扭转。使坯料的一部分相对于另一部分绕其轴线旋转一定角度的工序。

⑥ 错移。使坯料的一部分相对于另一部分平移错开的工序。

⑦ 切割。分割坯料或去除锻件余量的工序。

（2）辅助工序

辅助工序是指进行基本工序之前的预变形工序，如压钳口、倒棱、压肩等。

（3）精整工序

精整工序是修整锻件的最后形状与尺寸，消除表面的不平整，使锻件达到要求的工序，主要有修整、校直、平整端面等。

自由锻的基本目的是经济地获得所需的形状、尺寸和内部质量的锻件。一般小型锻件以成形为主，大型锻件（尤其是重要件）和特殊钢则以改善内部质量为主。钢锭经过锻造，粗晶被打碎，非金属夹杂物及异相质点被分散，内部缺陷被锻合，致密程度提高，流线分布合理，综合力学性能大大提高。

自由锻设备的通用性好、工具简单；可锻大型件，锻件组织细密、力学性能好。但其操作技术要求高，生产效率低；锻件形状较简单、加工余量大、精度低。自由锻主要用于单件、小批生产，且是特大型锻件唯一的生产方法。

2. 自由锻工艺设计

自由锻工艺设计的主要内容有绘制自由锻锻件图、计算坯料的质量和尺寸、确定变形工序、选定锻造设备等。

3-7 自由锻工艺设计

（1）绘制自由锻锻件图

自由锻锻件图是在零件图的基础上考虑余块、机械加工余量、锻件公差等因素绘制的。通常直径小于 25mm 的孔、较窄的凹档、较短的台阶等应添加余块，质量要求高的表面应增加机械加工余量，各锻件尺寸均应给出锻件公差。台阶轴类锻件机械加工余量与锻件公差数值见表 3-1 所列。

表 3-1 台阶轴类锻件机械加工余量与公差（摘自 GB/T 21471—2008） （单位：mm）

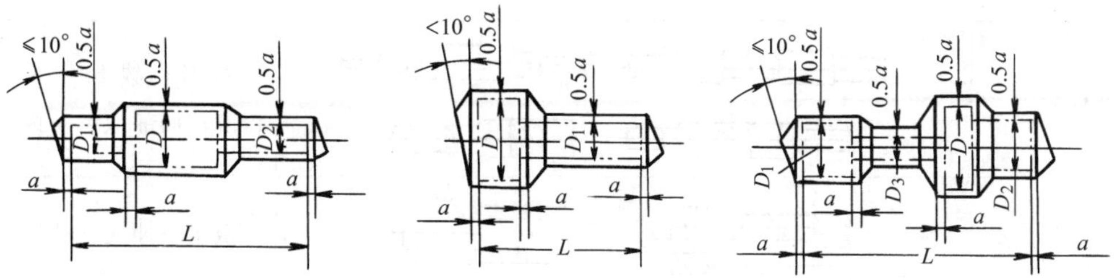

零件总长 L	零件直径 D							
	0～50	50～80	80～120	120～160	160～200	200～250	250～315	315～400
	余量 a 与极限偏差							
0～315	7±2	8±3	9±3	10±4	—	—	—	—
315～630	8±3	9±3	10±4	11±4	12±5	13±5	—	—
630～1000	9±3	10±4	11±4	12±5	13±5	14±6	16±7	—
1000～1600	10±4	12±5	13±5	14±6	15±6	16±7	18±8	19±8

（续表）

零件总长 L	零件直径 D							
	0～50	50～80	80～120	120～160	160～200	200～250	250～315	315～400
	余量 a 与极限偏差							
1600～2500	—	13±5	14±6	15±6	16±7	17±7	19±8	20±8
2500～4000	—	—	16±7	17±7	18±8	19±8	21±9	22±9
4000～6000	—	—	—	19±8	20±8	21±9	23±10	—

注：(1) 各台阶直径和长度上的余量按零件最大直径 D 和总长度 L 确定。(2) 当零件某部分的长径比为 15～25 时，该直径的余量增加 20%；长径比大于 25 时，该直径的余量增加 30%。

绘制自由锻锻件图时，锻件轮廓用粗实线绘出，零件基本形状用双点划线表示；锻件尺寸和公差标注于尺寸线上方，零件尺寸标注在相应锻件尺寸下方的括弧内（图 3-15）。

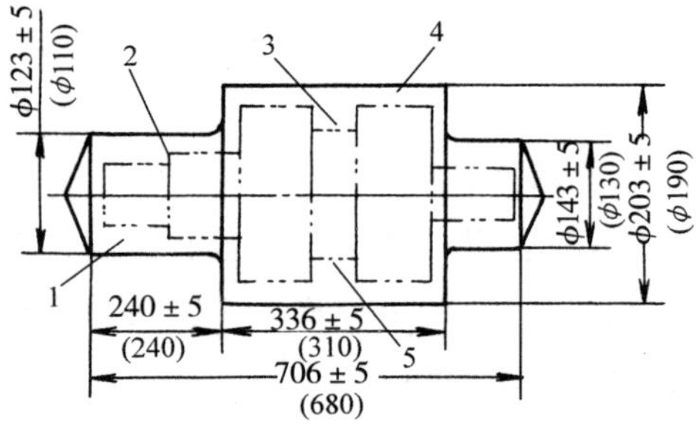

1、3—余块；2—台阶；4—机械加工余量；5—凹档。

图 3-15 自由锻件图示例

(2) 确定变形工序

变形工序应依据锻件的结构形状进行确定（表 3-2）。芯轴拔长和芯轴扩孔的原理分别如图 3-16 和图3-17所示。

表 3-2 自由锻件变形工序选择的示例

锻件类别	图例	变形工序
盘块类	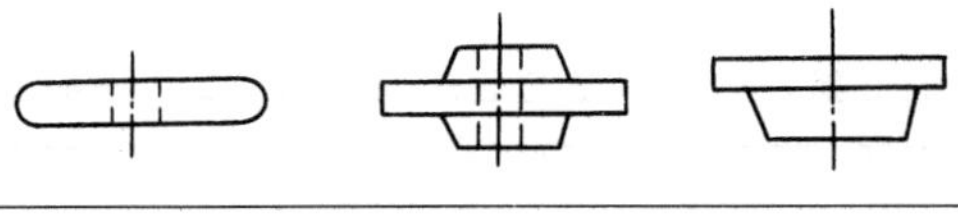	镦粗—冲孔；局部镦粗—冲孔
轴杆类	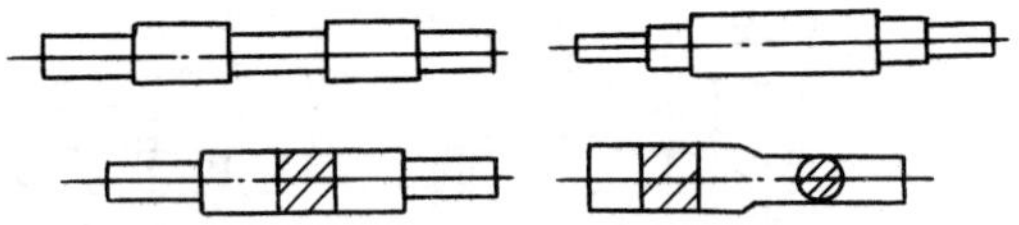	拔长；拔长—切肩—锻台阶；局部镦粗—拔长
圆筒类	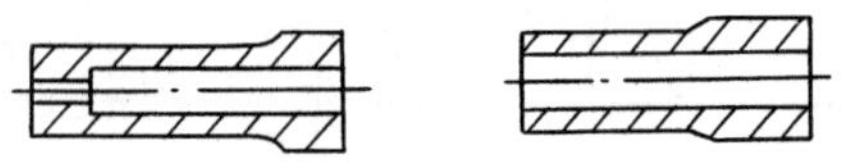	镦粗—冲孔—芯轴拔长
圆环类		镦粗—冲孔—芯轴扩孔
弯曲类	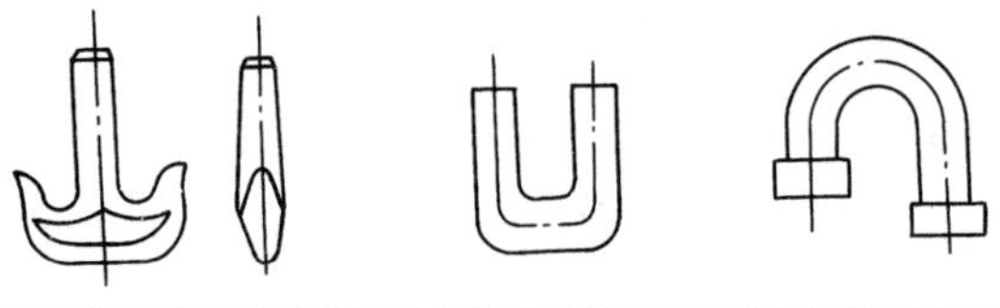	拔长—弯曲

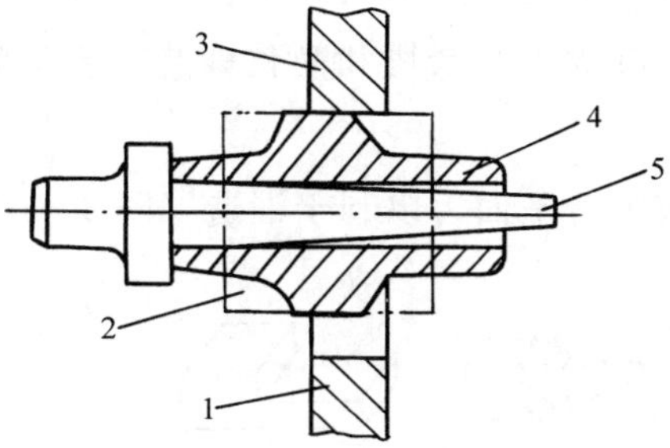

1—V 形砧；2—坯料；3—上砧；

4—工件；5—芯轴。

图 3－16　芯轴拔长的原理

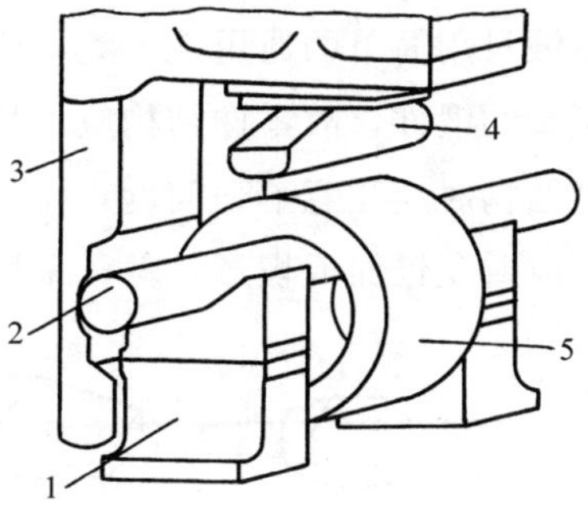

1—马架；2—芯轴；3—锤身；

4—上砧；5—工件。

图 3－17　芯轴扩孔的原理

(3) 计算毛坯质量

毛坯质量须以锻件质量为依据，考虑到锻造过程中的各种损耗进行计算，计算式如下：

$$m_{坯}=(m_{锻}+m_{芯}+m_{切})(1+\delta)$$

式中：$m_{坯}$——毛坯质量（kg）；

$m_{锻}$——锻件质量（kg），根据锻件图算出；

$m_{芯}$——冲孔芯料质量（kg），可参照经验公式算出；

$m_{切}$——切除料头质量（kg），可参照经验公式算出；

δ——烧损率，燃料加热一般取 2%～3%，电加热取 0.5%～1%。

(4) 计算毛坯尺寸

首道工序为镦粗时，坯料的高度与直径之比不得大于 2.5，以防镦弯；首道工序为拔长时，锻件的最大截面处应符合要求的锻造比，以提高其力学性能。毛坯直径 D_0 的计算式如下：

首道工序为镦粗时，

$$D_0 \geqslant 0.8\sqrt[3]{V_{坯}}$$

首道工序为拔长时，

$$D_0 \geqslant \sqrt{y}D_{max}$$

式中：D_0——毛坯直径（mm）；

$V_{坯}$——坯料的体积（mm^3）；

D_{max}——拔长后锻件的最大直径（mm）；

y——锻造比。

3. 零件结构的自由锻工艺性

自由锻只用简单的通用性工具，或在锻造设备的上、下砧间直接使坯料成形，难以锻出形状复杂的锻件，故零件结构应尽量简单，以减少工艺余块和简化锻造工艺。为此，在设计零件结构时应注意下列问题：

（1）应避免锥面或楔形，尽量采用圆柱面或平行平面，以利于锻造（图 3－18）。

（a）不合理结构　　（b）合理结构

图 3－18　避免锥面和楔形

（2）各表面交接处应避免弧线或曲线，尽量采用直线或圆，以利于锻造（图 3－19）。

（a）不合理结构　　（b）合理结构

图 3－19　避免弧线和曲线

（3）应避免肋板或凸台，以利于减少余块和简化锻造工艺（图 3－20）。

（4）大件和形状复杂的锻件，可采用锻-焊、锻-螺纹连接等组合结构，以利于锻造和机械加工（图 3－21）。

（a）不合理结构

（b）合理结构

图 3－20　避免肋板和凸台

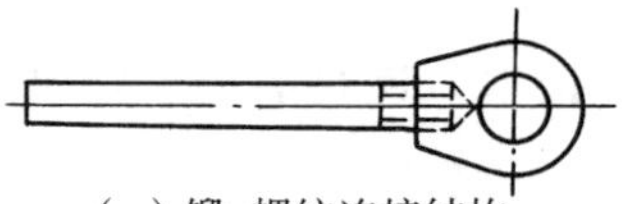

（a）锻-螺纹连接结构

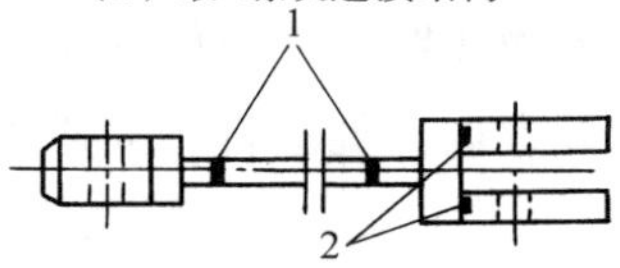

（b）锻-焊结构

1、2—焊缝。

图 3－21　组合结构

4. 自由锻工艺设计示例

台阶轴零件如图 3－22 所示，材料为 45 钢，小批生产，试编制自由锻工艺规程。

① 零件结构分析：该零件系带头轴杆件，结构较为合理，有些部位难以锻出，可通过机械加工制出。

② 绘制锻件图：台阶轴上两个环槽和螺纹均难以锻出，应添加余块。为简化工艺，头部侧平面亦不锻出。参考表 3－1，确定锻件的机械加工余量和公差为 9±3，绘制锻件图（图 3－23）。

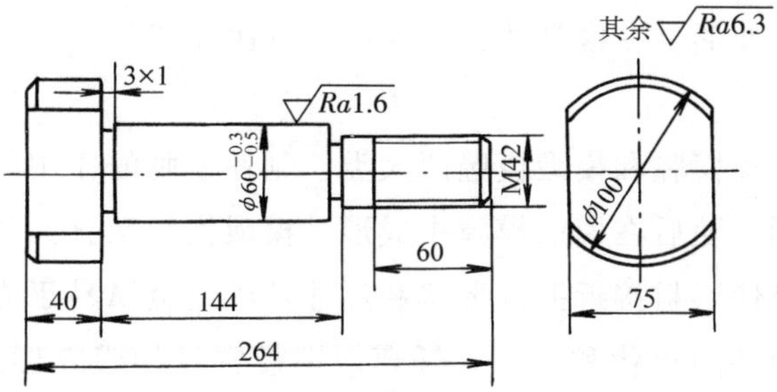

图 3-22　台阶轴零件

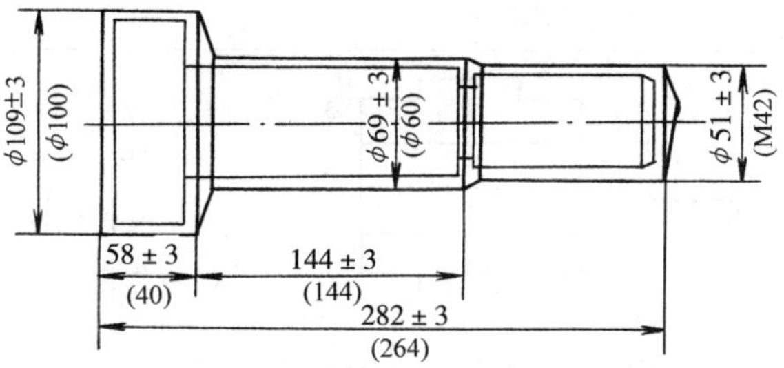

图 3-23　台阶轴锻件图

③ 确定变形工序：参考表 3-2，锻件应采用拔长—切肩—锻台阶工序。

④ 计算坯料质量和尺寸（从略）。

3.2.2　模锻

模锻即利用模具使毛坯变形获得锻件的方法。常用的模锻设备有蒸汽-空气模锻锤、锻造压力机（模锻液压机、热模锻压力机、平锻机和螺旋压力机）等。

3-8　模锻方法及其特点和应用

模锻生产效率和锻件精度较高、锻件形状可较复杂，但一般需专用设备和模具、投资较大、锻件质量较小，适用于中、小型锻件的成批、大量生产。按所用设备的不同，模锻可分为锤上模锻和锻造压力机模锻两大类，锻造压机模锻分为模锻液压机模锻、热模锻压力机模锻、平锻机模锻和螺旋压力机模锻等。

1. 模锻成形方法

(1) 锤上模锻

锤上模锻是在锻锤上进行的模锻，按所用设备和模具的不同，可分为锤模锻和胎模锻两类。

① 锤模锻：在各种模锻锤上进行的模锻。最常用的模锻设备是蒸汽-空气模锻锤，其工作原理与蒸汽-空气自由锻锤基

3-9　锤上模锻

本相同，但锤头运动精确、砧座较重、结构刚度较高。

锤模锻时，金属的变形是在模具的各个模膛中依次完成的，在每个模膛中的锻打变形称为一个工步。

锻模模膛可分为制坯模膛和模锻模膛两大类。制坯模膛的作用是使坯料金属按模锻件的形状合理分布，以利于随后在模锻模膛中成形。模锻模膛又分为预锻模膛和终锻模膛两种。预锻模膛的作用是使坯料接近锻件形状和尺寸，以使金属易于充满终锻模膛。终锻模膛的作用是最终获得锻件的形状和尺寸。锤模锻锻模常见的模膛形式及作用见表 3－3 所列。图 3－24 所示为汽车摇臂锻件的模锻工步及模具（下模）。

表 3－3　锤模锻锻模常见的模膛形式及作用

类别	名称	简图	简要说明
制坯模膛	镦粗	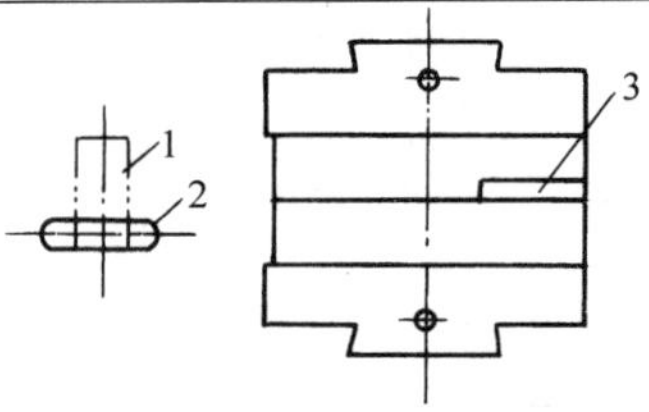 1—坯料；2—镦粗后的坯料；3—镦粗模膛。	呈平台状，位于锻模边角处。用于盘类锻件的坯料镦粗，兼有去除氧化皮作用
	拔长	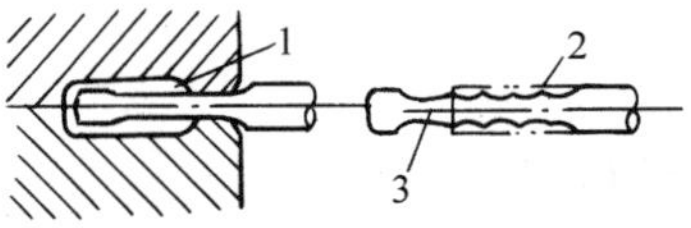 1—拔长模膛；2—坯料；3—拔长件。	由凸台和凹腔构成，位于锻模边角处。用于长轴类锻件的局部拔长，兼有去除氧化皮作用。操作时坯料边翻转边送进
	滚挤	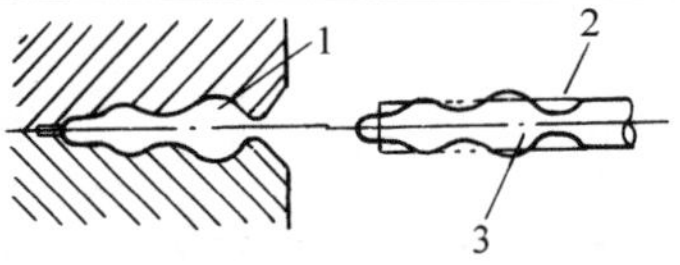 1—滚挤模膛；2—坯料；3—滚挤件。	用于减小坯料某部分的截面，增大另一部分的截面，使金属按锻件形状分布。操作时坯料只翻转不送进
	弯曲	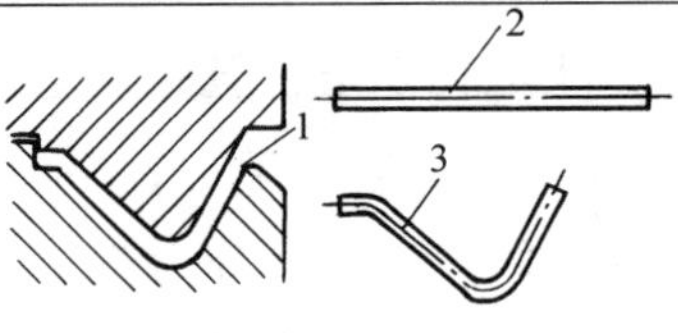 1—弯曲模膛；2—坯料；3—弯曲件。	用于改变坯料轴线形状，以符合锻件形状
模锻模膛	预锻	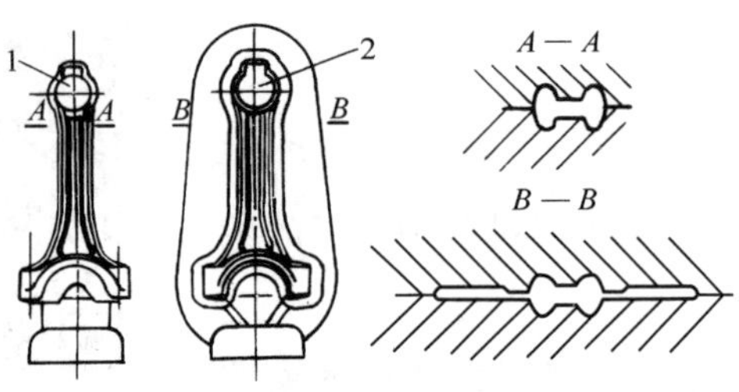 1—预锻模膛；2—终锻模膛。	容积略大于终锻模膛，周边无飞边槽，用于使坯料接近锻件形状和尺寸。形状简单的锻件或批量较小时可不设预锻模膛
	终锻		形状符合锻件图，尺寸加热膨胀量，周边有飞边槽，以促使金属充满模膛并容纳多余金属。用于锻件最终成形

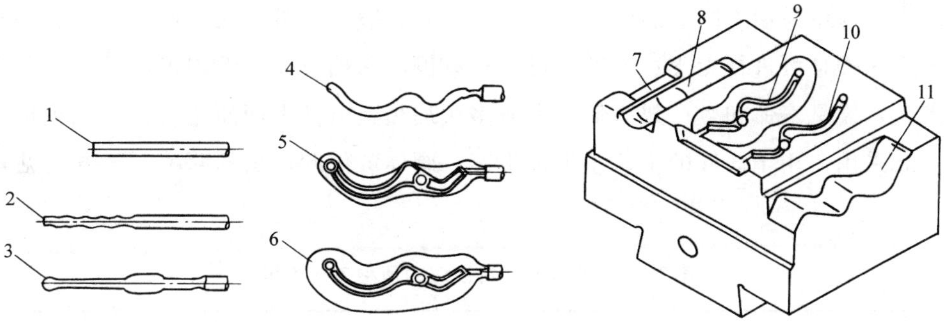

（a）坯料变形过程　　（b）锻模（下模）

1—坯料；2—拔长件；3—滚挤件；4—弯曲件；5—预锻件；6—终锻件；7—拔长模膛；8—滚挤模膛；9—终锻模膛；10—预锻模膛；11—弯曲模膛。

图 3－24　摇臂锻件的模锻工步和锻模

锤模锻的工艺适应性较强，可用于多种变形工步，锤击力及行程可变动，工艺适应性强，可锻造多种类型的锻件，且设备费用较低。但其工作时振动和噪声大，生产效率较低。锤模锻是我国应用最多的一种模锻方法，但在大批量生产中正逐渐被压力机模锻所取代。

② 胎模锻：在自由锻设备上使用可移动模具生产模锻件的一种锻造方法。胎模不固定在锤头或砧座上，只是使用时才放上去。胎模锻是从自由锻的甩子、型砧、垫模和漏盘等锻造工具基础上发展起来的，既可用于制坯，也可用于成形，曾广泛应用。

3－11　胎模锻

成形胎模可分为套筒模和合模两大类。套筒模呈套筒状，主要用于圆盘、圆环类锻件的制坯和成形［图 3－25（a）、图 3－25（b）］。合模由上模、下模及导向装置组成，主要用于杆类锻件、叉类锻件成形［图 3－25（c）］。

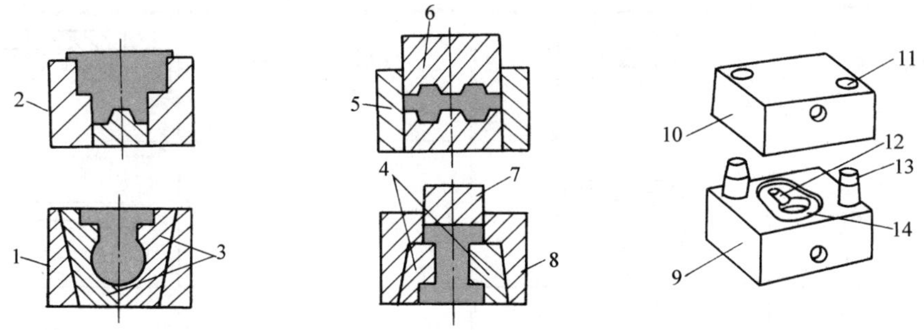

（a）开式套筒模　　（b）闭式套筒模　　（c）合模

1、5、8—模套；2—凹模；3、4—拼分模；6、7—冲头；9—下模；10—上模；11—导柱孔；12—模膛；13—导柱；14—飞边槽。

图 3－25　成形胎模示例

胎模锻模具简单，工艺灵活，可采用自由锻、挤压、模锻等多种方式制坯和成形，可对锻件的不同部位采用不同的胎模成形，且即使同一锻件亦可采用不同的工艺方案；一般可锻出各类锻件且可进行无飞边模锻；可锻出有侧向凹档或无模锻斜度的锻件。但胎模锻劳动强度大，模具寿命和生产效率低，常需多次加热且锻件表面质量较差。胎模锻多在无模锻设备时采用，用于锻件的中、小批量生产。阀体锻件胎模锻的两种工艺方案见表 3-4 所列。

表 3-4　阀体锻件胎模锻的两种工艺方案

<table>
<tr><td>锻件名称</td><td>阀体</td><td colspan="2" rowspan="3">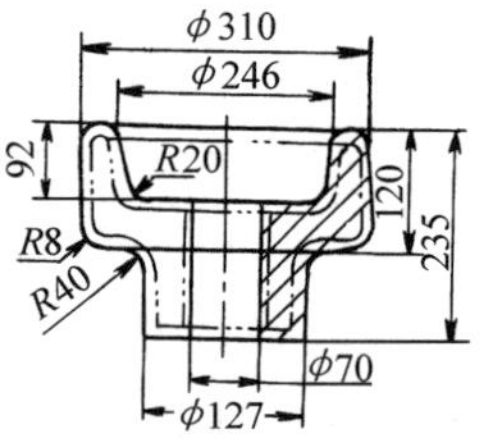

锻件图</td></tr>
<tr><td>毛坯质量</td><td>58kg</td></tr>
<tr><td>锻造设备</td><td>30kN 自由锻锤</td></tr>
<tr><td colspan="2">方案 1</td><td colspan="2">方案 2</td></tr>
<tr><td>工序说明</td><td>简图</td><td>工序说明</td><td>简图</td></tr>
<tr><td>下料，加热</td><td></td><td>下料，加热</td><td>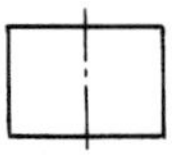</td></tr>
<tr><td>预镦粗，去氧化皮</td><td>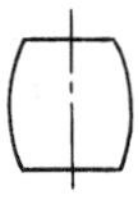</td><td>预镦粗，去氧化皮</td><td></td></tr>
<tr><td>套筒模镦粗</td><td>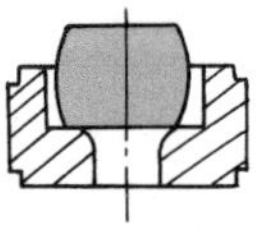</td><td>成形垫板镦粗</td><td>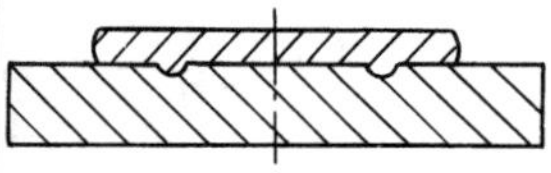</td></tr>
<tr><td>用垫铁镦平端部</td><td>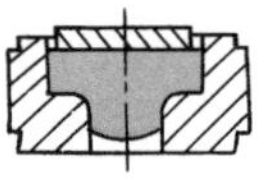</td><td>冲孔</td><td></td></tr>
<tr><td>用球面压凹</td><td>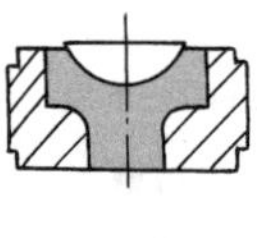</td><td>翻边</td><td>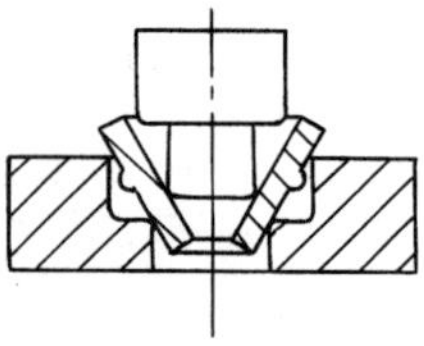</td></tr>
</table>

（续表）

方案1		方案2	
工序说明	简图	工序说明	简图
用反挤法使凹孔成形	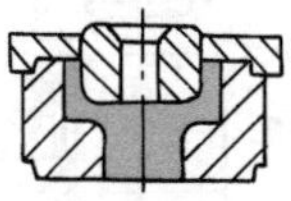	整形	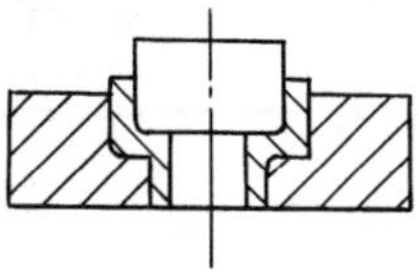
冲孔	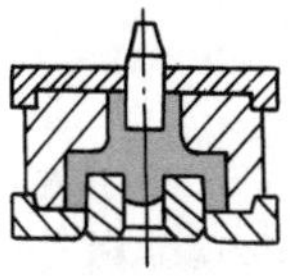		

（2）锻造压力机上模锻

锻造压力机是对热态金属进行锻造的液压机或机械压力机，用于模锻的锻造压力机有模锻液压机、热模锻压力机、平锻机和螺旋压力机等。

① 模锻液压机模锻：模锻液压机是用高压液体（通常为水或油）来驱动安装在活动横梁上的锻模进行模锻的。图3－26所示为模锻液压机的工作原理。工作行程时，泵将高压液体经分配器送入工作缸，回程缸排液。回程时，工作缸卸压，泵将高压液体经分配器送入回程缸，工作缸排液。模锻液压机机架刚性好、吨位大（最大规格达750MN）、工作台台面大。液压机模锻可模锻形状较复杂、尺寸较大的锻件，由于锻压力为静压力，利于锻造塑性差的金属，适用于航空工业中铝合金、镁合金模锻件的生产。

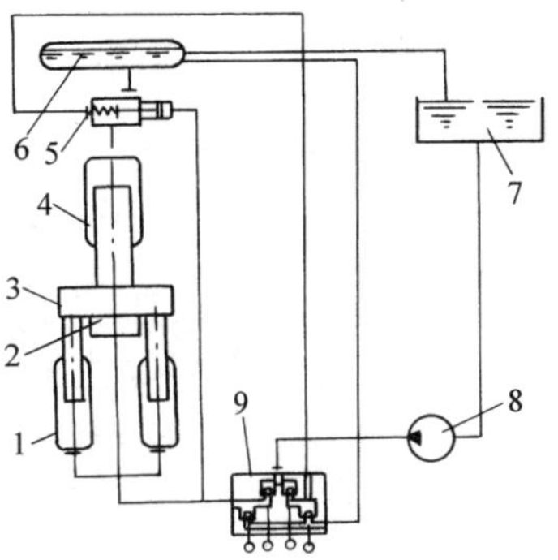

1—回程缸；2—上砧；3—液压机横梁；
4—工作缸；5—充液阀；6—充液罐；
7—液箱；8—液压泵；9—分配器。

图3－26　模锻液压机的工作原理

② 热模锻压力机模锻：热模锻压力机是通过曲柄连杆机构使滑块往复运动进行模锻的（图3－27）。热模锻压机模锻滑块运动精确，模具有导向装置，较之锤模锻锻件精度高；每个工步金属变形均为一次行程完成，变形较均匀且生产效率高；有顶出机构，锻件的模锻斜度可较小，且可直立镦锻“头杆形”锻件；由于锻造力是压力而非冲击力，故利于提高金属塑性，且可采用组合式模（图3－28），仅模膛部位采用贵重的模具钢，因此成本较低且易于修复。但这种模锻方式行程和速度固定，不适于拔长和滚挤，故需另行制坯，且设备和模具复杂、造价高，仅适用于大批、大量生产，目前我国仅应用在一些大企业中。由于热模锻压力机模锻高度方向金属充填能力较弱，故对薄壁、高肋的盘类锻件，预锻和预成形工步的作用更为重要（图3－29）。

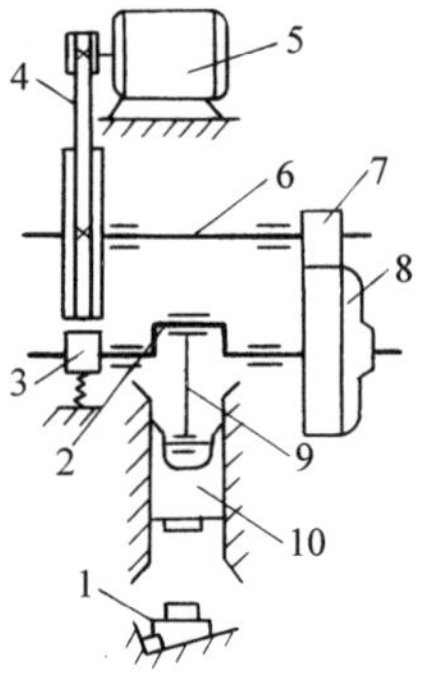

1—工作台；2—曲轴；3—制动器；4—传动带；
5—电动机；6—传动轴；7—齿轮；8—离合器；
9—连杆；10—滑块。

图3-27　热模锻压力机的工作原理

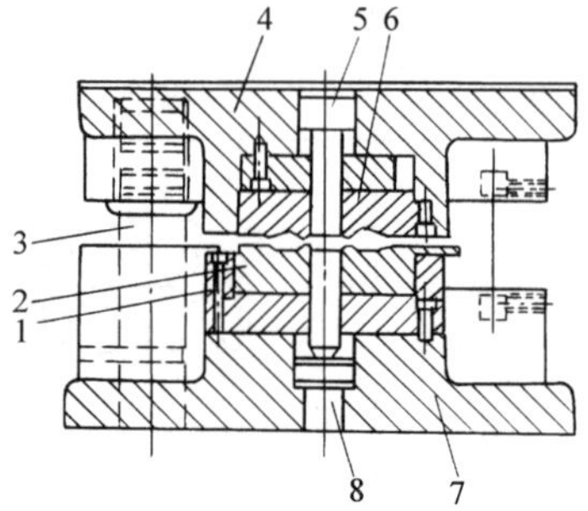

1—压板；2、6—镶块；
3—导柱；4—上模座；5、8—顶杆；
7—下模座。

图3-28　组合式模结构

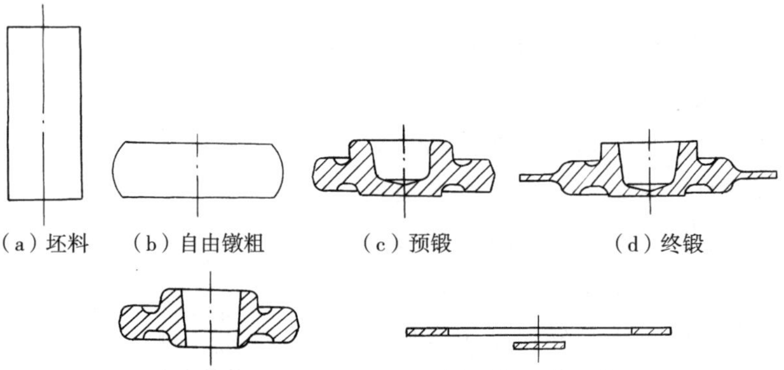

（a）坯料　（b）自由镦粗　（c）预锻　（d）终锻

（e）锻件　（f）飞边、冲孔连皮

图3-29　齿轮锻件模锻变形过程

③ 平锻机模锻：平锻机是具有镦锻滑块和夹紧滑块的卧式压力机。图3-30所示为水平分模平锻机的工作原理。曲柄连杆机构带动镦锻滑块做直线往复运动，连杆后端通过杠杆系统带动上机身（夹紧滑块）上下摆动，完成夹紧动作。模具由冲头和活动凹模组成，分别固定于镦锻滑块和上、下机身上。当凹模夹紧坯料后，冲头前行进行镦锻。随后，冲头退回，凹模分开，即可取出坯料放入下一个模膛。重复以上过程，直至完成全部锻造工作。

平锻机模锻专用性较强，与其他模锻方法相比差别较大。一是采用棒料或管材为坯，对其头部进行镦锻，适于锻造带头杆件、空心件等；二是模具有两个分模面，可锻出在两个方向上均有凹坑或凹档的锻件。

平锻机模锻锻件质量好、生产效率高、振动和噪声小；但设备较复杂、投资较大，并难于锻造非回转体锻件。这种模锻方式多采用长棒料直接模锻且为无飞边成形，主要用于带头杆件和空心件的大批、大量生产，如汽车半轴、齿轮等。如图3-31所示为汽车半轴的模锻工步和模具结构简图。

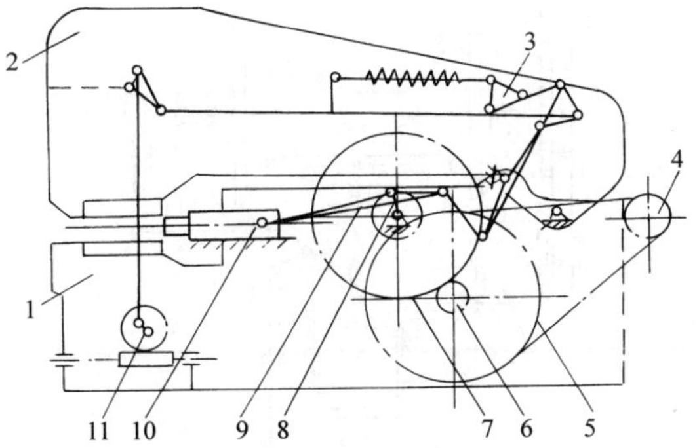

1—下机身；2—上机身（夹紧滑块）；3—夹紧机构；4—电动机；5—大带轮；6—小齿轮；

7—大齿轮；8—曲轴；9—连杆；10—镦锻滑块；11—偏心调节机构。

图 3 - 30　水平分模平锻机的工作原理

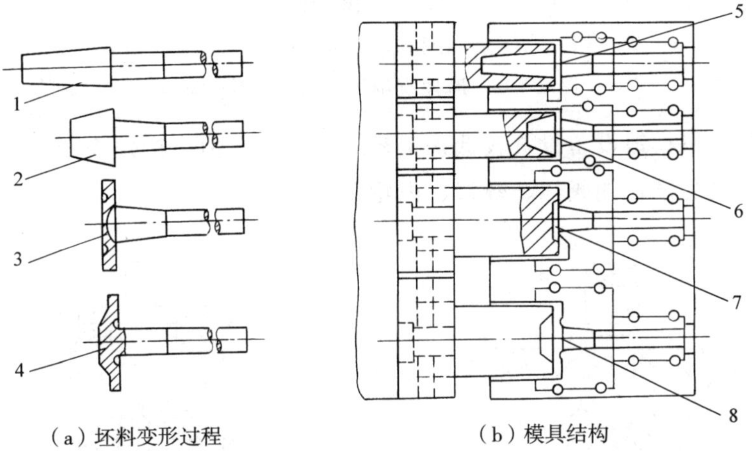

（a）坯料变形过程　　（b）模具结构

1—积聚Ⅰ；2—积聚Ⅱ；3—预锻；4—终锻；5—积聚Ⅰ模膛；

6—积聚Ⅱ模膛；7—预锻模膛；8—终锻模膛。

图 3 - 31　汽车半轴的模锻工步和模具结构简图

④ 螺旋压力机模锻

螺旋压力机是靠主螺杆的旋转带动滑块上、下运动，向上实现回程，向下进行锻打的压力机。图 3 - 32 所示为摩擦螺旋压力机的工作原理，由电机带动左、右两个摩擦轮旋转，分别使摩擦轮与飞轮接触，通过摩擦力可使飞轮和主螺杆正向或反向旋转，从而带动滑块和锻模往复运动进行模锻。螺旋压力机具有锻锤和压力机的双重特性，其滑块行程不固定，可多次锻打且打击力可控制，工艺适应性强；滑块速度低，利于提高金属塑性，并可采用组合式锻模锻制两个方向上均有凹坑、凸台的锻件 [图 3 - 33 (a)]；机架刚性好，有顶出装置，故锻件的精度较高，且可直立镦锻“头杆形”锻件 [图 3 - 33 (b)]。但传动螺杆对偏载敏感，只能用单膛锻模进行模锻。故形状复杂的锻件需在其他设备上制坯。

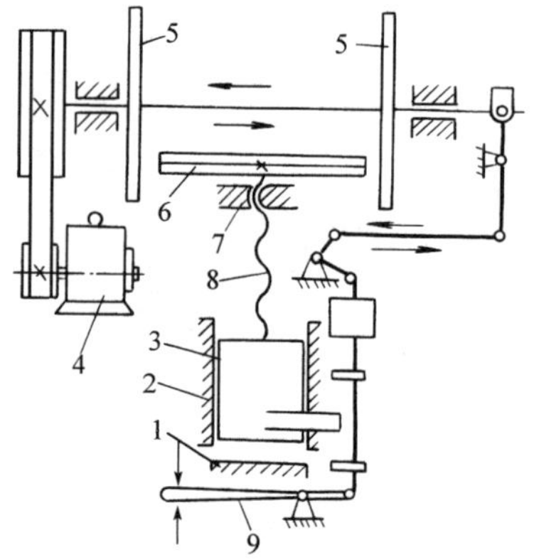

1—工作台；2—导轨；3—滑块；
4—电动机；5—摩擦轮；
6—飞轮；7—固定螺母；
8—主螺杆；9—操纵杆。

图 3-32　摩擦螺旋压力机的工作原理

摩擦螺旋压力机模锻设备投资较低，工艺适应性强，但生产效率较低，适合于中、小型锻件的中、小批生产，如阀体、螺钉、齿轮等。

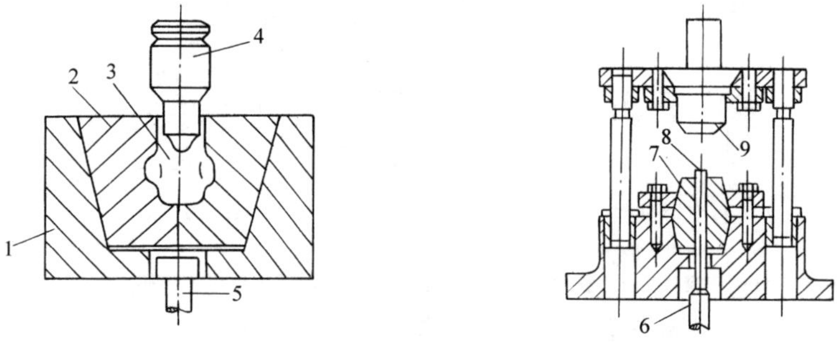

（a）用组合式锻模锻制带凸台的锻件　　（b）用顶镦模锻制“头杆形”锻件

1—套模；2—剖分凹模；3、8—锻件；4—冲头；5、6—顶杆；7—顶镦模；9—上模。

图 3-33　螺旋压力机模锻件示例

2. 锤模锻工艺设计

锤模锻工艺设计的主要内容有绘制模锻锻件图、确定模锻工步、计算毛坯尺寸和设计锻模模膛等。

3-10　锤模锻工艺设计

（1）绘制模锻锻件图

模锻锻件图是以零件图为基础，考虑分模面、余块、机械加工余量、锻件公差、模锻斜度和模锻圆角等因素绘制的。

① 确定分模面：分模面是上、下锻模在模锻件上的分界面，分模面确定的基本原则及图例见表 3-5 所列。

表 3－5　分模面确定的基本原则及图例

不合理	合理	基本原则
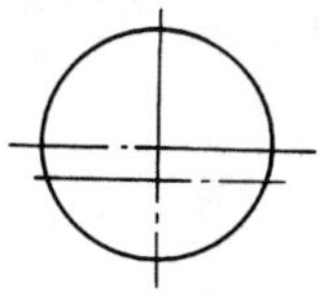	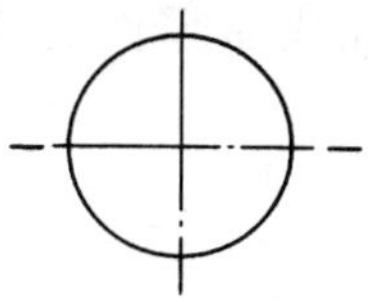	应取于锻件的最大截面上，以使锻件能从模膛中取出
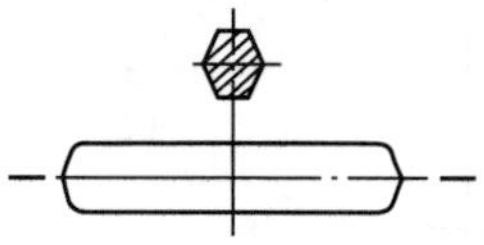	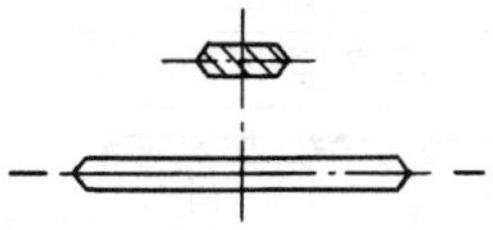	模膛应尽量浅，以利于金属充填和锻件取出
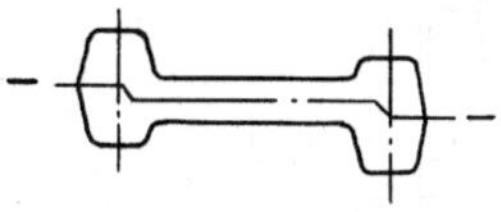	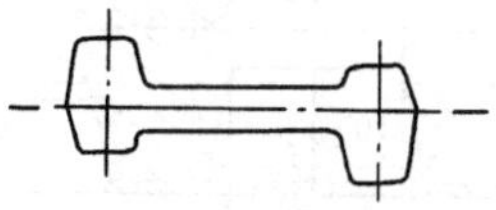	应尽量采用平面，以利于制造模具
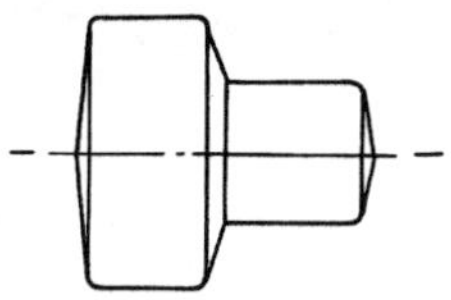	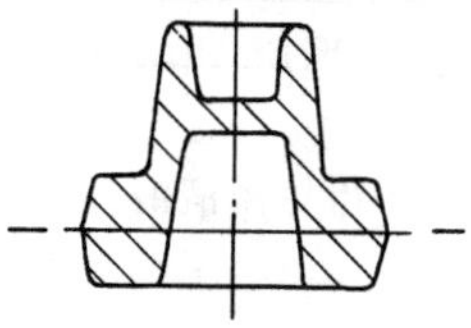	应尽量减少余块，以减少切削工作量和金属消耗
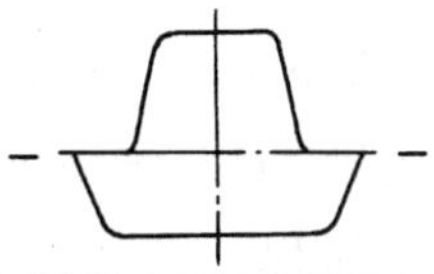	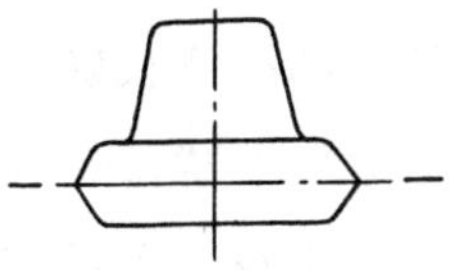	不应取于锻件中部的端面上，以利于检查上下模的相对错移和切除飞边

② 确定余块：零件上的各种窄槽、小孔（直径小于 25mm）和妨碍锻件取出的横向孔、槽等均难以锻出，需添加余块。此外，需要锻出的孔内须留连皮（一层较薄的金属），以减少模膛凸出部位的磨损。当孔径为 25～80mm 时，冲孔连皮的厚度取 4～8mm，孔径大时取较大值。常用的连皮类型示例如图 3－34 所示。

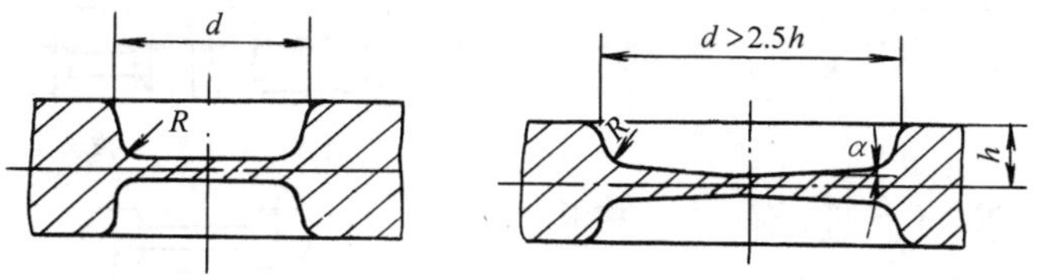

（a）平底连皮　　（b）斜底连皮

图 3－34　常用的连皮类型示例

③ 确定机械加工余量和锻件公差：锻件上凡需切削加工的表面均应有机械加工余量，所有尺寸均应给出锻件公差。单边余量一般为 1～4mm，偏差值一般为±1～±3mm，锻锤吨位小时取较小值。

④ 确定模锻斜度：为了使锻件易于从模膛中取出，锻件与模膛侧壁接触部分需带一定斜度，这一斜度称为模锻斜度。外壁斜度通常为 7°，特殊情况可用 5°或 10°；内壁斜度

应较外壁斜度大2°～3°。

⑤ 确定模锻圆角：锻件上的转角处须采用圆角，以利于金属充满模膛和提高锻模寿命。凸圆角半径 r 为单面机械加工余量加成品零件的圆角半径或倒角值，凹圆角半径为 $R=(2\sim3)r$。

齿轮模锻锻件图如图3－35所示。

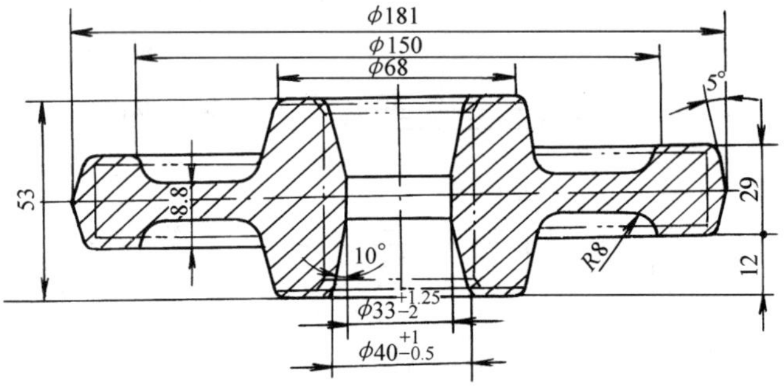

图3－35　齿轮模锻锻件图

(2) 模锻工步选择

模锻工步主要根据模锻方法和模锻件的结构形状确定。终锻工步必不可少，形状较复杂的锻件需增加预锻工步。制坯工步根据锻件形状及金属分布情况确定，且最好不少于一个，以利于锻击时去除氧化皮。锤模锻模锻工步的选择示例见表3－6所列。

表3－6　锤模锻模锻工步的选择示例

锻件类型	主要模锻工步	示　例
盘类	镦粗、(预锻)、终锻	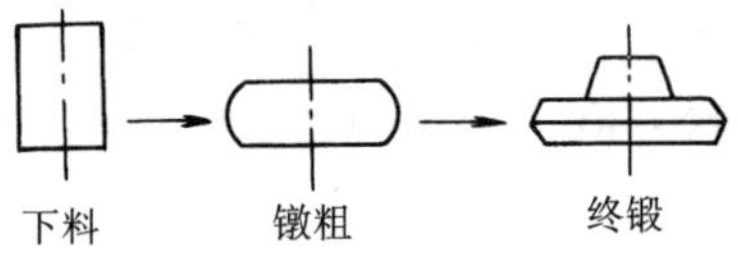
直轴类	拔长、滚挤、(预锻)、终锻	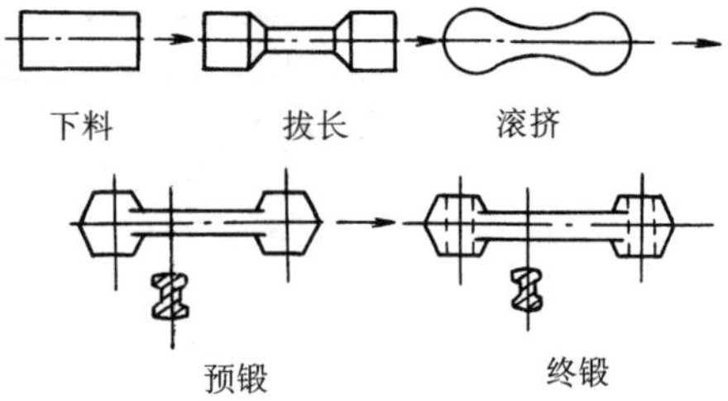
弯轴类	拔长、滚挤、弯曲、(预锻)、终锻	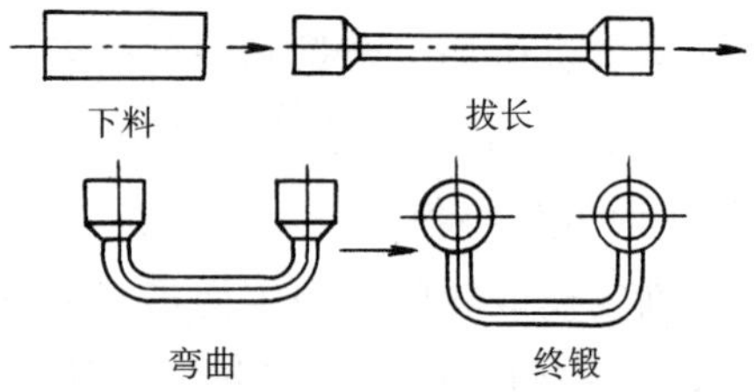

(3) 修整工序

修整工序即模锻件成形后提高精度和表面质量的工序，包括切边、冲连皮、校正等。

① 切边：带飞边的模锻件终锻后切除飞边的工序。常用的切边模结构如图 3-36 (a) 所示。凹模固定在压力机工作台上，模孔形状与锻件轮廓相符，孔壁到端面的转角处为切边刃口。凸模端面形状与锻件上端面形状相符，由滑块带动起推压作用。锻件切边后自凹模孔落下。

② 冲连皮：带孔的锻件经终锻后，冲除孔内连皮的工序。常用的冲孔模结构如图3-36 (b) 所示。凹模固定在压力机工作台上，其上端面凹孔形状应与锻件下端面轮廓相符，以保证锻件对中。凸模由滑块带动，其端面形状与锻件孔形状相符，端面转角处为切除连皮的刃口。切除的连皮自凹模孔落下。

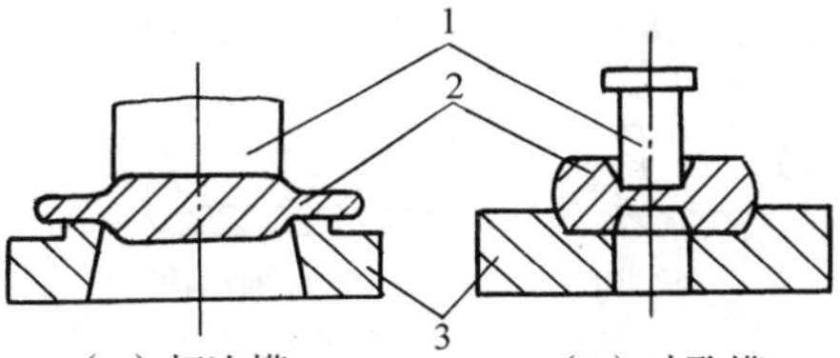

(a) 切边模　　(b) 冲孔模

1—凸模；2—模锻件；3—凹模。

图 3-36　切边模和冲孔模

切边和冲连皮可采用热切或冷切。热切通常在模锻后利用锻件余热进行，切断力较小，适用于尺寸较大的锻件和合金钢锻件。冷切在锻件冷却后进行，锻件不易产生变形，适用于尺寸较小和精度要求较高的锻件。

③ 校正：为消除锻件在锻后产生的弯曲、扭转等变形，使之符合锻件图技术要求的工序。由于在切边、冲连皮等工序中可能引起锻件变形，故精度要求较高的锻件，尤其是形状复杂的锻件，需进行校正。校正可在锻模的终锻模膛或专用的校正模内进行。

校正也分为热校正和冷校正。热校正是热态下进行的校正，通常与模锻同一火次，模锻件热切后，随即在终锻模膛内校正。冷校正是在冷态下进行的校正，在锻件热处理和清理后进行，需采用专用的校正模，适用于小型结构钢锻件，以及热处理和清理过程中易产生变形的锻件。

④ 热处理和清理：模锻件经修整后，一般还需热处理和清理。锻件热处理常采用正火或退火，以消除过热组织或加工硬化组织，细化晶粒，提高锻件的力学性能。锻件清理是用手工、机械或化学方法清除锻件表面缺陷或氧化皮的工序，常采用水洗、酸洗、碱洗、喷砂清理、喷丸清理等方法。

(4) 零件结构的模锻工艺性

模锻主要靠锻模模膛使坯料成形，锻件形状可较复杂，但为减少制模成本和简化模锻工艺，仍应尽量采用简单、对称的形状。在设计零件结构时，还应注意以下问题：

① 应有合理的分模面，以既保证锻件从模膛中取出又利于金属充填、减少余块或易于制模。

② 与分模面垂直的非加工面应有结构斜度，以利于从模膛中取出锻件。非加工面的

交接处应采用圆角过渡，以利于金属在模膛中流动充填和防止产生应力集中。

③ 应避免肋的设置过密或高宽比过大，以利于金属充填模膛（图 3 - 37）。

④ 应避免腹板过薄，以防薄部金属冷却快，导致变形抗力剧增损坏模具，并利于金属填充模膛（图 3 - 38）。

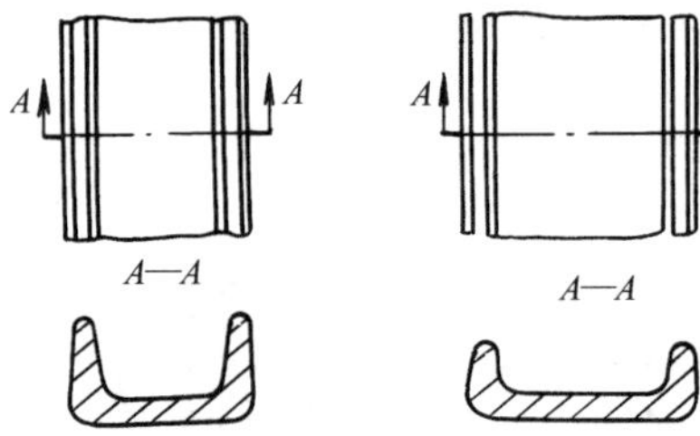

（a）不合理结构　（b）合理结构

图 3 - 37　肋的设计

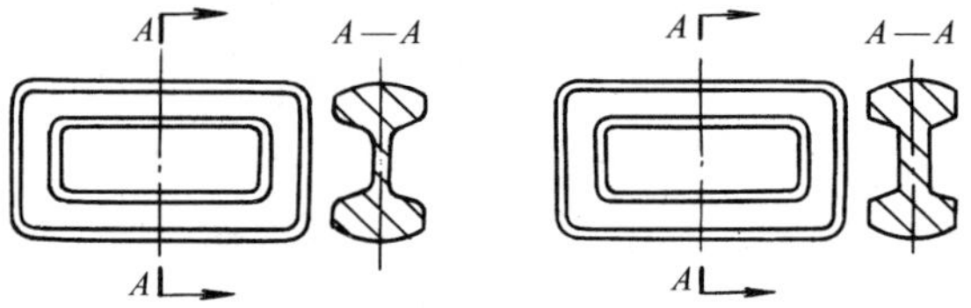

（a）不合理结构　（b）合理结构

图 3 - 38　避免腹板过薄

⑤ 应尽量避免深孔或多孔结构，以利于制模和减少余块（图 3 - 39）。

⑥ 形状复杂件宜采用锻-焊、锻-螺纹连接等组合结构，以简化模具和减少余块（图 3 - 40）。

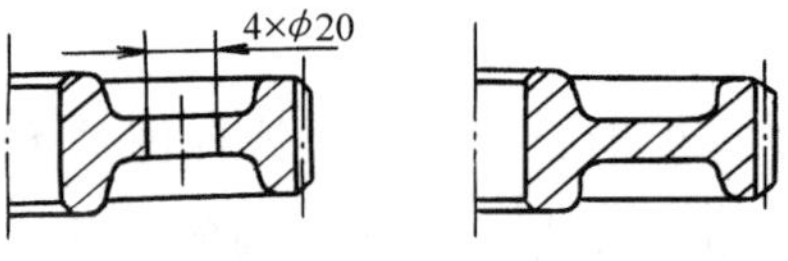

（a）不合理结构　（b）合理结构

图 3 - 39　带孔锻件结构

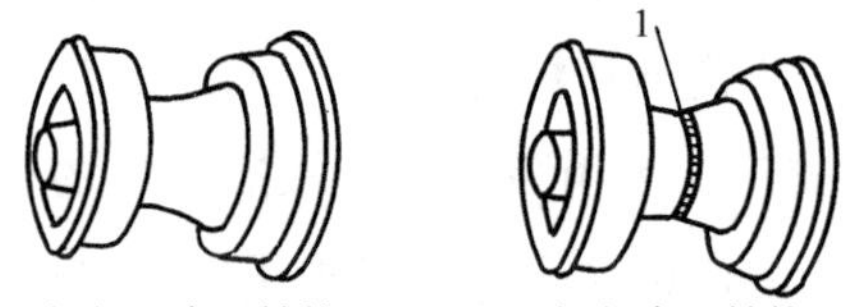

（a）不合理结构　（b）合理结构

1—焊缝。

图 3 - 40　采用组合结构

（5）模锻工艺设计示例

齿轮零件如图 3 - 41 所示，材料为 45 钢，中批量生产，试编制模锻工艺规程。

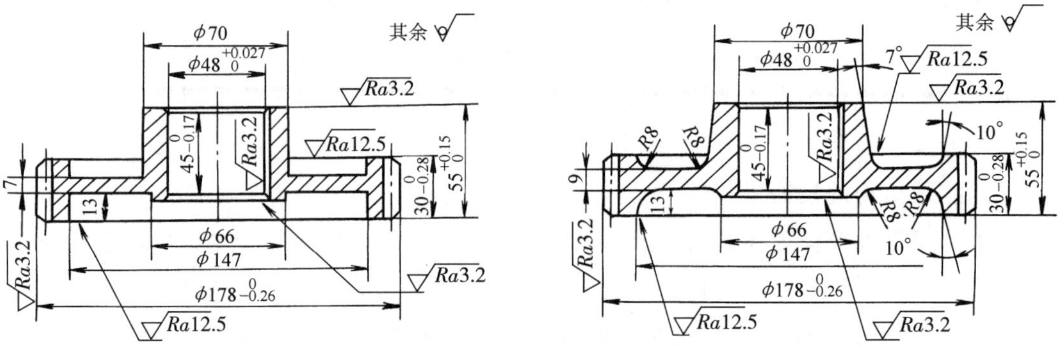

（a）原设计　（b）合理的设计

图 3 - 41　齿轮零件

① 零件结构分析

参考表 3－5，该零件的分模面宜取在轮缘中部。零件上与分模面垂直的非加工面应有结构斜度，非加工面交接处应采用圆角过渡，腹板厚度亦应适当增大，以利于金属流动。改进后的零件结构如图 3－41（b）所示。

② 绘制锻件图

该零件齿槽和键槽部位应增添余块，孔内应有连皮。参考有关标准和资料，选定机械加工余量、锻件公差、模锻斜度、模锻圆角等参数值，绘出齿轮模锻锻件图（图 3－42）。

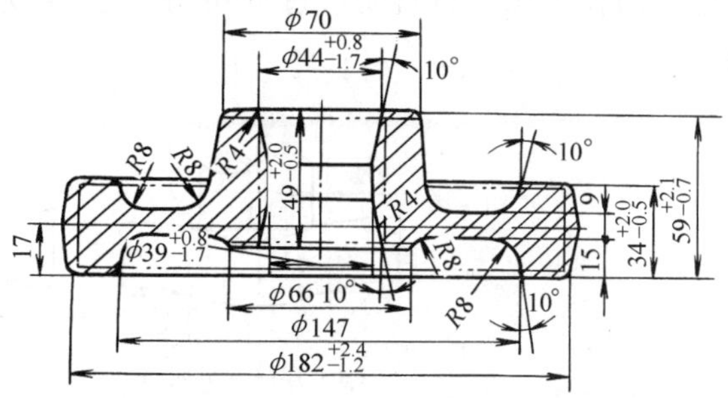

图 3－42　齿轮模锻锻件图

③ 确定变形工步

该锻件系盘类件，参考表 3－6，应采用镦粗-终锻工步。

④ 修整工序选择

该锻件须安排切边、冲连皮、校正、热处理（正火或退火）、清理等修整工序。

3.3　板料冲压

冲压是使板料经分离或成形而得到制件的工艺统称。由于坯料厚度一般小于 4mm，冲压时无须加热，故常称为薄板冷冲压。对于厚度较大的板料，为降低变形抗力和提高塑性，需采用热冲压。

3－12　板料冲压的定义特点及应用

冲压设备有剪板机、机械压力机和液压机等。剪板机用于将板料剪切成条料、圆形或异形板坯，机械压力机和液压机用于板坯的冲压成形。

冲压可制造各种尺寸和精度的制件，操作简便，生产率和材料利用率高；冲压件轻、薄、刚性好，形状可较复杂，质量稳定，表面光洁，一般无须切削加工。但冲压需专用设备和模具，生产批量小时不够经济。

3.3.1　板料冲压成形方法

冲压在汽车、机械、家用电器、航空航天等制造业中具有十分重要的地位，大部分板材、管材及型材需进行冲压加工。常用的冲压成形工艺有冲裁、弯曲、拉深、缩口、起伏和翻孔等。

3－13　冲裁

1. 冲裁

冲裁是利用冲模将板料以封闭或不封闭的轮廓线与坯料分

离的冲压方法。其中，常用的冲裁方法有落料、冲孔等。利用冲裁取得一定外形的制件或坯料称为落料；而将冲压坯内的材料分离开来，得到的带孔制件称为冲孔，其冲落部分为废料。下面着重介绍冲裁变形过程、冲裁间隙、排样和提高冲裁质量的工艺措施。

（1） 冲裁变形过程

随着凸模下压，材料变形过程可分为弹性变形、塑性变形和剪裂分离三个阶段（图 3 - 43）。

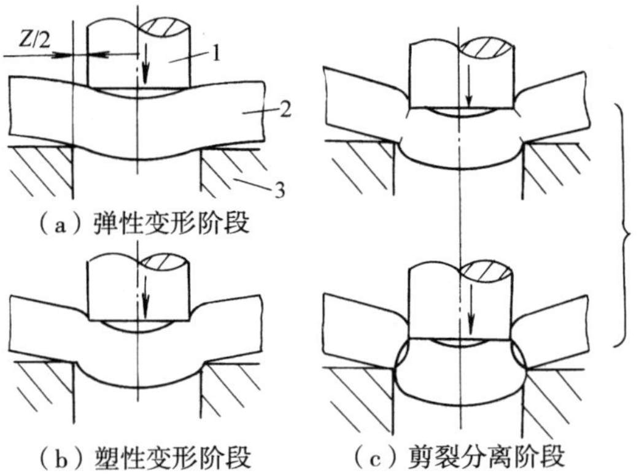

1—凸模；2—坯料；3—凹模。

图 3 - 43　冲裁变形过程

① 弹性变形阶段。由于内应力较小，材料仅产生弹性压缩和弯曲，并略被挤进凹模口［图 3 - 43（a）］。

② 塑性变形阶段。当内应力达到屈服强度时，材料产生塑性弯曲和挤压，形成光亮的剪切带［图 3 - 43（b）］。

③ 剪裂分离阶段。当内应力达到抗剪强度时，靠近凸、凹模刃口处的材料出现裂纹。若模具间隙值合理，随着凸模下压，上、下裂纹将不断扩展直至重合，使材料分离并形成粗糙、倾斜的剪裂带［图 3 - 43（c）］。

冲裁件剪断面通常由塌角、光亮带和剪裂带组成（图 3 - 44）。塌角越小，光亮带的宽度越大，剪裂带的宽度和斜度越小，则剪断面的质量越好。

（2） 冲裁间隙

冲裁间隙是凹模与凸模工作部分水平投影尺寸之差，用符号 Z 表示［图 3 - 43（a）］。

冲裁间隙合适时，上、下裂纹扩展后重合，断裂带斜度不大，毛刺较小。间隙过大或过小时，上、下裂纹扩展后不重合，均使毛刺增大。但适当增大冲裁间隙有利于提高材料中的

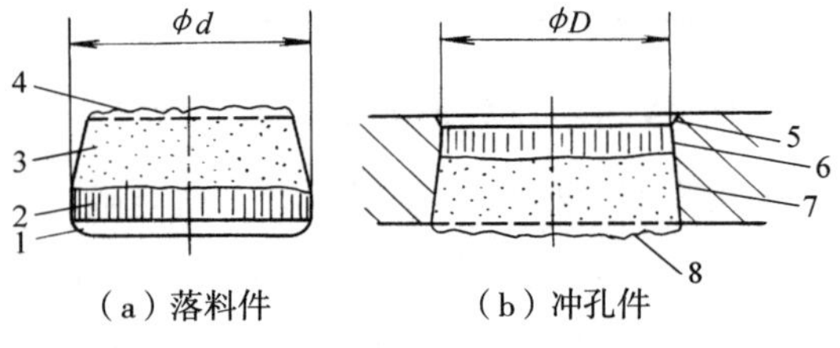

1、5—塌角；2、6—光亮带；

3、7—剪裂带；4、8—毛刺。

图 3 - 44　冲裁件剪断面的组成

拉应力值，减小冲裁力和模具的磨损；适当减小冲裁间隙则可增大光亮带宽度，减小剪裂带斜度，有利于提高剪断面质量。生产中所用的冲裁间隙可分为小间隙、中等间隙和大间隙三类，分别满足不同的冲裁件剪断面质量和尺寸精度要求，见表 3－7 所列。

表 3－7　适用于低碳钢件的各类冲裁间隙比较

类别	小间隙	中等间隙	大间隙
单边间隙值（$Z/2$）	（3.0%～7.0%）δ	（7.0%～10.0%）δ	（10.0%～12.5%）δ
剪断面特征	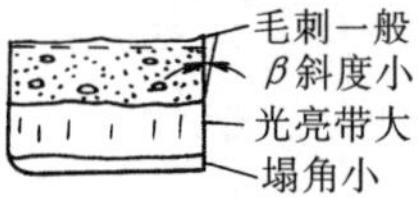	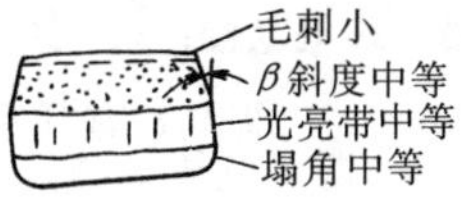	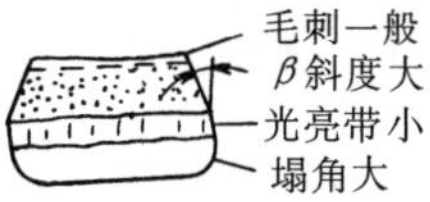
剪断面质量及尺寸精度	较高	中等	较差
冲裁力	较大	中等	较小
模具寿命	较低	中等	较高

注：δ 为冲裁件厚度。

（3）排样

排样是冲裁件在板料或带料上的布置方法。合理的排样有利于简化模具结构、提高材料利用率和冲裁件质量，且操作方便、生产效率高。表 3－8 所列为合理排样的示例。

表 3－8　合理排样的示例

排样形式	简图		适用范围
	有搭边	无搭边	
直排	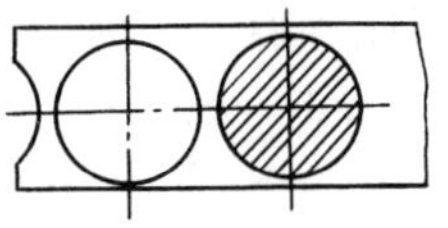	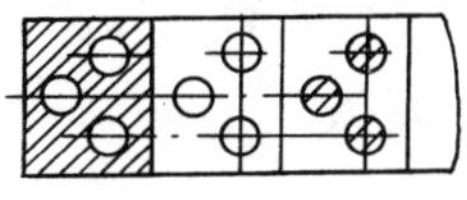	几何形状简单的零件，如圆形、矩形等
斜排	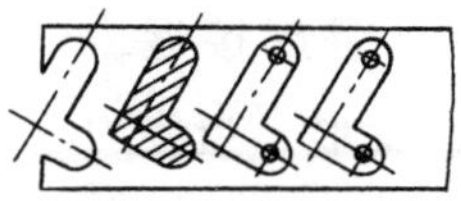	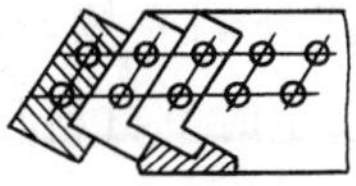	L 形或其他复杂形状的零件
对排	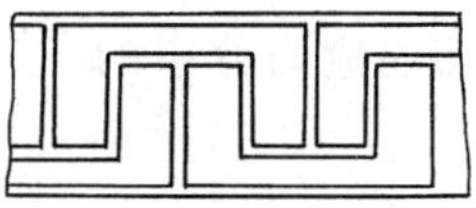	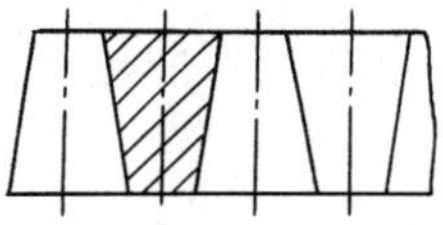	梯形、T 形、U 形零件等
混合排	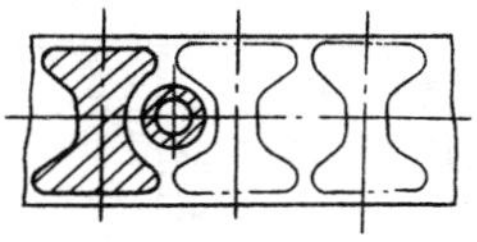	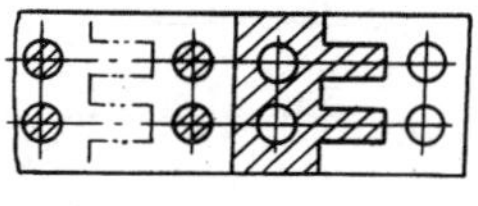	两个外形相互嵌入的零件的大批量生产

（4）提高冲裁质量的工艺措施

当冲裁件剪断面用作工作表面或配合表面时，常采用整修、挤光、精密冲裁等冲压工艺以提高冲裁质量（图 3－45）。

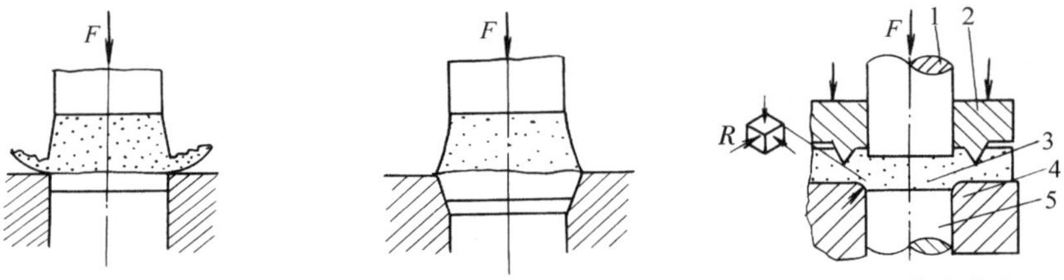

（a）整修　　（b）挤光　　（c）精密冲裁

1—凸模；2—压边圈；3—工件；4—凹模；5—反压板。

图 3－45　提高冲裁质量的冲压工艺示例

① 整修：利用整修模沿冲裁件的外缘或内孔刮去一层薄薄的切屑，以提高冲裁件的加工精度和降低剪断面粗糙度的冲压方法［图 3－45（a）］。经整修的制件精度高，剪断面粗糙度小，但定位要求高，生产效率低于精密冲裁。

② 挤光：将冲裁件压入锥形凹模，使剪断面挤光的冲裁方法［图 3－45（b）］。经挤光的制件质量低于整修和精密冲裁，生产效率低于精密冲裁，且只适于较软的材料。

③ 精密冲裁：用压边圈使板料冲裁区处于静液压作用下，抑制剪裂纹的发生，实现塑性变形分离的冲裁方法。如图 3－45（c）所示的精密冲裁方法，采用小间隙（单边 0.005δ，δ 为板料厚度）且用带齿的压边圈压紧板料，从而使冲裁区处于三向压应力状态，以避免变形时产生裂纹。精密冲裁件精度高，剪断面粗糙度、塌角和毛刺均较小，且生产效率高；但机床和模具较复杂。在提高冲裁质量的冲压工艺中，以精密冲裁应用最广。

2. 弯曲

弯曲是将板料、型材或管材在弯矩作用下弯成具有一定曲率和角度的制件的成形方法。

3－14　弯曲

(1) 弯曲变形过程

材料弯曲时，变形区外侧受拉，内侧受压，且越接近表面，应力越大。当应力较小时，材料只产生弹性变形。当应力达到材料的屈服强度时，出现塑性变形，并由内、外两侧向中心扩展，最终达到塑性弯曲。弯曲过程变形区切向应力分布的变化情况如图 3－46 所示。

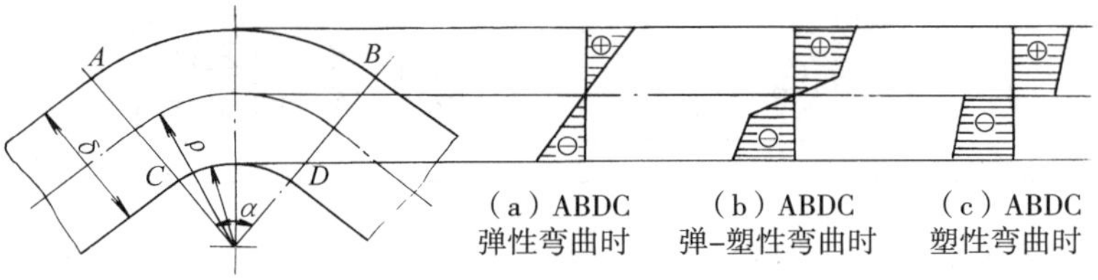

（a）ABDC 弹性弯曲时　　（b）ABDC 弹-塑性弯曲时　　（c）ABDC 塑性弯曲时

ABCD—变形区。

图 3－46　弯曲过程变形区切向应力分布的变化情况

(2) 最小弯曲半径

最小弯曲半径是坯料弯曲时最外层纤维濒于拉裂时内表面的弯曲半径，用符号 $r_{\min}$ 表示。生产中常用它的相对值（$r_{\min}/\delta$）表示弯曲时的成形极限。其相对值越小，板料允许的弯曲程度越大。

材料的塑性越好，$r_{\min}/\delta$ 值越小；弯曲线与材料纤维方向垂直时的 $r_{\min}/\delta$ 值较平行时的 $r_{\min}/\delta$ 值小。低碳钢板的 $r_{\min}$ 值一般为（0.2～1.2）δ，碳含量较低或弯曲线与流纹方向垂直时取较小值。

(3) 回弹

塑性弯曲时，材料产生的变形由塑性变形和弹性变形两部分组成。外载荷去除后，塑性变形保留下来，弹性变形消失，使形状和尺寸发生与加载时变形方向相反的变化，从而消去一部分弯曲变形效果的现象称为回弹。如图 3-47所示的弯曲件，卸载后的回弹角 $\Delta\alpha=\alpha-\alpha'$。

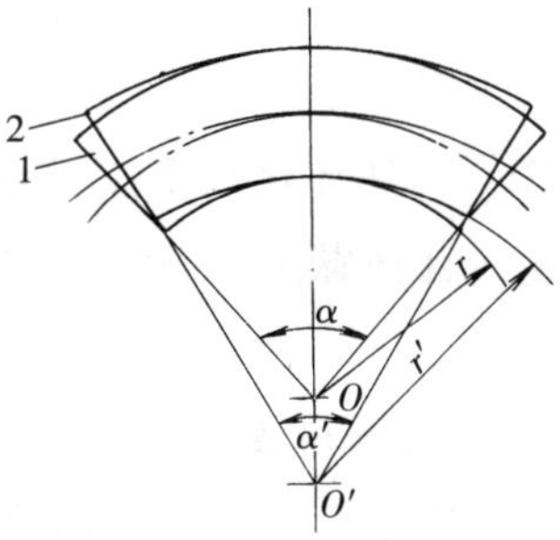

1—卸载前的弯曲件；
2—卸载后的弯曲件。

图 3-47　弯曲时的回弹

通过适当地改变模具结构或改变变形区的应力状态可以减小回弹（表 3-9）。

表 3-9　改进模具结构减少回弹的示例

简图	简要说明	简图	简要说明
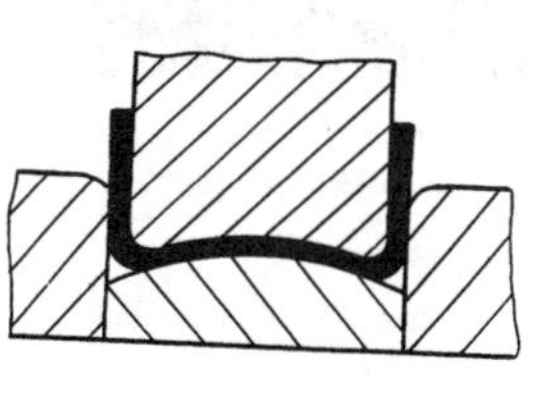	将凸模端面和顶件板端面均做成弧形，利用弯曲件底部的回弹补偿两圆角部分的弯曲回弹	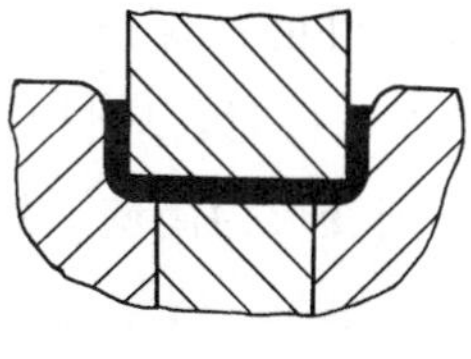	减小凸模圆角部分的模具间隙，使弯曲力作用于变形区，使其呈三向压应力状态
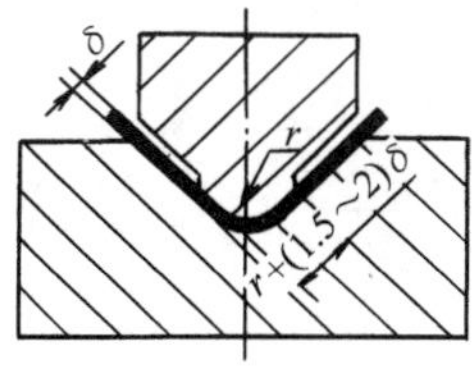	将凸模圆角部分做成局部突起，使弯曲力集中于变形区，使其呈三向压应力状态	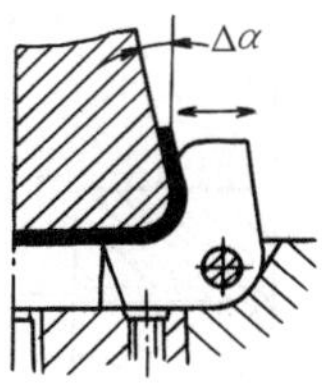	采用带摆动块的模具结构，以减小弯曲角来补偿回弹

(4) 弯曲的分类和应用

按所用设备和工具的不同，弯曲可分为压弯、拉弯和辊弯等类型（图 3-48）。

① 压弯：是用凸模将坯料压入凹模弯曲成形［图 3-48（a）］。弯曲时材料内侧受压、外侧受拉且应力分布不均匀，回弹量较大。压弯工艺适应性强，是最常用的弯曲成形方法。

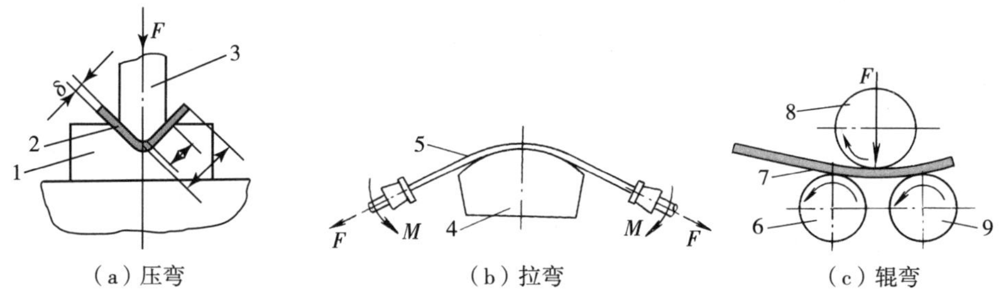

1—凹模；2、5、7—工件；3、4—凸模；6、9—支承辊；8—上辊。

图 3-48　弯曲方法示例

② 拉弯：是使坯料在受拉状态下沿模具弯曲成形［图 3-48（b)］。弯曲时材料内、外侧均受拉，且横截面上应力分布较均匀，回弹量较小。拉弯常用于弯曲半径较大的制件。

③ 辊弯是使板料受辊轴旋转时摩擦力作用，连续进入辊轴间弯曲成形［图 3-48（c)］。采用辊弯卷制圆柱面和圆锥面时，工艺较简便；通过仿形或自控，亦可卷制任意柱面。

3. 拉深

拉深也称为拉延，是使板料或浅的空心坯成形为空心件或深的空心件而厚度基本不变的加工方法。拉深的应用十分广泛，可成形各种直壁或曲面类空心件。

3-15　拉深

(1) 拉深变形过程

如图 3-49 所示为圆筒形件的拉深过程。将直径 D_0 的平板坯料拉深成高度 h、直径 d 的制件时，坯料凸缘部分的扇形单元经切向压缩和径向拉长而逐渐变形为筒壁上的长方形单元。

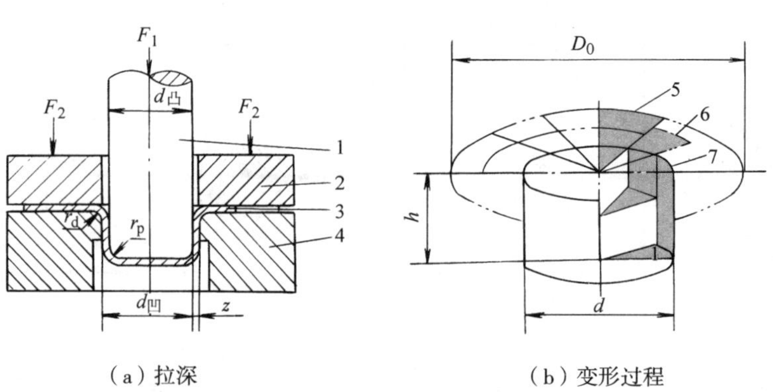

1—凸模；2—压边圈；3—工件；4—凹模；5—扇形单元；6—变形中的扇形单元
7—长方形单元；F_1—拉深力；F_2—压边力；z—拉深间隙。

图 3-49　筒形件的拉深过程

（2）拉深系数

拉深系数是拉深变形后制件直径与其毛坯直径之比，用符号 m 表示，$m=d/D_0$。m 值越小，板料的变形程度就越大，越易拉裂。保证制件不被拉裂的拉深系数最小值称为极限拉深系数。无凸缘筒形件采用压边圈拉深时的极限拉深系数一般为 0.5～0.8，坯料相对厚度 δ/D_0 较大时可取较小值。多次拉深时，后续各次拉深的极限拉深系数应逐步递增。

对于弹壳、深筒等深拉深件，通常须采用多次拉深工艺（图 3 - 50），且工序间常需穿插再结晶退火，以消除加工硬化，提高材料的塑性成形性能。

（3）拉深缺陷

拉裂和起皱是拉深时常产生的缺陷（图 3 - 51）。

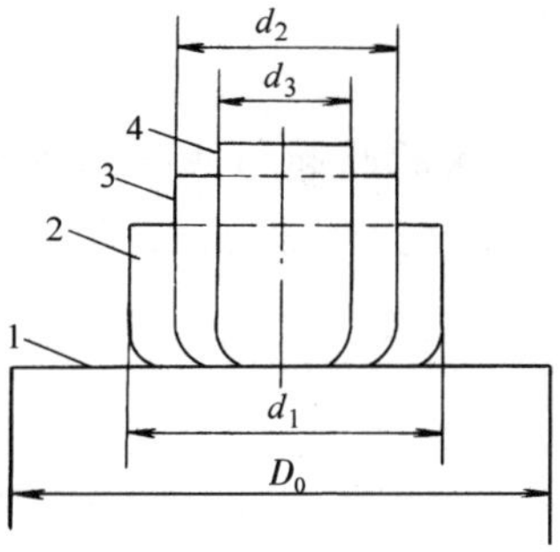

1—毛坯；2—第 1 次拉深；

3—第 2 次拉深；4—第 3 次拉深。

图 3 - 50　多次拉深时圆筒直径的变化

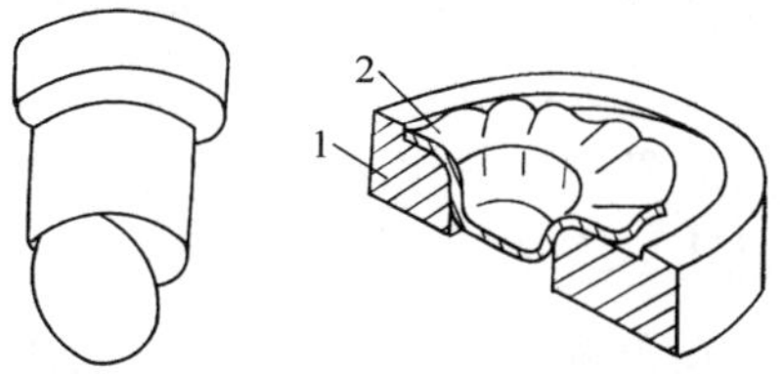

（a）拉裂　　（b）起皱

1—凹模；2—工件。

图 3 - 51　拉裂与起皱

① 拉裂：是拉深系数过小时，筒壁与底部的转角处破裂的现象［图 3 - 51（a）］。为防止拉裂，拉深系数不得小于极限拉深系数，凸、凹模工作部分的转角应为圆角，且拉深间隙（凸、凹模间的单边径向间隙）不应过小。

② 起皱：是拉深区的毛坯相对厚度较小时，在切向应力作用下，引起毛坯失稳而形成折皱的现象［图 3 - 51（b）］所示。起皱使制品质量下降，严重时会导致拉裂。为防止起皱，应采用有压边装置的拉深模［图 3 - 49（a）］，且拉深间隙不应过大，以防毛坯失稳。此外，拉深系数不应过小，以减小变形区的切向压应力。

4. 其他冲压成形工艺

在传统的冲压加工方法中，还有缩口、起伏、翻边、胀形等成形工艺（图 3 - 52）。

3 - 16　其他冲压成形缩口起伏翻孔与胀形

（1）缩口

缩口是将管件或空心制件的端部沿径向加压，使其径向尺寸缩小的加工方法［图3 - 52（a）］。变形区材料受切向压应力作用，产生压缩变形，厚度增加，直径减小，变形时易起皱。缩口常用于弹壳、管件等的收口。

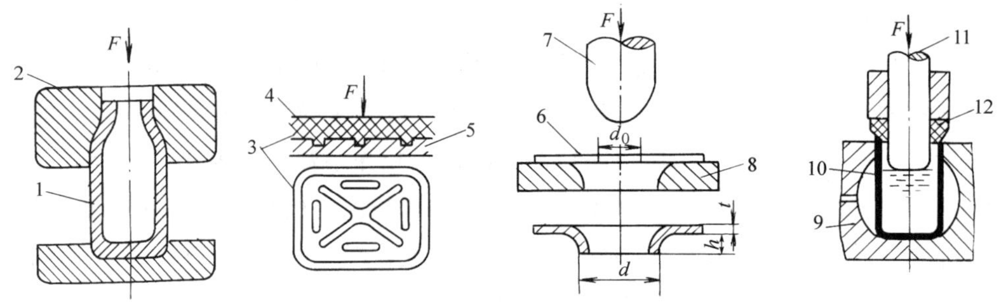

（a）缩口　　（b）起伏　　（c）翻边　　（d）胀形

1、3、6、10—工件；2—缩口模；4—橡胶凸模；5、8—凹模；7、11—凸模；

9—拼分凹模；12—橡胶。

图 3－52　其他冲压成形工艺示例

（2）起伏

起伏是在板坯或制品表面通过局部变薄获得各种形状的凸起与凹陷的成形方法［图 3－52（b)］。变形区材料受切向拉应力作用，产生伸长变形，厚度减薄，表面积增大，变形程度过大时易产生裂纹。起伏常用于在工件上制出肋、花纹、文字等。

（3）翻边

翻边是在板料或半成品上沿一定的曲线翻起竖直边缘的成形工序［图 3－52（c)］。其变形特点与起伏相似，常用于提高工件的刚性或形成配合面。

（4）胀形

胀形是板料或空心坯料在双向拉应力作用下，使其产生塑性变形取得所需制件的成形方法［图 3－52（d)］。变形区材料产生伸长变形，直径增大，厚度减薄，变形程度过大时易产生裂纹。胀形常用于冲压直径较大的曲母线制件。

3.3.2　板料冲压工艺设计

板料冲压工艺设计包括冲裁、弯曲、拉深等工序中的工艺设计，冲压工序选择，模具选择等。

3－17　冲压工艺设计

1. 冲裁工艺设计

冲裁工艺设计包括确定落料模和冲孔模的刃口尺寸等。

（1）落料模刃口尺寸

由于落料件尺寸取决于凹模刃口尺寸，随着凹模磨损，刃口尺寸会增大，故凹模刃口尺寸应按落料件的最小极限尺寸确定，而凸模刃口尺寸则为凹模刃口尺寸减去相应的间隙值。

（2）冲孔模刃口尺寸

由于制件孔的尺寸取决于凸模刃口尺寸，随着凸模磨损，刃口尺寸会减小，故凸模刃口尺寸应按制件孔的最大极限尺寸确定，而凹模刃口尺寸则为凸模刃口尺寸加上相应的间隙值。

2. 弯曲工艺设计

弯曲工艺设计包括弯曲模尺寸和弯曲件毛坯长度等。

（1）弯曲模尺寸

一般情况下，凸模圆角半径应等于或略小于工件内侧圆角半径 r。当工件圆角半径较大（$r/\delta>10$）且精度要求较高时，应进行回弹计算。

（2）弯曲件毛坯长度计算

弯曲件毛坯长度为弯曲件的直线部分和弯曲部分的中性层长度之和。中性层是弯曲变形区内切向应力或切向应变为零的金属层（图 3－53）。

弯曲部分的中性层长度 l_0 与弯曲角和中性层曲率半径 ρ 有关，可按下式计算：

$$l_0=\frac{\alpha}{180}\pi\rho=\frac{\alpha\pi}{180}(r+x\delta)$$

式中：l_0——中性层长度（mm）；

ρ——中性层曲率半径（mm）；

α——弯曲角（°）；

x——中性层位移系数，与相对弯曲半径 r/δ 等有关，一般取 0.1～0.5。

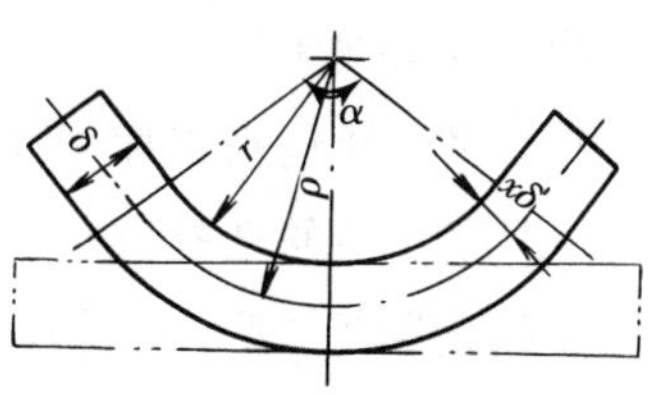

图 3－53　中性层的曲率半径 ρ

3. 拉深工艺设计

拉深工艺设计包括拉深间隙，凸、凹模直径，毛坯直径计算，拉深次数确定等。

（1）拉深间隙

拉深间隙即拉深模具中凸模和凹模之间的单边径向间隙，用 z 表示［图 3－49（a）］，$z=(d_{凹}-d_{凸})/2$。z 值一般取（1.1～1.2）δ，板厚较大时取较大值。间隙过小时，拉深力及工件的内应力均增大，甚至使工件拉裂；间隙过大时，工件壁部易起皱。

（2）凸、凹模直径

当要求拉深件外形正确时，凹模直径应等于拉深件外径，凸模直径为凹模直径减去间隙值 $2z$。当要求拉深件内形正确时，凸模直径应等于拉深件内径，凹模直径等于凸模直径加间隙值 $2z$。

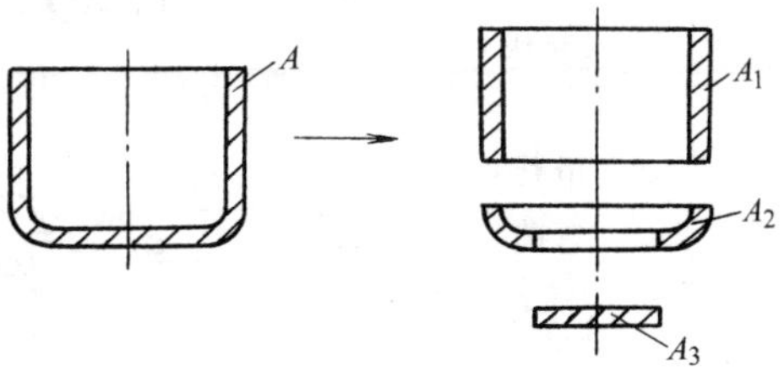

图 3－54　圆筒形拉深件的表面积

（3）毛坯直径计算

毛坯直径是根据拉深件与坯料表面积相等的原则计算得出的。如图 3－54 所示的圆筒形拉深件的表面积，可先分解为三个简单的几何形状，分别计算它们的面积 A_1、A_2、A_3，三者和即为毛坯表面积，再计算出毛坯直径 D_0。

（4）拉深次数确定

当拉深件的拉深系数小于极限拉深系数时，须采用多次拉深工艺。此时，总拉深系数 $m_{总}$ 为各道次拉深工序的拉深系数的乘积，即 $m_{总}=m_1\cdot m_2\cdot\cdots\cdot m_n$。根据毛坯的相对厚

度 δ/D_0 值，由表3-10查出相应的各道次拉深工序的拉深系数，当其乘积等于或略小于 $m_{总}$ 时，即可知拉深次数，同时，还可计算出各次拉深的半成品尺寸。

表3-10　低碳钢无凸缘筒形件采用压边圈拉深时的极限拉深系数

拉深道次	拉深系数	坯料相对厚度（δ/D_0）×100			
		2～1.5	＜1.5～1.0	＜1.0～0.6	＜0.6～0.3
1	m_1	0.48～0.50	0.50～0.53	0.53～0.55	0.55～0.58
2	m_2	0.73～0.75	0.75～0.76	0.76～0.78	0.78～0.79
3	m_3	0.76～0.78	0.78～0.79	0.79～0.80	0.80～0.81
4	m_4	0.78～0.80	0.80～0.81	0.81～0.82	0.82～0.83

注：凹模圆角半径 $r_d=8\delta\sim15\delta$ 时，拉深系数取较小值；$r_d=4\delta\sim8\delta$ 时，拉深系数取较大值。

4. 冲压工序选择

冲压工序选择包括工序类型的选择和工序顺序的确定等。

（1）工序类型的选择

冲压工序类型主要根据冲压件的形状、尺寸等确定。表3-11为冲压基本工序选择示例。对于精度要求较高的冲压件，还需安排校平、整形、切边等工序。校平是将制件放在两块模板间加压，以提高平直度；整形是将制件校正为准确的形状和尺寸。

3-18　冲压工序选择

表3-11　冲压基本工序选择示例

冲压件类型	主要工序	简图	冲压件类型	主要工序	简图
平板件	（冲孔）、落料、（切口）、（起伏）	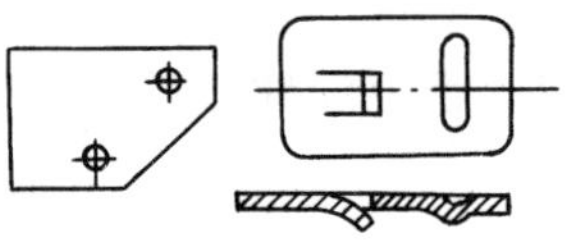	凸肚形件	落料、拉深、胀形	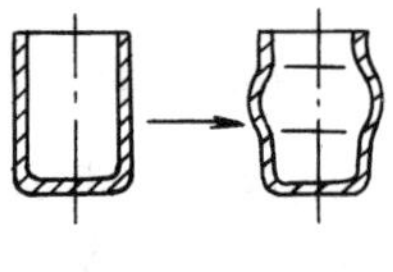
弯曲件	落料、弯曲、（冲孔）	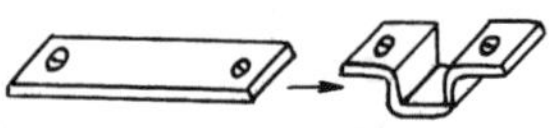	翻边件	冲孔、翻边、落料、（弯曲）	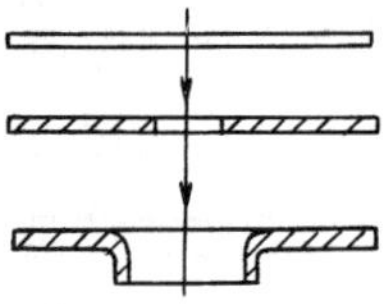
空心件	落料、拉深、（冲孔）	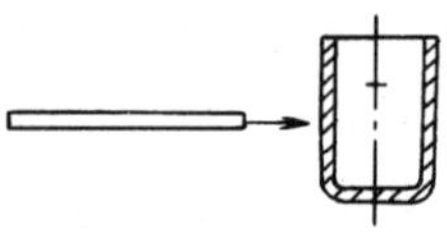	无底空心件	落料、拉深、冲底孔、翻边	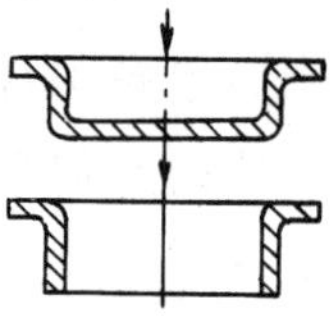

（2）工序顺序的确定

工序顺序主要根据零件的结构形状和模具类型确定。

① 带孔平板件：采用单工序模时一般先落料后冲孔，采用连续模时则须先冲孔后落料。

② 带孔的弯曲件或拉深件：应先弯曲或拉深后再冲孔，以防孔变形。

③ 形状复杂的弯曲件：一般先弯两端和两侧，后弯中间部分（图 3－55）。

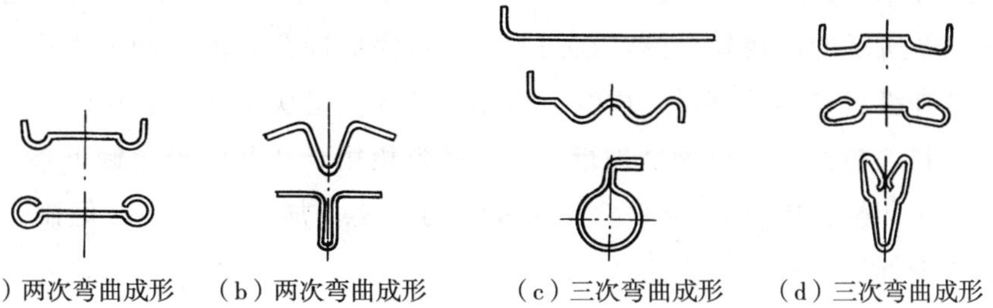

图 3－55 形状复杂的弯曲件的成形过程

图 3－56 所示为油封圈的冲压工艺过程。

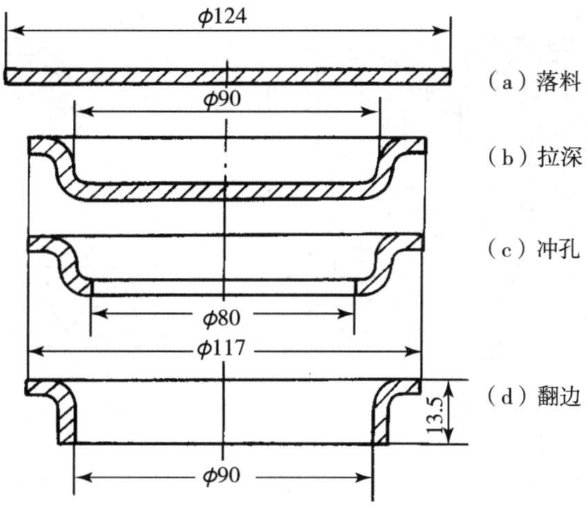

图 3－56 油封圈的冲压工艺过程

5. 模具选择

(1) 模具类型的选择

冲模按其功能可分为单工序模、连续模和复合模三类，选择时应考虑到冲压件的形状、尺寸、精度要求和生产批量等因素。

① 单工序模：指在压力机的一次行程中只完成一个工序的模具。模具结构简单，易于制造和维修，但用于多工序制件时生产率不高。适用于少工序制件的冲制或多工序冲压件的小批量生产。

3－19 冲压模具

② 连续模：又称为级进模，指压力机的一次行程中，在模具的不同位置同时完成数道冲压工序的模具。如图 3－57 所示的冲裁连续模，有冲孔、落料两个工位。条料自右至左间歇送进，由挡料销限位。在滑块的一次行程中，在冲孔工位进行冲孔，在落料工位进

行落料。落料凸模上的导正销在落料时先进入条料上已冲出的孔内进行定位，以提高制件精度。卸料板用于从凸模上卸下条料。连续模生产率高，易于机械化、自动化，但制件精度较低，适合于多工序制件的大批、大量生产。

③ 复合模：指压力机的一次行程中，在模具的同一位置完成两道或两道以上工序的模具。图 3－58 所示的冲裁复合模，在同一工位可完成冲孔和落料两道工序。模具中有一个凸凹模，其外缘刃口用于落料，内缘刃口用于冲孔。滑块每次行程中，凸凹模与落料凹模配合进行落料，与冲孔凸模配合进行冲孔。卸料板用于从凸凹模上卸下条料，打棒、推杆和推块用于从凹模孔中推出制件。复合模结构紧凑，加工精度高，但制造复杂、成本高，适用于精密件的大批、大量生产。

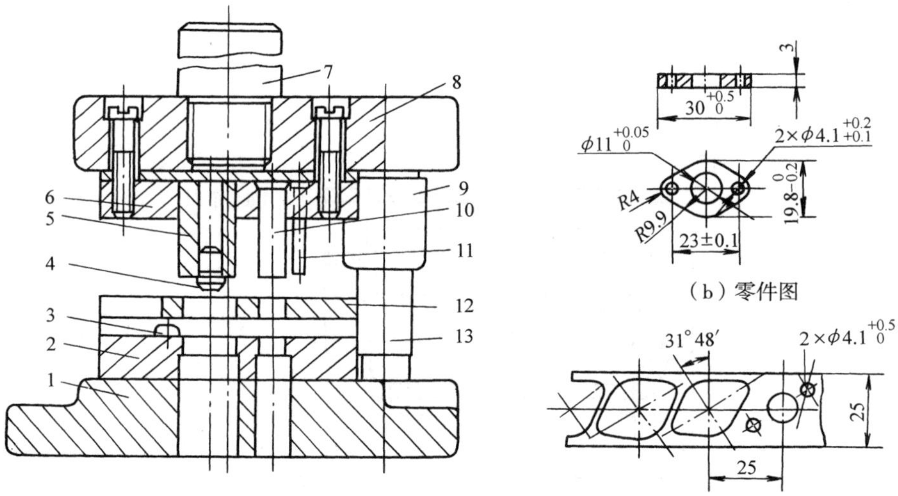

（a）模具结构　　（b）零件图　　（c）排样图

1—下模板；2—凹模；3—挡料销；4—导正销；5—落料凸模；6—凸模固定板；7—模柄；8—上模板；9—导套；10、11—冲孔凸模；12—卸料板；13—导柱。

图 3－57　冲裁连续模

（2）模具结构的选择

新品种试制或小批量生产可采用简易模，如镶块式模、柔性模、低熔点合金模等，以减少制模成本和时间。镶块式模的刃口由几个镶块拼成，刃口局部损坏可局部更换。柔性模用液体、气体、橡皮等柔性物质作为凸（凹）模，能改善毛坯的应力分布，提高成形极限和制件精度。低熔点合金模的模具工作部分由低熔点合金（主要是铋锡合金）制成，具有重熔再制的特点；而精密冲压件则应采用高精度冲模。

3－20　零件结构的冲压工艺性

3.3.3　零件结构的冲压工艺性

冲压通过模具使板料分离或塑性成形，制件一般无需切削加工；冲压操作简便，生产率高，故材料费在制件成本中所占的比例较大。因此，零件的材料、质量要求和结构应利于减少制模费用和材料消耗，利于金属在模具中成形和提高模具的使用寿命，以降低成本和保证产品质量。

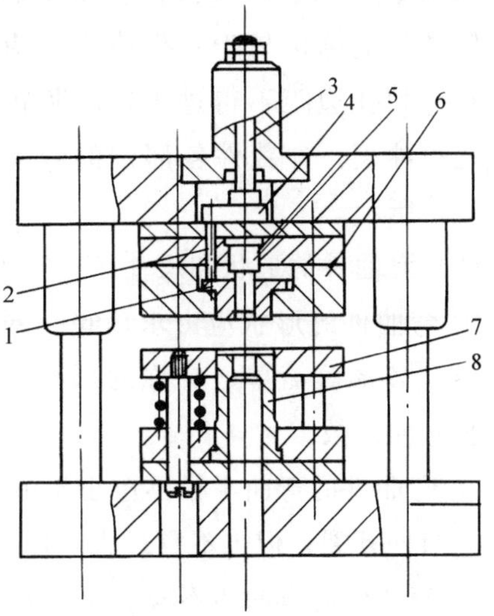

1—推块；2—推杆；3—打棒；4—打板；5—冲孔凸模；6—落料凹模；7—卸料板；8—凸凹模。

图 3-58　冲裁复合模

1. 冲压件材料

冲压件应尽量选用价格较低的材料，如以钢代替非铁金属，以薄板代替厚板，并充分利用边脚余料，以降低材料费。对塑性成形件，应选用塑性成形性好的材料，如低碳钢、铝及其合金、铜及其合金等。

2. 冲压件的精度和表面质量

冲压件的精度要求不应超过冲压工艺所能达到的一般精度（IT8～IT10），以减少制模成本和工序数。冲压件的表面质量要求不应超过原材料的表面质量，以免增加研磨、抛光等光整加工工序。

3. 冲压件的形状和尺寸

（1）冲裁件的形状和尺寸

① 落料件的外形和冲孔件的孔形均应简单、对称，尽可能采用圆形和矩形，避免细长悬臂和窄槽结构（图 3-59），以减少制模成本及提高模具使用寿命。落料件形状还应使排样时废料较少（图 3-60）。

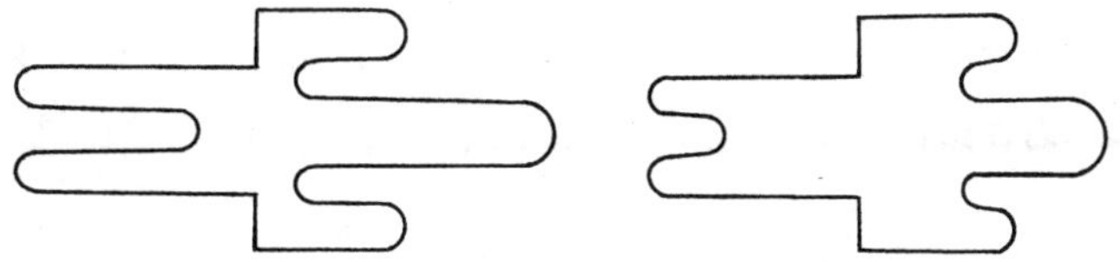

（a）不合理结构　　（b）合理结构

图 3-59　避免细臂、窄槽

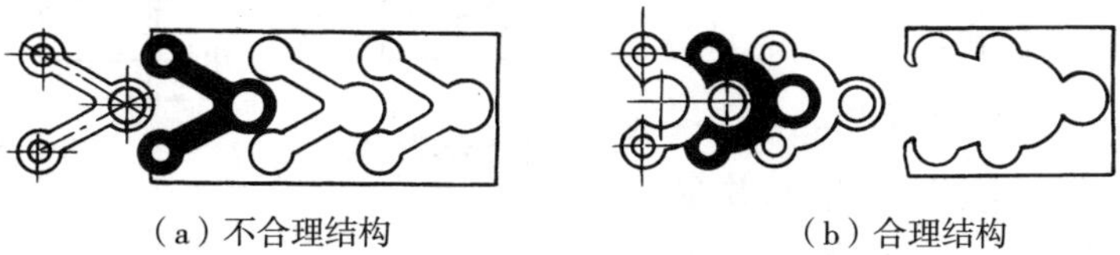

（a）不合理结构　　（b）合理结构

图 3-60　落料件形状应利于排样

② 冲裁件的各边交接处应采用圆弧过渡，以防止模具相应部位易于磨损或产生应力集中。冲裁件孔径和孔边距不得过小，以防止凸模刚性不足或孔边冲裂。冲裁件各部位的最小尺寸要求如图 3－61 所示。

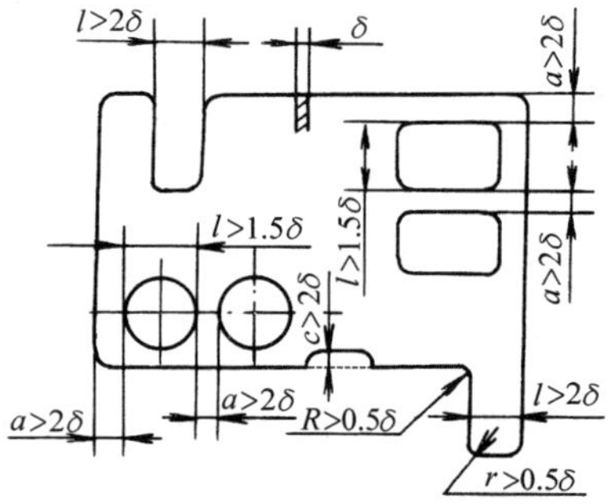

图 3－61　冲裁件各部位的最小尺寸要求

(2) 弯曲件的形状和尺寸

① 弯曲件的形状应力求简单、对称，尽量采用 V 形、Z 形等简单、对称的形状，以利于制模和减少弯曲次数。

② 弯曲件的弯曲半径不应小于最小弯曲半径，以防弯曲处开裂；但也不宜过大，以免因回弹量过大而使制件精度降低。

③ 弯曲件的弯曲边不应过短，以利于弯曲成形；不允许增加弯曲边高度时，可在弯曲后再切短或先预压工艺槽后再弯曲（图 3－62)。

④ 带孔工件弯曲时，孔的位置应避开变形区或在孔附近预冲工艺孔、槽，以免弯曲时孔变形（图 3－63)。

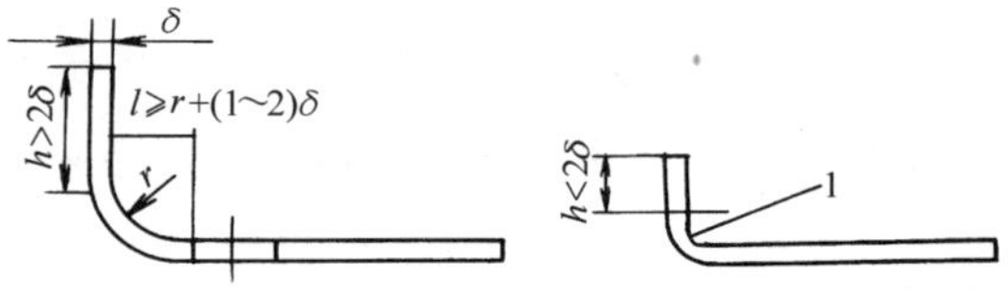

(a) 未预压工艺槽时　(b) 预压工艺槽时

1—工艺槽。

图 3－62　弯曲边高度

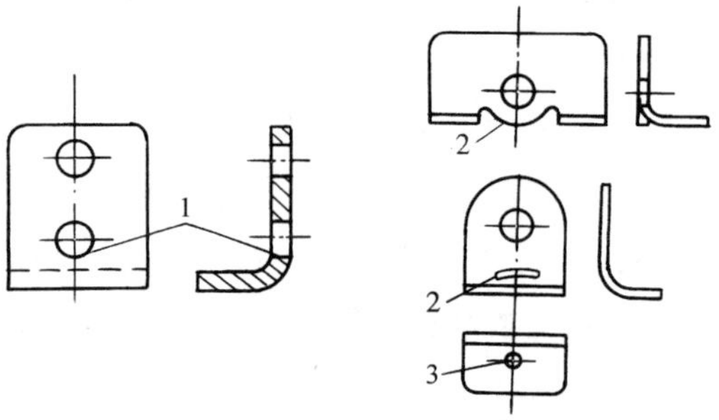

(a) 不合理结构　(b) 合理结构

1—孔变形处；2—工艺槽；3—工艺孔。

图 3－63　带孔弯曲件

⑤ 仅有局部弯曲的工件，应在交接处冲孔、切槽或使交接处避开变形区，以避免产生应力集中而撕裂（图 3－64)。

(3) 拉深件的形状和尺寸

① 拉深件形状应力求简单、对称，尽量采用回转体，尤其是圆筒形，并尽量减小拉深件深度，以利于制模和减少拉深次数。

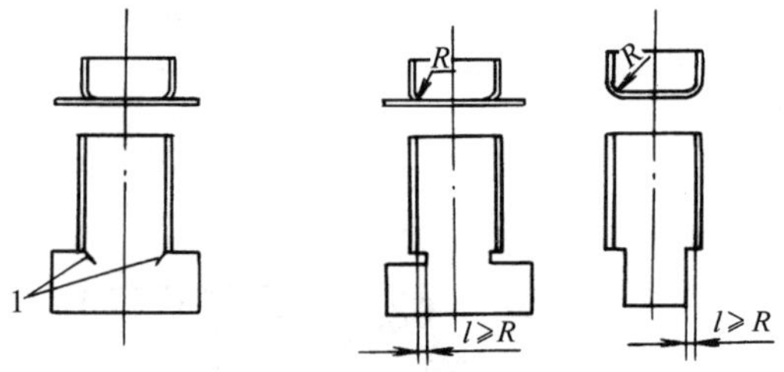

(a) 不合理结构　(b) 合理结构

1—裂纹。

图 3－64　局部弯曲件

② 拉深件各转角的圆角半径不宜过小，以免增加拉深次数和整形工序（图 3－65）。

③ 拉深件上的孔应避开转角处，以防止孔变形或利于冲孔（图 3－65）。

4. 采用组合工艺或切口工艺

形状复杂件和大件可采用冲-焊、冲-铆接、冲-螺纹连接等组合工艺，以简化模具结构和冲压工艺。

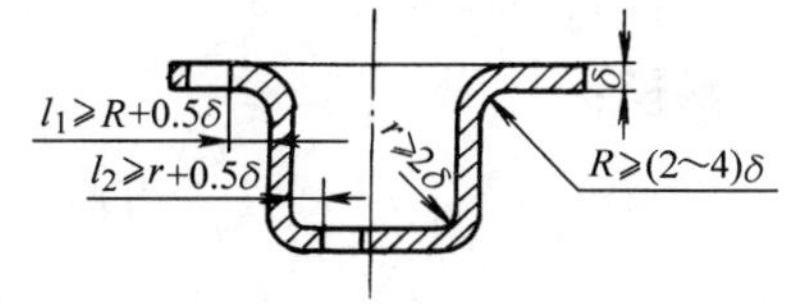

图 3－65　拉深件的圆角半径和孔的位置

如图 3－66 所示的汽车车身结构复杂，故由冲压件和型材焊接而成。形状复杂件还可采用切口工艺，即将材料沿不封闭的曲线部分地分离开，其分离部分的材料发生弯曲。切口工艺较组合工艺使用的模具和工序少，省工省料，但制件的结构刚性较差。图 3－67 为采用冲-铆工艺和切口工艺的冲压件结构示例。

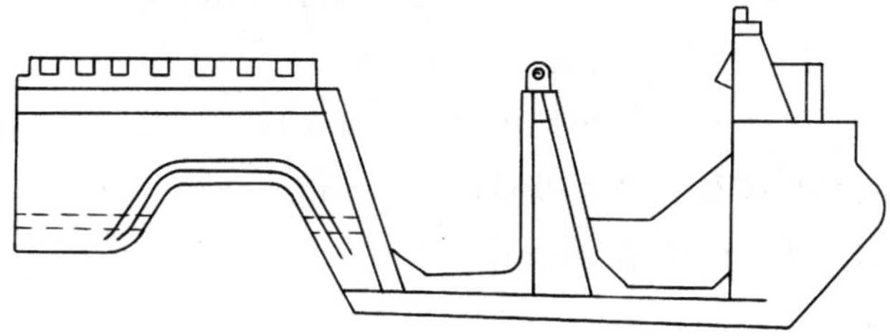

图 3－66　汽车车身冲焊结构

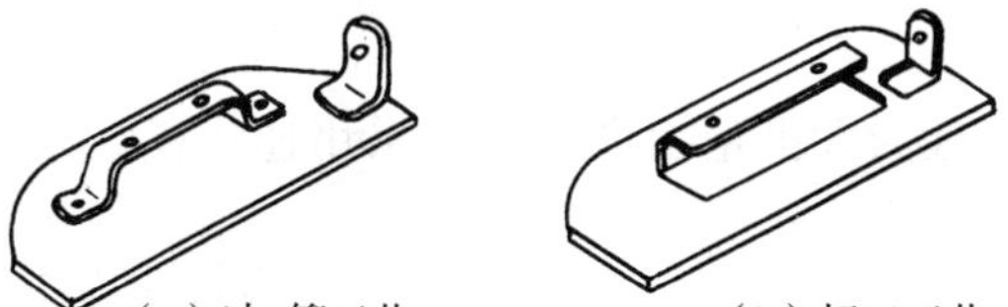

（a）冲-铆工艺　　（b）切口工艺

图 3－67　采用冲-铆工艺和切口工艺的冲压件结构

3.3.4　冲压工艺设计示例

圆垫片零件如图 3－68 所示，精度要求不高，材质为 Q235。适合大批生产，试编制冲压工艺规程。

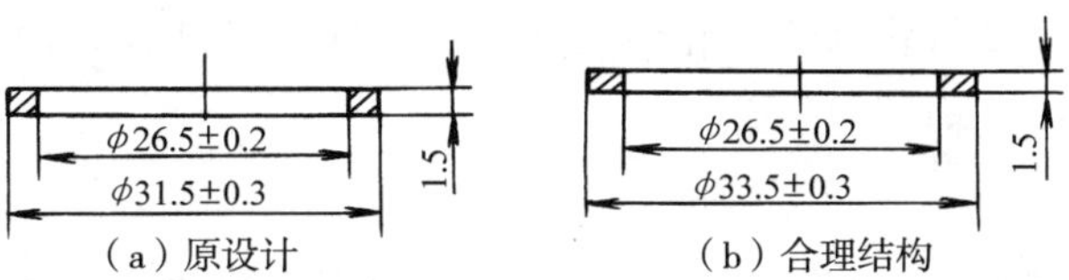

（a）原设计　　（b）合理结构

图 3－68　圆垫片零件

（1）零件结构分析

该零件系冲裁件，孔边距过小，合理的设计如图 3－68（b）所示。

（2） 冲裁间隙

因该件精度要求不高，参考表 3－7，取 $Z/2=$（10%～12.5%）δ，故 $Z=0.3\sim0.375\text{mm}$。

（3） 模具刃口尺寸

落料模：

$$D_{凹}=(D_{\min})_{0}^{+\delta_{凹}}=33.2_{0}^{+\delta_{凹}}$$

$$D_{凸}=(D_{凹}-Z_{\min})_{-\delta_{凸}}^{0}=32.9_{-\delta_{凸}}^{+\delta_{凹}}$$

冲孔模：

$$d_{凸}=(d_{\max})_{-\delta_{凸}}^{0}=26.7_{-\delta_{凸}}^{0}$$

$$d_{凹}=(d_{凸}+Z_{\min})_{0}^{+\delta_{凹}}=27.0_{-\delta_{凸}}^{+\delta_{凹}}$$

式中：$D_{凹}$、$D_{凸}$——落料凹、凸模的刃口基本尺寸（mm）；

$d_{凹}$、$d_{凸}$——冲孔凹、凸模的刃口基本尺寸（mm）；

$\delta_{凹}$、$\delta_{凸}$——凹、凸模的制造公差（mm）；

$D_{\min}$——圆垫片外径的最小极限尺寸（mm）；

$d_{\max}$——圆垫片孔径的最大极限尺寸（mm）；

$Z_{\min}$——最小冲裁间隙值（mm）。

（4） 冲压工序选择

① 工序类型：参考表 3－11，该件属平板件，应选冲孔和落料工序。

② 工序顺序：因该件属大批量生产，故应先冲孔后落料。

（5） 模具类型

因该件精度要求不高且为大批量生产，故宜采用连续模。

3.4 轧 制

轧制是金属材料或非金属材料在旋转轧辊的压力作用下，产生连续塑性变形，获得所要求的截面形状并改变其性能的方法。

轧制时坯料连续产生局部变形，所需设备吨位小，生产效率高；材料消耗少，制件纤维连续分布，力学性能好。轧制是生产钢板、型材、线材、钢管的主要方法，也用于生产毛坯或零件。按轧辊轴线与轧制线（轧件回转轴线）间以及轧辊转向关系的不同，轧制可分为纵轧、斜轧和横轧三种。

1. 纵轧

纵轧即轧辊轴线相平行、旋转方向相反、轧件做直线运动的轧制（图 3－69）。轧制型材时，轧辊表面须预制出轧槽，由轧槽和辊隙组成的孔型决定了轧件的断面形状和尺寸。

辊锻也属纵轧类型，是用一对相向旋转的扇形模具使坯料产生塑性变形，从而获得所需锻件或锻坯的锻造工艺，其工艺过程如图 3－70 所示。

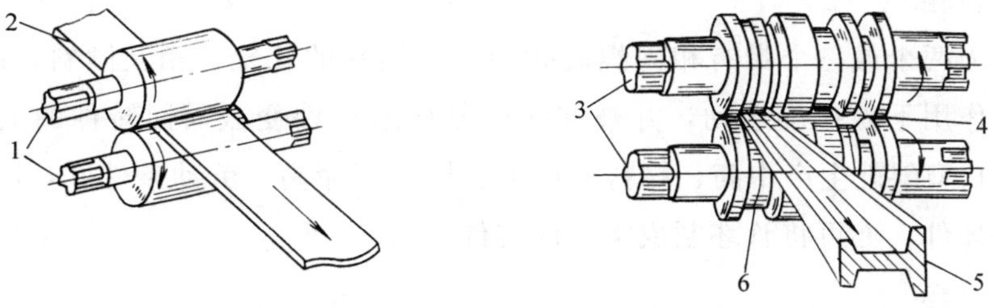

（a）钢板轧制　　（b）型材轧制

1、3—轧辊；2、5—工件 4—孔型；6—轧槽。

图 3-69　纵轧

辊锻的变形压力只有一般模锻的 10%左右，而生产效率约为模锻的 5 倍以上，且材料消耗较少，无冲击、低噪音，劳动条件好。辊锻既可为压力机模锻制坯，又可直接制取锻件，如垦锄、钢叉、汽车弹簧等。

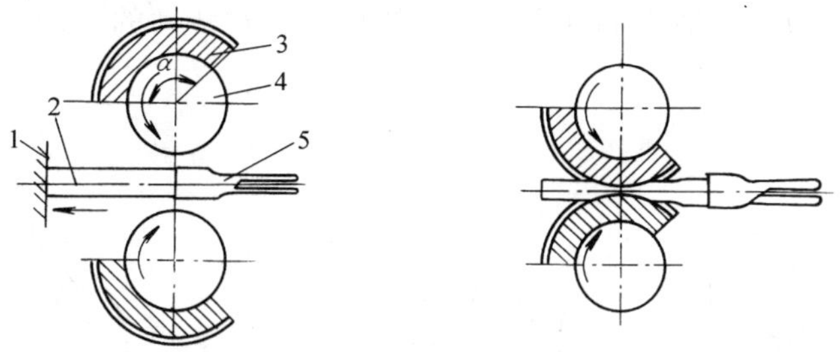

（a）送进坯料　　（b）辊锻

1—挡板；2—坯料；3—扇形模块；4—锻辊；5—夹钳。

图 3-70　辊锻工艺过程

2. 斜轧

斜轧为轧辊相互倾斜配置，以相同方向旋转，轧件在轧辊的作用下反向旋转，同时还做轴向运动，即螺旋运动的轧制方法，亦称为螺旋轧制。常用的斜轧方法有孔型斜轧和仿型斜轧两种（图 3-71）。

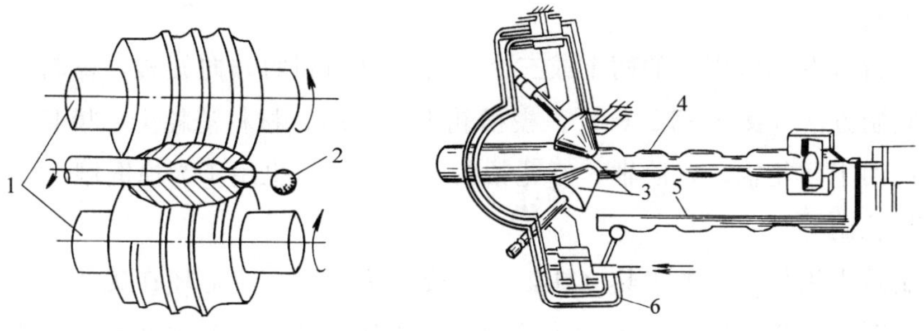

（a）孔型斜轧　　（b）仿形斜轧

1、3—轧辊；2、4—轧件；5—仿形板；6—液压系统。

图 3-71　斜轧方法

（1）孔型斜轧

孔型斜轧为两个或三个带有相同螺旋孔型（型槽）的轧辊，相互倾斜，同方向旋转，棒料在孔型的作用下做螺旋运动，并被连续轧制成若干件变截面回转件的成形方法［图3-71（a）］。孔型斜轧生产率高、材料消耗少、模具寿命高、劳动条件好，广泛用于生产钢球、滚子等坯件，亦可将管坯制成空心回转件。

（2）仿型斜轧

仿型斜轧为呈三角形配置的三个锥形或蘑菇形轧辊，相互倾斜配置，同方向旋转，轧件在轧辊的作用下做螺旋运动，仿型板与轧件同步轴向移动，通过仿型板控制三辊辊缝的开合而轧制变截面回转件的成形方法［图3-71（b）］（有一个轧辊未绘出）。仿型斜轧模具小而简单，但生产率较低，轧件台阶处只能平缓过渡，且表面不光滑，主要用于生产长径比大的制件，如火车轴、纺织锭杆等。

3. 横轧

横轧为轧辊轴线与轧件轴线平行且轧辊与轧件做相对转动的轧制方法。常用的横轧方法如图3-72所示。

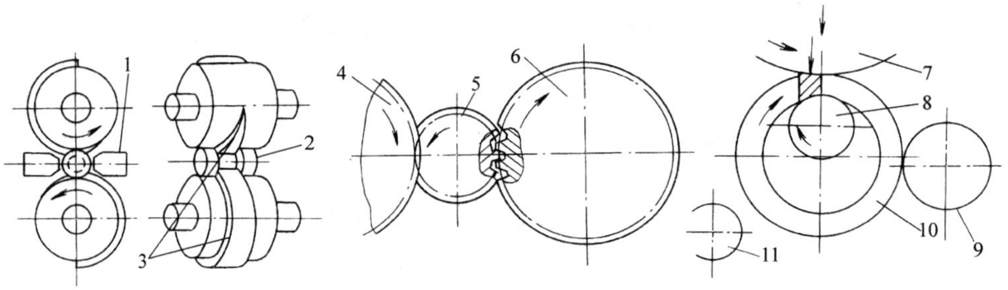

（a）楔横轧　　（b）齿轮轧制　　（c）辗环

1—导板；2、5、10—工件；3—楔形模；4、6—齿形轧辊；
7—辗压轮；8—芯辊；9—导向辊；11—信号辊。

图3-72　常用的横轧方法

（1）楔横轧

楔横轧是指带有楔形模具的两个或三个轧辊，以相同的方向旋转，棒料在它的作用下反向旋转的轧制方法［图3-72（a）］。楔横轧生产率高、材料消耗少、模具寿命长、劳动条件好，广泛用于凸轮轴、台阶轴、麻花钻头等的生产，也用于为模锻制坯。

（2）齿轮轧制

齿轮轧制是指用带齿形的工具（轧辊）边旋转边进给，使毛坯在旋转过程中形成齿部的成形方法［图3-72（b）］。此法生产率高、材料消耗少，且冷轧齿轮的精度高，是一种少、无屑加工新工艺。齿轮轧制已广泛用于轧制圆柱齿轮、圆锥齿轮和链轮等。

（3）辗环

辗环是指环形毛坯在旋转的轧辊中进行轧制的方法［图3-72（c）］。辗压轮带动环形坯和芯辊旋转，使环形坯厚度减小、直径加大。导向辊起导向和稳定作用。当工件接触信号辊时，环形坯即达到要求的直径。此时，信号辊发出精辗或停辗信号。辗环所需设备吨位小，材料损耗少，制件力学性能好，无冲击、低噪声，劳动条件好。辗环已广泛用于生产各种截面形状的环类件，如火车轮箍、轴承圈、齿轮等。

3.5　挤　压

挤压是坯料在封闭模腔内受三向不均匀压应力作用，从模具的孔口或缝隙挤出成为所需制品的加工方法。按挤压时金属流动方向和凸模运动方向的不同，挤压可分为正挤压、反挤压、复合挤压和径向挤压四类（图 3 - 73）。

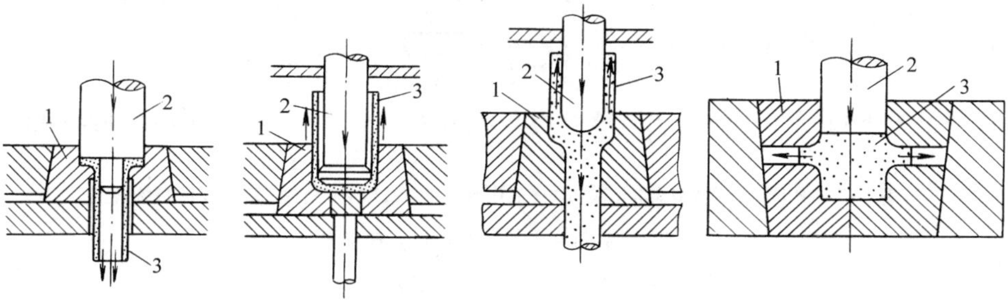

（a）正挤压　（b）反挤压　（c）复合挤压　（d）径向挤压

1—凹模；2—凸模；3—工件。

图 3 - 73　挤压方式的基本类型

正挤压是指坯料从模孔中流出部分的运动方向与凸模运动方向相同的挤压方法［图 3 - 73（a）］。

反挤压是指坯料的一部分沿着凸模与凹模之间的间隙流出，其流动方向与凸模运动方向相反的挤压方法［图 3 - 73（b）］。

复合挤压是指同时兼有正挤、反挤时金属流动特征的挤压方法［图 3 - 73（c）］。

径向挤压是指坯料沿径向挤出的挤压方式［图 3 - 73（d）］。

挤压的生产率高，材料消耗少，制件形状复杂、精度高且力学性能好；挤压时金属处于三向压应力状态，利于提高塑性，可用于塑性较差的金属，如高碳钢、合金钢等，但变形力较大。挤压主要用于铝、铜等非铁金属及其合金的型材、管材的生产，也用于制造毛坯和零件，如齿轮、麻花钻、电机壳体等。

3.6　其他塑性成形方法

面对现代机械制造中精密件和复杂形状件的制造、难加工材料的加工及多品种、小批量生产，传统锻压工艺已难以胜任。新型塑性成形技术（如软模成形、摆动辗压、径向锻造、粉末锻造、液态模锻、超塑成形和高能成形等）的应用，扩大了塑性成形的适用范围。

1. 软模成形

软模成形是指用液体、橡胶或气体的压力代替刚性凸模或凹模使板料成形的方法，按传力介质的不同，可分为橡皮成形、液压成形、液压-橡皮囊成形等（图 3－74）。

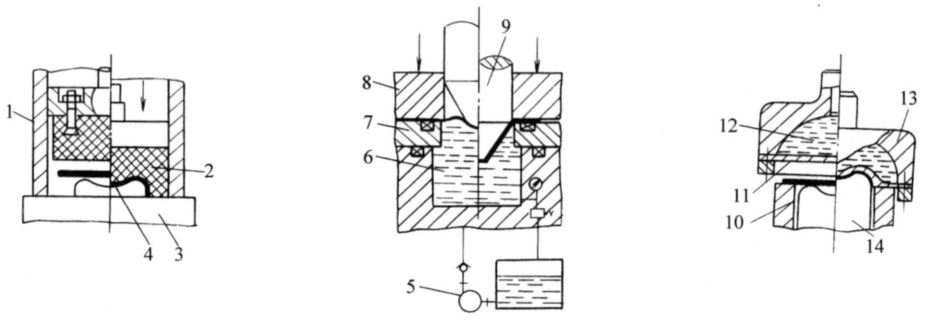

（a）橡皮成形　（b）液压成形　（c）液压-橡皮囊成形

1、13—护套；2—橡皮；3、7、10—工作台；4、9、14—凸模；5—液压系统；6、12—液体；8—压边圈；11—橡皮囊。

图 3－74　软模成形

（1）橡皮成形

橡皮成形是指利用橡皮作为通用凸模（或凹模）进行板料成形的方法［图 3－74（a）］。橡皮成形模具简单、通用，工件表面不易擦伤，但压力损失大，且难于成形工件的圆角部分，适用于形状简单、深度较浅的制件。

（2）液压成形

液压成形是指用液体（水或油）作为传压介质使板材按模具形状产生塑性变形的方法［图 3－74（b）］。液压成形压力损失小，变形程度大（拉深系数可低于 0.33），且易于成形制件的复杂部位；但成形时高压液体易泄漏。

（3）液压-橡皮囊成形

液压-橡皮囊成形是指液体压力通过橡皮囊作用于毛坯，使之成形的工序［图 3－74（c）］。该方法压力损失小，易于成形制件的复杂部位，且拉深系数可低至 0.3～0.4；橡皮囊使用寿命长，且高压液体不易泄漏。

软模成形工艺适应性强，模具简单、通用；坯料定位准确，拉深系数可较小；制件壁厚均匀、不易起皱，精度较高，且表面不易擦伤。多数软模成形方法适用于成形形状复杂件和深筒件。

2. 摆动辗压

摆动辗压是指上模的轴线与被辗压工件（放在下模）的轴线倾斜一个角度，模具一面绕轴心旋转，一面对坯料进行压缩（每一瞬时仅压缩坯料横截面的一部分）的加工方法

(图 3－75)。摆动辗压可用于坯料的镦粗、铆接、缩口、挤压等(图 3－76)。

摆动辗压时工件为连续的局部变形，变形力小，所需设备吨位小；制品精度高、表面光洁，且易于成形薄盘形件；易于实现机械化，无冲击、低噪声，劳动条件好。但其设备较复杂且结构刚度要求高；高度直径比大的制件加工效率低，多数制件还需预制坯。摆动辗压主要用于大批、大量生产盘类件和带薄盘的长轴件，如汽车半轴、止推轴承圈、齿轮、铣刀体等。

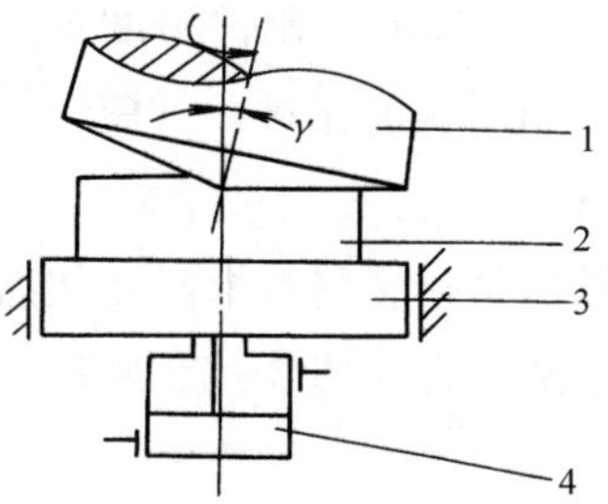

1—上模；2—毛坯；3—滑块；4—液压缸。

图 3－75　摆辗的工作原理

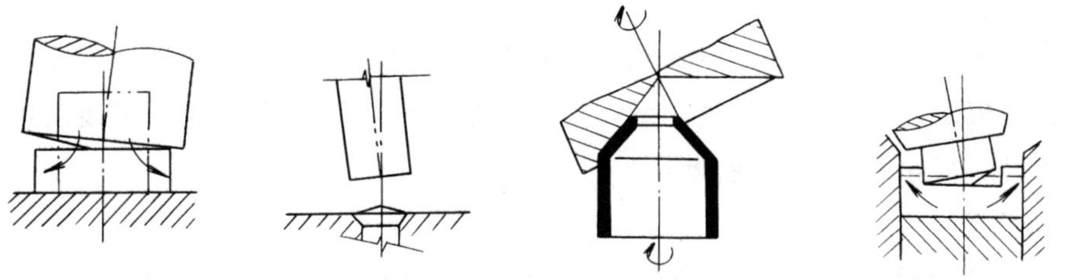
(a) 摆辗镦粗　(b) 摆辗铆接　(c) 摆辗缩口　(d) 摆辗挤压

图 3－76　摆动辗压的类型

3. 径向锻造

径向锻造又称旋转锻造，是对轴向旋转送进的棒料或管料施加径向脉冲打击力，锻成沿轴向具有不同横截面制件的工艺方法(图 3－77)。径向锻造的工件运动方式有三种，如图 3－78 所示。工件既转动又移动主要用于锻造圆形截面的长轴与阶梯轴；工件只移动主要用于锻造非圆形截面件，工件只转动主要用于锻造空心件使其缩口。

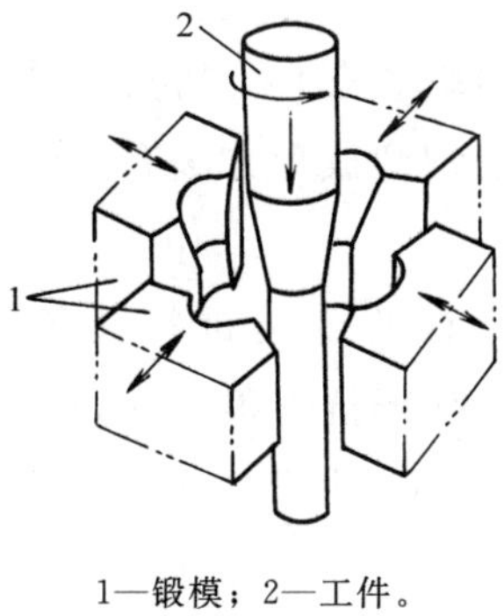

1—锻模；2—工件。

图 3－77　径向锻造加工原理

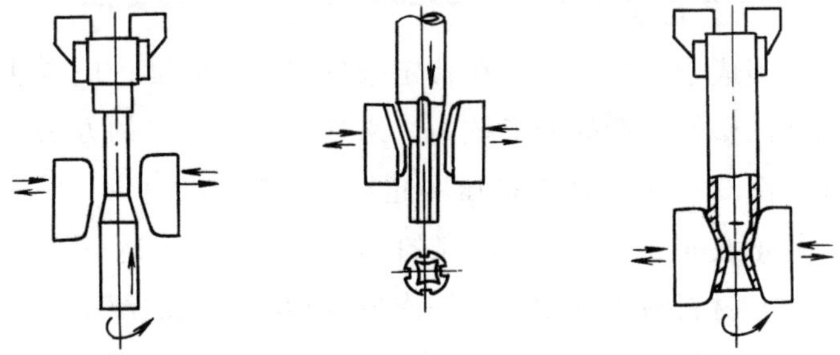
(a) 工件既转动又移动　(b) 工件只移动　(c) 工件只转动

图 3－78　径向锻造工件的运动方式

径向锻造使金属处于三向压应力状态，且为高速成形，因此可锻造低塑性的高合金钢。径向锻造所需工具简单、成本低，可用于各种批量生产；可锻多种截面形状，锻件直径可达 400～600mm；制件精度高，表面光洁。径向锻造广泛应用于带台阶的实心和空心轴，多种截面形状的棒材，气瓶、炮弹壳的收口等。

4. 粉末锻造

粉末锻造是指金属粉末经压实后烧结，再用烧结体作为锻造毛坯的锻造方法。齿轮锻件的粉末锻造过程如图 3－79 所示。锻造设备一般采用压力机或高速锤。

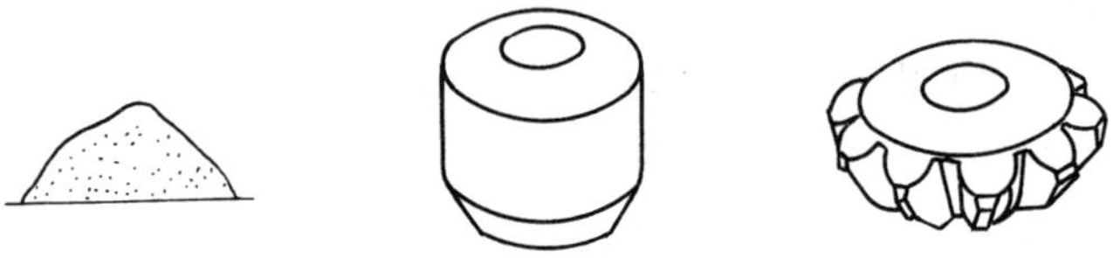

（a）粉末　（b）预制坯　（c）锻件

图 3－79　齿轮锻件的粉末锻造过程

粉末锻造的变形力一般小于普通模锻，材料利用率高，锻件精度高、表面光洁、力学性能接近普通模锻件，且各项性能一致。粉末锻造在机械制造中的应用正逐渐扩大，主要用于生产连杆、齿轮、凸轮、轮毂等。

5. 液态模锻

液态模锻是指将定量的熔化金属倒入凹模模腔内，在金属即将凝固或未凝固状态（液、固两相并存）下用冲头加压，使其凝固以得到所需形状锻件的加工方法。锻造设备可采用通用液压机或专用压力机。

液态模锻使金属凝固时亦产生一定的塑性变形，实质上是铸造与锻造的复合工艺。此方法既具有压力铸造工艺简单，制件形状复杂及成本低的特点，又具有模锻制品精度高、内部质量和力学性能好的特点；成形压力一般只有普通模锻的 1/5，且成形工序少。但用于钢件和铸铁件时锻模寿命不高。液态模锻主要用于生产铝、铜等非铁合金件，如活塞、蜗轮、阀体等。

6. 超塑成形

超塑成形是利用金属在特定条件（变形温度、应变速率、组织状态）下所具有的超塑性（高的塑性和低的变形抗力）来进行塑性加工的方法。常用的超塑成形方法有超塑板料冲压（图 3－80）、超塑挤压和超塑模锻等。

超塑成形时，一般钢材的断后伸长率可达 500％以上，有的金属材料甚至高达 2000％，材料易于流动，可一次成形形状复杂的薄壁件；材料的变形抗力很小（如轴承钢 GCr15 可低至 3MPa），所需设备的吨位小；制件精度高，晶粒细小，力学性能稳定；但辅助措施要求严格，生产率较低，生产批量较小。

目前，超塑成形已逐步应用于军工、仪表、模具等制造业中，用于批量小、精度高的零件的制作及难加工材料的加工，如高强度合金的飞机起落架、蜗轮盘、特种齿轮、注塑模具等。

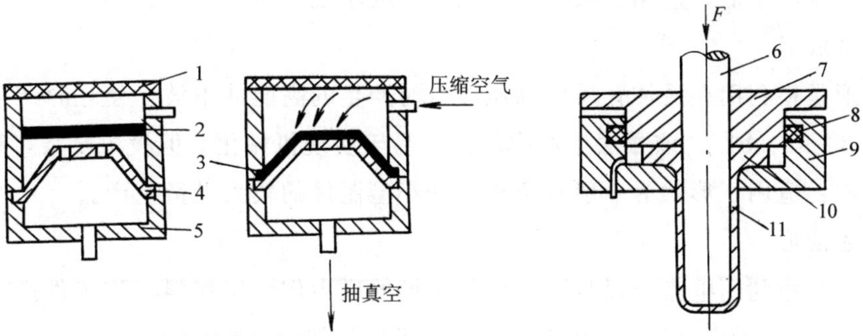

（a）板料真空成形　　（b）板料拉深

1、8 一电热元件；2、10 一坯料；3、11 一制件；4、6—凸模；5—模框；7—压板；9—凹模。

图 3-80　超塑成形工艺示例

7. 高能成形

高能成形是指利用高能率的冲击波，通过介质使金属板料产生塑性变形而获得所需形状的加工方法。按能源的不同，高能成形可分为爆炸成形、电液成形、电磁成形等，如图 3-81 所示。

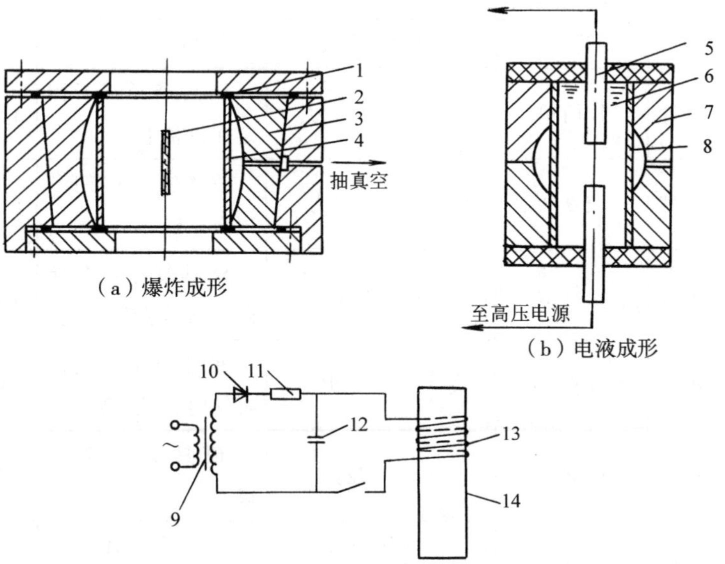

（a）爆炸成形　　（b）电液成形

（c）电磁成形

1—密封圈；2—炸药；3、7—凹模；4、8、14—坯料；5—电极；6—水；9—变压器；
10—整流元件；11—限流电阻；12—电容器；13—线圈。

图 3-81　高能成形方法

（1）爆炸成形

爆炸成形是指利用炸药爆炸产生的高能冲击波，通过不同介质使坯料产生塑性变形的方法 [图 3-81（a)]。该方法设备简单、易于操作，工件尺寸一般不受设备能力限制，形状较复杂，但生产率低，适用于大型制件的试制或小批量生产。

（2）电液成形

电液成形是指利用在液体介质中高压放电时产生的高能冲击波，使坯料产生塑性变形的方法［图3-81（b）］。该方法生产率较高，易于实现机械化，但设备复杂，制件尺寸受设备功率限制，适用于形状为一般复杂程度的小型制件的较大批量生产。

（3）电磁成形

电磁成形是指利用电流通过线圈产生的磁场的磁力作用于坯料，使工件产生塑性变形的方法［图3-81（c）］。其特点及应用与电液成形相似。

高能成形用传递介质（空气或水）代替刚性凸模或凹模，易于成形形状复杂的制件和难加工材料，且制件精度很高。但爆炸成形生产效率低，电液成形和电磁成形设备较复杂，且工件尺寸受设备功率限制。高能成形适用于各类冲压工序，用于生产形状复杂的板料制件。常用的塑性成形方法比较见表3-12所列。

表3-12　常用的塑性成形方法比较

加工方法		制件特征			作用力性质	工模具特点	生产效率	设备费用	劳动条件
		尺寸	形状	精度					
自由锻		各种	简单	较低	冲击力或压力	通用工具	低	低	差
模锻	胎模锻	中、小件	较简单	中等	冲击力	模具简单，不固定在设备上	较低	较低	差
	锤模锻	中、小件	较复杂	较高	冲击力	整体模，无导向、顶出装置	较高	较高	差
	液压机模锻	大、中件	较复杂	高	静压力	模具复杂，有导向、顶出装置	较低	高	好
	热模锻压力机	中、小件	较复杂	高	压力	可采用组合模，有导向、顶出装置	高	高	较好
	平锻机模锻	中、小件	较复杂	高	压力	模具有两个分模面	高	高	较好
	螺旋压力机模锻	中、小件	较复杂	高	压力为主、略带冲击	单膛模，有顶出装置	较高	中	较好
板料冲压		各种	较复杂	较高	压力	模具可较复杂，有导向装置	高	中～高	较好或好
挤　压		中、小件	较复杂	较高或高	压力	模具可较复杂	高	中～高	较好或好
轧　制		中、小件	中等或较复杂	较高或高	压力	轧辊常带型槽或楔形模	高	中～高	较好或好

3.7 金属塑性成形技术的发展趋势

随着计算机技术的应用、先进技术和设备的开发应用，金属塑性成形技术正朝着高科技、自动化和精密成形的方向发展。

3-21 金属塑性成形技术的发展趋势

3.7.1 计算机技术的应用

通过计算机模拟和计算工件塑性变形区的应力场、应变场和温度场，预测模膛充填状况、锻造流线分布和缺陷产生情况，分析变形过程的热效应及其对组织结构和晶粒度的影响，分析缺陷产生的原因和设计模具结构，计算各工步的变形力和能耗，为选用或设计加工设备提供依据。金属塑性成形自动生产线已广泛采用了计算机控制和检测技术。

3.7.2 先进成形技术的开发和应用

1. 轻量化成形

通过“精密成形”或“近净/净成形”加工空心变截面、高次函数空间曲面、变厚度薄壁壳体、薄壁高筋和整体构件，成形件接近零件形状，余量小、精度高，具有轻量化特征。

2. 整体化成形

将若干分别成形再连接的构件成形为一个整体，提高了连接可靠性，且可以减重。随着大吨位成形装备的发展，其应用越来越广泛。

3. 微成形

微成形适于加工至少 2 个方向的尺寸小于 1mm 的零件，在大批量、低成本的微零件制造中具有一定优势，但需要进一步研究尺寸效应、摩擦机制和晶粒尺度的影响等理论和关键成形技术。

4. 超大构件成形

通过特大型铝合金构件流变成形、超大环件径一轴复合轧制、钛合金复杂构件局部加载成形、复杂零件精密楔横轧等先进技术，利用相对较小的设备或模具成形超大构件，解决构件尺寸或吨位超过现有制造设备能力上限的问题。

5. 柔性成形

采用多点成形技术实现模具轮廓可变、数控增量加载、无模成形，已广泛应用于多品种、小批量塑性成形件的加工。

3.7.3 塑性成形设备及生产自动化

1. 塑性成形设备

在高效、高精度、多工位的塑性成形设备中，综合运用计算机技术、光电技术等先进技术，提高设备的可靠性，实现成形过程的实时监控。

新型螺旋压力机、热模锻机械压力机等塑性成形设备，生产效率高、能耗低、变形力小、使用寿命长，应用越来越广泛。

2. 塑性成形的自动化

除备料、加热、制坯、模锻、切边外，还将热处理、检验等工序列入其中的塑性成形自动化生产线，适应多品种、小批量塑性成形件的生产。例如国内自主研发的汽车前桥全自动生产线，由一系列新型加工设备、转送机器人、机械手等组成，类似的自动化锻造生产线已逐步应用于其他产品的锻造生产中。塑性成形柔性加工系统已应用于实际生产中，如图 3 - 82 所示为冲压柔性加工系统。

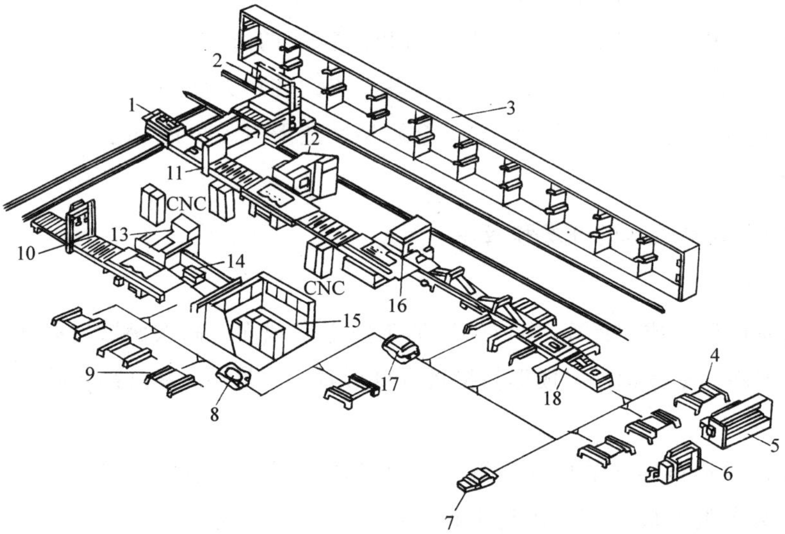

1—装料台车；2—堆垛机；3—仓库；4—板料平台；5、6—折弯机；7、8、17—自动运输车；9—焊接平台；10、11—装料器；12、13—压力机；14—挪料机；15—中央控制室；16—剪切机；18—分拣装置。

图 3 - 82　冲压柔性加工系统示例

3.7.4　配套技术的发展

1. 模具生产技术

大量生产的模具向高效率方向发展，小批量生产的模具向简易化方向发展。通过改进模具结构、材料和热处理工艺提高模具的使用寿命。通过提高模具的制造精度，满足精密成形工艺的需求。

应用计算机辅助设计和制造系统（CAD/CAM）生产高精度、高寿命模具和简易模具，利用通用组合模具、成组模具、快速换模装置，满足冲压件更新换代和不同批量生产的需求。

冲模拆装与结构分析虚拟仿真实验教学系统

2. 坯料加热方法

火焰加热方式较经济，工艺适应性强，仍是主要的坯料加热方法。生产效率高、加热质量和劳动条件好的电加热方式应用广泛。真空加热、气氛保护加热、涂层加热等少无氧加热方法及其设备发展迅速。

案例 1　自由锻齿轮坯锻造工艺

1. 案例背景

某制造企业采用自由锻工艺生产齿轮锻件毛坯，材料为 45 钢，坯料如图 3－83 所示，齿轮锻件如图 3－84 所示。锻造设备为 65Kg 空气锤，锻造温度范围为 1200～800℃，坯料加热次数为 1 次。在实际生产中，齿轮锻件存在以下问题：

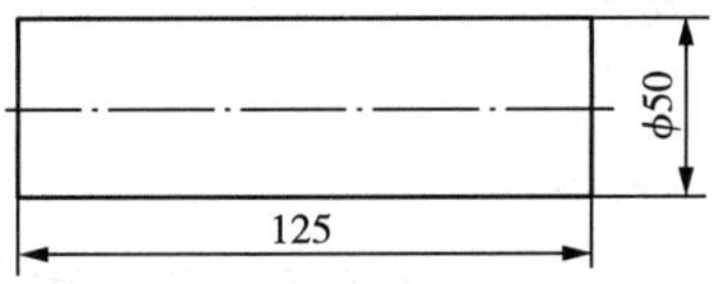

图 3－83　坯料

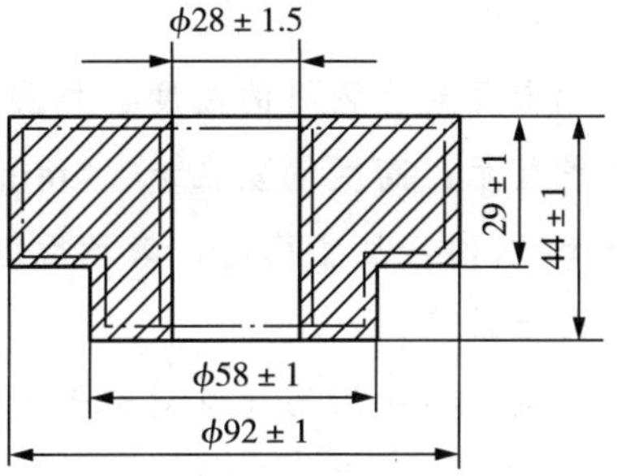

图 3－84　齿轮锻件

（1） 尺寸偏差较大

锻造过程中温度控制不当，局部镦粗和冲孔时变形不均匀，齿轮锻件的高度和外圆直径尺寸偏差较大，无法满足后续机械加工要求。

（2） 表面存在缺陷

冲孔和修整过程中操作不当，齿轮锻件表面存在裂纹、折叠等缺陷，影响齿轮的加工精度和使用寿命。

（3） 力学性能不足

晶粒大小分布不均，齿轮的抗拉强度和冲击韧性较低，难以满足使用要求。

2. 改进后的锻造工艺

（1） 局部镦粗

① 工具：火钳、镦粗漏盘。

② 操作要点：将坯料加热至 1200℃，火钳夹紧置于镦粗漏盘上进行镦粗，镦粗后的高度约为 45mm，确保镦粗过程中坯料变形均匀，端面平整。

（2） 冲孔

① 工具：火钳、镦粗漏盘、冲子、冲孔漏盘。

② 操作要点：冲子对中冲孔漏盘上的坯料，避免冲孔偏移；采用双面冲孔工艺，确保孔径均匀，无毛刺和裂纹。

（3） 修整外圆

① 工具：火钳、冲子。

② 操作要点：边轻打边修整，逐步消除外圆鼓形，外圆直径 $\phi92\pm1$mm，修整过程中注意观察坯料表面，避免出现划痕或裂纹。

(4) 修整平面

① 工具：火钳、镦粗漏盘。

② 操作要点：火钳夹紧修整后的坯料，置于镦粗漏盘上，轻打锻件端面至高度为 44 ± 1mm；修整过程中保持坯料表面平整，避免出现凹凸不平的现象。

3. 工艺检测

为验证改进工艺的效果，对齿轮锻件进行检测。

(1) 尺寸检测

使用游标卡尺对齿轮坯的高度、外圆直径和厚度进行测量。

检测结果显示：高度偏差在 ±0.5mm 以内，外圆直径偏差在 ±0.3mm 以内，厚度偏差在 ±0.2mm 以内，尺寸稳定，满足后续机械加工要求。

(2) 表面质量检测

使用放大镜和磁粉探伤设备对齿轮锻件表面进行检查。

检测结果显示：表面无裂纹、折叠等缺陷，修整后的外圆和端面平整光滑。

(3) 力学性能检测

对齿轮锻件进行拉伸和冲击试验。

检测结果显示：抗拉强度 $\geqslant$800MPa，冲击韧度在 40～60J/cm^2 之间，可以满足使用要求。

案例2　电机壳体拉深工艺

1. 案例背景

如图 3-85 所示为电机壳体拉深件（材料 08 钢，板料厚度 $\delta=2$mm），试确定该产品的拉深次数（不考虑修边余量）和半成品直径，分析该产品最容易拉裂部位，并提出解决方案。

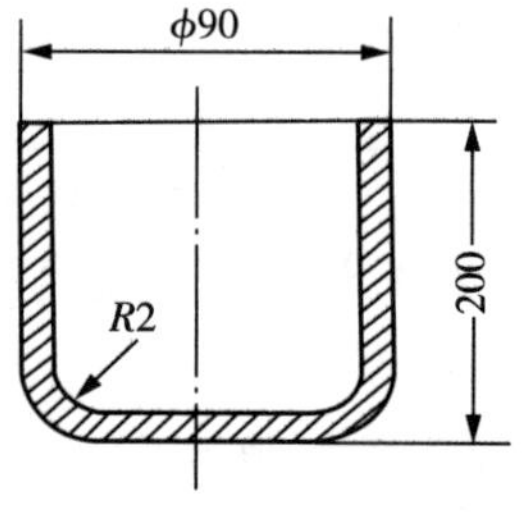

图 3-85　电机壳体

2. 工艺设计

(1) 计算毛坯尺寸

由图 3-83 可知，拉深件直径（中线值）$d=90-2=88$mm，拉深件高度 $H=$

200mm，底部圆角半径（中值）$r=3$mm，由毛坯直径 D 的计算公式：

$$D=\sqrt{d^2+4dH-1.72rd-0.56r^2}\approx 279\text{mm}$$

（2）判断能否一次拉深成形

拉深件直径的中线值 $d=88$mm，则该零件的总拉深系数 $m_{总}=d/D=88/279=0.3154$。

毛坯相对厚度（δ/D）$\times 100=0.7$，由表 3－10 查得各道次的极限拉深系数：$m_1=0.55$，$m_2=0.78$，$m_3=0.80$，$m_4=0.82$。$m_{总}<m_1$，所以，该零件需经多次拉深才能够达到所需尺寸。

（3）计算多次拉深的拉深次数

$m_1m_2=0.42$，$m_1m_2m_3=0.33$，$m_1m_2m_3m_4=0.27$，$m_1m_2m_3m_4<m_{总}<m_1m_2m_3$，即：总变形量在三次极限变形和四次极限变形之间，因此需要 4 次拉深。

（4）零件的各次半成品尺寸

拉深次数确定后，再根据计算直径 d_n 应等于工件直径 d 的原则，对各次拉深系数进行调整，使实际采用的拉深系数大于推算拉深次数时所用的极限拉深系数。零件实际需拉深系数应调整为：$m_1=0.57$，$m_2=0.79$，$m_3=0.82$，$m_4=0.85$。调整好拉深系数后，重新计算各次拉深的圆筒直径即得半成品直径。零件的各次半成品尺寸为：

第 1 次拉深：$d_1=m_1\times D=0.57\times 279\approx 159$mm；

第 2 次拉深：$d_2=m_2\times d_1=0.79\times 159\approx 126$mm；

第 3 次拉深：$d_3=m_3\times d_2=0.82\times 126\approx 103$mm；

第 4 次拉深：$d_4=m_4\times d_3=0.85\times 103\approx 88$mm。

3. 缺陷分析

该产品最容易拉裂部位为圆角 $R2$ 处，这是因为拉深后得到工件圆角 $R2$ 处的厚度最薄。

4. 解决方法

为防止拉裂，拉深系数不得小于极限拉深系数，凸模和凹模工作部分的转角应为圆角，且拉深间隙（凸、凹模间的单边径向间隙）不应过小。

思考题与习题

3－1 金属在不同温度下的塑性成形的组织和性能有何不同？为什么？

3－2 螺栓分别用棒料切削成形和镦锻成形，其力学性能有何区别？为什么？

3－3 影响材料塑性成形性的因素有哪些？如何影响的？

3－4 铅(熔点为 327℃)在室温时的成形和钨(熔点为 3380℃)在 1100℃时的成形各属于何类成形？为什么？

3－5 举例说明体积不变条件和最小阻力定律在生产中的应用。

3－6 确定如题 3－6 图所示零件采用自由锻制坯时的余块、机械加工余量和锻件公差，并绘出自由锻工艺图。

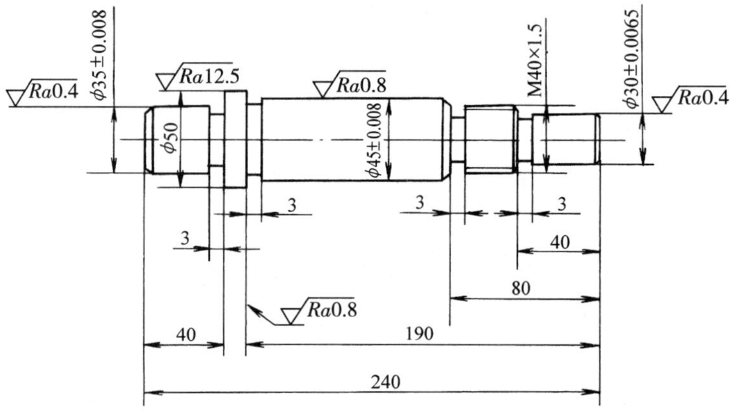

题 3－6 图　零件图一

3－7　如题 3－7 图所示零件若采用自由锻制坯，其结构是否合理？为什么？

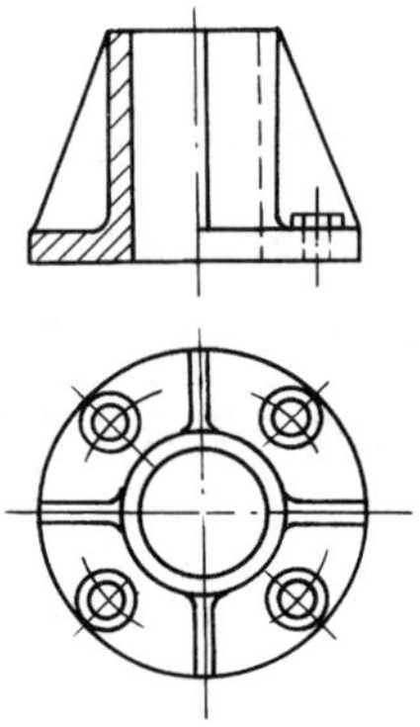

（a）支座

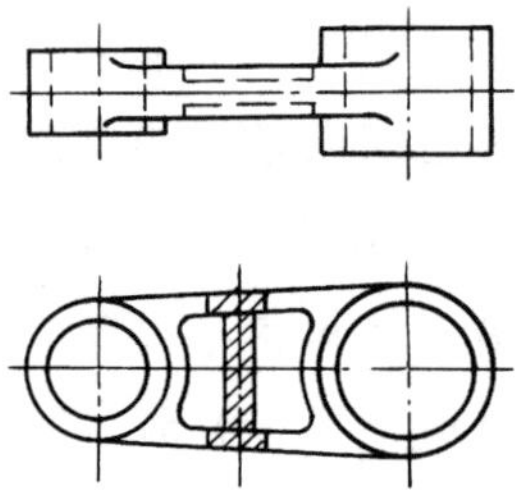

（b）连杆

题 3－7 图　零件图二

3－8　比较锤模锻、液压机模锻和摩擦螺旋压力机模锻的特点和应用。

3－9　如题 3－9 图所示零件在小批、中批和大批生产时各应采用哪些模锻方法？为什么？

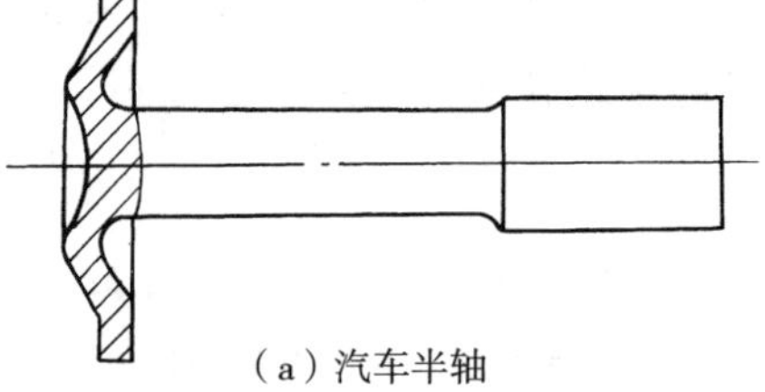

（a）汽车半轴

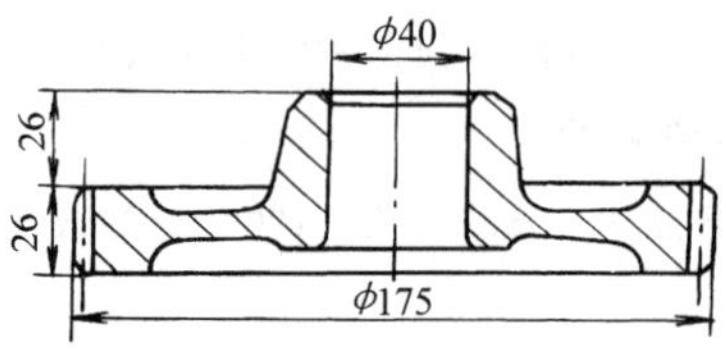

（b）齿轮

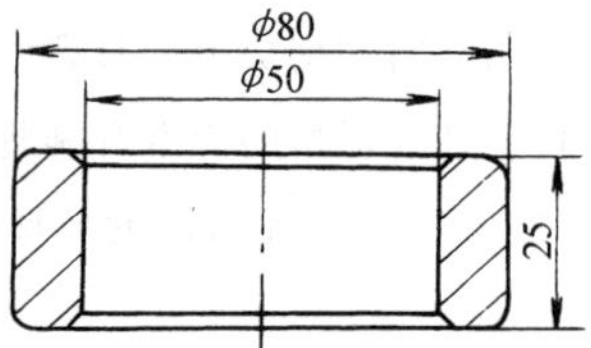

（c）套圈

题 3－9 图　零件图三

3－10　如题 3－10（a）图、题 3－10（b）图所示连杆零件均采用锤模锻制坯，试选择分模面，并说明理由。

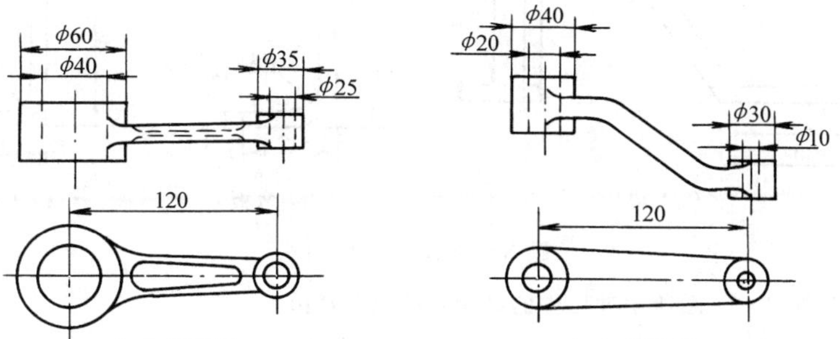

（a）直连杆　　（b）弯连杆

题 3－10 图　零件图四

3－11　如题 3－11 图所示连杆零件若采用锤模锻制坯，其结构是否合理？为什么？

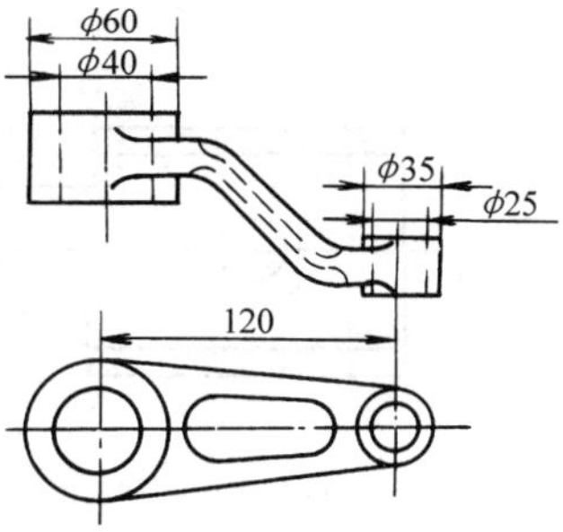

题 3－11 图　零件图五

3－12　绘制模锻锻件图时应考虑哪些因素？为什么？

3－13　试分析冲裁件剪断面的形成过程。如何提高剪断面质量？

3－14　材料弯曲、拉深和起伏的变形过程有何不同特点？

3－15　冲裁模和拉深模的主要区别何在？为什么？

3－16　题 3－16 图所示圆垫片，材料为 Q235，试分别计算落料模和冲孔模的刃口尺寸。

3－17　题 3－17 图所示圆筒件材料为 08 钢，平板坯直径为 ϕ110mm，试确定拉深次数和各道次的半成品直径。

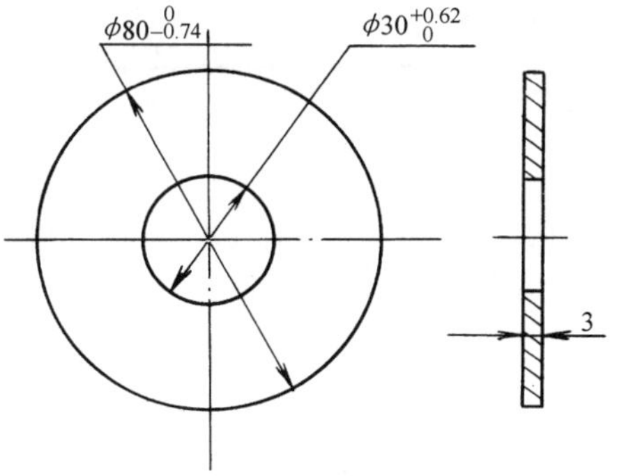

题 3－16 图　零件图六

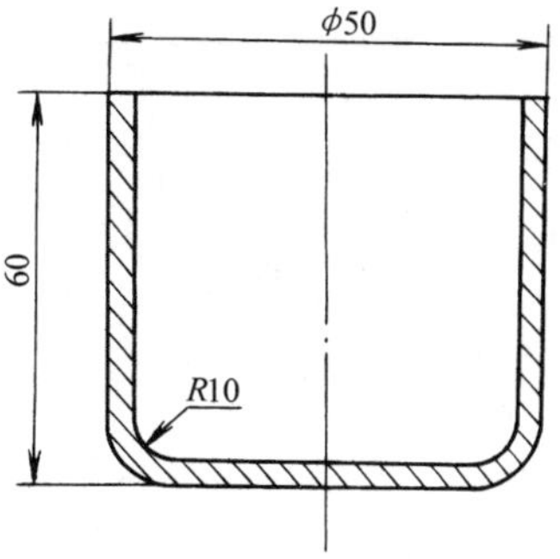

题 3－17 图　零件图七

3－18　试改进题 3－18 图所示冲压件的结构，并说明理由？

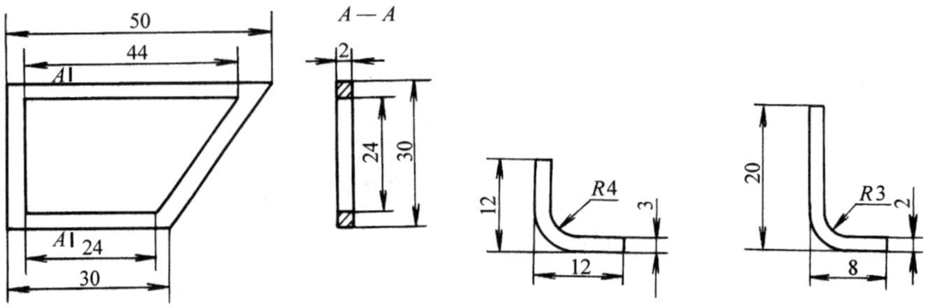

（a）垫片　　（b）弯板　　（c）弯板

题 3-18 图　零件图八

3-19　试改进题 3-19 图所示冲压件的结构，并说明理由？

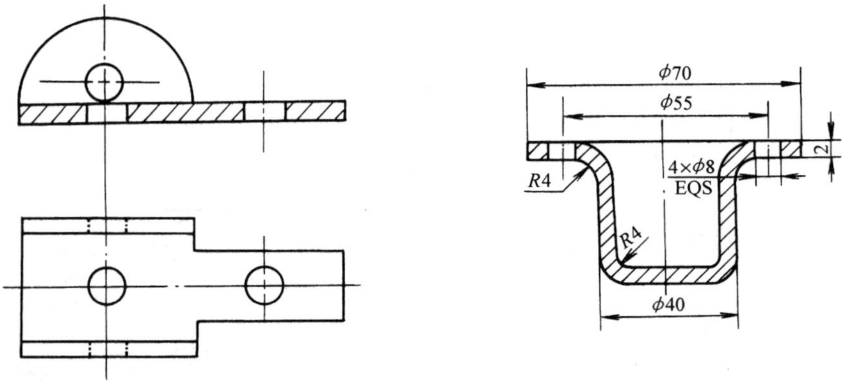

（a）支架　　（b）有凸缘圆筒

题 3-19 图　零件图九

3-20　斜轧与横轧的特点有何不同？各应用于何种场合？

3-21　比较软模成形和高能成形的异同。各应用于何种场合？

第4章 焊　接

【知识目标】

1. 识记和理解焊接过程及焊接接头的组织和性能变化；
2. 理解焊接应力和变形产生的原因，以及减少和消除的方法；
3. 分析和比较各种焊接方法及其特点和应用范围；
4. 识记和理解材料焊接性的影响因素和评价方法，比较常用金属的焊接性能。

【技能目标】

1. 能够从工艺和结构方面防止焊接应力和变形的产生；
2. 能够合理选择焊件的材料和焊接方法；
3. 能够正确设计焊接结构和工艺。

【素质目标】

1. 质量意识、安全意识、标准意识、绿色环保意识；
2. 专业认同感、家国情怀；
3. 工匠精神、创新精神。

4－1　焊接的定义分类特点和应用

焊接是通过加热或加压或两者并用，并且用或不用填充材料，使工件达到结合的一种方法。根据焊接过程的特点不同，可将焊接方法分为熔焊、压焊、钎焊等三大类。

① 熔焊：是将待焊处的母材金属熔化以形成焊缝的焊接方法。常用的熔焊方法有气焊、电弧焊、电渣焊等。熔焊是最常用的焊接方法，在焊接生产中占主导地位。

② 压焊：即在焊接过程中，必须对焊件施加压力（加热或不加热），以完成焊接的方法。常用的压焊方法有电阻焊、摩擦焊等。

③ 钎焊：指采用比母材熔点低的金属材料做钎料，将焊件和钎料加热到高于钎料熔点，低于母材熔化温度，利用液态钎料润湿母材，填充接头间隙并与母材相互扩散实现连接的方法。常用的钎焊方法有火焰钎焊、电阻钎焊、浸渍钎焊等。

4－2　熔焊冶金过程及其特点

焊接省工省料、效率高，适于焊接的材料广泛，目前已基本取代铆接成为金属连接成形的主要方法。但焊接部位可能产生气孔、裂纹等焊接缺陷，焊件上常存在焊接应力和焊接变形，某些高熔点金属、活泼金属及异种材料的焊接尚有一定困难。

焊接不仅是传统制造领域的基本加工手段之一，而且在微电子工业、表面工程、新材料工程中也发挥着独特的作用。

4.1 焊接基础

4.1.1 熔焊冶金过程及其特点

在熔焊过程中，焊接接头金属将发生一系列的物理、化学反应，称为熔焊冶金过程，包括熔焊液相冶金、熔池结晶、焊接接头的组织转变等。

1. 熔焊液相冶金

（1）熔焊液相冶金的特点

较之一般炼钢，钢在电弧焊时的液相冶金具有反应温度更高、熔化金属与外界接触面积（比表面积）更大、反应时间很短等特点。钢焊接与炼钢的液相冶金比较见表4-1所列。

表4-1 钢焊接与炼钢的液相冶金比较

类别	比表面积/（m^2/kg）	温度/℃	相间接触时间/s
熔滴	（1～10）$\times 10^{-3}$	1800～2400	0.01～1.0
熔池	（0.25～1.1）$\times 10^{-3}$	1770±100	6～40
炼钢	（1～10）$\times 10^{-6}$	1600～1700	（1.8～9）$\times 10^{3}$

熔焊冶金反应时间虽短，但由于温度很高，各相间接触面积大，加速了冶金反应，增加了合金元素的烧损和蒸发以及氢、氧、氮等有害气体的溶入，使焊缝的力学性能下降，且易产生气孔、夹杂物等焊接缺陷。

（2）保证焊缝质量的措施

① 防止有害气体侵入熔池：可利用保护气体、焊条药皮或焊剂产生的气体及熔渣隔离空气，焊前清理焊件及焊丝、烘干焊条或焊剂，采用低氢或无氧的焊条或焊剂等方法防止有害气体侵入熔池，必要时可在真空中焊接。

② 对熔池金属进行冶金处理：可通过焊接材料向熔池添加硅、锰等有益元素，以弥补其烧损，并进行脱氧、脱硫、脱磷；也可渗入其他合金元素，从而保证和调整焊缝的化学成分。

2. 熔池结晶

熔池金属凝固时，是以熔合线上局部熔化的母材晶粒为核心，形成与母材金属长合在一起的“联生结晶”，并沿着散热的反方向长大形成柱状晶的，如图4-1所示。焊缝金属晶粒较粗，组织不致密，且易引起化学成分偏析，有些焊缝金属在凝固末期还可能产生热裂纹。

在焊缝中增添少量 Ti、V、Mo 等元素，可形成弥散的结晶核心，使焊缝晶粒细化，力学性能提高。采用机械振动、超声振动、电磁搅拌等工艺措施均可细化焊缝晶粒。

3. 焊接接头的组织转变

焊接接头是由两个或两个以上零件要用焊接组合或已经焊合的接点。已焊合的接头按组织和性能的变化不同，可分为焊缝金属区、熔合区和热影响区等，低碳钢焊接接头的组成如图 4-2 所示。

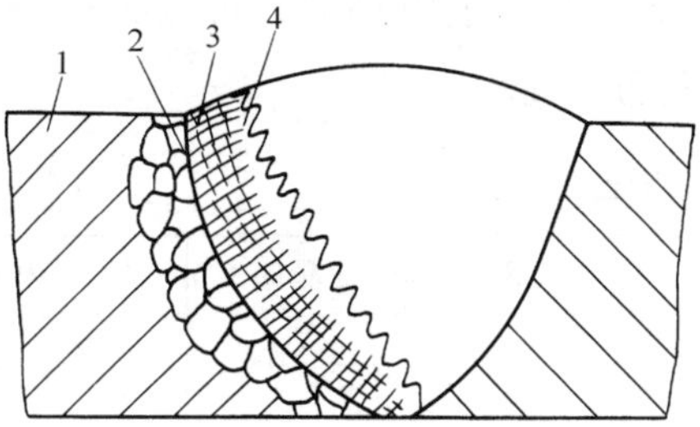

1—母材；2—熔合线；
3—联生结晶；4—柱状晶。

图 4-1 熔合区的联生结晶

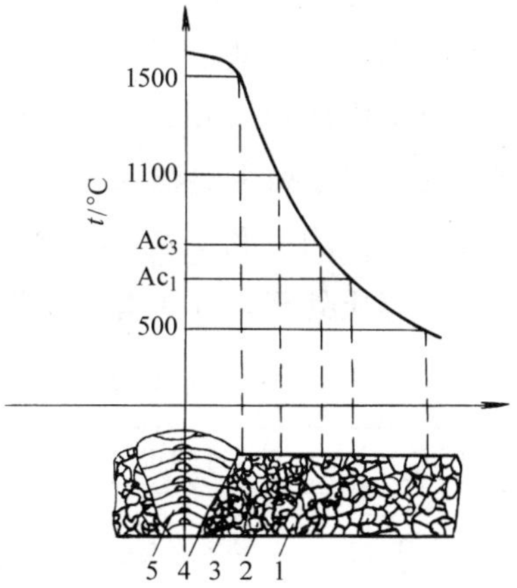

1—不完全重结晶区；2—相变重结晶区；
3—过热区；4—熔合区；5—焊缝金属区。

图 4-2 低碳钢焊接接头的组成

（1）焊缝金属区

熔焊时，焊缝金属区指由焊缝表面和熔合线所包围的区域。在凝固后的冷却过程中，焊缝金属可能产生硬、脆的淬硬组织甚至出现焊接裂纹。通过严格控制焊缝金属的碳、硫、磷含量，渗入合金元素和细化晶粒等措施，可使其力学性能不低于母材金属。

（2）熔合区

熔合区是焊缝与母材交接的过渡区，即熔合线处微观显示的母材半熔化区。该区的加热温度在固、液相线之间，由铸态组织和过热组织构成，可能出现淬硬组织。该区的化学成分和组织都很不均匀，力学性能很差，是焊接接头中最薄弱的部位之一，常是焊接裂纹的发源地。

（3）热影响区

热影响区是焊接或切割过程中，材料因受热的影响（但未熔化）而发生金相组织和力学性能变化的区域，包括过热区、相变重结晶区、不完全重结晶区等。

① 过热区：即热影响区中具有过热组织或晶粒显著粗大的区域。该区的加热温度在固相线与 1100℃之间，奥氏体晶粒显著长大，力学性能明显下降，是热影响区中力学性能最差的部位，也常是焊接裂纹的发源地。对于易淬火钢，则易转变为淬硬组织，性能更差。

② 相变重结晶区：即热影响区中具有正火组织的区域。该区的加热温度稍高于 A_{C_3} 线，经重结晶获得细小、均匀的晶粒，相当于热处理的正火处理，故又称正火区。该区力学性能明显改善，是焊接接头中性能最好的区域，但对于易淬火钢，亦易形成淬硬组织。

③ 不完全重结晶区：即热影响区中部分组织发生相变重结晶的区域。该区加热温度在 A_{C_3} 线与 A_{C_1} 线之间，仅部分组织发生相变重结晶成为均匀、细小的晶粒，其余组织未发生重结晶而为较粗大的晶粒。故该区晶粒和组织都不均匀，力学性能较差，对于易淬火钢，则可能出现部分淬硬组织。

采用热量集中的焊接方法，可以有效地减少热影响区的宽度，见表 4－2 所列。在保证焊接质量的前提下减少热输入，即减少输入给单位长度焊缝上的热能，如加快焊接速度或减小焊接电流，均有利于减小焊接热影响区。对于重要的钢结构，可以采用焊后热处理，如正火或调质处理，以改善焊接接头的组织和力学性能。

表 4－2　不同焊接方法热影响区的平均宽度　（单位：mm）

焊接方法	过热区	相变重结晶区	不完全重结晶区	总宽度
焊条电弧焊	2.2～3.0	1.5～2.5	2.2～3.0	6.0～8.5
埋弧自动焊	0.8～1.2	0.5～1.7	0.7～1.0	2.3～4.0
电渣焊	18～20	5.0～7.0	2.0～3.0	25～30
CO_2气体保护焊	1.5～2.0	2.0～3.0	1.5～3.0	5.0～8.0
真空电子束焊	—	—	—	0.05～0.75

4.1.2　焊接应力与变形

焊接应力与变形对焊件的强度、刚度、加工精度等都有十分不利的影响，焊接应力还是形成焊接裂纹的重要因素，故在焊件设计和焊接时，应采取适当措施减小焊接应力，控制焊接变形。

1. 焊接应力与变形产生的原因

焊接时，多采用集中热源进行局部加热，使焊件上产生不均匀的温度场，导致材料产生不均匀膨胀。处于高温区域的材料加热时膨胀量大，但受到周围温度较低、膨胀量较小的材料的限制，而不能自由膨胀。于是焊件中出现内应力，高温区域材料受压，低温区域材料受拉。由于高温区的材料强度较低，故将产生局部压缩塑性应变，且冷却后其室温尺寸应小于加热前的尺寸。但在冷却过程中，该区域受到周围材料的约束而不能自由收缩，致使焊件中出现一个与加热时方向相反的应力场，即原高温区域的材料受拉，而周围材料受压，且由于此时材料已难于产生塑性应变而使应力残留在构件中。焊接应力的存在，必然使焊件出现变形。焊后残留在焊件内的应力和变形称为焊接残余应力和焊接残余变形。

2. 焊接残余应力的调节与消除

(1) 焊接残余应力的分布

焊接残余应力的分布情况较为复杂。在厚度不大的焊接结构中，残余应力基本上是双轴的，厚度方向的残余应力很小。

① 纵向残余应力 R_x：沿焊缝方向的残余应力。平板对接时，焊缝区为拉应力，其余部位为压应力，如图 4－3 (a) 所示。

② 横向残余应力 R_y：垂直于焊缝方向的残余应力。平板对接时，焊缝两端为压应力，中部为拉应力，如图 4－3 (b) 所示。

4－3 焊接应力

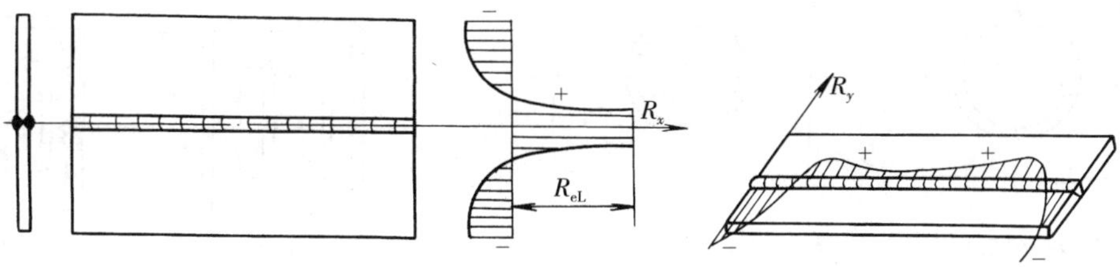

（a）纵向残余应力的分布　　（b）横向残余应力的分布

图 4－3 平板对接焊焊接残余应力的分布

(2) 调节焊接残余应力的措施

① 设计措施

a. 尽量减少焊缝的数量和尺寸并避免焊缝密集和交叉。如型材、构件的复杂部位尽量采用冲压件或铸件，薄板结构采用电阻焊代替熔焊等。

b. 采用刚性较小的接头。图 4－4 所示的焊接管连接，翻边式较之插入式刚性较小，焊接过程易于产生变形而使应力得到缓解，故残余应力亦较小。

② 工艺措施

a. 采用合理的焊接顺序，使焊缝收缩较为自由。图 4－5 所示的拼板件，宜先焊错开的短焊缝，再焊直通的长焊缝，使短焊缝有较大的横向收缩余地，从而减小残余应力。

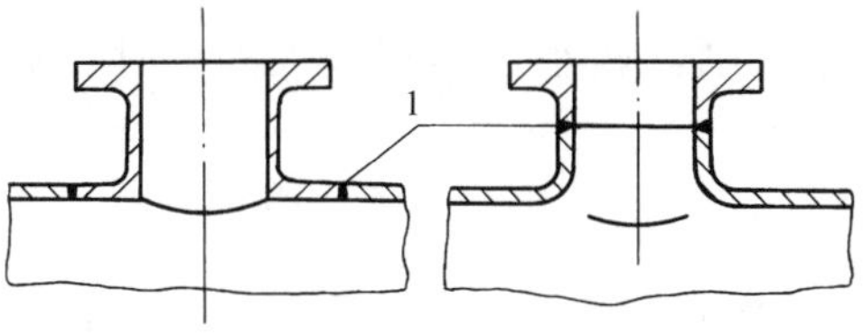

（a）插入式　　（b）翻边式

1—焊缝。

图 4－4 焊接管连接

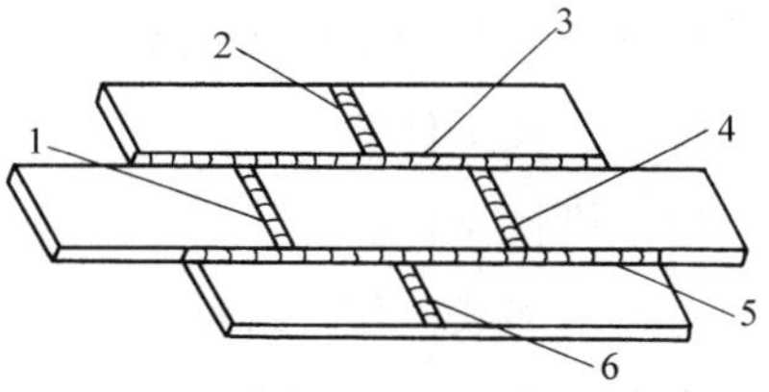

1、2、4、6—短焊缝；3、5—直通的长焊缝。

图 4－5 拼板焊缝的焊接顺序

b. 降低焊接接头的刚性。图 4－6 所示为降低焊接接头刚性的示例，采用反变形法可降低焊接部位的刚度，因焊接过程中接头易于产生塑性变形，补偿焊缝的收缩，从而减小残余应力。

c. 加热减应区。焊接前或焊接时在焊件的适当部位（即减应区）加热使之伸长，带动焊接部位产生一个与焊缝收缩方向相反的变形；焊后冷却时，加热的减应区与焊缝一起收缩，使焊缝收缩所受的约束减小，从而减小焊接残余应力。图 4－7 所示的铸铁框架补焊，中间断裂处焊补时，因结构刚度大，极易开裂。若焊接前在两侧杆中部（减应区）同时加热，即可避免焊接裂纹产生。

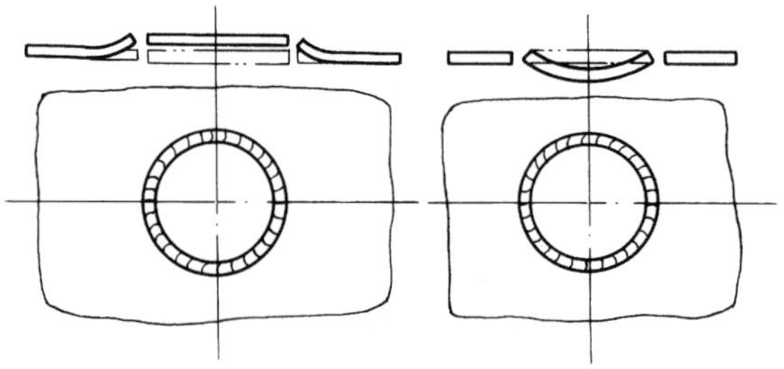

（a）板孔少量翻边　（b）镶块压凹

图 4－6　降低焊接接头刚性

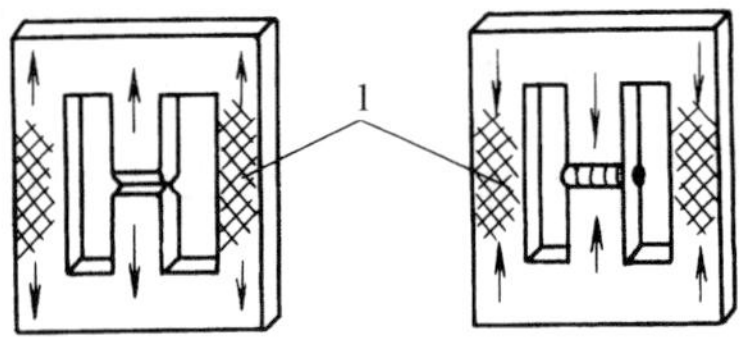

（a）焊前加热　（b）焊后冷却

1—减应区。

图 4－7　铸铁框架补焊

d. 锤击焊缝。焊后趁热锤击焊缝使之塑性伸长，以抵消焊缝受热时产生的压缩塑性变形。锤击应均匀适度，以防产生裂纹。

e. 预热和后热，即焊接前或焊接后对焊件全部（或局部）进行适当加热。预热和后热可显著降低焊件上温度场的不均匀程度，是生产上常用的减小焊接应力和变形的有效措施。

3. 焊接残余应力的消除方法

对于低温工作、承载较大的厚壁复杂结构或精度要求较高的焊件，焊后往往须消除残余应力。为此，常采取下列工艺措施：

（1）去应力退火

焊后对整个焊件或仅对焊缝区进行去应力退火，钢件加热温度为 500～650℃。整体去应力退火可消除约 80％的残余应力。局部去应力退火只加热焊缝及其附近区域，消除应力的效果较差，但设备和工艺简单，多用于结构简单、刚性较小或体积较大的焊件，如圆筒、管道、长构件等。

（2）机械拉伸法

对焊件加载，使焊缝区产生塑性拉伸，以减小其原有的塑性压缩变形，从而降低或消除内应力。对于压力容器，可与耐压检验同时进行，所用的介质一般为水。

（3）温差拉伸法

在焊缝两侧各用一个适当宽度的氧乙炔焰炬加热并在其后一定距离处喷水冷却，焰炬和喷水管以相同速度前移（图 4－8），形成一个焊缝区低（约 100℃）、两侧高（峰值约 200℃）的温度场，使焊缝两侧金属先受热膨胀再冷却收缩以拉伸焊缝区，使其产生拉伸

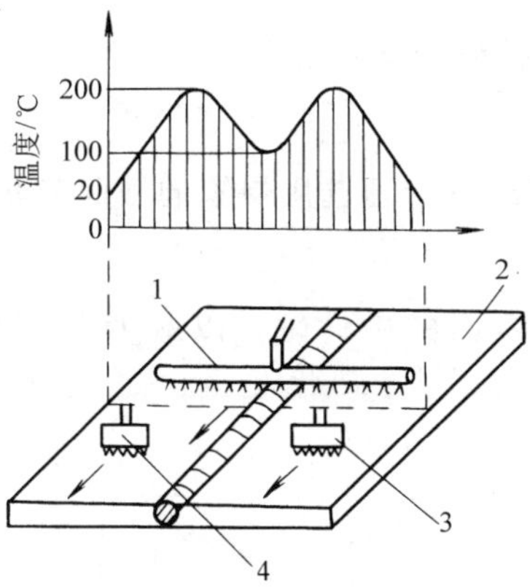

1—喷水排管；2—焊件；3、4—氧乙炔焰炬。

图 4-8　温度拉伸法示意图

塑性变形以抵消原有的压缩塑性变形，从而减小或消除残余应力。该方法适用于焊缝较规则、厚度在 40mm 以下的板壳结构。

(4) 振动法

通过激振器使焊接结构发生共振产生循环应力来降低或消除内应力。振动法设备简单、成本低廉、处理时间短且无加热缺陷，应用越来越广。

4. 焊接残余变形的控制和矫正

(1) 焊接残余变形的类型

常见的焊接残余变形有五种类型，如图 4-9 所示。

① 收缩变形。即焊件沿焊缝的纵向和横向尺寸减小［图 4-9 (a)］，是由焊缝区的纵向和横向收缩引起的。

② 角变形。即相连接的构件间的角度发生改变［图 4-9 (b)］，一般是由于焊缝区的横向收缩在焊件厚度方向上分布不均匀引起的。

4-4　焊接变形

③ 弯曲变形。即焊件产生弯曲［图 4-9 (c)］，通常是由焊缝区的纵向或横向收缩在高度方向上分布不均匀引起的。

④ 扭曲变形。即焊件沿轴线方向发生扭转［图 4-9 (d)］，与角接接头焊缝引起的角变形沿焊接方向逐渐增大的现象有关。焊接方向和顺序不当也会引起扭曲变形。

⑤ 失稳变形。薄板在厚度方向失稳，产生波浪变形［图 4-9 (e)］，一般是由沿板面方向的压应力作用引起的。

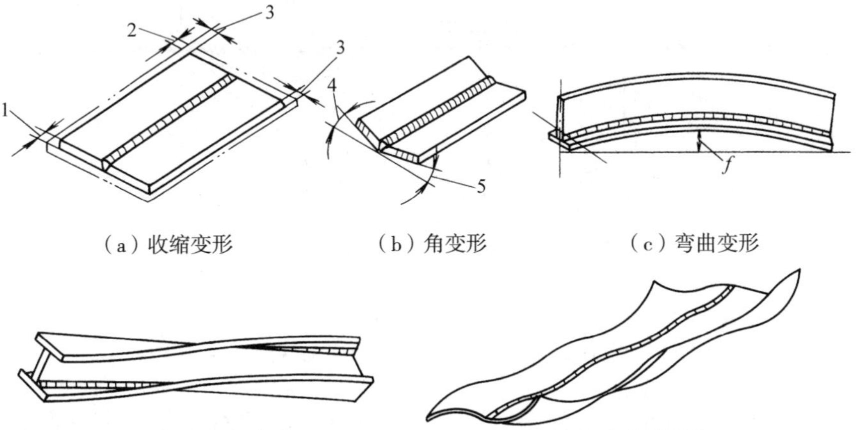

(a) 收缩变形　(b) 角变形　(c) 弯曲变形

(d) 扭曲弯形　(e) 失稳变形

1、2—纵向收缩量；3—横向收缩量；4、5—角变形量；f—挠度。

图 4-9　常见的焊接残余变形的类型

（2）控制焊接残余变形的措施

可从结构设计和焊接工艺两方面采取措施来控制焊接残余变形。

① 设计措施

a. 在可能的情况下尽量减少焊缝的数量和尺寸，并注意合理选用焊缝的截面形状（见本书第 4 章 4.4.4 节）。

b. 合理安排焊缝位置，使焊缝对称或接近于构件截面的中性轴，以减少弯曲变形，如图 4－10 所示。

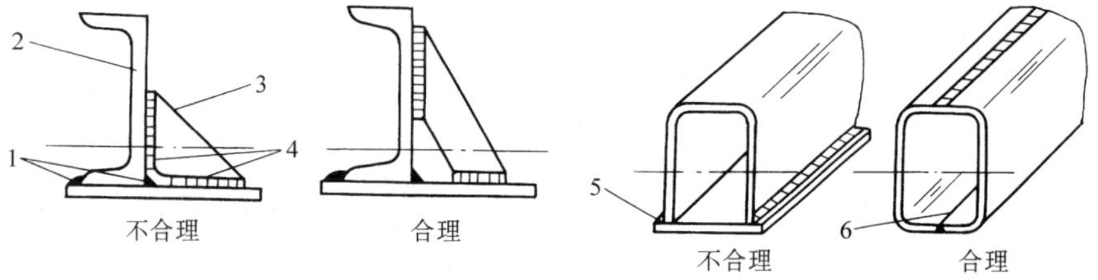

（a）带肋板的梁　（b）管形梁

1、4、5、6—焊缝；2—槽钢；3—肋板。

图 4－10　焊缝位置安排

② 工艺措施

a. 反变形法。即焊前使构件产生与焊接残余变形方向相反的变形，使二者相互抵消。图 4－11 所示为焊前预置反变形和预弯反变形以减小焊接残余变形的示例。刚度大的梁若难于采用预弯反变形，下料时可将其腹板预制出一定的挠度，以抵消焊接时的弯曲变形。

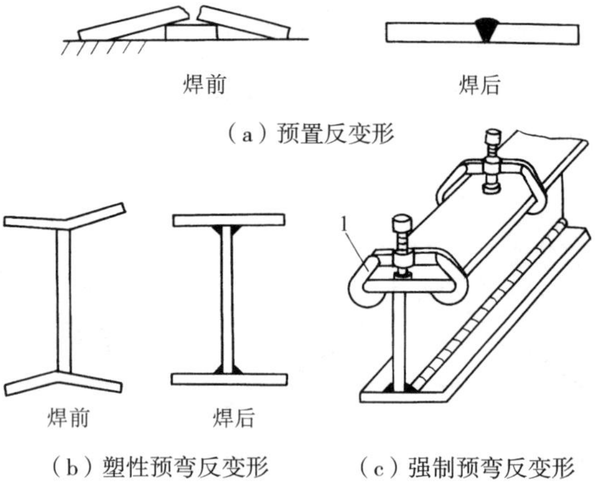

（a）预置反变形

（b）塑性预弯反变形　（c）强制预弯反变形

1—螺旋夹头。

图 4－11　焊前预置反变形和预弯反变形以减小焊接残余变形

b. 刚性固定法。即焊前将焊件刚性固定，如图 4－12 所示。此方法对防止弯曲变形的效果不及反变形法，但对防止角变形和波浪变形较有效。

c. 合理选用焊接方法和焊接规范。选用能量较集中的焊接方法，如以 CO_2 焊、等离

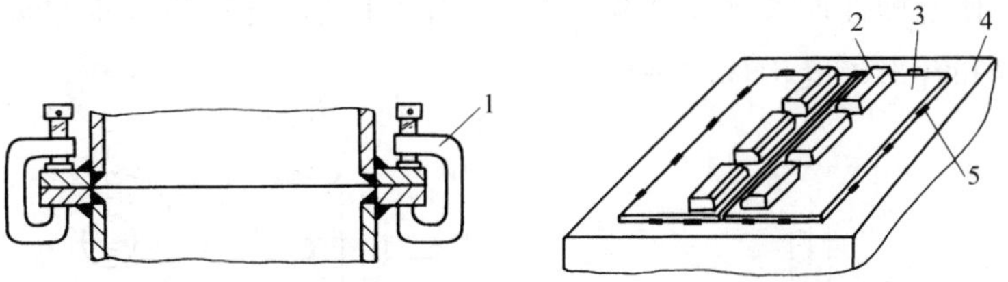

（a）用夹具夹紧凸缘　　（b）用压铁压紧薄板

1—固定夹；2—压铁；3—焊件；4—平台；5—定位焊点。

图 4－12　刚性固定法防止角度变形

子弧焊等代替气焊和焊条电弧焊，可显著减小焊接变形。焊接时采用较小的热输入，以减少局部加热程度，可降低焊接应力和减少变形。

d. 选用合理的装配焊接顺序。如把焊接结构分成若干件，分别装配焊接，最后再拼焊成一体，可使各焊缝的收缩较为自由。采用合理的焊接顺序也可使各焊缝的收缩较为自由，如图 4－13 所示。对称布置的焊缝对称施焊或同时施焊，可使产生的焊接变形相互抵消，如图 4－14 所示。较长焊缝手工焊接时的分段施焊，以及厚板焊接时的多层焊等，都有利于降低焊接应力和减少变形。

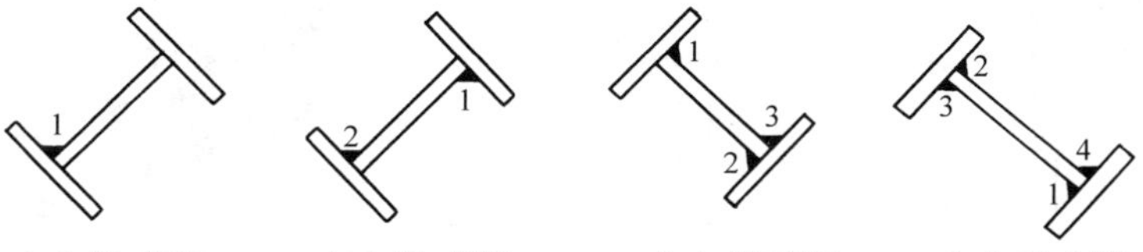

（a）焊1焊缝　（b）焊2焊缝　（c）焊3焊缝　（d）焊4焊缝

图 4－13　工字梁埋弧焊焊接顺序

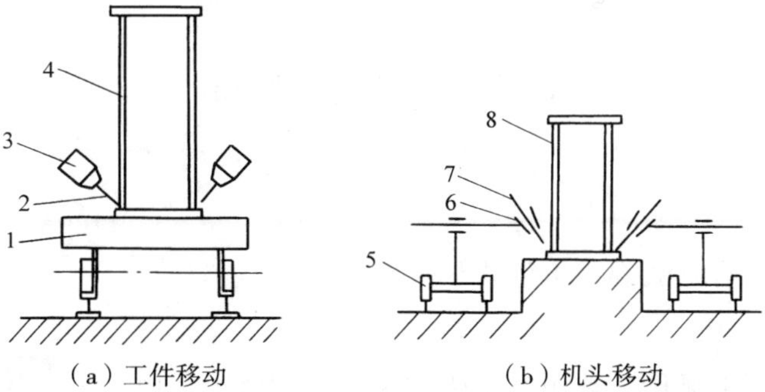

（a）工件移动　　（b）机头移动

1、5—台车；2、7—焊丝；3、6—导电嘴；4、8—主梁焊件。

图 4－14　主梁对称纵缝的同时施焊

（3）焊接残余变形的矫正

对于塑性较好、淬硬倾向较小的低碳钢和低合金结构钢焊件，其焊接残余变形可在焊接后进行矫正，常用的矫正方法有机械矫正法和火焰矫正法两种。

① 机械矫正法。即利用外力使构件产生与焊接变形方向相反的塑性变形，使二者相互抵消，图 4－15（a）所示为用压力机矫正工字梁的弯曲变形。对于失稳变形，可用圆盘

辊轮碾压焊缝区使之塑性伸长予以消除［图 4－15（b）］，此法生产效率高、矫正质量好，可用于长直焊缝和环形焊缝构件的矫形。

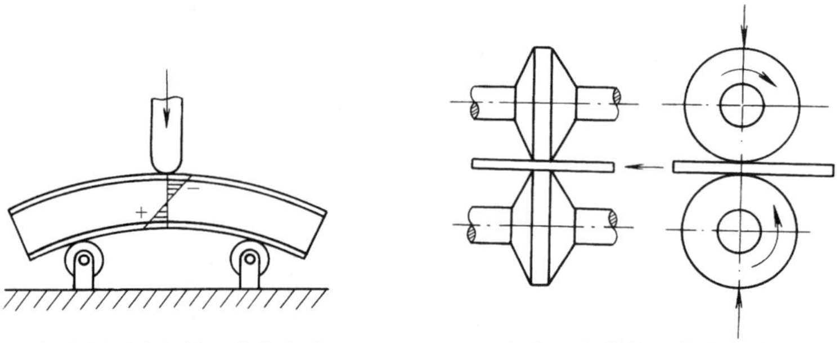

（a）用压力机矫正弯曲变形　　（b）用辊轮矫正失稳变形

图 4－15　机械矫正

② 火焰矫正法。即利用火焰局部加热焊件的适当部位，使其冷却收缩时拉伸焊缝，使焊缝产生塑性变形，以抵消焊接残余变形，如图 4－16 所示。火焰矫正一般采用气焊炬，操作灵活、方便，且不受焊件尺寸的限制，应用广泛。

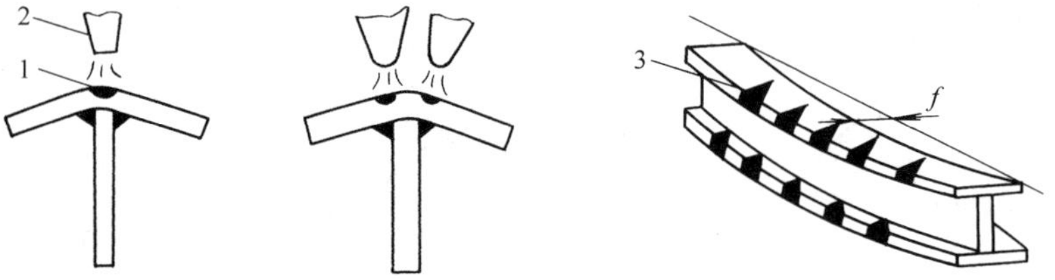

（a）矫正角变形　　（b）矫正弯曲变形

1、3—加热区域；2—焰炬；f—挠度。

图 4－16　梁变形的火焰矫正

4.2　焊接方法

4.2.1　熔焊

常用的熔焊方法有电弧焊、电渣焊、堆焊等。

1. 电弧焊

电弧焊是指利用电弧作为热源的熔焊方法，简称弧焊。电弧焊热量集中、温度高、设备较简单、使用方便，是目前应用最广泛的焊接方法。常用的电弧焊方法有焊条电弧焊、埋弧焊和气体保护焊等。焊条电弧焊内容可参阅有关工程训练教材。

4－5　埋弧自动焊

（1）埋弧焊

埋弧焊是指电弧在焊剂层下燃烧进行焊接的方法。如图 4－17 所示，粒状焊剂由焊剂给送管自动流出，在待焊处形成厚为 40～60mm 的焊剂层，焊丝由送丝机构自动送进并保持一定的弧长。电弧热使其附近的焊丝、母材和焊剂熔化或蒸发。蒸发的气体在电弧周围形成气泡，使电弧和熔池与空气隔离。随着电弧前移，熔池金属顺序凝固形成焊缝，浮于熔池上的熔渣也逐渐凝固形成渣壳并继续对焊缝起保护和缓冷作用。

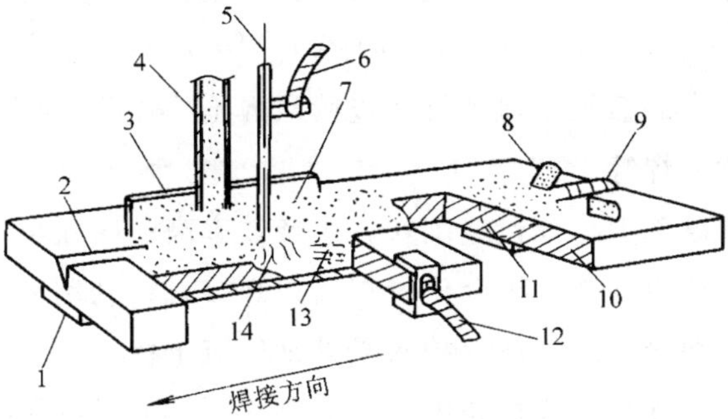

1—焊接衬垫；2—V 形坡口；3—焊剂挡板；4—焊剂给送管；5—焊丝；6—接焊丝电缆；7—颗粒状焊剂；8—渣壳；9—焊缝；10—母材；11—焊缝金属；12—接工件电缆（接地）；13—熔池；14—电弧。

图 4－17　埋弧焊

埋弧焊焊接材料主要是焊丝和焊剂。焊丝在焊接时作为填充金属并同时作为电极。钢焊丝有碳钢、合金结构钢和不锈钢等类型，分别用于相应材料的焊件。钢焊丝的含碳量低，硫、磷含量也受到严格限制。焊剂是在焊接时能够熔化或分解形成熔渣和气体，对熔化金属起保护和冶金作用的物质，由一定成分的粉料经熔炼或烧结并制成颗粒状。焊剂与焊丝共同决定了焊缝金属的化学成分和力学性能。

埋弧焊可采用大电流（可达 1000A 左右）焊接，一次可完成的焊缝厚度大，板厚 30mm 以下可不开坡口，效率高；焊缝质量好、表面光滑美观；节省焊接材料和电能。但其设备投资较高，且只适用于平焊位置。埋弧焊现已成为工业上最常用的焊接方法之一，可焊接低碳钢、低合金结构钢、耐热钢和纯铜等。适用于较厚的板料的长、直焊缝和较大直径的环形焊缝的焊接。图 4－18 所示为筒体环焊缝的埋弧焊。

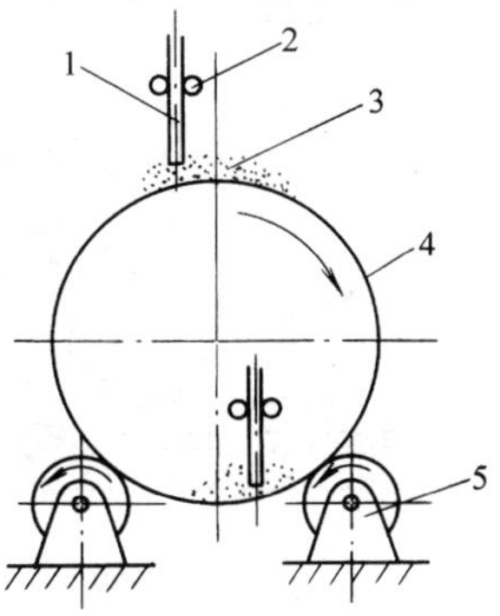

1—焊丝；2—送丝滚轮；
3—焊剂；4—筒体；5—滚轮架。

图 4－18　筒体环焊缝的埋弧焊

4－6　气体保护电弧焊

（2）气体保护电弧焊

气体保护电弧焊是指用外加气体作电弧介质并保护电弧和焊接区的电弧焊方法，简称气体保护焊，可分为熔化极气体保护焊和钨极惰性气体保护焊两类。

① 熔化极气体保护焊：采用实心焊丝或药芯焊丝做电极的气体保护焊，常用的保护气体有 CO_2、Ar、Ar＋O_2、Ar＋CO_2等。如图4－19所示，焊丝经送丝机构连续向焊接熔池给送并自动保持要求的弧长，保护气体连续从焊枪喷嘴喷出排除空气，保护电弧与熔池不受污染，以获得优质焊缝。

熔化极气体保护焊熔深大、焊接速度快、生产效率高；明弧可见，易于操作；焊缝含氢量低、质量好；工艺适应性强，可全位置焊接；焊接材料利用率高，能耗低。但其设备成本和维修费用高，且焊接区的气体保护易受外来气流干扰。

熔化极气体保护焊正逐步取代焊条电弧焊。其中，CO_2气体保护焊成本较低，但有氧化性，适用于低碳钢和强度级别较低的低合金结构钢的焊接；惰性气体保护焊成本较高，适用于易氧化的非铁合金和要求较高的各类合金钢的焊接。

② 钨极惰性气体保护焊：使用纯钨或活化钨（钍钨、铈钨等）电极的惰性气体保护焊。如图4－20所示，由焊枪中的钨极与工件间形成的电弧所产生的热量熔化焊丝和母材，惰性气体自喷嘴喷出，排除空气以保护钨极、电弧和焊接区域，从而获得优质焊缝。使用氩气的钨极惰性气体保护焊称为钨极氩弧焊。

钨极惰性气体保护焊可确保熔池金属不发生冶金反应且几乎可焊接所有的金属及合金；电弧燃烧相当稳定，即使在较低的电流（10～30A）下，也能引燃和维持，适用于薄板和各种难焊位置的焊接；焊接过程明弧可见，便于操作；焊缝金属含氢量极低，适于焊接对氢致裂纹敏感的钢材。但钨极承载电流的能力较低，熔敷率较小，焊接效率较低，成本较高。为此，已开发了热丝钨极氩弧焊，其熔敷率与相同直径的熔化极气体保护焊相似。钨极惰性气体保护焊常用于不锈钢、耐热钢和各种非铁金属及其合金的焊接。

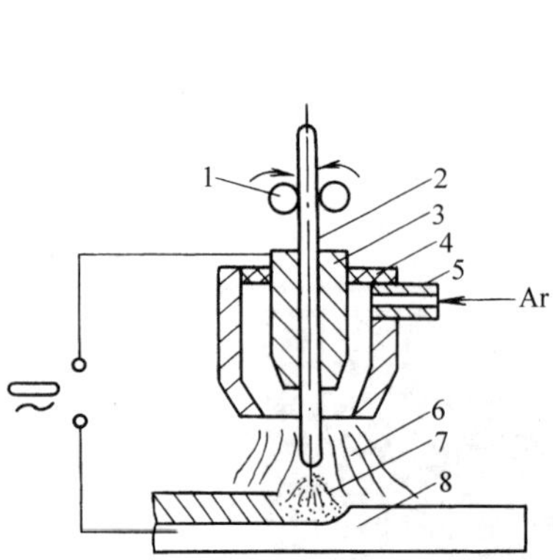

1—送丝滚轮；2—焊丝；3—导电嘴；4—喷嘴；5—进气管；6—氩气流；7—电弧；8—工件。

图4－19　熔化极气体保护焊

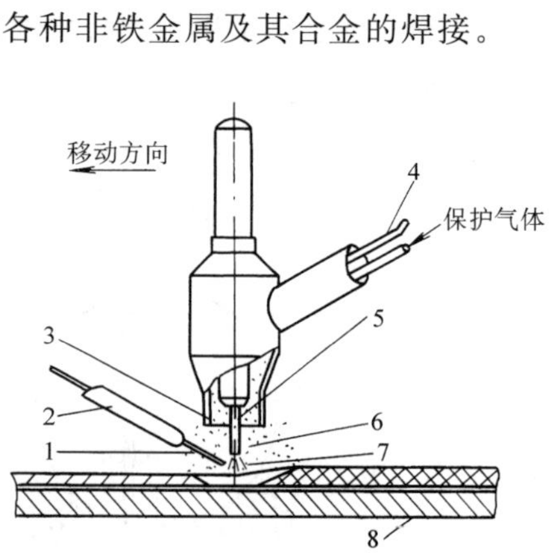

1—焊丝；2—焊丝导管；3—气体喷嘴；4—电流导体；5—钨极；6—保护气体；7—电弧；8—铜垫板。

图4－20　钨极惰性气体保护焊

2. 电渣焊

电渣焊是指利用电流通过液体熔渣产生的电阻热进行焊接的方法。电渣焊焊接原理如图4-21所示。焊接接头处于垂直位置，两侧装有水冷滑块，焊接时电流通过液体熔渣产生大量的电阻热，可使渣池温度高达1800～1900℃。高温使进入渣池的焊丝和接缝边缘的金属熔化且在渣池下形成熔池。随着熔池与渣池逐渐升高，两侧水冷式滑块也同步上升，熔池下部受强制冷却凝固成连续的焊缝。

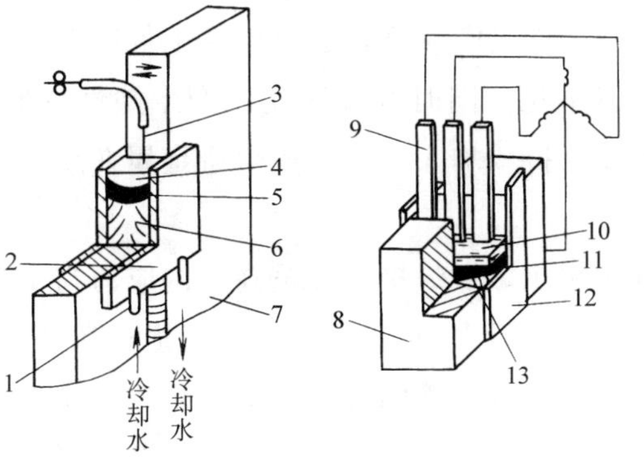

（a）丝极电渣焊　　（b）板极电渣焊

1—冷却水管；2、12—冷却滑块；3—焊丝；4、10—渣池；5、11—熔池；6、13—焊缝；7、8—焊件；9—板极。

图4-21 电渣焊焊接原理

电渣焊能将厚度很大的焊件在一次行程中完成焊接，熔敷速度高；加热和冷却速度慢，适于焊接淬硬倾向较大的合金钢；不易产生气孔、夹渣等缺陷，且脱硫、脱磷较充分，焊缝质量较高。但其焊接接头高温停留时间过长，晶粒粗大，热影响区较宽，故焊后通常需进行正火处理，以细化晶粒，提高接头的韧性。

电渣焊适用于焊接厚度30mm以上的厚板或大截面结构，可焊接碳钢、合金钢、铝等金属材料，在重型机械、船舶、压力容器等制造业中应用普遍。

3. 堆焊

堆焊是指为增大或恢复焊件尺寸，或使焊件表面获得具有特殊性能的熔敷金属而进行的焊接。常用的堆焊材料有合金钢、合金铸铁、钴基和镍基合金、碳化钨等，多制成焊条、焊丝或粉状。堆焊几乎可采用任何一种熔焊方法，尤其以焊条电弧堆焊和氧乙炔焰堆焊操作简便，应用最多。

堆焊可提高零件的使用寿命，易于调节熔敷金属的成分和组织，可获得耐磨、耐蚀、耐热等特殊性能；熔敷速度快、效率高，且可利用已有的焊接设备。但堆焊往往具有异种金属焊接的特点，难度较大，技术要求较高，且易产生焊接应力和变形。堆焊是一种重要的表面工程技术，广泛用于各种机械零件和工具、模具的制造和修复。

4.2.2 压焊

常用的压焊方法有焊和摩擦焊等。

1. 电阻焊

电阻焊是指工件组合后通过电极施加压力，利用电流通过接头的接触面及邻近区域产生的电阻热进行焊接的方法，可分为点焊、缝焊和对焊等类型。

4－7　电阻焊

（1） 点焊

点焊是指焊件装配成搭接接头，并压紧在两电极之间，利用电阻热熔化母材金属，形成焊点的电阻焊方法。如图 4－22（a） 所示，焊接时先加压使工件紧密贴合，通电后在工件贴合处产生的电阻热使该处金属熔化，同时焊接区受压产生塑性变形，以阻止熔融金属流失，并使导电顺利。断电后继续保持或加大压力，使熔融金属在压力下凝固，以形成组织致密的焊点（熔核）。

与铆接和其他焊接方法相比，点焊接头质量高，内应力与变形小，无需填充材料，生产率高，劳动条件好。但其所需设备功率大，接头无损检验困难，且非导电材料无法焊接。点焊适用于薄板、网和空间构架等的焊接，焊件厚度一般为 0.3～6mm，钢筋和棒料直径可达 25mm。

（2） 缝焊

缝焊是指将工件装配成搭接或对接接头，并置于两滚轮电极之间，滚轮对工件加压并转动，连续或断续通电，形成一条连续焊缝的电阻焊方法，如图 4－22（b） 所示。

缝焊原理及特点和点焊基本相同，但生产率更高，且焊缝具有密封性。缝焊适宜焊接厚度 0.2～2mm、焊缝较规则的钢件和轻合金焊件，常用于焊接各类有密封要求的薄壁容器，如油箱、罐体、散热器等。

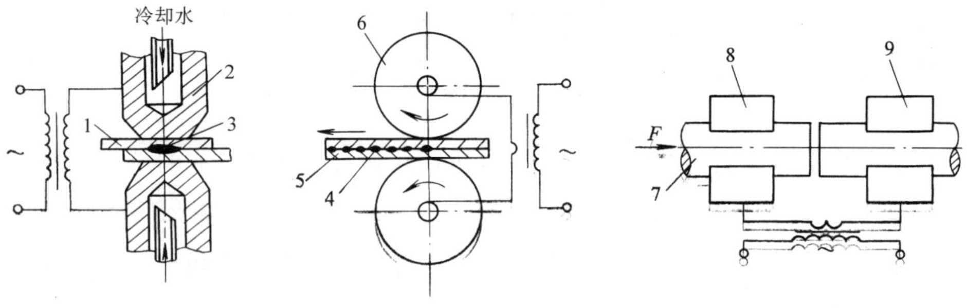

（a）点焊　（b）缝焊　（c）对焊

1、5、7—焊件；2、6—电极；3、4—熔核；8—固定电极；9—移动电极。

图 4－22　电阻焊

（3） 对焊

对焊是指将焊件以整个接触面焊合的电阻焊方法［图 4－22（c）］，按焊接过程不同，可分为电阻对焊和闪光对焊两类。

① 电阻对焊：是指将焊件装配成对接接头，使其端面紧密接触，利用电阻热加热至

塑性状态，然后迅速施加顶锻力完成焊接的方法。

电阻对焊设备和操作简便，接头外形匀称；但焊接处的断面形状需尽量相同，待焊端面须严格清理，且接头力学性能较差。电阻对焊适用于焊接断面紧凑、直径小于 20mm 的低碳钢棒料和管子，以及直径小于 8mm 的非铁金属棒料和管子。

② 闪光对焊：是指将工件装配成对接接头，接通电源，并使其端面逐渐移近达到局部接触，利用电阻热加热这些接触点（产生闪光），使端面金属熔化，直至端部在一定深度范围内达到预定温度时，迅速施加顶锻力完成焊接的方法。

较之电阻对焊，闪光对焊接头夹渣少、质量高、力学性能好；待焊端面无需清理；可焊接较大截面。但其设备和操作较复杂，待焊端面形状亦需尽量相同，且接头有毛刺，劳动条件差。闪光对焊适用于焊接各种金属材料和各种断面的焊件，如钻头、刀具、钢轨和大型管道等。

2. 摩擦焊

摩擦焊是指利用焊件表面相互摩擦所产生的热，使端面达到热塑性状态，然后迅速顶锻，完成焊接的一种压焊方法。如图 4－23 所示，先将一个焊件驱动到恒定转速，再将另一个不转动的焊件以相当大的轴向力压向旋转件，使之摩擦生热。当工件端面被加热到塑性状态时迅速停转，并增大压力进行顶锻，使工件端面产生塑性变形而实现焊接。

4－8 摩擦焊

摩擦焊接头质量好，焊件精度高；劳动条件好，生产效率高并可焊接异种材料。但非圆形截面、大型盘状或薄壁件，以及摩擦系数小或易碎的材料难于焊接，且设备投资较大。摩擦焊适于圆形、管形截面工件的对接，如刀具、阀门、钻杆等，在这些领域有逐步取代闪光对焊的趋势。

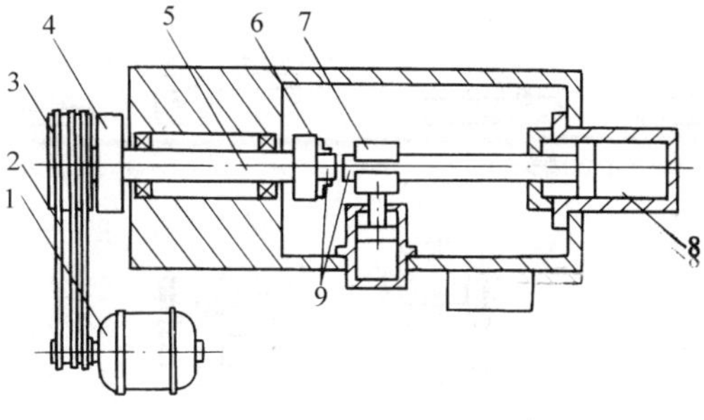

1—电动机；2—传动带；3—带轮；4—制动装置；5—主轴；
6—转动夹具；7—不转动夹具；8—液压缸；9—焊件。

图 4－23 摩擦焊机结构

4.2.3 钎焊

与其他焊接方法不同，钎焊是利用液态钎料润湿母材，填充接头间隙并与母材相互扩散实现连接的。较之熔焊，钎焊时母材不熔化，仅钎料熔化；较之压焊，钎焊时不对焊件施加压力。钎焊形成的焊缝称为钎缝。

1. 焊接材料

（1）钎料

钎料即钎焊时用作填充金属的材料，按熔点不同，有软钎料和硬钎料之分。

4-9 钎焊

① 软钎料：即熔点低于450℃的钎料，有锡铅基、铅基、镉基等合金。使用软钎料进行的钎焊称为软钎焊，接头强度较低，适用于焊接受力不大、工作温度较低的零件。

② 硬钎料：即熔点高于450℃的钎料，有铝基、铜基、银基、镍基等合金。使用硬钎料进行的钎焊称为硬钎焊，接头强度较高（>200MPa），适用于焊接受力较大、工作温度较高的零件。

（2）钎焊焊剂

钎焊焊剂即钎焊时使用的熔剂，简称钎剂。其作用是清除钎料和母材表面的氧化物，并在钎焊过程中保护焊件和液态钎料以免氧化，且可改善液态钎料对焊件的润湿性。

用于软钎焊的钎剂有松香、氯化锌水溶液、磷酸水溶液等。用于硬钎焊的钎剂有硼砂、硼氟酸钾等。除松香外，钎剂的残渣均有腐蚀性，焊后应予以清除。

2. 接头型式

钎焊常用的接头型式如图4-24所示。由于钎料强度低于母材，为提高承载能力，钎焊接头多采用搭接，且搭接长度不应过小。

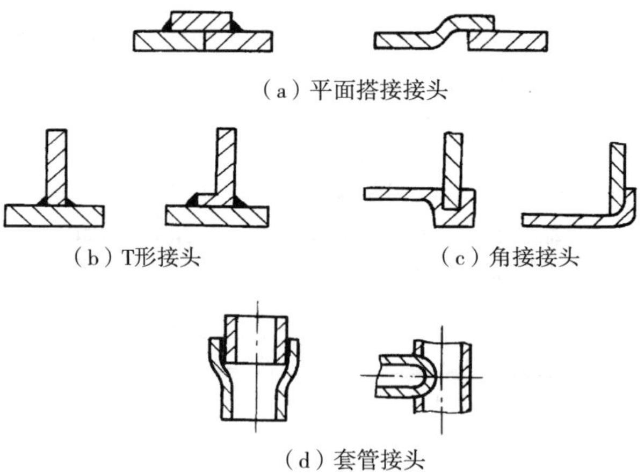

（a）平面搭接接头

（b）T形接头　（c）角接接头

（d）套管接头

图4-24 钎焊接头型式

3. 加热方式

钎焊的加热方式有烙铁加热、火焰加热、电阻加热、感应加热、浸渍加热和炉中加热等。属于浸渍加热类型的盐浴加热和金属浴加热，本身即提供钎剂或钎料，加热快、接头洁净。炉中加热方式的气氛、炉温可控，加热均匀、焊件变形小。这两种加热方式均可用于同时焊多件或多钎缝，特别适合于焊接形状复杂且多钎缝的零件。

4. 钎焊特点及应用

钎焊加热温度较低，接头光滑平整，组织和力学性能变化小，焊件变形小，且适于焊接异种材料；有些钎焊方法可同时焊多焊件、多接头，生产效率高。但其接头强度和耐热性能较低，焊前清理和装配要求较高。

钎焊适用于精密、微型、形状复杂或多钎缝的焊件及异种材料间的焊接，广泛用于焊接换热器、夹层结构、电真空器件和硬质合金刀具等。

4.2.4 其他焊接方法

随着焊接技术的迅速发展，先进的焊接方法不断涌现，大大提高了焊接质量和生产效率，拓宽了焊接的应用领域。

4-10 其他焊接方法
等离子弧焊电子束焊

1. 等离子弧焊

等离子弧焊是指借助水冷喷嘴对电弧的拘束作用，获得较高能量密度的等离子弧进行焊接的方法。如图 4-25 所示，当电弧通过水冷喷嘴的细长孔道时，受到机械压缩、热压缩和电磁压缩效应，截面缩小、电流密度增大、电离度提高，成为等

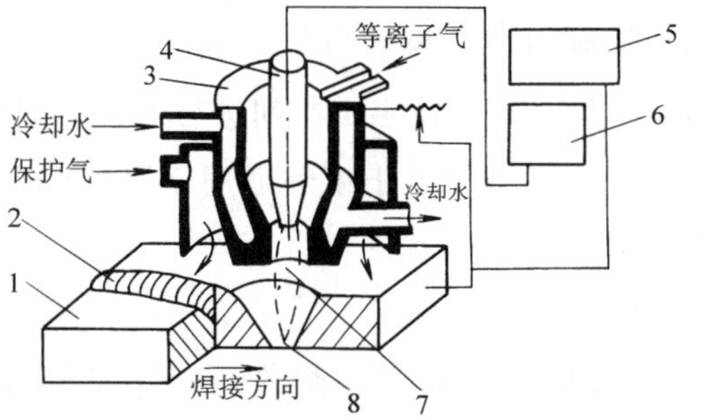

1—母材；2—焊缝；3—喷嘴；4—钨极；5—焊接电源；
6—高频振荡器；7—等离子弧；8—尾焰。

图 4-25 等离子弧焊

离子弧，其能量密度和温度均远高于钨极氩弧焊电弧。

等离子弧焊有熔透焊和穿透焊两种方式。熔透焊时电弧的能量密度较小，主要靠熔池的热传导焊透工件，多用于板厚在 3mm 以下的焊件。穿透焊时电弧能量密度大，主要靠强劲的电弧穿透母材焊透，多用于 3～12mm 板厚的焊件。

较之钨极氩弧焊，等离子弧能量密度大，穿透能力强，板厚 12mm 以下时可不开坡口，一次焊透；焊接电流小至 0.1A 时电弧仍能稳定燃烧且保持良好的挺度和方向性，可焊很薄的箔材；弧柱呈圆柱形，弧长变化对焊接的影响较小；焊接速度快，生产率高；可焊接各类金属材料，包括难熔和易氧化金属。但其设备较复杂，只宜在室内焊接。等离子弧焊适用于导弹壳体、波纹管、继电器和电容器外壳等的焊接。

利用等离子弧的热能还可实现切割，其原理是利用等离子弧将切割部位的金属迅速熔

化，并立即将其吹除而形成切口。等离子弧切割厚度大（可达150～200mm），质量好，切口窄，生产效率高，且可切割各种材料。在板厚20mm以下的碳钢和低合金钢切割上，其综合效益已超过氧乙炔气割。

2. 电子束焊

电子束焊是指利用加速和聚焦的电子束轰击置于真空或非真空中的焊件所产生的热能进行焊接的方法。如图4－26所示，在真空中从炽热阴极发射的电子，被高压静电场加速和聚焦后，又进一步被电磁场汇聚成高能量密度的电子束，能量密度约达5×(10^6～10^9) W/cm^2。当电子束轰击金属表面时（焦斑直径仅0.1～1mm)，电子的动能瞬间转变为热能，使金属熔化或蒸发，形成深熔空腔。当电子束和工件相对移动时，便形成窄而深的焊缝。

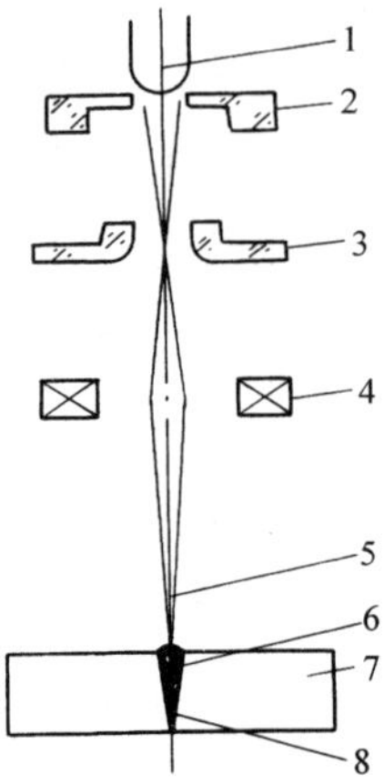

1—阴极（灯丝)；2—控制极（栅极)；3—阳极；4—电磁透镜；5—电子束；6—束焦点；7—工件；8—焊缝。

图4－26　电子束焊

电子束焊焊接速度快，热输入小，焊缝深宽比大（可达20∶1～50∶1)，热影响区窄，焊件变形小；电子束可控性好，焊缝纯度高，易于保证焊接质量；节能、节材，大批量生产或焊厚板时成本低；可焊接大多数金属材料、陶瓷和异种材料，且可在宇宙空间进行焊接。但其设备复杂、造价及使用维护技术要求高，且焊件尺寸受限制。电子束焊适用于厚板件、微型器件、真空密封件、精密零件和异种材料等的焊接。

3. 激光焊

激光焊是以聚焦的激光束作为能源轰击焊件所产生的热量进行焊接的方法。如图4－27所示，通过激励电流使红宝石、CO_2气体等物质受激产生方向性强、亮度高的单色

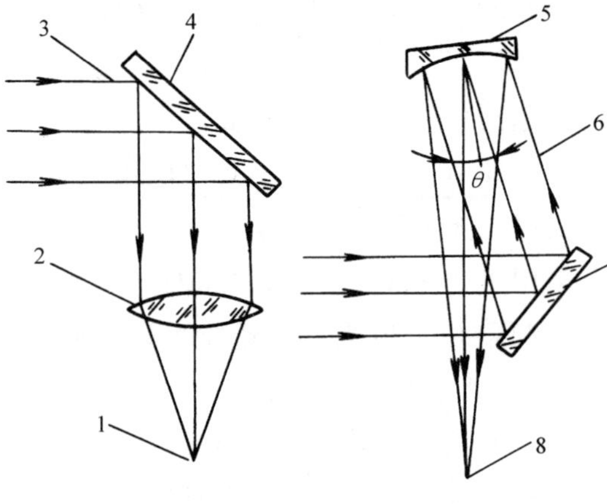

1、8—焦点；2—聚焦透镜；3、6—激光束；4、7—平面反射镜；5—球面反射镜。

图4－27　激光束聚焦

光，经透射或反射聚焦后成为能量密度极高（可达10^{10} W/cm^2）的激光束，照射到材料表面时，可迅速转化为高度集中的热能，使金属快速熔化以进行焊接。

激光焊焊接速度高，热输入小，焊缝窄，热影响区及焊接变形小，焊缝平整光滑；激光束指向稳定，不受电场、磁场及气流干扰，且焦斑位置可精确定位；可借助棱镜和光导纤维对难接触位置和远距离处进行焊接；既可焊一般金属材料，也可焊难熔金属和异种金属，以及有机玻璃、陶瓷等非金属材料。但其设备较复杂、功率较小且能量转换率低，故可焊厚度受限制。激光焊特别适合于精密结构件及热敏感件的焊接，如继电器外壳、阴极射线管、薄壁管和齿轮组件等。

利用激光束的热能还可实现切割，其原理是利用激光束将材料加热到熔化、升华或燃烧，并通过气体射流将熔融金属、蒸发物或氧化物吹除以形成切口。激光可切割各类材料，热影响区小，切口窄，切割面光洁，切割精度高，生产效率高，环境污染很小，但切割厚度受限制。

4. 扩散焊

扩散焊是指将工件在高温下加热，但不产生可见变形和相对位移的固态焊接方法，属于压焊类型。目前应用较广的是真空扩散焊。如图4-28所示，将工件置于真空室内，通过感应线圈加热和液压缸施压。在一定的温度、压力和真空条件下，工件接合面处产生塑性变形，使氧化膜破碎分解。当达到净面接触时，原子相互扩散，并产生再结晶形成牢固的接头。

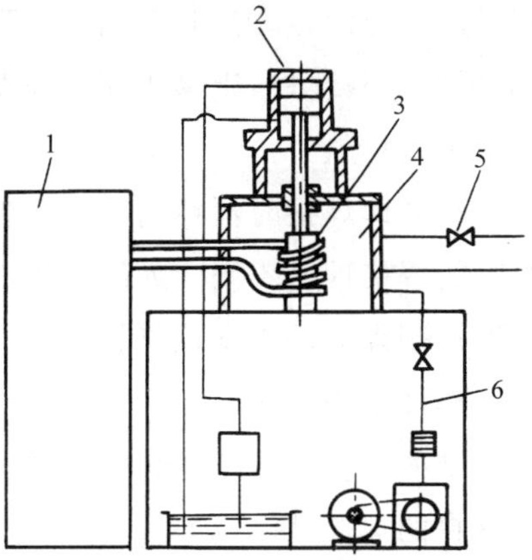

1—感应加热系统；2—液压缸；3—工件；4—真空室；5—水冷系统；6—真空系统。

图4-28 扩散焊机结构

真空扩散焊一般不需填充材料和焊剂；接头无铸态组织，不影响原有性能；可焊各类金属、非金属和异种材料；可焊接很厚和很薄的材料，且可同时焊接多个接头；残余应力小、焊接变形极微，焊后无须加工和清理；无环境污染，劳动条件很好。但其工件表面制备要求高，焊接和辅助装配时间长，焊接费用高且工件尺寸受限制。真空扩散焊适用于精密零件和异种材料的焊接，如发动机喷管、飞机蒙皮、复合金属板、钻头与钻杆的焊合等。

4.3 常用金属材料的焊接

4.3.1 材料的焊接性

材料的焊接性是材料在限定的施工条件下焊接成按规定设计要求的构件，并满足预定服役要求的能力。

1. 材料的焊接性的影响因素

材料的焊接性取决于材料的化学成分、焊接方法及焊接材料、焊件结构类型及服役要求等多种因素。

4－11　材料的焊接性的影响因素及其评价

（1） 材料的化学成分

材料的化学成分对材料的焊接性影响很大，如铁碳合金中，低碳钢的焊接性良好，高碳钢的焊接性差，铸铁的焊接性更差。非铁金属的焊接性一般均较差。

（2） 焊接方法

同种材料采用不同的焊接方法，材料的焊接性差别很大。如铝合金采用焊条电弧焊和气焊时焊接性差，而采用氩弧焊和电子束焊时焊接性良好。难熔金属、异种材料等的焊接，若采用普通焊接方法非常困难，而采用等离子弧焊、激光焊、电子束焊、摩擦焊、扩散焊和钎焊等焊接方法则易于获得满意的焊接接头。

（3） 焊接材料

焊接材料即焊接时消耗的材料，包括焊条、焊丝、焊剂和气体等。选用不同的焊接材料，材料的焊接性亦不同。如结构钢电弧焊时，选用碱性焊条或碱性焊剂较之选用酸性焊条或酸性焊剂焊缝的力学性能较高，而采用惰性气体保护时焊缝质量更好。

（4） 焊件结构类型

焊件结构越复杂或板厚越大，结构刚度就越大，焊接时越易产生较大的内应力和裂纹，故材料的焊接性就越差。

（5） 服役要求

焊件预定的服役要求不高时，较易获得符合规定设计要求的焊接质量；反之，则较难获得满意的焊接接头。

2. 焊接性的评价

金属材料的焊接性可用经验公式估算或通过焊接性试验进行评价。

（1） 用碳当量评价钢的焊接性

碳当量是把钢中合金元素（包括碳）的含量按其作用换算成碳的相当含量，可作为评价钢材焊接性的一种参考指标。估算钢材焊接性的经验公式有多种，各有其适用范围，使用时应慎重选择。碳钢及低合金结构钢常用的碳当量公式有以下几种。

① 国际焊接学会（IIW）推荐的公式：

$$CE=\left[w(\mathrm{C})+\frac{w(\mathrm{Mn})}{6}+\frac{w(\mathrm{Cr})+w(\mathrm{Mo})+w(\mathrm{V})}{5}+\frac{w(\mathrm{Ni})+w(\mathrm{Cu})}{15}\right]\times 100\%$$

式中：CE——碳当量；

$w(\mathrm{C})$、$w(\mathrm{Mn})$——碳、锰等相应成分的质量分数。

根据经验，当碳钢和低合金结构钢的 $CE<0.4\%$ 时，钢的淬硬倾向较小，焊接性良

好，焊接时一般不必采取预热等工艺措施。当 $CE=0.4\%\sim0.6\%$时，钢材有一定的淬硬倾向，焊接性较差，需采取适当预热等一定的工艺措施。当 $CE>0.6\%$时，钢材的淬硬倾向大，焊接性更差，需采用较高的预热温度等严格的工艺措施。

② 冷裂纹敏感系数公式。上述碳当量公式只考虑了钢材化学成分对焊接性的影响，而没有考虑板厚、焊缝含氢量等重要因素的影响。为此，在大量试验的基础上，建立公式：

$$P_w=\left[(w(C)+\frac{w(Si)}{30}+\frac{w(Mn)+w(Cu)+w(Cr)}{20}+\frac{w(Ni)}{60}+\frac{w(Mo)}{15}\right.$$

$$\left.+\frac{w(V)}{10}+5w(B)+\frac{[H]}{60}+\frac{h}{600}\right]\times100\%$$

式中：P_w——冷裂纹敏感系数；

$w(C)$、$w(Mn)$等——碳、锰等相应成分的质量分数；

[H] ——焊缝金属中扩散氢的含量（mL/100g）；

h——材料板厚（mm）。

利用 P_w可以求出工件所需的预热温度 t_p，即

$$t_p=1440P_w-392\ (℃)$$

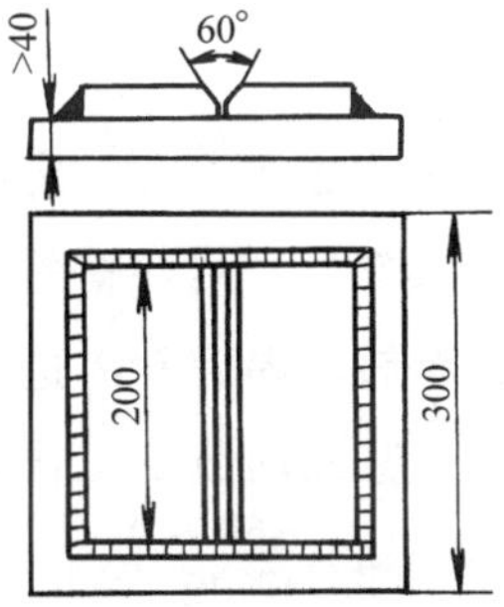

图 4-29　刚性固定对接试验的试件

用该公式求出的防止焊件产生裂纹的预热温度值，在多数情况下是安全的，故该公式在日本已成为实际施工时的大致标准而广泛应用。

（2）焊接性试验

焊接性试验即评定母材焊接性的试验，如焊接裂纹试验、接头力学性能试验、接头耐腐蚀性能试验等。图 4-29 所示为常用的小型焊件抗裂试验中的刚性固定对接试验的试件。在焊完试件四周的固定焊缝后，再按一定的焊接规范焊完对接焊缝。通过低倍放大的裂纹检验，以裂与不裂或测定裂纹率评定材料的焊接性。

4.3.2　常用金属材料的焊接

1. 碳钢的焊接

（1）低碳钢的焊接

低碳钢的 CE 小于 0.4%，焊接性良好。焊接接头一般不会产生淬硬组织或冷裂纹。当母材碳含量偏高或在低温下焊接刚性较大的结构时，可能会出现冷裂纹，应采取预热、后热及使用低氢型焊条或高碱度焊剂等措施。

4-12　常用材料的焊接性能

低碳钢焊件广泛用于一般的工程结构和强度要求不高的机器零件。

(2) 中碳钢的焊接

中碳钢的 CE 一般为0.4%～0.6%，焊接性较差，焊接接头易产生淬硬组织和裂纹。焊接时应进行预热（预热温度一般为100～200℃）和后热；选用低氢型焊条或碱度较高的焊剂；使用小电流、低焊速和多层焊，以防止母材过多地熔化。此外，焊后应立即进行热处理，以消除应力和改善接头性能。不能预热的焊件应采用奥氏体不锈钢焊条，以使焊缝获得奥氏体组织而避免淬硬，但其强度低于母材。中碳钢焊件常用于综合力学性能要求较高的构件。

(3) 高碳钢的焊接

高碳钢的 CE 大于0.6%，焊接性更差，焊接接头更易产生淬硬组织和裂纹，故焊接时应采用更高的预热温度和更严格的工艺措施。实际生产中，高碳钢焊接一般只用于工具、模具的修补和钢轨的对接。

2. 低合金结构钢的焊接

(1) 强度级别低的低合金结构钢的焊接

当低合金结构钢的 R_{eL} =295～390MPa时，其 CE 大多小于0.4%，热影响区淬硬倾向稍大于低碳钢，焊接性较好，只要焊接工艺选用得当，板厚32mm以下的焊件一般无需预热，也无需焊后热处理。这类钢价格较低，广泛用于较重要的焊接结构。

(2) 强度级别较高的低合金结构钢的焊接

当低合金结构钢的 R_{eL} =440～540MPa时，其 CE 在0.4%～0.6%之间，有一定的淬硬倾向，焊接性较差。焊接时须采取预热（预热温度一般为100～350℃）和后热措施，以加速氢的扩散，防止产生冷裂纹，且须采用碱性焊条或碱度较高的焊剂；焊后常需进行去应力退火或高温回火。这类钢有较好的综合力学性能，广泛用于在低温或动载下工作的重要焊接结构。

3. 耐热钢的焊接

耐热钢的焊接性一般均较差。以最常用的珠光体型耐热钢为例，该类钢是含Cr、Mo、V、W等合金元素的低碳、低合金钢，焊接接头易产生淬硬组织和裂纹，焊接工艺措施要求较为严格。焊前应仔细清理焊丝和坡口，须进行预热（预热温度一般为150～300℃）和后热，选用低氢型焊条或碱度较高的焊剂，焊后应立即进行去应力退火或高温回火处理。

4. 不锈钢的焊接

不锈钢的焊接性一般均较差。以最常用的奥氏体不锈钢为例，该类钢是含Cr、Ni等合金元素的低碳、高合金钢，焊接接头可能出现热裂纹、脆化和晶间腐蚀等焊接缺陷。应尽量采用高纯度焊接材料，减少碳、硫、磷等元素含量；选用高碱度焊剂或低氢型焊条；焊接时须采用热量集中的焊接方法，小的热输入（小电流、高焊速），低的层间温度，以减少热影响区的受热程度；焊后应进行热处理以消除残余应力。

5. 铸铁的焊接

铸铁的含碳量高，硫、磷等杂质元素含量多，强度低、塑性差，焊接时易产生裂纹、白口及淬硬组织，故焊接性差，须采取一定的工艺措施。常用的铸铁焊接方法有异质焊缝冷焊和同质焊缝热焊等。

（1）异质焊缝冷焊

选用焊缝为非铸铁型组织的焊条，以防止出现白口组织和裂纹。常用焊条电弧焊，通常不预热。可选用纯镍铸铁焊条，焊缝为镍铁合金，有良好的抗裂性及切削加工性，但成本较高，一般仅用于机床导轨面等重要铸铁件的加工面的修补。亦可选用碳钢铸铁焊条，焊缝为碳钢，成本低，但易产生热裂纹，且难于切削加工，只能用于焊补铸铁件的非加工面。

铸铁冷焊生产效率高，劳动条件好，焊接时应采用较小的焊接电流、短段焊（每段10～50mm）、断续焊（焊接区温度＜60℃）、分散焊等措施，焊后应立即锤击焊缝使之产生塑性变形以减小或消除应力。

（2）同质焊缝热焊

选用焊缝为铸铁型的焊条或焊丝，焊前将铸件整体或局部预热至550～650℃，且焊时温度不低于400℃。常用焊条电弧焊和气焊，焊后须进行去应力退火。

铸铁热焊可有效地防止白口、淬硬组织及裂纹，接头切削加工性好；但成本高、生产效率低、劳动条件差，一般用于形状复杂、刚性大且焊后需切削加工的重要铸件，如车床床头箱、内燃机缸体等。

由于铸铁的焊接性差，一般仅用于有缺陷的铸铁件的焊补和修复损坏的铸铁零件。随着焊接技术的进步，铸铁已逐渐成为易焊材料。近年来，铸铁焊接已开始用于铸铁焊接件、铸铁与钢或非铁金属的焊接件的生产。

6. 非铁金属的焊接

（1）铝及铝合金

工业纯铝和非热处理强化的变形铝合金的焊接性较好，应用广泛。可热处理强化的变形铝合金和铸造铝合金的焊接性较差。

铝及铝合金焊接的主要困难是极易生成熔点高、密度大的氧化物，使焊缝产生未熔合或夹渣缺陷；铝的线膨胀系数大，易产生内应力、变形和裂纹；铝为液态时可溶解大量氢气而固态时几乎不溶解氢，易使焊缝产生气孔；铝合金中含有的低沸点合金元素（如镁、锌、锰等）焊接时极易蒸发、烧损；铝的热导率和热容量大，焊接时热损失大。

铝及铝合金可采用大多数焊接方法。熔焊时应尽量选用能量集中的强热源。氩弧焊工艺简便，焊接质量好，易于实现自动化和进行全位置焊接，应用广泛。气焊设备简单、操作灵便，但生产效率低，接头质量不高，适于焊接要求不高的薄件及小件。焊丝成分一般应与母材相同或相近，焊前须严格清理焊丝和工件，板厚较大或气温较低时需预热。

（2）铜及铜合金

铜及铜合金的焊接性较差，其熔焊接头的各种性能一般均低于母材。

铜及铜合金焊接的主要困难是铜在液态时易氧化并进而引起热裂纹；铜在液态时对氢的溶解度远大于凝固时，易生成气孔；铜的线膨胀系数大，易引起内应力、变形和裂纹；铜的热导率和热容量大，焊接时易产生未熔合、未焊透等缺陷。

铜及铜合金焊接可采用气焊、埋弧焊、氩弧焊、等离子弧焊、电阻焊和摩擦焊等焊接方法。熔焊时焊丝成分一般应与母材成分相近，焊接热输入宜大。板厚较大时应预热并保持一定的层间温度，焊后应轻敲焊缝使其产生塑性变形以减小或消除应力，必要时还需进行去应力退火以防接头产生脆裂。

4.4 焊接结构设计与工艺设计

焊接结构设计与工艺设计主要包括结构材料的选用、焊缝布置、焊接方法的选择、焊接接头设计以及焊接材料、焊接参数的选择等。

4.4.1 结构材料的选择

焊接结构材料的选择应遵循下述基本原则：

① 在满足使用性能要求的前提下，应尽量选用焊接性较好的材料，如低碳钢和强度级别较低的低合金结构钢。

② 尽量采用廉价材料，仅在有特殊要求的部位采用特种材料，以降低成本。如麻花钻的工作部分用高速钢制作，柄部则用碳钢制作；耐蚀件采用复合钢板或在普通结构钢表面堆焊耐蚀合金等。

③ 尽量选用轧制型材，以减少备料工作量和焊缝数量，降低成本，且减少焊接应力、变形和焊接缺陷，如图 4－30 所示。形状复杂部位可采用冲压件、铸钢件等以减少焊缝数量。

4－13　焊接结构设计与工艺设计-材料的选择和焊缝布置

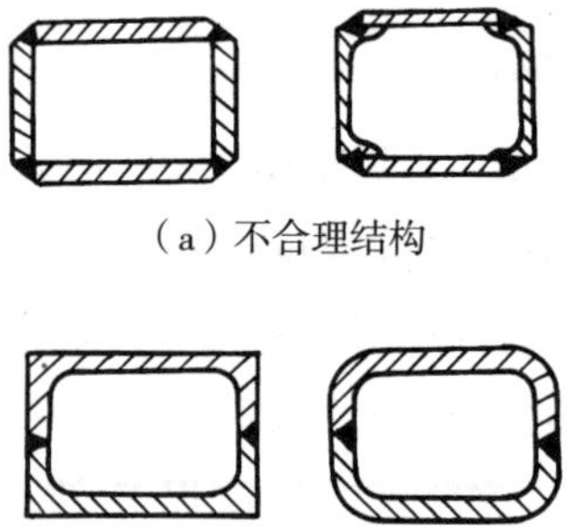

（a）不合理结构

（b）合理结构

图 4－30　焊接箱形截面梁形式

4.4.2 焊缝布置

为简化焊接工艺和保证接头质量，应合理布置焊接结构中的焊缝位置。为此，一般应注意以下问题：

① 应有足够的操作空间，以便于施焊和检验。如焊条电弧焊时，焊条应能接近待焊部位（图 4－31 上方所示的焊接结构）；电阻点焊和缝焊时，电极应能达到待焊部位，如图 4－31 下方所示的焊接结构所示。需要进行射线探伤的焊件，焊缝位置应便于探伤操作，以免出现漏检或误判，如图 4－32 所示。

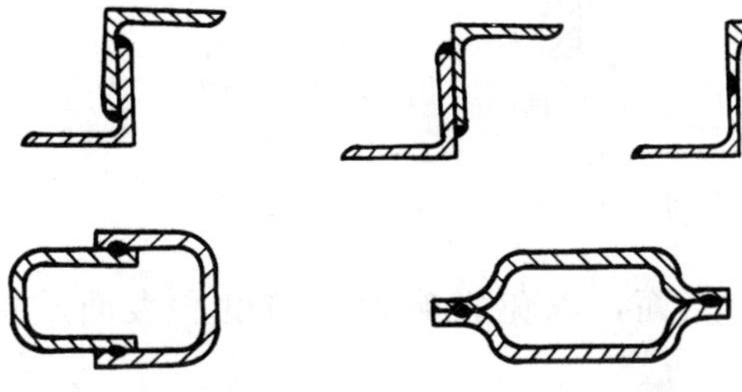

（a）不合理结构　　（b）合理结构

图 4－31　焊缝位置应便于施焊

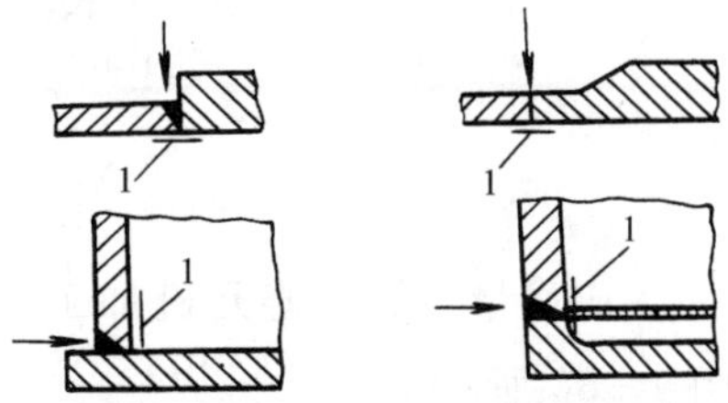

（a）不合理结构　　（b）合理结构

1—底片。

图 4－32　焊缝位置应便于探伤

② 应避免焊缝密集或汇交，以防止接头组织和性能恶化，且减少应力集中和焊接变形，如图 4－33 所示。

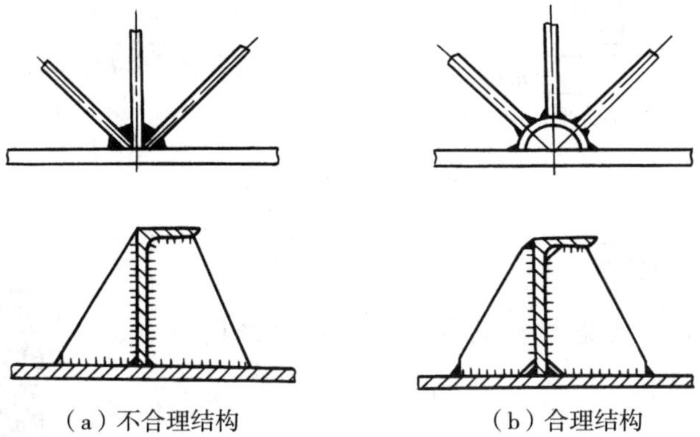

（a）不合理结构　　（b）合理结构

图 4－33　避免焊缝密集或汇交

③ 应使焊缝尽量避开工作应力较大和易产生应力集中的部位，以放宽对焊接接头的质量要求，如图 4－34 所示。

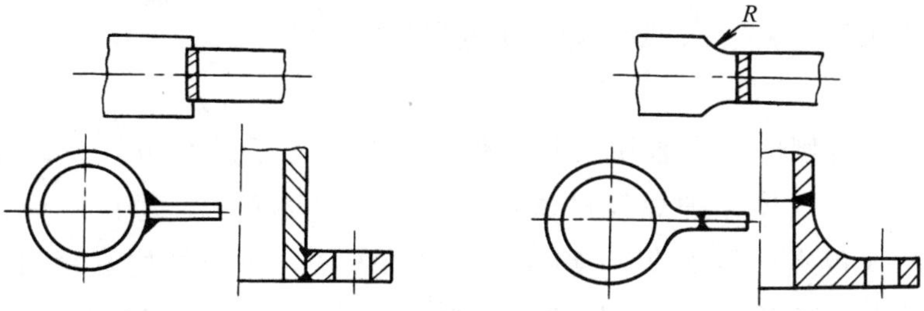

（a）不合理结构　　（b）合理结构

图 4－34　避开应力较高的部位

④ 应避免母材厚度方向工作时受拉，因母材厚度方向强度较低，受拉时易产生裂纹，如图 4－35 所示。

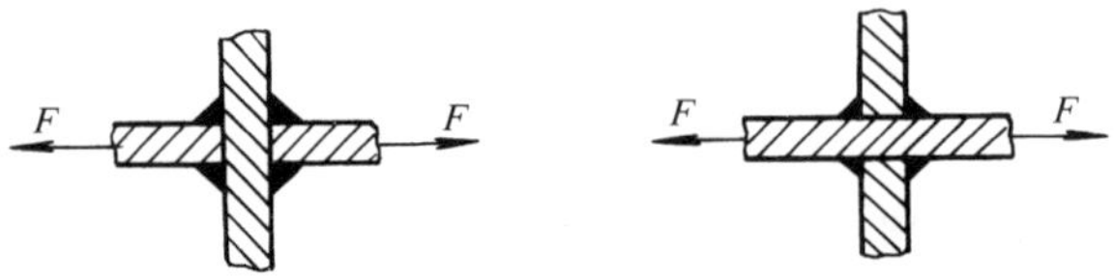

（a）不合理结构　（b）合理结构

图 4－35　避免板厚方向受拉

⑤ 应尽量使焊缝避开机加工面，尤其是已加工面，以免影响焊件精度和表面质量，如图 4－36 所示。

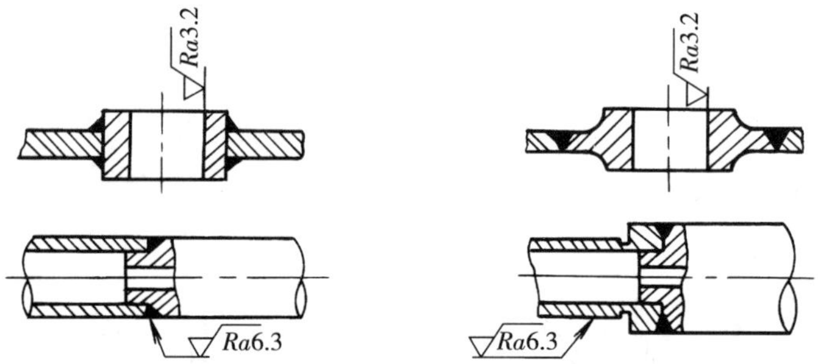

（a）不合理结构　（b）合理结构

图 4－36　避开机加工面

4.4.3　焊接方法的选择

选择焊接方法时，应考虑材料的焊接性、焊接结构特点、生产批量和经济性等因素。

4－14　焊接方法的选择

1. 材料的焊接性

一般来说，低碳钢和低合金结构钢可采用各种焊接方法。高合金钢、非铁金属及其合金则宜采用能量集中、保护良好的焊接方法，如氩弧焊、电子束焊、等离子弧焊等。异种金属焊接则宜采用电子束焊、激光焊、摩擦焊、扩散焊和钎焊等。

2. 焊件结构特点

焊缝较短且不规则时，宜采用气焊、焊条电弧焊等手工焊方法；焊缝较长且规则时，宜采用埋弧焊、气体保护焊等机械化、自动化焊接方法。薄板结构宜采用电阻点（缝）焊、气焊、CO_2焊、氩弧焊和等离子弧焊等方法，厚板结构宜采用埋弧焊、电渣焊、电子束焊等方法。形状复杂、焊缝多而难以施焊时，可采用浸渍钎焊、炉中钎焊等方法。

3. 生产批量

生产批量较小时，宜采用气焊、焊条电弧焊等设备投资较少的方法。生产批量较大时，宜采用电阻焊、摩擦焊、埋弧焊和气体保护焊等高效方法。图 4-37 所示的转轴，批量小时，可采用焊条电弧焊；批量大时，宜采用摩擦焊。

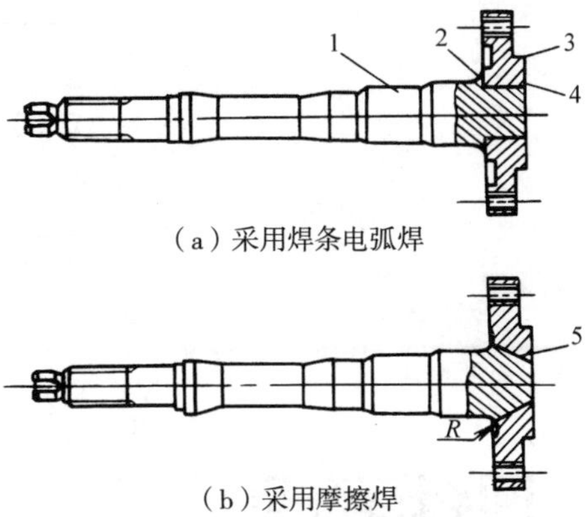

(a) 采用焊条电弧焊

(b) 采用摩擦焊

1—轴；2、4、5—焊缝；3—轮毂。

图 4-37 转轴的焊接结构

4. 经济性

应优先选用普通的焊接方法，如气焊、电弧焊、电阻焊等，以减少设备投资和生产成本。同时，也应注意适时引进新工艺、新技术，以促进焊接水平和经济效益的提高。

各类焊接方法比较见表 4-3 所列。

表 4-3 各类焊接方法比较

焊接方法	热影响区大小	变形大小	生产率	主要焊接位置	主要接头形式	适用钢板厚度/mm	设备费用①
气焊	大	大	低	全	各类	0.5～3	低
焊条电弧焊	较小	较小	较低	全	各类	可焊 1 以上，常用 3～20	较低
埋弧焊	小	小	高	平	各类	可焊 3 以上，常用 6～60	较高
氩弧焊	小	小	较高	全	各类	0.5～25	较低～较高
CO_2保护焊	小	小	较高	全	各类	0.8～30	较低～较高
电渣焊	大	大	高	立	对接	可焊 25～1000 以上，常用 35 以上	较高～高
等离子弧焊	小	小	高	全	各类	可焊 0.01 以上，常用 1～12	较高～高
电子束焊	极小	极小	高	平	对接	1～300	高
激光焊	极小	极小	高	全	各类	可焊 50 以下，常用 10 以下	高
电阻点焊	小	小	高	全	搭接	可焊 30 以下，常用 0.5～3	较低～较高
电阻缝焊	小	小	高	平	搭接	常用 3 以下	较高～高
闪光对焊	小	小	高	平	对接	截面积 $<10000mm^2$	较高～高
钎焊	较小～极小	较小～极小	较低～较高	全	搭接	—	低～高

注：“低”指 5000 元以下；“较低”指 5000～30000 元；“较高”指 30000～100000 元；“高”指 100000 元以上。

4.4.4 焊接接头设计

1. 接头形式

常用的焊接接头形式有对接接头、搭接接头、角接接头和 T 形接头等，如图 4-38 所示（未开坡口）。

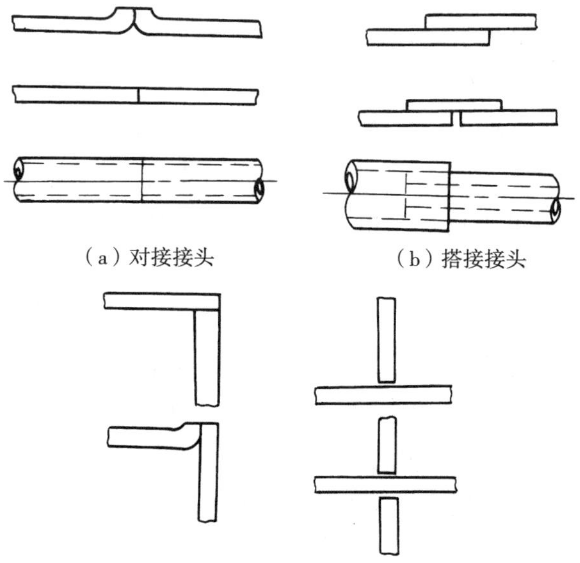

（a）对接接头　（b）搭接接头　（c）角接接头　（d）T形接头

4－15　焊接接头的设计

图4－38　常用的焊接接头形式

（1）各类焊接接头的特点

① 对接接头：对接接头承受载荷时应力分布较均匀，承载能力较强且节省材料，但焊前备料和装配要求较高，在焊接结构中应用最广。

② 搭接接头：搭接接头焊前备料和装配简易，但承受载荷时应力分布不均匀且受剪应力作用，故承载能力不高，且材料耗费较大，常用于受力不大、板厚较小或现场安装的结构。

③ 角接接头和T形接头：这两类接头可承受不同方向的力和力矩，但易产生应力集中，承载能力不高，常用于桁架、底座、立柱等焊接结构。

（2）焊接接头形式的选择

焊接接头的形式主要根据焊接方法、焊件结构特点和使用要求等因素进行选择。

① 焊接方法：熔焊适用于各类接头形式。电阻点焊须采用搭接接头，对焊和摩擦焊须采用对接接头。钎焊多采用搭接接头，以增大焊接面积，提高接头的承载能力。

② 焊件结构特点和使用要求：承载较大的焊接接头宜采用对接接头以减少应力集中，如转轴、吊车梁、压力容器等。反之，可采用搭接、角接、T形等接头形式，以便于备料和简化工艺，如房梁、桥梁等桁架结构和车厢、船体等。

2. 坡口形式

坡口是根据设计和工艺需要，在焊件的待焊部位加工并装配成的呈一定几何形状的沟槽。常用的坡口形式有I形、V形、U形、X形和双U形等。熔焊对接接头常用的坡口形式见表4－4所列。

表4-4 熔焊对接接头常用的坡口形式

名称	焊缝简图	适用板厚/mm	名称	焊缝简图	适用板厚/mm
I形		＜6	X形（带钝边）	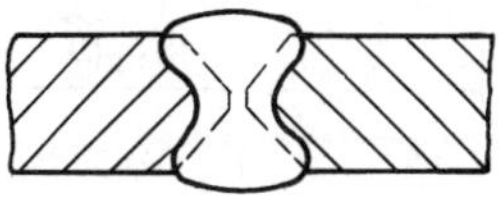	12～60
V形（带钝边）		3～26			
U形（带钝边）	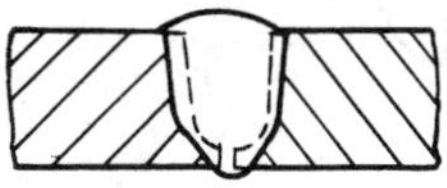	20～60	双U形（带钝边）	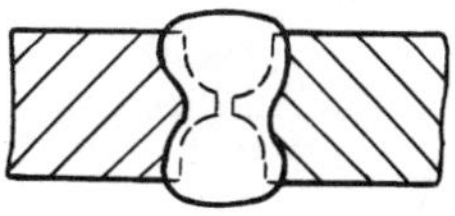	40～60

（1）各类坡口的特点

I形坡口易于制备，但板厚较大时难于焊透。V形坡口较易制备，但厚板焊接时费工费料，且焊接变形较大。U形、X形、双U形坡口焊接时省工省料，焊接变形小，但制备较费工，X形、双U形还需双面焊接。

（2）坡口形式选择

坡口形式主要根据焊件板厚和使用条件进行选择。

① 焊件板厚：薄板对接一般采用I形坡口。随着板厚的增大，可参考表4-4采用适当的坡口形式，以保证焊透并减小焊接量。

② 焊件使用条件：承载较小或精度要求不高时，可采用I形、V形等坡口形式。承载较大或精度要求高时，宜采用U形、X形、双U形等坡口形式，以保证焊透且减小焊接变形。

4.4.5 焊接工艺设计示例

贮罐结构如图4-39（a）所示，质量要求较高。板料尺寸为2000mm×5000mm×16mm，材料为Q355钢，入孔管和排污管壁厚分别为16mm和10mm。现拟批量生产，试制订焊接工艺方案。

4-16 焊接工艺设计示例

1. 结构分析

焊缝的设置应避免交叉，避开易产生应力集中的转角部位，故原焊缝布置不合理［图4-39（b）］，改进后的焊缝布置如图4-39（c）所示。

2. 焊接方法

由于筒身板厚较大，焊缝长而规则，宜用埋弧焊方法。两接管与筒身间的焊缝较短且

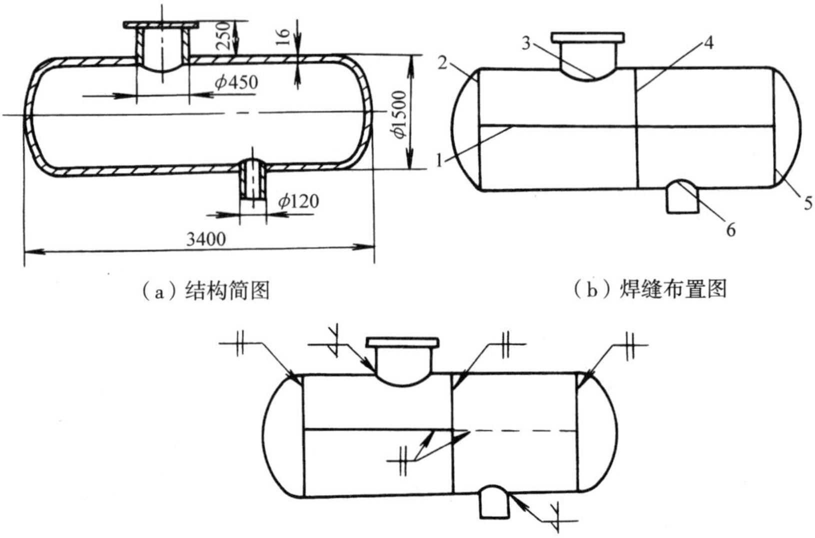

（a）结构简图　　　　（b）焊缝布置图

（c）焊接工艺简图

1—筒身纵焊缝；2、4、5—筒身环焊缝；3—人孔管环焊缝；6—排污管环焊缝。

图 4-39　贮罐结构图和焊接工艺图

为空间曲线，宜用焊条电弧焊。贮罐环缝的埋弧焊方式如图 4-18 所示。该贮罐筒身板厚虽较大，但因材料为强度级别较低的低合金结构钢，故室内施焊时无须采取预热、后热等工艺措施。

3. 接头和坡口形式

由于筒身焊缝质量要求较高，应选对接接头。因采用埋弧焊，故 I 形坡口即可保证焊透。两接管焊缝采用角接头插入式装配较为方便，且为保证焊透，应开单边 V 形坡口。贮罐焊接工艺简图如图 4-39（c）所示。

4. 焊接材料

经查阅有关资料，埋弧焊选用焊丝 H08MnA 和焊剂 HJ431，焊条电弧焊选用碱性焊条 E5015。

贮罐焊接工艺方案见表 4-5 所列。

表 4-5　贮罐焊接工艺方案

焊接次序	焊缝名称	焊接方法及工艺	接头形式和坡口形式	焊接材料
1	筒身纵缝	在滚轮架上装配，点固后进行焊接。采用埋弧焊双面焊接，先焊内缝，再焊外缝	 对接接头，I 形坡口	焊丝：H08MnA（ϕ4mm） 焊剂：HJ431 焊条：E5015（ϕ3.2mm）

（续表）

焊接次序	焊缝名称	焊接方法及工艺	接头形式和坡口形式	焊接材料
2	筒身环缝	在滚轮架上装配，点固后进行焊接。采用埋弧焊先焊内缝，后焊外缝。最后一条环缝用焊条电弧焊焊内缝	 对接接头，I 形坡口	焊丝：H08MnA（ϕ4mm） 焊剂：HJ431 焊条：E5015（ϕ4mm）
3	排污管环缝	采用焊条电弧焊双面焊接，先焊内缝，再焊外缝（3 层）	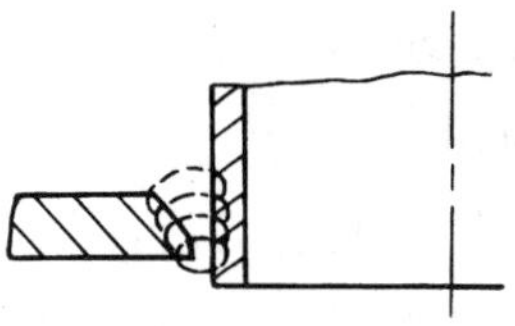 角接头，单边 V 形坡口	焊条：E5015（ϕ4mm）
4	人孔管环缝			

4.5　焊接技术的发展趋势

随着科学技术的进步和产业的转型升级，焊接技术在计算机应用、焊件材料与结构、焊接工艺、焊接热源和焊接材料等方面不断取得新的发展。

4－17　焊接技术的发展趋势

1. 计算机的应用

焊接数据库和焊接专家系统广泛应用于焊接工艺决策和监测，数控焊接电源、智能焊机、焊接机器人（图 4－40）等微型化、智能化设备大量应用，自适应控制和智能控制等计算机控制技术不断发展。

计算机辅助焊接结构设计（CAD）、计算机辅助执行与控制焊接生产过程（CAM）、计算机辅助焊接工艺设计（CAPP）、计算机辅助焊接材料配方设计（MCDD）等技术已应用于焊接生产中。其中，CAPP 可快速分析和控制焊接电流、焊接电压、焊接速度、气体流量和压力等工艺参数，根据不同材料、板厚、服役要求等因素制定最佳焊接工艺方案。柔性制造系统（FMS）和计算机集成制造系统（CIMS）等自动化生产系统已实际应用于焊接生产中。

随着计算机数值模拟和数字孪生技术的发展，形成了“理论一模拟一生产”的新型焊接生产模式。

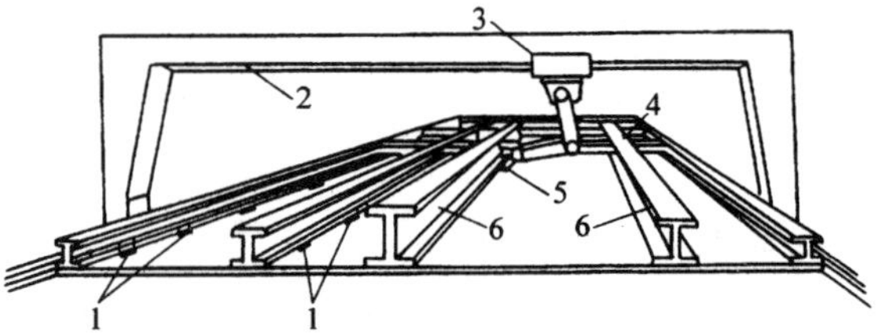

1—点固焊缝；2—移动门形架；3—机器人台车；4—肋板；5—焊枪；6—工字钢。

图 4-40　框架组件的弧焊机器人自动焊接系统

2. 新型焊件材料及焊接结构

铌、钼、钽、钛、铝金属间化合物，粉末冶金高温合金、铝锂合金、镁合金、低活化马氏体 CLAM 钢，SiC、Si_3N_4、C—C、C—SiC、SiC—SiC 等陶瓷和陶瓷基复合材料，在焊接结构中得到广泛应用。

焊接作为一种高柔性的制造工艺，可充分体现结构设计中的先进构思，制造出不同使用要求的产品，包括改进原焊接结构和把非焊接结构合理地改变为焊接结构，以减轻重量、提高功能和经济性。

大型长寿命的飞机发动机整体叶盘、宽弦叶片，以及微型机械焊接制品不断涌现，使焊接结构的应用范围不断扩大。

3. 焊接工艺

高效焊条电弧焊、药芯焊丝 CO_2 焊、混合气体保护焊、高效堆焊等优质高效的焊接技术不断完善。等离子弧焊、电子束焊、激光焊、扩散焊、线性摩擦焊、搅拌摩擦焊和真空钎焊等新型焊接技术已广泛应用于焊接生产中，以适应新材料、新结构和特殊工作环境的需要。

4. 焊接热源和焊接材料

电子束和激光束等焊接热源的方便性、有效性和经济适用性不断提高，“等离子弧＋激光”、“电弧＋激光”、“电子束＋激光”等能量密度大、利用效率高的复合焊接热源得到了推广应用。

铁粉焊条、重力焊条、埋弧焊高速焊剂、药芯焊丝等高效焊条的品种和规格不断增加，使其应用范围不断扩大。二元、三元等混合保护气体的开发和应用，提高了气体保护焊的焊接质量和效率。

案例　钢轨断裂焊接维修

1. 案例背景

钢轨需承受列车高速行驶带来的巨大冲击力和疲劳载荷，焊接接头必须与母材性能一致，避免出现脆性断裂。钢轨生产过程中可能因轧制工艺导致微观组织不均匀（如马氏体含量差异），焊接时易产生局部应力集中。钢轨钢含碳量较高，属于高碳钢，焊接时若热输入过大，易导致晶粒粗大、冲击韧性降低。

某车辆段货修车间，铁路货车行驶进入车间进行检修，发现一段钢轨断裂，普焊工采用焊条 E4303，焊机 ZX5—400，很快焊合，但几分钟之后被焊处出现裂纹再次断裂。

2. 案例分析

钢轨钢为高碳钢，焊接时极易在热影响区形成裂纹，并产生应力集中，普通低碳钢焊条 E4303 强度达不到母材要求，且没有进行任何热处理等措施，钢轨厚度大，冬季冷却速度快，焊缝融合不好，焊接接头结构性能达不到钢轨使用要求。

该车辆段货修车间只有用于普通铁路车辆配件焊修的焊机和焊材，这些配件基本用于普通低碳钢的焊接，焊接人员没有进行特殊钢材焊接的培训，车间也没有自动焊设备，只能进行人工修复，确定采用焊条电弧焊。为此请车辆段专业焊接工程师现场培训，并制定焊接工艺，重新焊接，用氧乙炔火焰切割炬加工焊接坡口，且作为焊前焊后的辅助热处理工具。

3. 改进焊接工艺

(1) 经济性分析

为了修复断裂的钢轨并达到钢轨母材的性能要求，准备一段废旧钢轨，并购买与母材匹配的高碳钢焊条，采用现有焊机焊接；利用车间现有的氧乙炔火焰割炬加工坡口，热处理工艺采用氧乙炔火焰辅助加热；焊后采用现有的超声波探伤检测。只需要重新购买焊条，经济可行。

(2) 试焊

① 焊前：严格清洁接头区域，去除钢轨底部油污和氧化皮，减少气孔和夹渣的产生；开约 60°的坡口，并将坡口打磨至光滑；用火焰预热坡口两侧 20cm 范围内的区域。

② 焊中：底宽位焊接使用 3.2mm 的 E5015 焊条，焊接电流为 130～140A，进行第一层焊接；腰厚位焊接使用 3.2mm 的 E5015 焊条，并选择相应的焊接电流进行焊接；头高位焊接使用 4mm 的 E5015 焊条，焊接电流为 160～180A，完成焊接。

③ 焊后：用火焰辅助加热使焊缝缓慢降温，避免裂纹的形成。

④ 在每层焊接完成后，需要进行清渣和锤击焊缝，以确保焊接质量。

⑤ 控制焊接速度（≤2m/min）和预热温度（≥150℃），因为快速冷却会导致晶界低熔点共晶产物析出而产生热裂纹。

4. 工艺检测

(1) 平直度未超标：焊接后钢轨可能出现拱形或波浪形变形。

(2) 破坏性试验（拉伸、弯曲测试）验证接头性能和无损检测。

(3) X 射线探伤进行无损检测，排查内部缺陷底宽位和头高位进行封底焊，完成整个焊接过程。

5. 改进效果

通过系统化的评估，结合实际需求，匹配合理的焊接工艺，分析钢轨焊接技术难点。焊接后，经工艺检测证明，钢轨焊修的焊接工艺合理。

思考题与习题

4-1　为什么熔焊时应使焊接区域隔离空气并对熔池进行冶金处理？为此，可采取哪些措施？

4-2　低碳钢焊接接头各部位的组织和性能有何不同？如何改善焊接接头的组织和性能？

4-3　平板对焊时焊接残余应力是如何分布的？怎样调节和消除焊接残余应力？

4-4　焊接残余变形可分为哪些类型？怎样控制和矫正焊接残余变形？

4-5　比较各类电弧焊方法的特点和应用。

4-6　电渣焊和埋弧焊的焊接过程有何不同？各有何不同特点和应用？

4-7　等离子弧焊、电子束焊和激光焊的特点和应用有何异同？

4-8　钎焊与熔焊、压焊相比有何差异？各有哪些特点？

4-9　材料的焊接性取决于哪些因素？如何评价材料的焊接性？

4-10　比较下表所列各钢材的焊接性。

题4-10表　待评价钢材的化学成分和板厚

钢号	主要化学成分质量分数（%）						板厚(mm)
	C	Mn	Si	V	Ti	Cr	
Q295A	0.16	1.50	0.55	0.15	0.10		40
Q355B	0.20	1.60	0.55	0.15	0.20		20
Q390A	0.20	1.60	0.55	0.20	0.20	0.3	10

4-11　选择焊接结构材料时应遵循哪些原则？为什么？

4-12　下列焊件宜采用何种焊接方法？为什么？

① 低压容器，采用厚度为3mm的Q235钢板焊成，小批生产；

② 工字梁，采用厚度为30mm的Q355钢板焊成，中批生产；

③ 车刀，采用硬质合金刀片与45钢刀杆焊成，小批生产；

④ 钢管，采用壁厚为5mm、直径为45mm的不锈钢管对接，小批生产；

⑤ 容器，采用壁厚为4mm的紫铜板焊成，单件生产。

4-13　下列铸铁件应采用何种焊接方法？为什么？

① 内燃机缸体，待加工面上有大砂眼；

② 大型机座，非加工面上有裂纹；

③ 机床床身导轨，使用中出现裂纹。

4-14　如题4-14图所示的焊接结构的焊缝位置是否合理？如不合理，应如何修改？

4-15　如题4-15图所示，采用Q355钢板（1200mm×5000mm×22mm）焊接，拟生产10台，试回答：

① 容器的焊缝布置是否合理？为什么？如不合理，应如何修改？

② 试选择焊接方法，接头形式和坡口形式并说明理由。

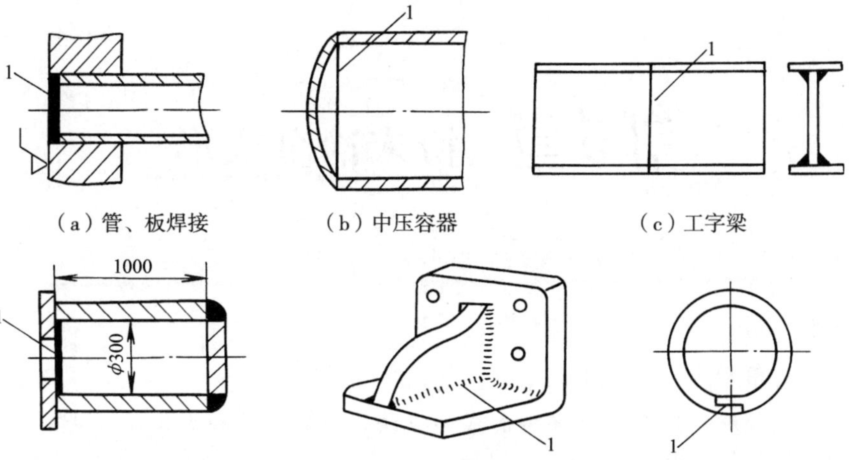

（a）管、板焊接　（b）中压容器　（c）工字梁

（d）低压容器　（e）支架　（f）缝焊筒体

1—焊缝。

题4－14图　焊接结构

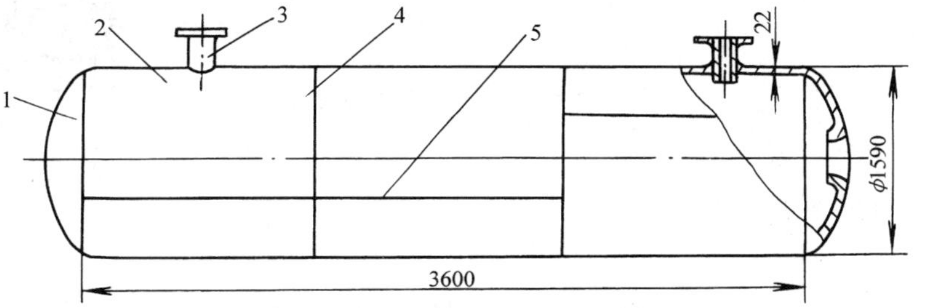

1—封头；2—筒身；3—管接头；4—环焊缝；5—纵焊缝。

题4－15图　中压容器焊接结构

第5章 粉末冶金成形

【知识目标】

1. 识记和理解粉末冶金的工艺过程；
2. 识记和比较粉末冶金制品坯料的成形方法、烧结工艺和后处理方法；
3. 理解粉末冶金零件结构的工艺性。

【技能目标】

1. 能够合理选择粉末冶金制品坯料的成形工艺方法；
2. 能够分析、判断和改进粉末冶金制品的结构。

【素质目标】

1. 质量意识、安全意识、标准意识、绿色环保意识；
2. 专业认同感、家国情怀；
3. 工匠精神、创新精神。

5-1　粉末冶金成形和粉末冶金材料概述

粉末冶金是制取金属粉末并通过成形和烧结等工艺将金属粉末（或与非金属粉末）的混合物制成制品的加工方法。粉末冶金既可以制取用普通熔炼方法难以制取的特殊材料，又可以制造各种精密的机械零件，省工省料。但其模具和金属粉末成本较高，批量小时或制品尺寸过大时不宜采用。随着粉末冶金生产技术的发展，粉末冶金制品的应用范围将日益扩大。

5.1　粉末冶金工艺

粉末冶金的工艺过程包括金属粉末的制取和预处理、坯料的成形、烧结和后处理等工序。

5.1.1　粉末的制取

按工作原理不同，粉末的制取方法可分为机械法和物理化学法两大类。

1. 机械法

机械法是指用机械力将原材料粉碎而化学成分基本不发生变化的工艺过程，包括球磨法、研磨法和雾化法等。

5-2　粉末冶金成形工艺过程

（1）球磨法

球磨法即通过滚筒的滚动或振动，使磨球对物料进行撞击制取粉末的方法。球磨法适用于脆性材料及合金，常用的设备是球磨机。

（2）研磨法

研磨法即通过气流或液流带动物料颗粒相互碰撞制取粉末的方法。研磨法适用于金属丝或小块边角料。

（3）雾化法

雾化法即通过高压气体、液体或高速旋转的叶片或电极，使熔融金属分散成雾状液滴，冷却成粉末的方法，如图 5－1 所示。雾化法适用于熔点较低的金属。

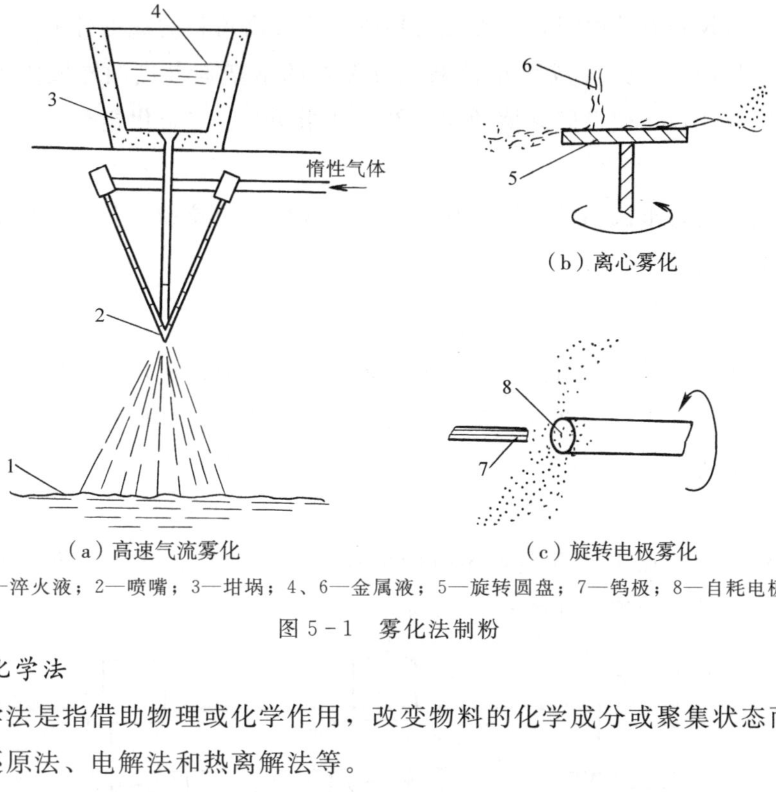

（a）高速气流雾化　（b）离心雾化　（c）旋转电极雾化

1—淬火液；2—喷嘴；3—坩埚；4、6—金属液；5—旋转圆盘；7—钨极；8—自耗电极。

图 5－1　雾化法制粉

2. 物理化学法

物理化学法是指借助物理或化学作用，改变物料的化学成分或聚集状态而获取粉末的方法，包括还原法、电解法和热离解法等。

（1）还原法

还原法即用还原剂还原金属氧化物或盐类，使其成为金属粉末的方法，如用碳还原铁的氧化物制取铁粉，用高温氢气还原钨氧化物制取钨粉等。还原法是最常用的制取金属粉末的方法，工艺简便、成本较低，适用于由金属氧化物或卤族化合物制粉。

（2）电解法

电解法即在溶液或熔盐中通入直流电，使金属离子电解析出成为金属粉末的方法。可制得高纯度粉末，但成本较高，适用于从金属盐类中制取粉末。

（3）热离解法

热离解法即先将金属与 CO、H_2 或 Hg 作用，生成化合物或汞齐（即汞合金），再加热使其分解出CO、H_2或Hg，从而制得金属粉末的方法。用于能与CO、H_2或Hg作用生成化合物或汞齐的金属。

5.1.2 粉末的预处理

粉末的预处理包括分级、混合、制粒等。

1. 分级

分级是指将粉末按粒度分成若干级的过程。分级可使配料时易于控制粉末的粒度和粒度分布，以适应成形工艺的要求，常用标准筛网通过筛分进行分级。

2. 混合

混合是指将两种或两种以上不同成分的粉末均匀掺和的过程，通过混合可获得所需的组分。常用的混合设备有球磨机、V形混合器等。为提高粉料的成形性能，常需加入某些添加剂，如用于提高压坯强度或防止粉末成分偏析的增塑剂（汽油橡胶溶液、石蜡等），用于减少颗粒间及压坯与模壁间摩擦的润滑剂（硬脂酸锌、二硫化钼等）。

3. 制粒

制粒是指为改善粉末流动性而使较细颗粒团聚成粗粉团粒的工艺。常用的制粒设备有振动筛、滚筒制粒机等。

5.1.3 成形

成形是将粉末转变成具有所需形状的凝聚体的过程。通过成形，松散的粉末被紧实成具有一定形状、尺寸和强度的坯件。常用的成形方法有模压、轧制、挤压、等静压制、粉浆浇注和爆炸成形等。

1. 模压

模压是指通过模冲加压使刚性封闭模中的粉末密实成形。常用的模压方法有单向压制、双向压制、浮动压制等，如图5-2所示。

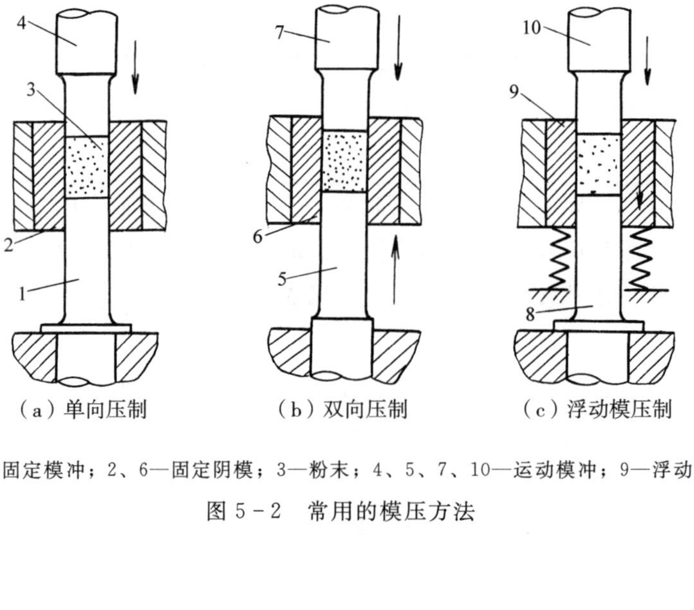

（a）单向压制　（b）双向压制　（c）浮动模压制

1、8—固定模冲；2、6—固定阴模；3—粉末；4、5、7、10—运动模冲；9—浮动阴模。

图5-2 常用的模压方法

(1) 单向压制

单向压制即固定阴模中的粉末在一个运动模冲和一个固定模冲之间进行压制的方法，如图 5 - 2 (a) 所示。单向压制模具简单，操作方便，生产效率高，但压制时受摩擦力的影响，制品密度不均匀，适于压制高度或厚度较小的制品。

(2) 双向压制

双向压制即阴模中的粉末在相向运动的模冲之间进行压制的方法，如图 5 - 2 (b) 所示。双向压制压坯密度较单向压制均匀，适于压制高度或厚度较大的制品。

(3) 浮动模压制

浮动模压制即浮动阴模中的粉末在一个运动模冲和一个固定模冲之间进行压制的方法。如图 5 - 2 (c) 所示，阴模由弹簧支承，处于浮动状态，压制时，当粉末与阴模壁间的摩擦力增大到超过弹簧的支承力时，将与上模冲一起下行，使阴模与下模冲间亦产生相对运动，从而使单向压制转变成双向压制。浮动模压制压坯密度较均匀，适于压制高度或厚度较大的制品。

2. 粉末轧制

粉末轧制是指将粉末引入一对旋转轧辊之间使其压实成连续带坯的方法。带坯经烧结或烧结后再经轧制加工，即可制得致密的或具有一定孔隙度的板材和带材。粉末轧制适用于生产多孔材料、摩擦材料、复合材料和硬质合金等的板材及带材。

3. 挤压成形

挤压成形是指将置于挤压筒内的粉末、压坯或烧结体通过模孔压出的成形方法，如图 5 - 3 所示。挤压成形设备简单、生产率高，可以获得沿长度方向密度均匀的制品。主要用于生产截面较简单的条、棒和螺旋形条、棒（如麻花钻）。

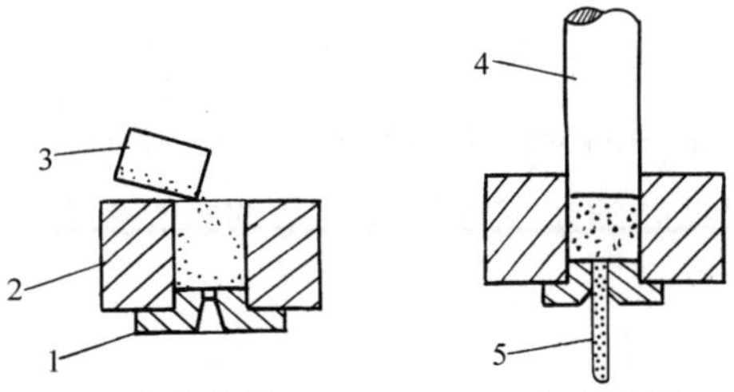

(a) 装粉　(b) 挤压

1—口模；2—挤压筒；3—料斗；4—凸模；5—制品。

图 5 - 3　粉末挤压过程

4. 等静压制

等静压制是指对粉末（或压坯）表面或对装粉末（或压坯）的软膜表面施以各向大致相等的压力的压制方法。按压制温度不同，可分为冷等静压制和热等静压制两类。

(1) 冷等静压制

冷等静压制即在室温下的等静压制，压力传递媒介通常为液体。如图 5 - 4 所示，将粉末装入塑料或橡胶软膜中放入容器内，再通过高压液体予以压实。冷等静压制压坯密度较高，较均匀，力学性能较好，形状可较复杂，尺寸可较大，已用于管材、棒材和大型制品的生产。

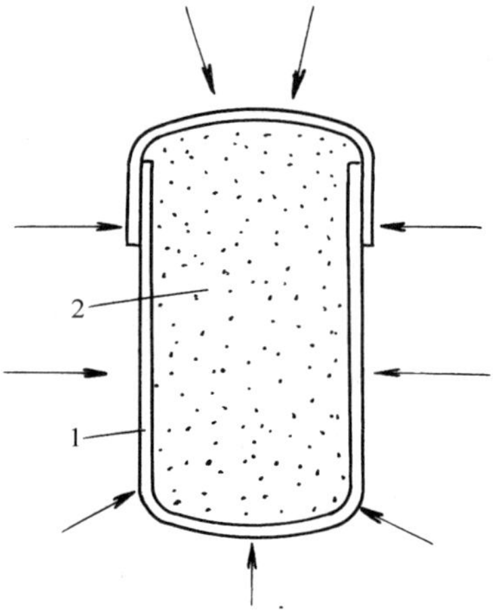

1—软膜；2—粉末。

图 5-4　冷等静压制原理

（2）热等静压制

热等静压制即在高温下的等静压制，可激活扩散和蠕变现象发生，促进粉末的原子扩散和再结晶及以极缓慢的速率进行塑性变形，压力传递媒介通常为气体。将粉末装入金属包套内，抽真空后封口放入容器中，通过高温、高压气体予以压实。包套是气密性好，且能高温变形的容器，兼起隔离和成形模具作用。热等静压制同时进行压制和烧结，压制压力和烧结温度均低于冷等静压制，能耗较低，生产效率较高；制品密度高且均匀，晶粒细小，力学性能较高，且形状和尺寸不受限制；但需昂贵的热等静压机，投资大。热等静压制已用于粉末高速钢、难熔金属、高温合金和金属陶瓷等制品的生产。

5. 松装烧结成形

松装烧结是指粉末未经压制而直接进行的烧结。将粉末装入模具中振实，再连同模具一起入炉烧结成形，可用于多孔材料的生产。或将粉末均匀松装于芯板上，再连同芯板一起入炉烧结成形，再经复压或轧制达到所需密度，可用于制动摩擦片及双金属材料的生产。

6. 粉浆浇注

粉浆浇注是指将粉末中加入悬浮剂、水等并调成粉浆，再注入石膏模内，利用石膏模吸取水分使之干燥后成形。常用的悬浮剂有聚乙烯醇、甘油、藻朊酸钠等。粉浆浇注设备简单、成本低，但生产效率低，适于成形形状复杂的大型制品，已用于生产硬质合金、高温合金等制品。粉浆浇注工艺可参见本书第 6 章 6.3.3 节。

7. 爆炸成形

爆炸成形是指借助爆炸波的高能量使粉末固结的成形方法。炸药爆炸后，在极短时间内（几微秒）产生的冲击压力可达 10^6 MPa（相当于 1 千万个大气压力），比压力机上压制粉末的单位压力要高几百倍至几千倍。爆炸成形可加工普通压制和烧结工艺难以成形的材料，如难熔金属、高合金材料等，且成形密度接近于理论密度。此外，还可压制普通压力机无法压制的大型压坯。

5.1.4　烧结

烧结是粉末或压坯在低于其主要组分熔点的温度下的热处理，目的在于通过颗粒间的冶金结合以提高其强度，是粉末冶金的一个关键工序。

烧结过程中，随着温度升高，粉末或压坯中将产生一系列的物理变化和化学变化，开始是水和有机物的蒸发或挥发、吸附气体的排除、应力的消除以及粉末颗粒表面氧化物的还原等，接着是粉末表层原子间的相互扩散和塑性流动。随着颗粒间接触面的增大，将会产生再结晶和晶粒长大，有时还会出现固相的熔化和重结晶。以上各过程往往相互重叠，相互影响，使烧结过程变得十分复杂。烧结过程中制品显微组织的变化如图 5－5 所示。

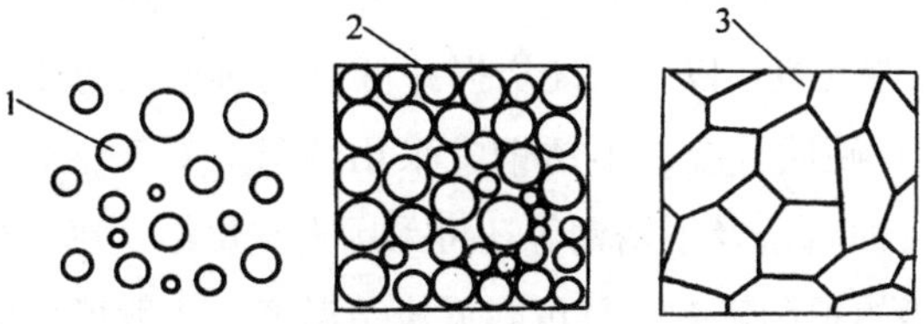

（a）粉料　（b）压坯组织　（c）烧结体组织

1、2—粉末颗粒；3—晶粒。

图 5－5　烧结过程中制品显微组织的变化

粉末或压坯的烧结是在烧结炉内进行的。烧结过程中，制品质量受到多种因素的影响，必须合理控制。

1. 连续烧结和间歇烧结

按进料方式不同，烧结可分为连续烧结和间歇烧结两类。

（1）连续烧结

连续烧结即待烧结材料连续地或平稳、分段地通过具有脱蜡、预热、烧结或冷却区段的烧结炉进行烧结。脱蜡区段用于排除坯体孔隙中的空气和润滑剂，以减少炉内污染；烧结区段用于使压坯烧结并获得所需的密度和强度；冷却区段用于使制品逐渐冷却以减小内应力，且防止出炉时氧化。连续烧结生产效率高，适用于大批、大量生产，常用的进料方式有推杆式、辊道式和网带传送式等。

（2）间歇烧结

间歇烧结即在炉内分批烧结零件。置于炉内的一批零件是静止不动的，通过对炉温控制进行所需的预热，加热及冷却循环。间歇烧结生产效率较低，适用于单件、小批量生产，常用的烧结炉有钟罩式炉、箱式炉等。

2. 固相烧结和液相烧结

按烧结时是否出现液相，可将烧结分为固相烧结和液相烧结两类。

（1）固相烧结

固相烧结是指粉末或压坯在无液相形成的状态下的烧结，烧结温度较低，但烧结速度较慢，制品强度较低。

（2）液相烧结

液相烧结是指至少具有两种组分的粉末或压坯在形成一种液相的状态下的烧结，烧结速度较快，制品强度较高，用于具有特殊性能的制品如硬质合金、金属陶瓷等。

3. 影响粉末制品烧结质量的因素

粉末制品的烧结质量取决于烧结温度、烧结时间和烧结气氛等因素。

（1）烧结温度和烧结时间

烧结温度过高或烧结时间过长，会使产品性能下降，甚至出现过烧缺陷。烧结温度过低或烧结时间过短，又会产生欠烧而使产品性能下降。铁基制品的烧结温度一般为1000～1200℃，硬质合金一般为1350～1550℃。

（2）烧结气氛

烧结时通常采用还原性气氛，以防压坯烧损并可使表面氧化物还原。如铁基、铜基制品常采用发生炉煤气或分解氨，硬质合金、不锈钢常采用纯氢。对于活性金属或难熔金属（如铍、钛、锆、钽），含TiC的硬质合金及不锈钢等还可采用真空烧结。真空烧结可避免气氛中的有害成分（H_2O、O_2、H_2）等的不利影响，且可降低烧结温度（一般可降低100～150℃）。

5.1.5 后处理

后处理是压坯烧结后的进一步处理，是否需要后处理需根据产品的具体要求决定。常用的后处理方法有复压、浸渍、热处理、表面处理和切削加工等。

1. 复压

复压是为了提高物理和（或）力学性能而对烧结体施加压力的处理，包括精整和整形等。精整是为了达到所需尺寸而进行的复压，通过精整模对烧结体施压以提高精度。整形是为了达到特定的表面形貌而进行的复压，通过整形模对制品施压以校正变形且降低表面粗糙度。复压适用于要求较高且塑性较好的制品，如铁基、铜基制品。

2. 浸渍

浸渍是指用非金属物质（如油、石蜡或树脂）填充烧结体孔隙的方法。常用的浸渍方法有浸油、浸塑料、浸熔融金属等。浸油即浸入润滑油，以改善自润滑性能和防锈，常用于铁基、铜基含油轴承。浸塑料常采用聚四氟乙烯分散液，经热固化后，实现无油润滑，常用于金属塑料减摩零件。浸熔融金属可提高强度及耐磨性，常采用铁基材料浸铜或铅。

3. 热处理

常用的热处理方法有淬火、化学热处理等，工艺方法一般和致密材料相同。对于不受冲击而要求耐磨的铁基制件可采用整体淬火，由于孔隙的存在能减小内应力，一般可以不回火。而要求外硬内韧的铁基制件可采用表面淬火或渗碳淬火。

4. 表面处理

常用的表面处理方法有蒸汽处理、电镀、浸锌等。蒸汽处理是工件在500～560℃的热蒸汽中加热并保持一定时间，使其表面及孔隙形成一层致密的氧化膜的表面处理工艺，用于要求防锈、耐磨或防高压渗透的铁基制件。电镀应用电化学原理在制件表面沉积出牢固覆层，其工艺方法同致密材料。电镀用于要求防锈、耐磨及装饰的制件。

此外，还可通过锻压、焊接、切削加工、特种加工等方法进一步改变烧结体的形状或提高精度，以满足零件的最终要求。

5.2　粉末冶金零件结构的工艺性

最常用的粉末冶金材料成形方法是在刚性封闭模具中将金属粉末压缩成形，模具成本较高；由于粉末流动性较差，且受到摩擦力的影响，压坯密度一般较低且分布不均匀，强度不高，薄壁、细长形和沿压制方向呈变截面的制品还难以成形。因此，采用压制成形的零件，结构设计时应注意下列问题：

5-3　粉末冶金零件结构的工艺性

(1) 尽量采用简单、对称的形状，避免截面变化过大以及窄槽、球面等，以利于制模和压实，如图 5-6 所示。

(2) 避免局部薄壁，以利于装粉压实和防止出现裂纹，如图 5-7 所示。

(3) 避免侧壁上的沟槽和凹孔，以利于压实或减少余块，如图 5-8 所示。

(4) 避免沿压制方向截面积渐增，以利压实。各壁的交接处应采用圆角过渡，以利于压实及避免应力集中，如图 5-9 所示。

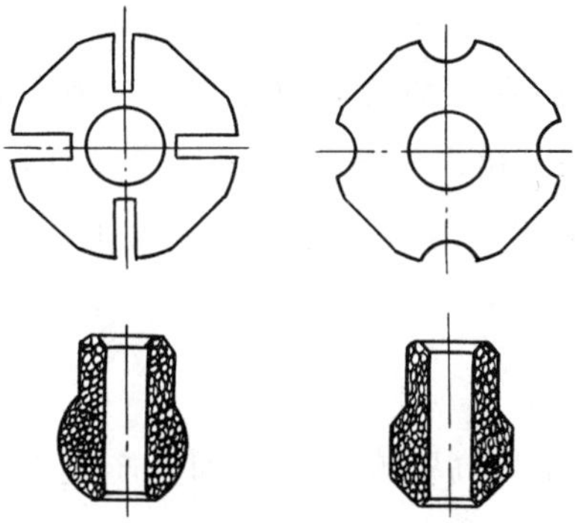

(a) 不合理结构　(b) 合理结构

图 5-6　简化外形

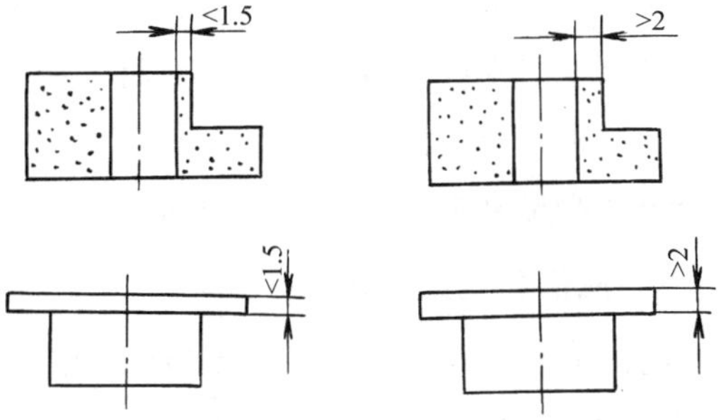

(a) 不合理结构　(b) 合理结构

图 5-7　避免局部薄壁

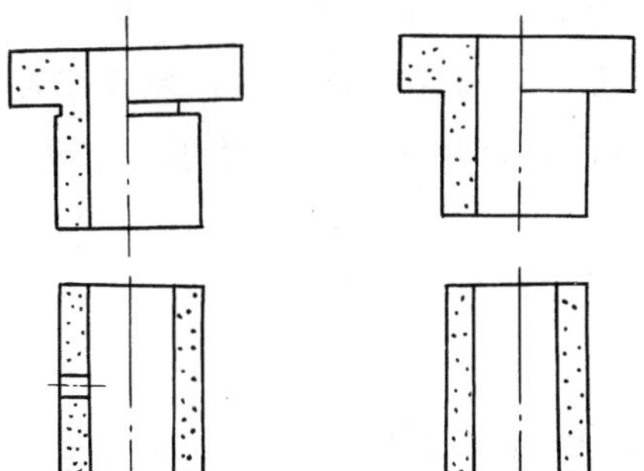

(a) 不合理结构　(b) 合理结构

图 5-8　避免侧壁上的横向沟槽

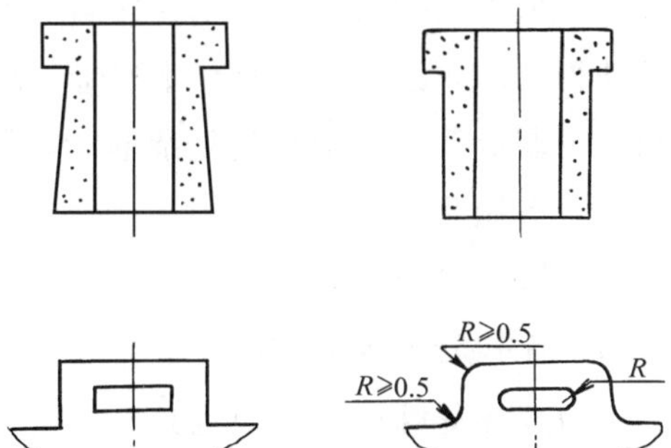

(a) 不合理结构　(b) 合理结构

图 5-9　截面变化和壁的交接

5.3 粉末冶金技术的发展趋势

近年来，粉末冶金技术有了很大进展，一系列新技术、新工艺相继问世并获得应用，粉末冶金制品的质量不断提高，应用范围不断扩大。

5.3.1 制粉方法

目前应用最广泛的制粉方法是还原法、雾化法、电解法和机械粉碎法。近年来在传统制粉技术的基础上进一步开发和应用了许多制粉新技术，如机械合金化、超微粉制造技术等，使高纯、超细粉末的制取成为可能。

1. 机械合金化

机械合金化即用高能研磨机或球磨机实现固态合金化的过程。将各合金组分放入高能球磨机中，抽真空后充氩气，使物料与磨球长时间激烈碰撞，使颗粒反复粉碎与冷焊，可获得微晶、纳米晶或非晶态的合金化粉末，合金成分可任意选择。此方法可用于复合材料、高温合金及非晶合金等所需粉末的制取。

2. 超微粉制造技术

采用化学气相沉积法、汞齐法、蒸发法、超声粉碎法等方法，可制得1～100nm的超微粉末，可用于高密度磁带、薄膜传感材料等的制造。超声气体雾化法是通过复合导管，将超声波脉冲传给金属流，并用氩气流喷雾，使其快速冷凝成微晶粉末，粒度＜100nm，用于铝合金及高温合金等所需粉末的制取。

5.3.2 成形和烧结技术

传统的成形和烧结技术正在不断得到改进，进一步提高了产品质量和生产效率。新的成形和烧结技术不断出现并应用于生产。近年来，粉末注射成形技术和热等静压制技术发展迅速，其在经济、高效地生产形状复杂的精密制品方面的优越性受到人们的高度重视。

1. 注射成形

注射成形是指将细微粉末与树脂混合后制粒，再用注塑机注射到模具型腔中成形，经烧结获得制品。注射成形是粉末冶金与注塑（参见第6章6.1.2节）的复合，兼具二者的优点，可制成薄壁、中空等复杂形状，制品密度和精度高，已用于粉末高速钢、不锈钢、硬质合金等制品的生产。

2. 热等静压制新技术

（1）无包套热等静压制

无包套热等静压制无须包套，脱蜡、预烧结及热等静压制均在同一炉内完成，能耗和成本更低，已用于硬质合金制品的压制和预烧结。

（2）陶瓷颗粒固结法

陶瓷颗粒固结法即将工件及陶瓷颗粒加热后，装入容器中单向压制，通过陶瓷颗粒对工件均匀施压进行固结的方法。此法无需昂贵的热等静压机和包套，可同时完成压制和预烧结，制件组织致密，力学性能较好，已用于铝合金，高温合金等制品的生产。

烧结新技术还可参见本书第 6 章 6.4.2 节。

5.3.3　后处理技术

电火花加工、电子束加工、激光加工等特种加工方法以及离子氮化、离子注入、气相沉积、热喷涂等表面工程技术已用于粉末冶金制品的后处理，进一步提高了生产效率和制品质量。

思考题与习题

5－1　粉末冶金制品为什么要进行烧结？如何提高其烧结质量？

5－2　模压成形时，压坯各部分的密度为何不同？采用何种模压方式压制出的压坯密度的均匀性较好？为什么？

5－3　冷等静压制和热等静压制有何不同特点和应用？

5－4　连续烧结炉可分为哪些区段？各起什么作用？

5－5　以下零件拟采用粉末冶金制造，试选择成形方法和烧结方法。

①铁基制动带；②烧结钢麻花钻；③铜基含油轴承；④高速钢刀具

5－6　试改进题 5－6 图所示粉末冶金零件的结构，并说明理由。

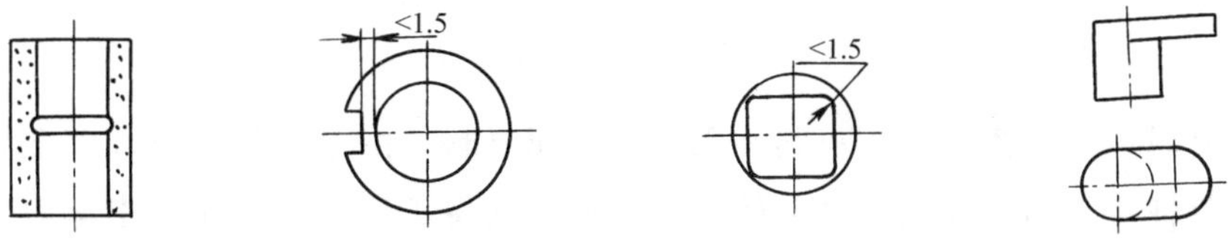

（a）轴套　（b）带链槽套圈　（c）方孔垫圈　（d）短轴

题 5－6 图　零件图

第6章 非金属材料成形

【知识目标】

1. 识记和理解塑料、橡胶和陶瓷成形工艺过程；
2. 理解塑料、橡胶和陶瓷制品的常用成形方法；
3. 理解塑料、橡胶和陶瓷制品结构的工艺性。

【技能目标】

1. 能够合理选择塑料、橡胶和陶瓷制品的成形方法；
2. 能够分析、判断和改进塑料等非金属制品的结构。

【素质目标】

1. 质量意识、安全意识、标准意识、绿色环保意识；
2. 专业认同感、家国情怀；
3. 工匠精神、创新精神。

6－1　塑料成形

非金属材料包括有机高分子材料和无机非金属材料，由于它们具有许多金属材料所难以比拟的优良性能，因而在国民经济的各个领域中获得了广泛的应用。本章简要介绍工业生产中应用最广的塑料、橡胶、陶瓷等非金属材料的基本知识和成形工艺方法。

6.1　塑料成形

塑料在适当的温度下具有可塑性，可制成各种形状的制品，成形效率高，能耗和制件成本低。

6.1.1　物料

物料是塑料成形用的原料，包括聚合物和添加剂两类。聚合物是塑料的主要成分，决定了塑料的基本性能，应根据产品要求选用。添加剂是加入聚合物中改进或改变一种或几种性能的物质，用量较大时则称为改性剂。常用的添加剂有增塑剂、交联剂和填料等。

（1）增塑剂

增塑剂是为降低塑料的软化温度范围和提高其加工性、柔韧性和延展性而加入的低挥发性或挥发性可忽略的物质。常用增塑剂有邻苯二甲酯、磷酸酯和氯化石蜡等。

（2）交联剂

交联剂是促进或调节高分子键间共价键或离子键形成的物质，它使聚合物转化为三维网状结构，从而显著提高制品的强度和耐热、耐磨性能。常用品种主要是有机过氧化物，如过氧化二异丙苯等。

（3）填料

填料是加入塑料中改善其强度、耐久性、工作性能或其他性能，或降低塑料成本的相对惰性的固体材料。常用品种有碳酸钙、陶土、滑石粉和炭黑等。

6.1.2　塑料成形工艺过程

塑料成形的工艺过程包括物料配制、塑料成形和二次加工等工序。

1. 物料配制

物料配制过程如图 6－1 所示。

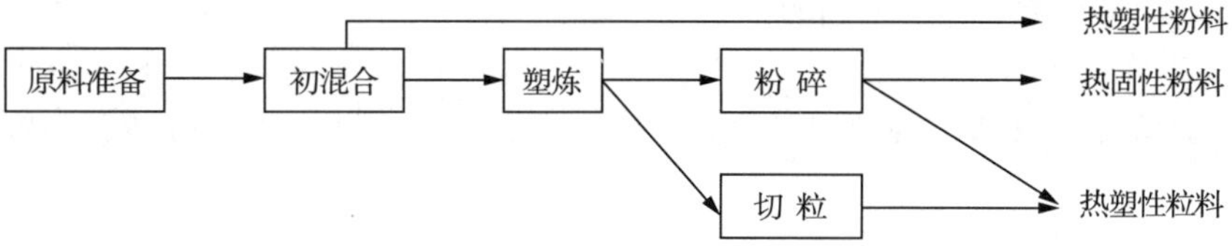

图 6－1　物料配制过程

（1）原料准备

各种原料需经过筛、干燥等预处理，以去除杂质和水分，再按所需配比称量。

（2）配混料

配混料是一种或几种聚合物与其他组分如填料、增塑剂、催化剂和着色剂等的均匀掺混料。在较低的温度和剪切速率下，使物料各组分初步混合均匀。图 6－2 所示是常用的一种高速混合机，通过密闭的容器内叶轮的快速旋转搅拌物料进行混合。

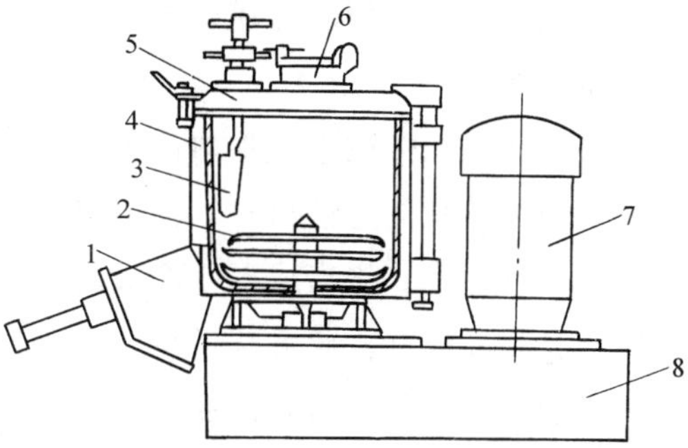

1—出料口；2—快转叶轮；3—挡板；4—容器；5—回转盖；6—进料口；7—电动机；8—机座。

图 6－2　高速混合机结构

（3）塑炼

塑炼是使热塑性塑料的配混料通过机械作用和（或）加热而更易加工的过程。通常是在较高的温度和剪切速率下，使物料在熔融状态下进一步混合渗透并去除水分和挥发物。图 6－3 所示为密闭式塑炼机工作原理。密闭式塑炼机是通过密炼室内一对反向旋转的椭圆形转子对物料进行塑炼的，它使物料在转子和室壁间反复经受强烈的挤压、撕扯和剪切作用而逐步软化、熔融和塑化。此外，用于塑料成形的挤出机也是一种常用的塑炼设备。

（4）粉碎或切粒

塑炼好的物料需经粉碎或切成粒状，以便于成形加工时机械化输送和加料操作。图 6－4所示为一种常用的切碎机，转子快速旋转时，由转子上的叶刀与机座上的固定刀配合切碎物料。

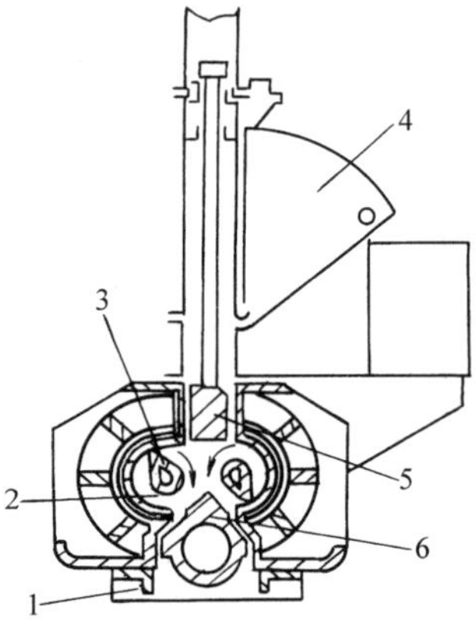

1—底座；2—密炼室；3—转子；4—加料斗；
5—上顶栓；6—下顶栓。

图 6-3　密闭式塑炼机工作原理

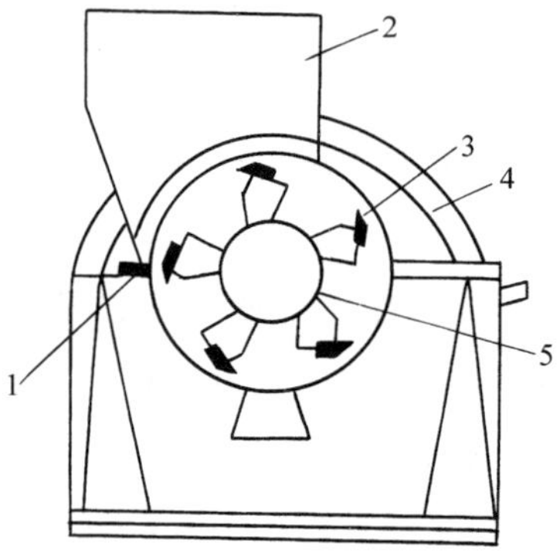

1—固定刀；2—料斗；
3—叶刀；4—外壳；5—转子。

图 6-4　一种常用的切碎机

2. 塑料成形方法

塑料成形是将配制好的物料制成所需形状和尺寸的制品或型材的过程。常用的塑料成形方法有挤出、注塑、压塑和压延等。

（1）挤出成形

挤出成形是使加热或未经加热的塑料通过模孔挤出变成连续成形制品的方法，用于生产具有一定断面形状的连续材料，如管材、板材、薄膜和中空制品等。挤出成形还常用于物料的塑炼和着色等。挤出成形生产效率高、工艺适应性强、设备结构简单，但制品断面形状较简单且精度较低。此方法适用于几乎所有品种的热塑性塑料和部分热固性塑料。据统计，挤出制品产量约占塑料制品总产量的三分之一。

挤出成形的主要设备是挤出机，常用的单螺杆挤出机结构如图 6-5 所示。物料自料斗进入机筒后，在旋转的螺杆和机筒间被加热，并受到强烈的剪切和挤压作用，逐步升温塑化和熔融，并被推压到机头口模处从模孔挤出成形，冷却后固化定形。

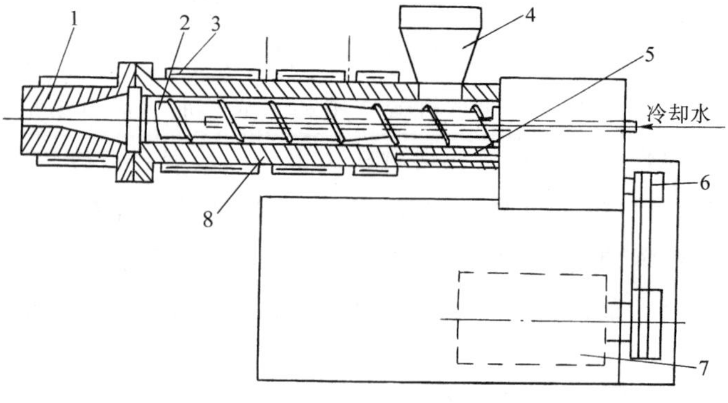

1—机头口模；2—螺杆；3—加热器；4—料斗；5—冷却水夹套；6—传动装置；7—电动机；8—机筒。

图 6-5　单螺杆挤出机结构

（2）注塑成形

注塑成形又称注射成形，是在加压下，将物料由加热筒经过主流道、分流道、浇口注入闭合模具型腔的模塑方法。注塑成形适用于几乎所有品种的热塑性塑料和部分热固性塑料，制品外形可较复杂、精度和生产效率较高。目前注塑制品产量占塑料制品总产量的20％～30％。

注塑成形的主要设备是注射机和塑模，常用的螺杆式注射机结构如图 6 - 6 所示。物料自料斗进入机筒，在旋转的螺杆和机筒间被加热，并受到强烈的剪切和挤压作用，逐步升温塑化和熔融后被推挤到螺杆前端，再在螺杆的推挤下通过喷嘴以高压、高速注入模腔成形。在模腔内经冷却固化或交联固化后成形，开启模具即可脱出制品。

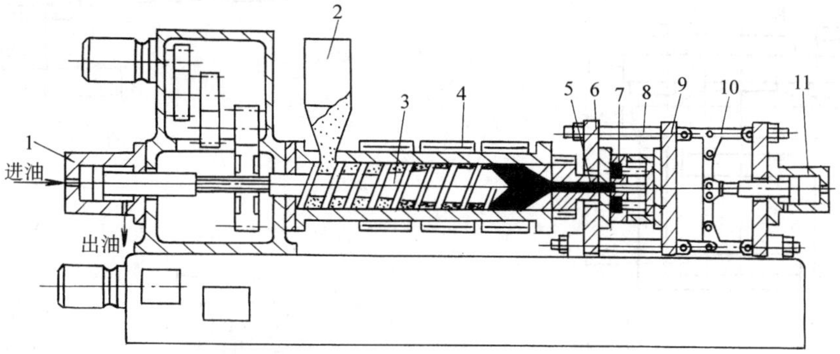

1—注射油缸；2—料斗；3—螺杆；4—加热器；5—喷嘴；6—定模固定板；7—模具；8—拉杆；9—动模固定板；10—合模机构；11—合模油缸。

图 6 - 6　螺杆式注射机结构

（3）压塑成形

压塑成形即模塑件在模具型腔中，通过加压且通常需要加热的成形方法。一般将松散的固态物料直接放入模具型腔内，通过加热加压，使其逐渐软化和熔融并充满模具型腔，再经交联固化或冷却固化后成为具有一定形状和尺寸的塑料制品。压塑成形模具结构简单，制品性能较均匀，并可成形流动性很差的物料及大面积的薄壁制品。但其生产效率低、劳动强度大，制品精度难以控制且模具易于磨损。由于热塑性塑料成形后需冷却固化，能耗较大，故压塑成形多用于热固性塑料，几乎所有品种的热固性塑料都适于压塑成形。

压塑的主要设备是液压机和塑模。图 6 - 7 所示为常见的上动式液压机，模具的阳、阴模分别固定（或不固定）在上、下压板上，下压板固定在机座上，上压板由液压柱塞带动上行或下行。每成形一个制品都需依次经过加料、排气、固化、脱模和清理模具等一系列操作。热固性塑料压塑成形过程如图 6 - 8 所示。

（4）压延成形

压延成形是使加热塑化的物料通过一系列相向旋转的辊筒之间，受挤压和延展作用成为平面状连续材料的成形方法。压延成形生产效率高、产品质量好，且可直接制出各种花纹和图案。但其设备庞杂、维修复杂，且制品宽度受限制。压延成形可用于各类热塑性塑料，主要产品有薄膜、片材和人造革等。

压延成形的主要设备是压延机，图 6-9 所示为常见的四辊压延机。当已塑化的物料自上而下依次通过各辊筒间隙时，在辊筒的挤压下产生塑性流动而成形。

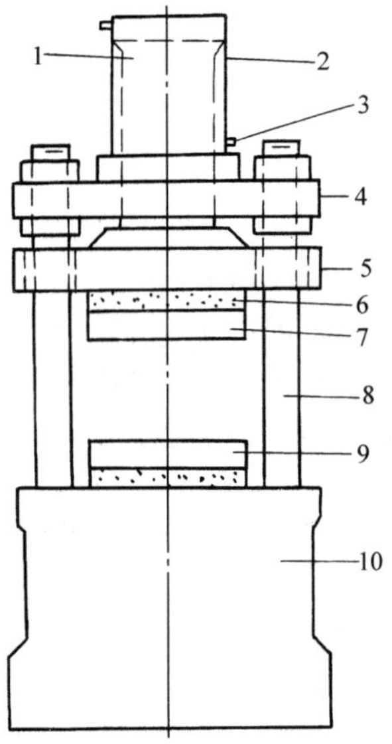

1—柱塞；2—液压筒；3—液压油管；4—上横梁；5—活动横梁；6—绝热层；7—上压板；8—立柱；9—下压板；10—机座。

图 6-7　上动式液压机

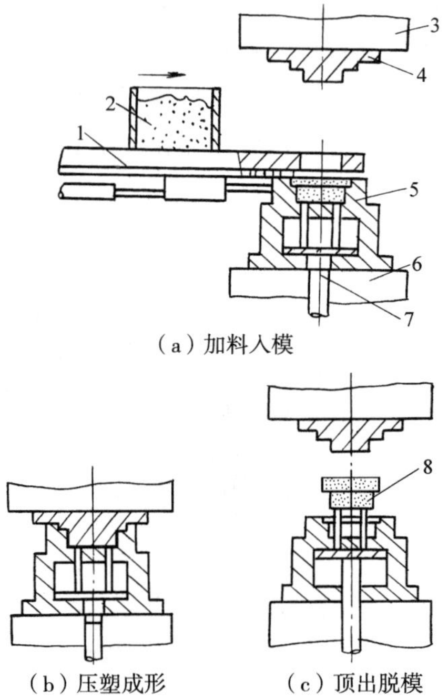

1—自动加料装置；2—料斗；3—上模板；4—阳模；5—阴模；6—下模板；7—顶出杆；8—制件。

图 6-8　热固性塑料压塑成形工艺过程

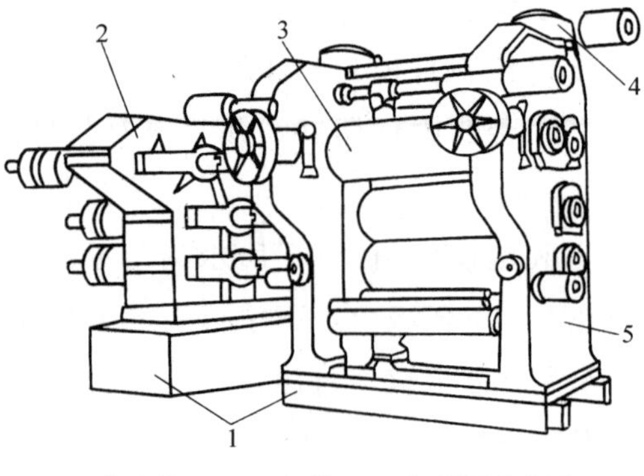

1—机座；2—传动装置；3—辊筒；4—辊距调节装置；5—机架。

图 6-9　四辊压延机

(5) 其他成形方法

近年来，一些新型的塑料成形方法得到了大力开发和应用，如注坯吹塑、反应注塑成形等。

① 注坯吹塑成形：即在芯模上注塑型坯，再于第二个模具内将型坯吹成最终形状和尺寸的吹塑方法，如图 6-10 所示。注坯吹塑成形是注塑和吹塑的复合，制品壁厚均匀，表面光洁，废边少，但设备投资较大，主要用于各类热塑性塑料的瓶体生产。

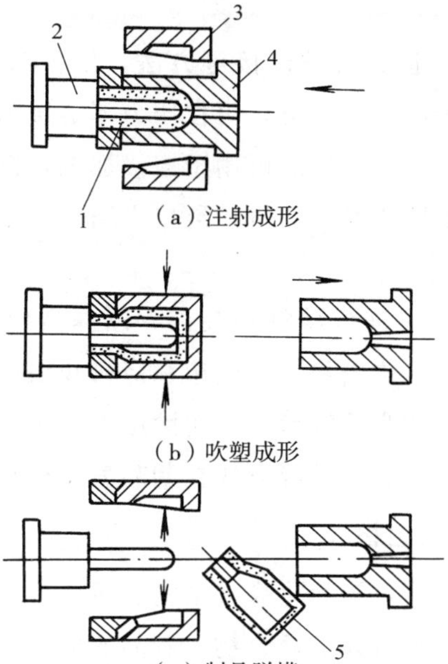

1—型坯；2—芯模；3—吹塑模；4—注塑模；5—制品。

图 6-10　注射吹塑成形工艺过程

② 反应注塑成形：即将两种发生反应的塑料原料分别加热软化，经混合发生塑化反应后再注射到模腔中成形，如图 6-11 所示。反应注塑成形制品固化均匀，表面光洁、精度高；适用于加工多种热固性和热塑性塑料且熔体粘度小，可用于薄壁和大型件的成形，如浴盆、家具、座椅等。

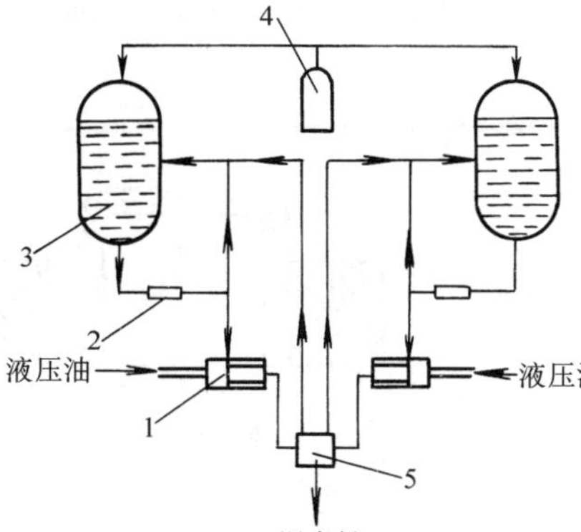

1—加压泵；2—热交换器；3—原料罐；4—氮气瓶；5—混合室。

图 6-11　反应注塑成形原理

3. 塑料的二次加工

即由模塑制件、棒材、管材、片材、挤出型材或其他形状材料，通过适当操作如机械加工和装配制成制品。通过二次加工，可进一步提高制品的精度、表面质量和使用性能；单件小批生产时，还有利于节省制模费用。

（1）机械加工

采用钻、磨、铣、攻丝和车螺纹等机械加工方法的二次加工操作。由于塑料的刚度只有金属的 1/10～1/60，故夹紧力和切削力不宜过大，刀具刃口应保持锋锐，以防工件变形影响加工精度。

（2）连接加工

连接加工即采用焊接、胶接、机械连接等方法，使各部件固定在一起的二次加工操作。塑料焊接是使两塑料件表层受热熔融，再在压力下熔接为一体，生产效率高，但只适用于同类热塑性塑料的连接加工。胶接既可用于连接加工，也可用于修补残缺件，且在塑料与其他材料的连接上正逐步取代原有的机械连接方法。

（3）修饰加工

修饰加工即对塑料制品表层进行修整和装饰，以提高精度和表面质量的二次加工方法。如用锉削、刮削、磨削等方法去除制品废边和浇口残根；用涂有抛光膏的旋转布轮抛光制品表面；在制品表面喷涂树脂溶液形成透明涂层；用印刷、漆花等方式使制品表面形成彩色花纹和图案；用气相沉积、电镀等方法在制品表面涂覆金属层等。

6.1.3 塑料零件结构的工艺性

塑料零件通常采用模具成形，为简化模具结构、减少制模成本和利于熔体流动充填型腔，应尽量选用成形性能较好且价廉的聚合物，制品的形状、结构应力求简单，精度和表面质量要求也不应过高。此外，在零件结构设计时还应注意以下问题：

① 壁厚应适当和均匀。由于壁厚过小会使熔体在模腔中充填困难，壁厚过大则易产生缩孔、凹陷等缺陷，故壁厚应适当，通常取 1～6mm，制品尺寸大时取较大值。此外，壁厚还应均匀一致，以免因制品各部分收缩不均匀而引起翘曲变形，如图 6-12 所示。

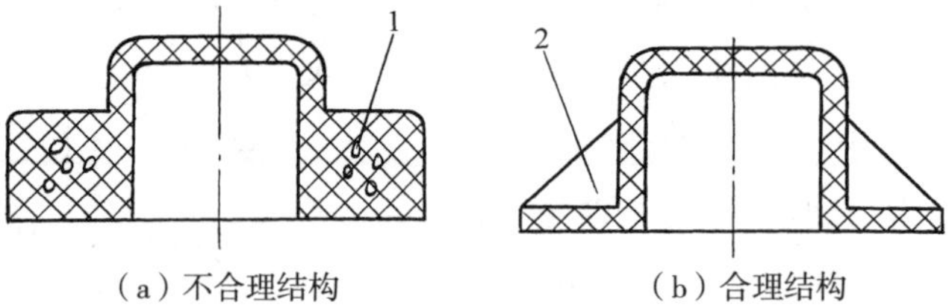

1—缩孔；2—肋板。

图 6-12 壁厚应均匀一致

② 应避免肋板交叉，以免局部过厚而出现缩孔和气泡，如图 6-13 所示。

③ 宽底容器的底部刚度较差，应设计成拱形面，以免产生翘曲变形，如图 6-14 所示。

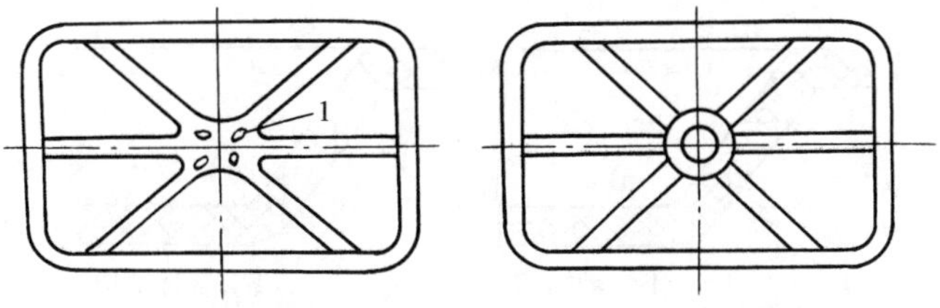

（a）不合理结构　（b）合理结构

1—缩孔、气泡。

图 6 - 13　避免肋板交叉

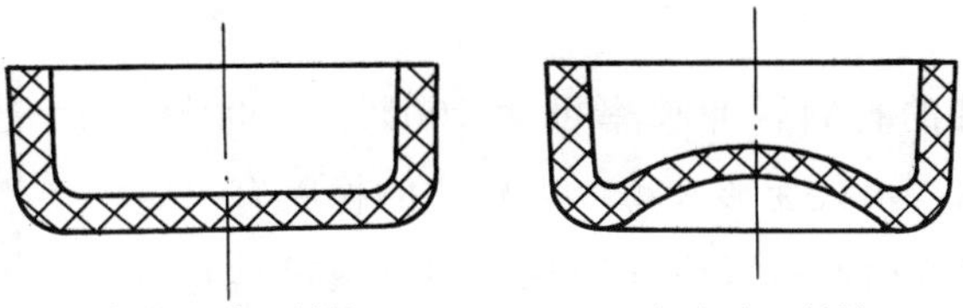

（a）不合理结构　（b）合理结构

图 6 - 14　避免底部翘曲

④ 内孔形状应利于抽出型芯，如图 6 - 15 所示。

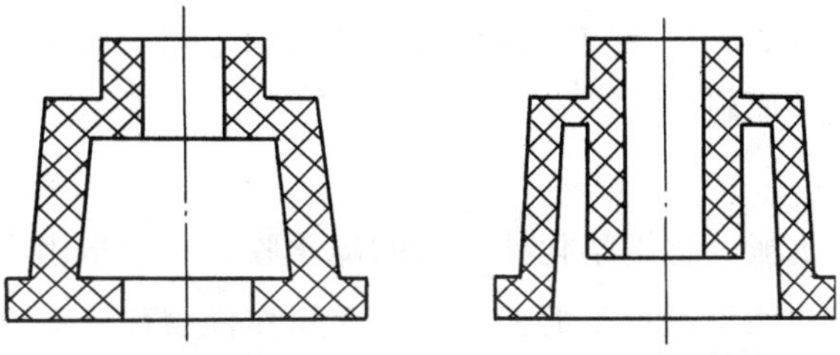

（a）不合理结构　（b）合理结构

图 6 - 15　利于抽出型芯

⑤ 与脱模方向平行的内、外表面应具有结构斜度，以利于脱模和抽芯，如图 6 - 16 所示。

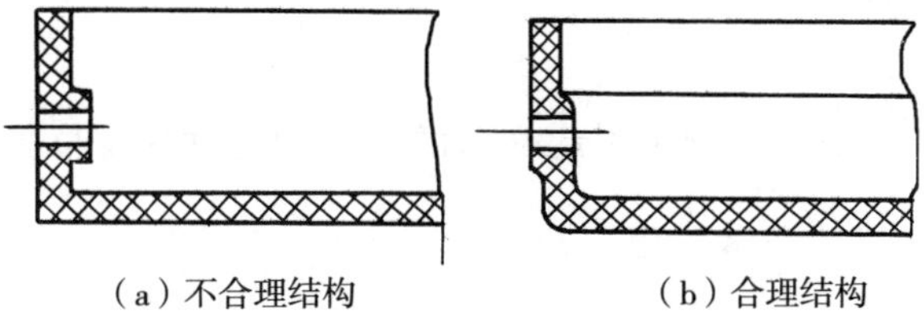

（a）不合理结构　（b）合理结构

图 6 - 16　应具有结构斜度

⑥ 侧孔轴线应与脱模方向一致，以简化模具和便于抽出型芯，如图 6-17 所示。

（a）不合理结构　　（b）合理结构

图 6-17　侧孔轴线与脱模方向一致

6.2　橡胶成形

橡胶是具有高弹性的材料，伸长率可达 100%～1000%，外力去除后能迅速复原，永久变形极小。未硫化的橡胶有一定程度的塑性，掺混配合剂后经过成形和硫化，即可获得具有所需性能（包括各种特殊性能）的橡胶制品。

6-2　橡胶成形

6.2.1　橡胶原料

橡胶成形所用的原料包括生胶、再生胶和配合剂等。

1. 生胶

生胶是指没有加工过的原料橡胶，包括天然橡胶和丁苯、顺丁、氯丁等合成橡胶。生胶是制造橡胶制品的主体原料。

2. 再生胶

再生胶是指经热、机械、化学塑化处理过的硫化胶，通常指用废旧橡胶制品和硫化胶边角料经再生处理制成的能重新加工的橡胶，主要用作橡胶稀释剂、增量剂等配合剂。

3. 配合剂

配合剂是指加到橡胶或胶乳中以形成混合物的物质，用以提高橡胶的某些性能。常用的配合剂有增塑剂、交联剂、塑解剂和填料等。

（1）增塑剂

增塑剂是指用于提高特别是在低温下提高橡胶或其制品柔软性的配合剂。常用增塑剂有石蜡、重油、松香和煤焦油等。

（2）交联剂

交联剂又称硫化剂，是在橡胶中引起交联的配合剂。常用交联剂有硫黄、含硫化合物和金属氧化物等。

（3）塑解剂

塑解剂是指受机械作用、加热或二者并存的影响，加入少量可因其化学作用而加速橡胶软化的配合剂。常用塑解剂有苯硫酚、过氯化苯甲酰和硬脂酸铁等。

（4）填料

填料是为了技术或经济目的，可以相对大比例加入橡胶或胶乳中的粒状固体配合剂，常用的填料有炭黑、白炭黑和陶土等。

6.2.2　橡胶成形工艺过程

橡胶成形工艺过程如图 6－18 所示。

配料 → 塑炼 → 混炼 → 成形 → 硫化

图 6－18　橡胶成形工艺过程

1. 配料

配料即按配方规定进行称量配料。液体组分有时要先加热以降低粘度，结团粉料须先烘干、过筛，生胶块须烘软、切块并压成片状。

2. 塑炼

塑炼即在氧（或塑解剂）和加热情况下，在机械功（剪切）作用下，生胶或混炼胶的橡胶分子质量不可逆降低的过程。通过塑炼，使生胶由弹性材料变为可塑性材料，以利于成形加工。

常用的塑炼设备是开炼机和密炼机。图 6－19 所示的开炼机有两个反向旋转的滚筒，通常在不同速度下相对回转，胶料在反复通过已加热的滚筒间隙时，在强烈的挤压与剪切作用下渐趋软化和塑化。密炼机塑炼是在密封的塑炼室内进行，生产效率高，塑炼质量好，环境污染小，已逐渐取代开炼机塑炼。

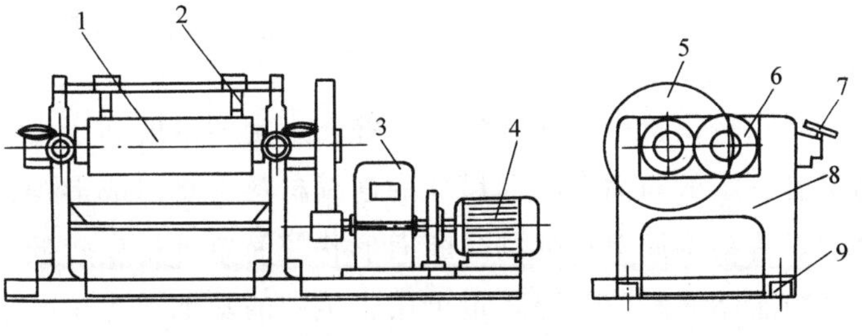

1—辊筒；2—挡胶板；3—减速器；4—电机；5—大齿轮；6—速比齿轮；7—调距手轮；8—机架；9—底座。

图 6－19　开炼机结构

3. 混炼

混炼是将各种配合剂混入生胶并均匀分散的过程。混炼所得的胶坯称为混炼胶，是橡胶与其他配合剂的均匀混合物。常用的混炼设备是开炼机和密炼机，密炼机混炼工艺过程如图 6－20 所示。

4. 橡胶成形方法

橡胶成形是将混炼胶制成所需形状、尺寸和性能的过程。常用的橡胶成形方法有压延成形、挤出成形、注射成形和模压成形等。

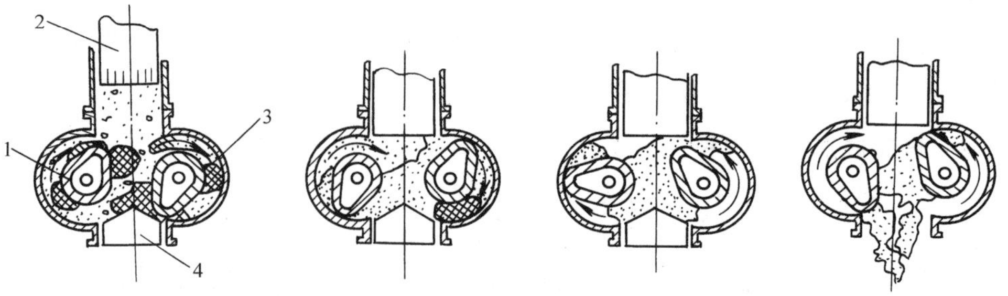

（a）上顶栓下降压料　（b）混炼开始　（c）配合剂均匀分散　（d）下顶栓开启，卸料

1—转子；2—上顶栓；3—胶料；4—下顶栓。

图 6-20　密炼机混炼工艺过程

（1）压延成形

压延成形即利用两辊筒之间的挤压力，使胶料产生塑性流动，制成具有一定断面形状和尺寸的片状或薄膜状材料的工艺。压延成形生产效率高、制品厚度尺寸精确、表面光滑、内部紧实。但其工艺条件控制严格、操作技术要求较高，主要用于制造胶片和胶布等。

常用的压延设备有三辊压延机和四辊压延机。图 6-21 所示为胶布压延工艺示意图。当纺织物和胶片通过一对相向旋转的辊筒间隙时，在辊筒的挤压力作用下贴合在一起而制成胶布。

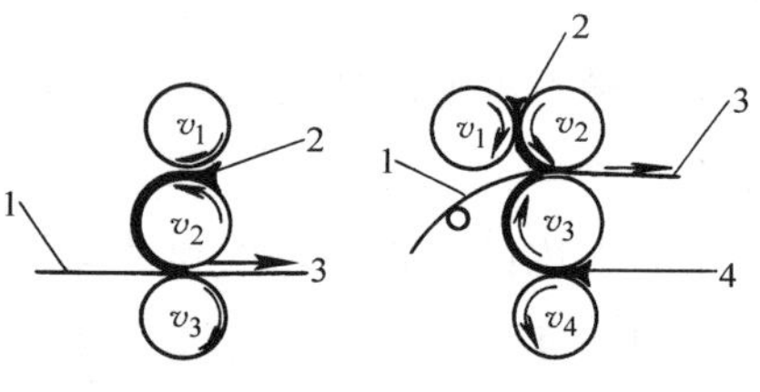

（a）三辊压延机单面贴胶　（b）四辊压延机双面贴胶

1—纺织物；2、4—胶料；3—胶布。

图 6-21　胶布压延工艺示意图

（2）挤出成形

挤出成形是使胶料在挤出机中塑化和熔融，并在一定的温度和压力下连续均匀地通过机头模孔挤出成为具有一定的断面形状和尺寸的连续材料。挤出成形操作简便、生产效率高、工艺适应性强、设备结构简单；但制品断面形状较简单且精度较低。挤出成形常用于成形轮胎外胎胎面、内胎胎筒和胶管等，也可用于生胶的塑炼和造粒。

挤出成形的主要设备是橡胶挤出机，其基本结构同塑料挤出机。图 6-22 所示为胶料在挤出机机筒内的运动情况。胶料自加料口进入机筒后，在机筒和旋转的螺杆间受到推挤、剪切和搅拌等作用，逐渐升温塑化和熔融成为连续的粘流体，并被推挤至机头口模处挤出成形。

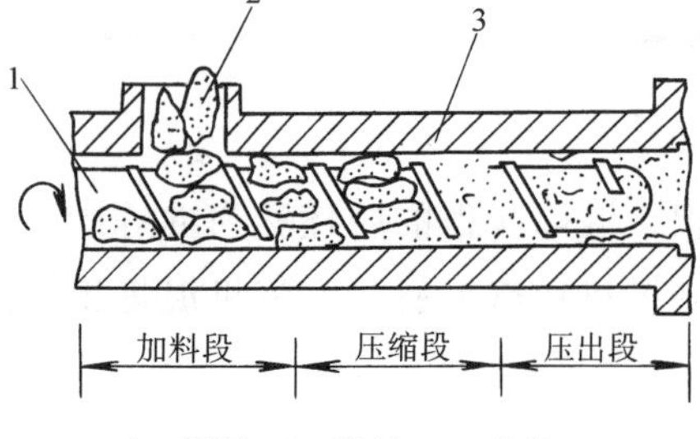

1—螺杆；2—胶料；3—机筒。

图 6-22　胶料在挤出机机筒中的运动状况

（3）注射成形

注射成形即将胶料从密闭室压入闭合模具的工艺。先将胶料加热塑化成熔融态，再高压

注射到模具的模腔中热压硫化成形。注射成形能一次成形外形复杂、带有嵌件的橡胶制品，尺寸精确、质量稳定、生产效率高，主要用于生产密封圈、减震垫和鞋类等。

注射成形的主要设备是橡胶注射机，其基本结构同塑料注射机。图 6 - 23 所示为螺杆式橡胶注射机的工作过程。

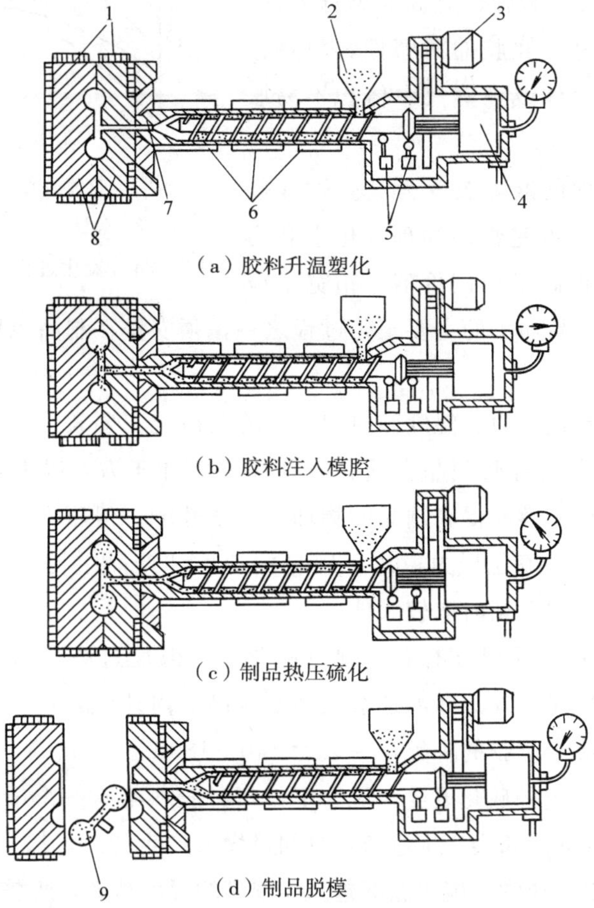

1—加热装置；2—料斗；3—电动机；4—液压缸；5—行程开关；6—加热冷却装置；7—喷嘴；8—模具；9—制品。

图 6 - 23　螺杆式橡胶注射机的工作过程

(4) 模压成形

模压成形即材料在模具模腔中加压、加热成形的过程。模压成形是橡胶制品生产中应用最早且最多的生产方法，是将预先压延好的胶坯按一定规格下料后加入压制模中，合模后在液压机上按规定的工艺条件压制，使胶料在加热、加压下塑性流动充填模腔，再经一定时间完成硫化后脱模。橡胶压制模结构与一般塑料压塑模相同，但需设置测温孔，以便通过温度计控制硫化温度；模腔周围也应设置流胶槽，以排出多余胶料。

5. 橡胶的硫化

橡胶的硫化即通过改变橡胶的化学结构（例如交联）而赋予橡胶弹性，或改善、提高并使橡胶弹性扩展到更宽温度范围的工艺过程。

（1）硫化对橡胶组织和性能的影响

硫化前，橡胶为线型高分子结构，受力时易于产生变形和塑性流动；硫化后，各部位不同程度地形成了空间网状结构，受力时难以产生变形。硫化使橡胶的强度、硬度和弹性升高而塑性降低，如图6-24所示。此外，橡胶的耐磨性、耐热性和抗溶胀性（即浸入液体或在蒸汽中体积不易胀大的性能）也将得到改善。

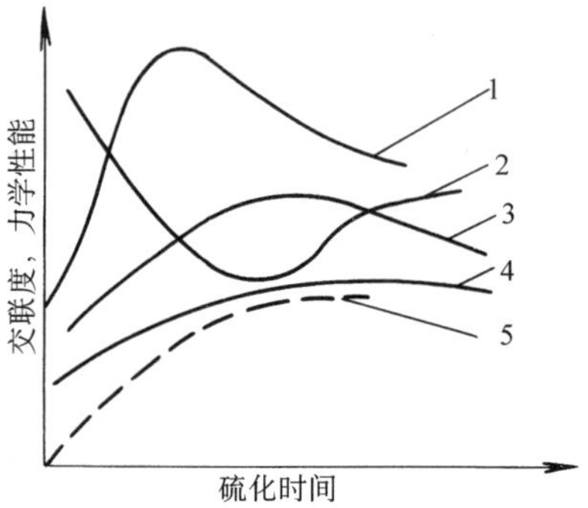

1—拉伸强度；2—扯断伸长率；

3—弹性；4—硬度；5—交联度。

图6-24　硫化过程中橡胶力学性能的变化

通过硫化，使塑性的混炼胶变为高弹性或硬质的硫化胶，从而获得更完善的物理、化学和力学性能，使橡胶材料提高了使用价值，拓宽了应用范围。硫化是橡胶制品加工的主要工艺过程之一，须安排在制品成形后进行。

（2）硫化条件

硫化条件通常指硫化压力、温度和时间，又称为硫化三要素。

① 硫化压力：一般的橡胶制品在硫化时往往要施加压力，以消除气泡和提高制品的致密性，且可促进胶料充模和提高制品的物理、力学性能。但压力过高会加速橡胶分子的热降解，使其性能下降。硫化压力取决于胶料的塑性和产品结构，一般为0.1～15MPa，胶料塑性较差或制品结构复杂时取较大值。

② 硫化温度：提高硫化温度有利于促进硫化，但温度过高会引起橡胶分子链裂解和硫化返原，致使胶料性能下降。高温还会增加厚制品的内外温差，致使内外硫化程度不一致。硫化温度主要取决于橡胶的种类，一般为140～180℃。

③ 硫化时间：在一定的硫化温度和压力下，每种胶料都有一个最适宜的硫化时间，通常称为正硫化时间。时间过长会产生过硫，时间过短会产生欠硫，都会使制品性能下降。硫化时间应通过试验确定，通常，硫化温度越高，制品的尺寸越大，所需的硫化时间也越长。

硫化剂一般在混炼时即已加入胶料中，但由于交联反应须在较高的温度和一定的压力下才能进行，故一般在混炼时尚未产生硫化。注射成形和模压成形通常是在胶料充模后通过继续升温和保压进行硫化的。硫化还可利用饱和蒸汽、过热蒸汽、热空气或热水等介质加热，在常压情况下进行。

6.3　陶瓷成形

6-3　陶瓷成形

传统的陶瓷制品目前基本上还是采用“备料—成形—烧结”的生产方式，而精细陶瓷普遍要求采用高纯、超细的粉末以及精确控制坯料的化学组成、烧结工艺和制品的显微结构等。为此，已开发和应用了一些新型的成形和烧结技术，以保证制品的高质量。

6.3.1　陶瓷的原料和坯料

1. 陶瓷原料

陶瓷原料包括天然矿物原料、化工原料和合成粉料等三类。

(1) 天然矿物原料

天然矿物原料有粘土、长石、石英、滑石等，是生产传统陶瓷的主要原料。

(2) 合成粉料

合成粉料即采用各种物理、化学方法制备的粉末原料，其成分有 TiO_2、Al_2O_3、Si_3N_4、SiC 等。合成粉末纯度高、粒度细，适用于生产精细陶瓷。

(3) 化工原料

化工原料即用作添加剂的各类化工产品，以改善坯料的成形性能。常用的添加剂有结合剂、塑化剂和悬浮剂等。

① 结合剂：亦称粘结剂，是具有良好粘结性的一类物质，主要作用是增加泥料的可塑性，用来改善瘠性物料（不含粘结性组分）的成形性能。常用的结合剂有甲基纤维素、聚乙烯醇、聚苯乙烯等。

② 塑化剂：又称增塑剂，是能吸附在瘠性物质表面使其呈现塑性的制剂，如石蜡、甘油、酞酸二丁酯等。

③ 悬浮剂：即能通过吸附在固体颗粒表面从而改变其表面状态，使其能在一定介质中悬浮的制剂，如水玻璃、碳酸钠等。

陶瓷原料一般均须加工成粉末，其物理性能和制备方法可参见本书第 5 章 5.1.1 节和 5.1.2 节。

2. 陶瓷坯料

陶瓷坯料是指用于制作陶瓷坯体的物料，是由多种原料混合和加工后制备的。按水分含量不同，可分为泥浆、可塑泥料、粉料等三类。

(1) 泥浆

泥浆指水分含量（质量分数）为 28%～35%的陶瓷坯料，流动性较好，适用于浇注成形和流延成形。

(2) 可塑泥料

可塑泥料指水分含量（质量分数）为 12%～25%的陶瓷坯料，塑性较好，适用于各类塑性成形方法。

(3) 粉料

粉料指水分含量（质量分数）为 3%～12%的陶瓷坯料，流动性差，适用于在较高的压力下压制成形。

6.3.2　陶瓷坯料的成形性

陶瓷坯料的成形性是陶瓷坯料是否易于加工成符合要求的坯体的性能，包括泥浆的流动性和稳定性、坯料的可塑性、粉料的流动性等。

1. 泥浆流动性

泥浆流动性是表示泥浆流动程度的性能，是用特定的容器，使单位量泥浆从容器中流出，据其流出的时间长短表示流动性。良好的流动性使泥浆浇注时易于充满模具。生产中常通过加热浆料及加入适当的电解质等方法来提高泥浆流动性。加入电解质可加大固体微粒间的斥力，从而使泥浆粘度下降而流动性增加。常用的电解质有碳酸钠、磷酸钠和聚丙烯酸盐等。

2. 泥浆稳定性

泥浆稳定性是表示泥浆长时间保持稳定，不产生沉淀或分层的性能。良好的稳定性使浆料易于输送，且注浆成形时不易产生分层或开裂。含粘土的泥浆常加入少量水玻璃、腐殖酸钠等钠盐，使钠离子吸附于粘土胶粒上，来加大胶粒间的斥力。不含粘土的泥浆常加入适量的有机胶体（如树胶、明胶等），使胶体分子粘附于各固体微粒上形成胶膜而使其相互隔离，从而有效地防止聚沉。此外，有机胶体还可提高泥浆的粘度，使固体颗粒聚沉的阻力增大。

3. 坯料可塑性

坯料可塑性是指坯料受力时产生塑性变形而不出现裂纹的性能。良好的可塑性使坯料受力时易于成形且有足够的强度。生产中常通过在坯料中加入一些高粘性粘土或其他粘结剂以及控制泥料含水量等方法来提高其可塑性。

6.3.3 陶瓷成形工艺过程

陶瓷成形工艺过程包括坯料的制备、坯体的成形、陶瓷烧结和后处理等。

1. 坯料的制备

坯料的制备包括配料、粉碎、混合、练泥或塑化、制浆和造粒等，如图 6－25 所示。

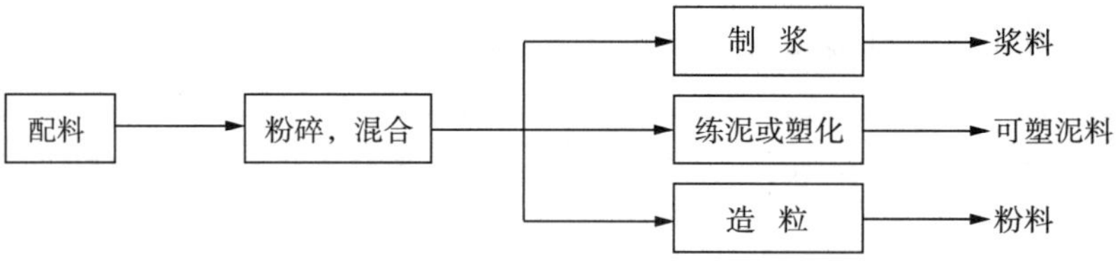

图 6－25 陶瓷坯料的制备过程

① 配料：即确定各种原料在陶瓷坯料和釉料中的用量。通常先进行配料计算，再通过试验确定产品配方。

② 粉碎、混合：即按配方比例，将各种原料加入粉碎设备中粉碎到所需粒度并混合均匀。常用设备有球磨机、振动磨机等。

③ 练泥：即采用螺旋或铰刀对泥料进行搅碎、推挤、混炼、除气并连续挤压成均匀致密的塑性泥料的过程。常用设备是真空练泥机。在真空环境下进行练泥是最有效的练泥方法，可使泥料中空气体积容量降至 0.5%～1%，可塑性和密度更高，各组分的分布更均

匀，以利于改善产品质量。

④ 塑化：即利用塑化剂使瘠性物质具有可塑性的过程，一般用于特种陶瓷的坯料制备。经塑化获得的可塑坯料结构，如图 6-26 所示。

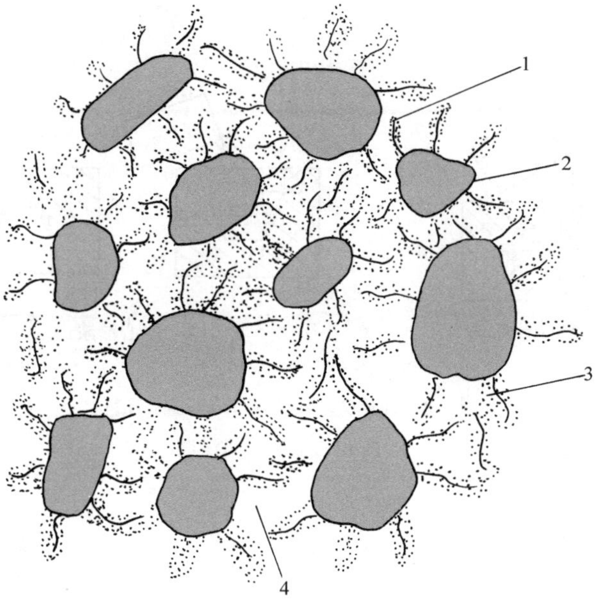

1—自由水；2—固体颗粒；3—塑化剂的水化膜；4—气孔。

图 6-26　可塑坯料的结构

⑤ 造粒：是将陶瓷细粉料加工成具有一定大小且流动性好的粒状聚集体的过程，以利于压制成形。可将坯料预压成块，再破碎过筛形成团粒，或使浆料高速雾化，再在热风作用下形成团粒。

2. 坯体的成形

坯体的成形是指形成一定形状和尺寸的陶瓷坯体的过程。常用的陶瓷成形方法有浆料流动成形、塑性成形和加压成形等。

(1) 浆料流动成形

浆料流动成形即通过浆料流动注模或涂覆获得坯体的成形方法，包括浇注成形、热压铸成形和流延成形等。

① 浇注成形：即将泥浆注入具有吸水能力的模具中得到坯体的成形方法，也称为注浆成形。常用的浇注成形方法有流动注浆、压力注浆和真空注浆等。

流动注浆是在自然重力条件下浇注成形，如图 6-27 所示。其设备简单，投资较少，但制品质量差，生产效率低。压力注浆在压力（一般为 0.1～2.5MPa）下注浆和形成坯体，离心注浆利用离心力加速坯体形成（图 6-28），均有效地提高了注浆速度和坯体质量。浇注成形适用于制造大型、薄壁及形状复杂的制品。

② 热压铸成形：即把煅烧制备的瓷粉同熔化的蜡类塑化剂迅速搅和成具有一定性能的料浆，在热压铸机中用压缩空气将热熔的料浆注满金属模，使料浆在金属模中凝固成形，如图 6－29 所示。该方法操作简便，表面粗糙度值低，但坯体含有机物多（质量分数为 10％～20％），密度低，且大型薄壁制品难于成形。热压铸成形常用于形状较复杂的中、小型制品的生产。

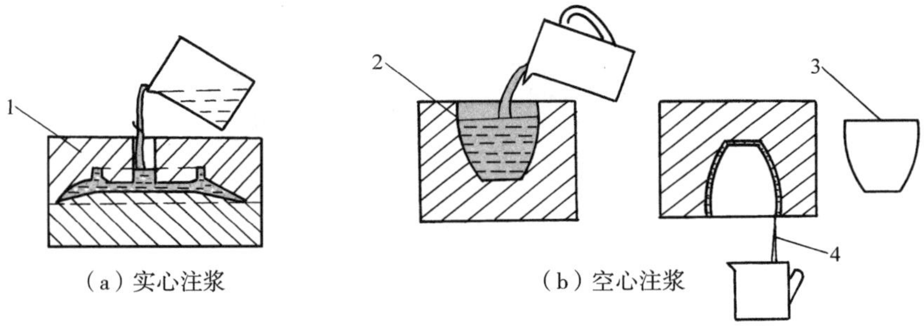

（a）实心注浆　　（b）空心注浆

1、2—石膏模；3—坯体；4—多余浆料。

图 6－27　流动注浆

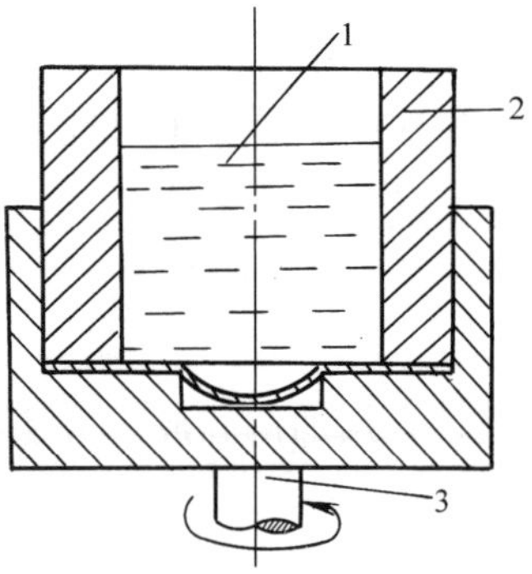

1—浆料；2—石膏模；
3—转轴。

图 6－28　离心注浆

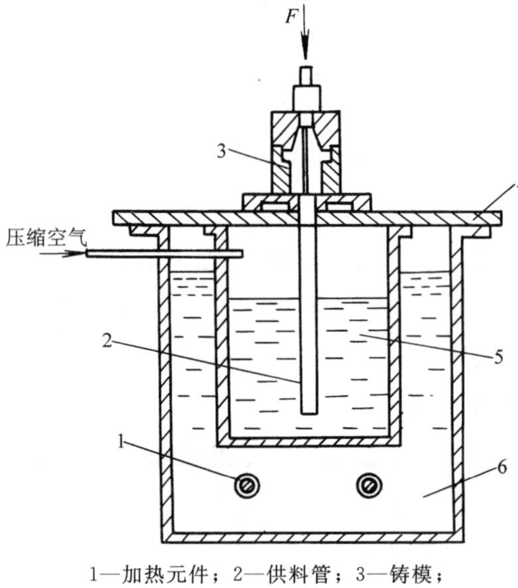

1—加热元件；2—供料管；3—铸模；
4—工作台；5—浆料；6—恒温油。

图 6－29　热压铸成形

③ 流延成形：将具有一定流动性的陶瓷浆料，以一定的厚度涂覆在基体薄膜上，利用其表面张力形成光滑表面，待其干燥、固化后从基带上揭下即生产出坯带的工艺方法，如图 6－30 所示。生坯带可继续加工（如切片、层合和印刷等）而后烧结获得所需制品。流延成形是目前制造厚度小于 0.2mm 的超薄型制品的主要方法，在集成电路、电子元件制造中应用很广。

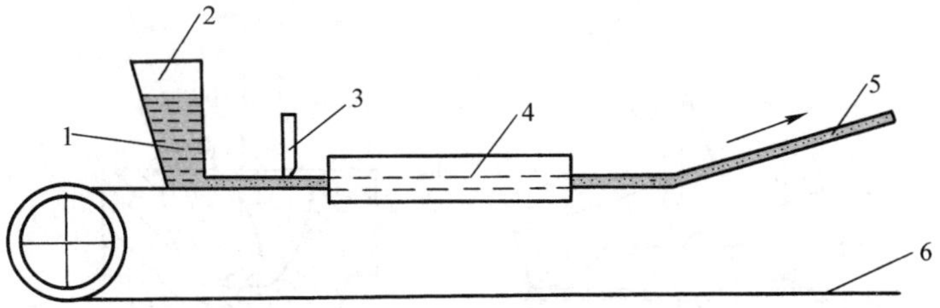

1—浆料；2—料斗；3—刮刀；4—烘干装置；5—坯膜；6—基带。

图 6-30　流延成形

（2）塑性成形

塑性成形即利用泥料的可塑性将泥料塑造成各种形状的坯体的工艺过程。常用的塑性成形方法有挤出成形、轧膜成形和滚压成形等。

① 挤出成形：即应用挤管机将塑性泥料挤成棒状、管状等长条形坯体的成形方法，如图 6-31 所示。挤出成形生产效率高、污染小，但挤嘴结构复杂，制造精度要求高，常用于挤制棒、管及片状制品。

② 轧膜成形：即通过一对轧辊的间隙卷入原料进行辊轧，取出薄板后对薄板进行冲切，即可得到所需坯体，如图 6-32 所示。所用的原料通常是粉料加上可塑性树脂与增塑剂。此方法得到的陶瓷坯体密度高且均匀，但存在各向异性，干燥和烧结时易出现变形和裂纹，适合制备厚度为 0.2～1mm 的板材。

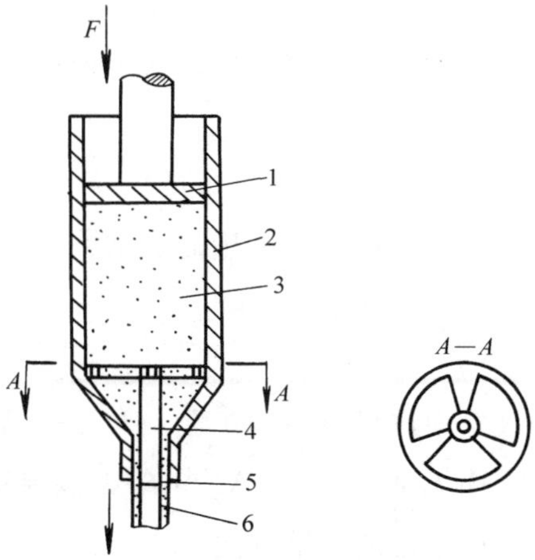

1—柱塞；2—挤压筒；3—坯料；4—芯棒；5—模口；6—坯体。

图 6-31　挤出成形

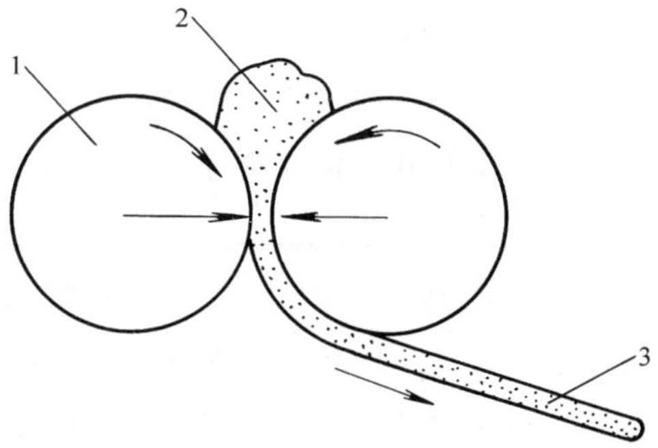

1—轧辊；2—坯料；3—薄板坯。

图 6-32　轧膜成形

③ 滚压成形：用滚压头将可塑泥料在旋转的模型上制成坯体的成形方法，可分为阳模滚压和阴模滚压两种方式，如图 6-33 所示。阳模成形用于浅而面积大的制品，阴模成形用于深而面积小的制品，制品均为回转体形状。

（3）加压成形

加压成形即使经过加工的陶瓷泥料或泥片，在模具中受压形成一定形状和尺寸的陶瓷

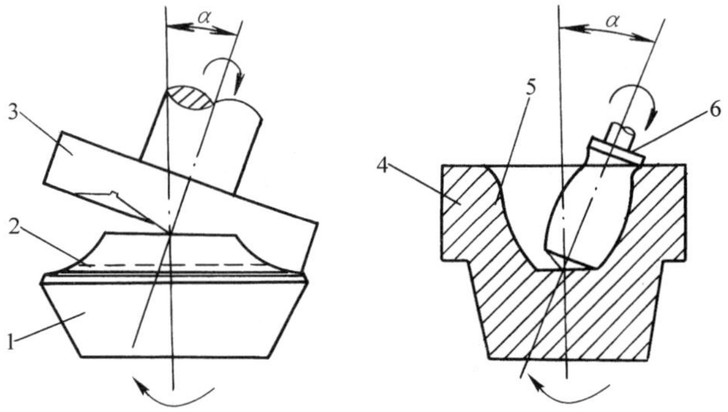

（a）阳模滚压成形　　（b）阴模滚压成形

1—阳模；2、5—坯料；3、6—滚压头；4—阴模。

图 6－33　滚压成形

生坯的成形过程，包括干压成形、半干压成形和等静压成形等。

① 干压成形：即含水率小于8%的陶瓷泥料或泥片，在模具中受压形成一定形状和尺寸的陶瓷生坯的成形过程，其原理与粉末冶金中的模压成形相似，可参见本书第5章5.1.3节。干压成形不经干燥即可直接焙烧，操作简便，生产效率高；坯体密度高，强度和精度较高。但干压成形坯体密度不均匀，焙烧时易产生分层、开裂等现象，且难于成形大型坯体，常用于中、小型坯体的成形。

② 等静压成形：是使陶瓷粉料在各个方向同时均匀受压的一种成形工艺，其原理可参见本书第5章5.1.3节。其传递压力的介质若为液体，称为湿式等静压，适用于生产形状较复杂、产量小的大型制品；若为气体或弹性体，称为干式等静压，适于生产形状较简单的长形、管状的薄壁制品。

3. 陶瓷的烧结

陶瓷的烧结即陶瓷坯体经高温加热而致密化的过程和现象，常用的烧结方法有常压烧结、热压烧结和活化烧结等。

（1）常压烧结

常压烧结亦称无压烧结，是在常压下的某种气氛中进行烧结的工艺。常压烧结时常引入添加剂，如 Al_2O_3 中添加 MgO、SiO_2 等，Si_3N_4 中添加 Y_2O_3、Al_2O_3 等，以促进烧结。常压烧结工艺简单、成本低，是传统陶瓷生产中普遍采用的烧结方法。

（2）热压烧结

热压烧结是将粉末或成形体置于石墨或氧化铝等耐热模型内，在加压下加热，使成形和烧结同时进行的烧结法，如图6－34所示。热压烧结制品的强度远高于常压烧结制品，可制造高强度陶瓷刀片。热压法还广泛用于很难烧结的非氧化物陶瓷材料。

（3）活化烧结

活化烧结又称强化烧结，其原理是在烧结前或烧结过程中，采用某些物理或化学方法，使反应物的原子或分子处于高能状态，利用这种高能状态的不稳定性作为强化烧结的新的驱动力。目前活化烧结的物理方法有电场烧结、磁场烧结以及超声波或辐射等，化学方法有氧化还原反应、分解反应和气氛烧结等。活化烧结可降低烧结温度、缩短烧结时间和改善烧结效果。

4. 后处理

陶瓷坯体经烧结后，其形状尺寸和表面质量等通常难以满足使用要求，须进行适当的加工和处理，包括切削加工、特种加工、涂层和陶瓷焊接等。

(1) 切削加工

常用的切削加工方法有磨削、研磨、抛光、珩磨、喷砂等。由于陶瓷的硬度较高，磨具和磨料成分一般须采用人造金刚石、碳化硅等高硬度材料。

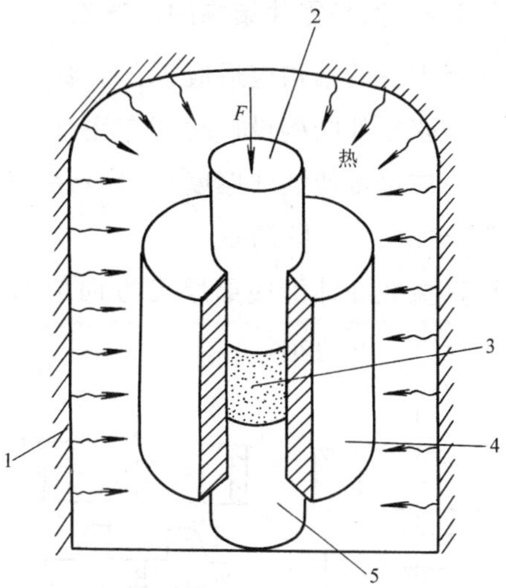

1—加热炉；2—上模冲；
3—粉料；4—阴模；5—下模冲。
图 6-34 热压烧结

(2) 特种加工

常用的特种加工方法有超声波加工、激光束加工、等离子加工、电子束加工和电解研磨等。由于特种加工将电、声、光等能量或几种能量的复合直接施加于材料表面，使硬、脆的陶瓷材料变得易于加工，生产效率高，加工质量好。

(3) 涂层

涂层即通过涂覆、热喷涂、气相沉积法、蒸镀和溅射等方法在物体表面形成异种物质薄膜，使其力学性能和化学性能发生改变的方法。施釉是常用的一种涂层方法，是通过高温在瓷体表面烧附一层极薄的玻璃状物质，可使制品表面平滑、光亮、不吸湿和不透水，且可提高力学性能和电性能，在传统陶瓷生产中一直沿袭使用。

(4) 陶瓷焊接

陶瓷焊接即采用不同方法将陶瓷与金属或陶瓷与陶瓷连接在一起的技术，又称陶瓷封接，用于形状复杂的制品或陶瓷与金属的连接。陶瓷焊接方法有摩擦焊、钎焊、激光焊、扩散焊等。金属与陶瓷的封接是电真空器件制备技术的关键之一，但两类材料结构不同，性质迥异，很难实现牢固的焊接，故须采用特殊的工艺方法，如金属化法、玻璃焊料封接法等。

(1) 金属化法：即先在陶瓷表面制备金属涂层（Ag、Mo－Mn 等），再与金属进行钎焊的方法。其封接强度较高，但较难满足抗碱金属腐蚀和抗热振的要求，适用于强度要求高的器件封接。

(2) 玻璃焊料封接法：即采用氧化物玻璃焊料的钎焊方法。其工艺简便，成本低，且接头抗碱金属腐蚀和抗热振性良好，已普遍用于碱金属蒸汽灯的制造。

6.3.4 陶瓷零件结构的工艺性

陶瓷零件的结构应适应工艺的要求，以利于简化工艺和减少缺陷。考虑到烧结工艺的要求，陶瓷零件结构设计时还应注意以下两个问题：

（1）应尽量使坯体厚度均匀一致，以免因干燥不均匀及烧结时各部分温差的影响而产生变形，如图6－35所示。

（2）宽底坯体沿底部厚度方向应有一定的锥度，以免烧结时因底部刚性差而下塌变形，如图6－36所示。

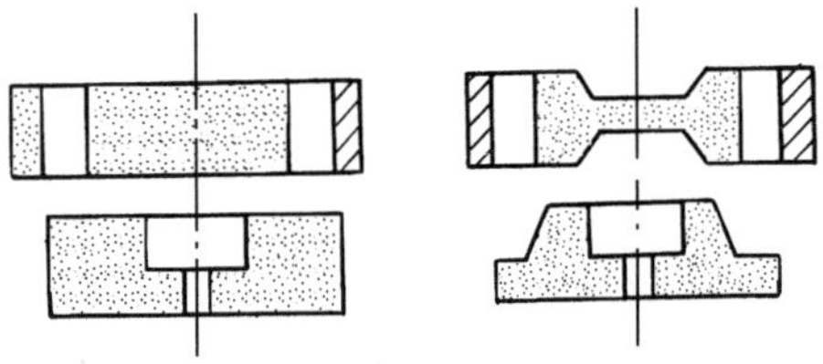

（a）不合理结构　（b）合理结构

图6－35　壁厚的设计

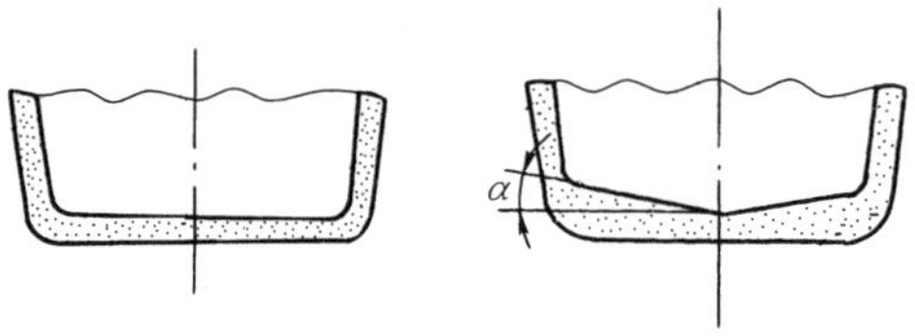

（a）不合理结构　（b）合理结构

图6－36　宽底制品底部设计

6.4 非金属材料成形技术的发展趋势

随着工业和信息技术的发展，非金属材料的生产工艺和技术不断创新，扩大了非金属材料尤其是有机高分子材料和陶瓷的应用范围。

6－4　非金属材料成形技术的发展趋势

6.4.1 有机高分子材料成形技术的发展趋势

近年来，有机高分子材料的成形技术，在智能制造、助剂的开发、物料的处理、成形技术、硫化工艺和后处理等各个方面都取得了重大进展。

1. 智能制造技术

在高分子材料生产过程中，利用传感器和智能控制系统，监测和调节材料的物理化学性能；引进机器人完成复杂加工任务；利用智能设备调节工艺参数；通过AI、大数据和云计算，检测和控制产品质量。

2. 助剂的开发

研发抗氧剂、光稳定剂、热稳定剂和防腐剂等助剂，提高材料的稳定性，开发生物降解、可回收的环保助剂，研发智能增塑剂、自助修复剂等智能助剂，加强材料性能的实时调控。

3. 物料处理

采用植物多糖、植物油、木质素等生物基原料，以及绿色固体酸催化剂、分子筛催化剂、光催化剂和生物酶催化剂；采用超声波或电热切割原料，替代环境污染严重的机械切割和化学切割；红外预热原料替代传统的烘箱，辐射不需要介质，节约能量，节省固化时间。多维度实现高分子材料的绿色制造。

4. 成形技术

反应挤出、固态挤出、振动挤出和微纳层共挤出等新技术的出现，替代传统功耗高、污染大的挤出成形；气体辅助注塑成形工艺，注塑后充气发泡，可提高产品质量、缩短生产周期；传统压延机趋于大型化、自动化和高速化，异径辊筒压延机可提高压延精度和压延速度，降低负荷和能耗；3D打印技术的成本低、制品性能优良。

5. 硫化技术

电子束交联法的反应速率高，不需要任何交联剂等化学助剂，绿色环保，发展前景较好；双螺杆挤出动态硫化技术的加料性能、混炼塑化性能、排气性能、挤出稳定性优良；电磁感应加热硫化技术逐步用于轮胎硫化，具有无污染、效率高等优势。

6. 后处理方法

利用激光技术进行切割、钻孔、焊接、打标和表面处理等，拓展了塑料的应用范围。采用高频焊接、红外线焊接等电磁作用软化技术，易于实现焊接自动化，焊缝强度高、质量好、可重复性高，尤其适用于焊接塑料薄膜和薄板；采用直流或脉冲磁控溅射工艺，对塑料件进行金属涂层处理，涂层致密、硬度高、耐蚀性好；激光切割、水切割、超声波切割等用于橡胶制品的切割，精度高、速度快、热影响区小、质量好。

6.4.2 陶瓷成形技术的发展趋势

陶瓷成形技术的发展主要体现在智能制造、制粉、成形、烧结和后处理等方面。

1. 智能制造

智能制造装备与工艺、智能制造柔性系统、智能制造信息集成与管理、智能制造自主控制与决策、智能检测与质量控制等的快速发展，实现了陶瓷生产过程的可视化、透明化、可追溯化，并逐步向高端化、智能化、绿色化、节能化发展。

2. 制粉技术

采用等离子合成、爆炸等高能物理辅助法，机械合金化和热处理技术相结合的机械合金化一热处理法，基于材料自身介电损耗加热的微波烧结法，能耗更低、污染更少的干法制粉技术等，实现高纯、超细粉末的制备，扩大了特种陶瓷的应用范围。

3. 成形技术

离心沉积成形法广泛应用于梯度材料、多孔材料及层状陶瓷材料的制备；电泳沉积成形法易于精确控制沉积厚度，膜层均匀、致密、气孔少，适用于大面积薄膜的制备；固体无模成形法无需模具，可制造任意复杂形状或尺寸较小的制件。新的成形技术已应用于生物医药、航空航天、汽车配件、建筑材料、教学教育等领域。

立体光刻成形技术（Stereo lithography，SL）在树脂中加入陶瓷粉末制取陶瓷浆料，铺料系统逐层精细铺平，曝光固化，反复堆叠，获得素坯，经高温脱脂、烧结后，获得陶瓷制品，如图6－37所示。该方法在制备高精度、形状复杂的大型陶瓷零件时优势明显。

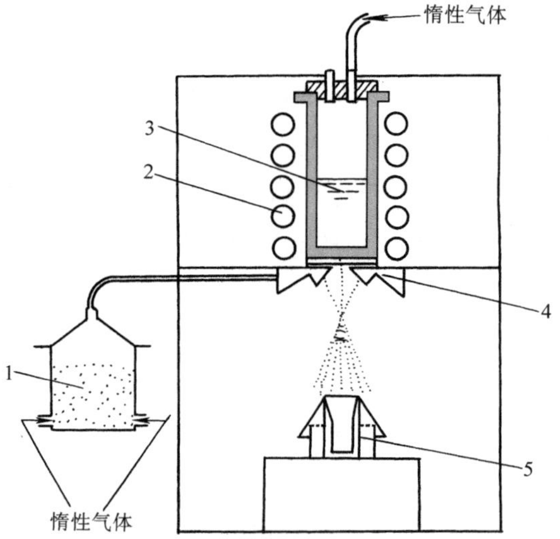

1—粉末；2—感应线圈；3—金属液；4—气体雾化器；5—锭模。

图6－37　连续喷雾沉积原理

4. 烧结技术

冷烧结技术通过向陶瓷粉体中添加过渡液相，施加较高压力，可在极低的温度（25～300℃）下和较短的时间内（10min～3h）实现陶瓷制品的致密化；基于电流焦耳热作用的超快高温烧结技术，最短可在10s左右完成烧结；程序控制的振荡压力烧结技术，可获得致密度更高、晶粒更细小的陶瓷制品。

5. 后处理技术

超声波加工、激光加工、等离子加工、电子束加工、磨料水射流加工和电火花加工等广泛应用于陶瓷制品的后处理。抛光与等离子体照射相结合的等离子体辅助抛光，超声与机械磨削相结合的超声辅助磨削，电解与机械铣削相结合的电解机械复合铣削等复合加工方式，提高了加工质量和生产效率。钎焊、扩散焊和摩擦焊等焊接方法已广泛应用于陶瓷和金属的焊接。

思考题与习题

6－1　塑料成形常用哪些原料？它们各起什么作用？

6－2　比较挤出成形、注塑成形和压塑成形的工艺过程有何不同特点？各应用于何类塑料？

6－3　改进如题6－3图所示塑料零件的结构，并说明理由。

6－4　橡胶成形常用哪些原料？各起什么作用？

6－5　橡胶塑炼的作用与塑料塑炼有何异同？橡胶塑炼与混炼有何区别？

6－6　常用的橡胶成形方法的工艺特点和应用范围有何不同？

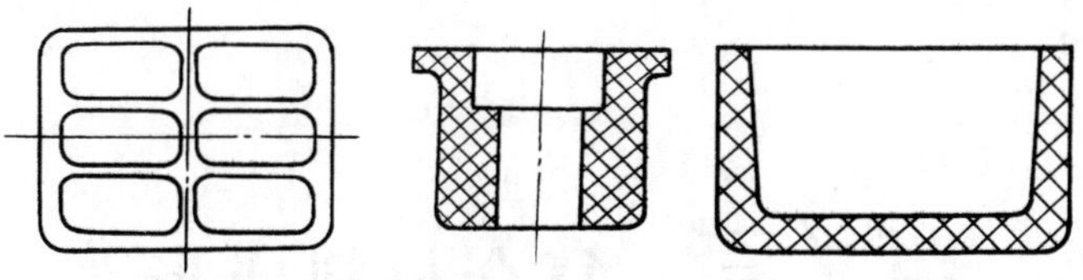

(a) 肋板结构　　(b) 轴套　　(c) 壳体

题 6-3 图　塑料零件图

6-7　何为硫化三要素？橡胶硫化时应如何控制其硫化过程？

6-8　陶瓷成形常用哪些原料？各起什么作用？

6-9　陶瓷坯料有哪些成形性能？如何提高陶瓷坯料的成形性能？

6-10　比较陶瓷坯体浇注成形、滚压成形和干压成形在工艺特点和应用上的区别。

6-11　陶瓷坯体的常压烧结、热压烧结和活化烧结的工艺过程和应用有何不同？

6-12　有机高分子材料在成形和硫化技术方面有哪些新进展？

6-13　试述陶瓷成形和烧结技术的发展趋势。

第7章 复合材料成形

【知识目标】

1. 识记复合材料各组成部分及其作用；
2. 理解复合材料成形的工艺特点；
3. 认记和理解常用复合材料的成形方法、特点及应用范围；
4. 理解复合材料制品结构设计原则。

【技能目标】

能够正确选择各种复合材料的成形方法。

【素质目标】

1. 质量意识、安全意识、标准意识、绿色环保意识；
2. 专业认同感、家国情怀；
3. 工匠精神、创新精神。

随着复合材料应用领域的拓宽，复合材料工业得到迅速发展，目前树脂基复合材料的成形方法已经有很多种，并成功地用于工业生产，而金属基复合材料和陶瓷基复合材料的价格昂贵，除了航空航天工业外，一般工业应用较少。

7.1 复合材料成形方法

7　复合材料成形

7.1.1 复合材料成形的工艺特点

1. 材料制备与制品成形同时完成

材料制备与制品成形同时完成即复合材料的制备过程通常就是复合材料制品的成形过程，特别是形状复杂的大型制品往往能一次整体成形，因而大大简化了工艺、缩短了生产周期和降低了成本。由于减少甚至取消了接头，因而使应力集中显著减小、制品质量减轻、制品的刚度和耐疲劳性提高。

2. 材料性能的可设计性

材料性能的可设计性即可以根据构件的载荷分布和使用要求，选择相应的基体材料和增强材料并使它们占有合适的比例；可以同时设计合理的排列方向和层数，选用合适的复合工艺和参数，以使材料和制品结构合理、安全可靠，且有较好的经济性，从而为材料和结构实现最优化设计。

复合材料制品成形方法虽然多达数十种，但从原材料到形成制品一般都要经过原材料制取、生产准备、制品成形、固化、脱模和修整、检验等阶段。下面分别介绍树脂基、金属基和陶瓷基等三类复合材料的主要成形方法。

7.1.2　树脂基复合材料的成形方法

树脂基复合材料是以树脂为基体、纤维为增强体复合而成的。其主要成形方法有手糊法、喷射法、袋压法、缠绕法和模压法等。

1. 手糊法

手糊法即用手工糊制的成形方法。先在模具上涂一层脱模剂并刷上一层表面胶，然后在胶层上铺放增强材料（玻璃布等），并均匀涂抹一层树脂，这样铺一层布就刷一次树脂，直至所需层数，最后进行固化、脱模、修整和检验得到所需制品，如图 7－1 所示。

手糊法以手工操作为主，设备简单，且不受制品尺寸限制，但劳动条件差，制品质量不稳定、强度较低，适用于大型制品的小批量、多品种生产。手糊法一般用来成形船体、浴盆、波纹瓦、汽车壳体、风机叶片等，是使用最早和目前仍广泛应用的一种成形方法。

2. 喷射法

喷射法即将手糊法成形操作中的糊制工序改由喷枪完成，将纤维和树脂液同时喷到模具上，再经压实、固化得到制品。如图 7－2 所示，配制好的树脂液分别由喷枪的两个喷嘴喷出，同时，切割器将连续玻璃纤维切碎，由喷枪的第三个喷嘴（图中未画出）均匀地喷出，并与胶液均匀混合后喷射到模具表面上，再用压辊压实。通常喷射速率为 2～10kg/min。

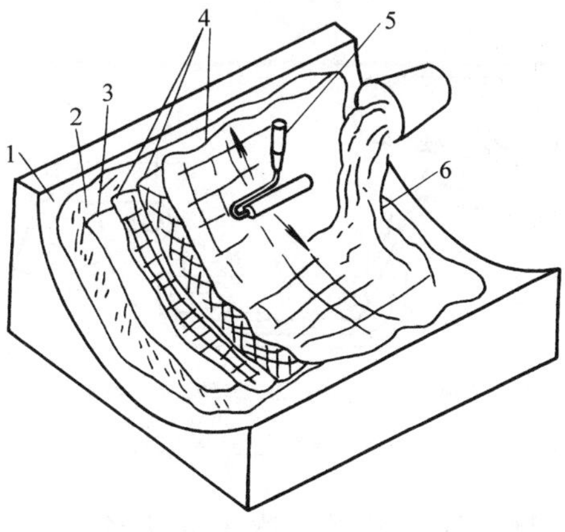

1—模具；2—脱模剂；3—胶衣层；
4—玻璃纤维；5—手动压辊；6—树脂。

图 7－1　手糊法成形原理

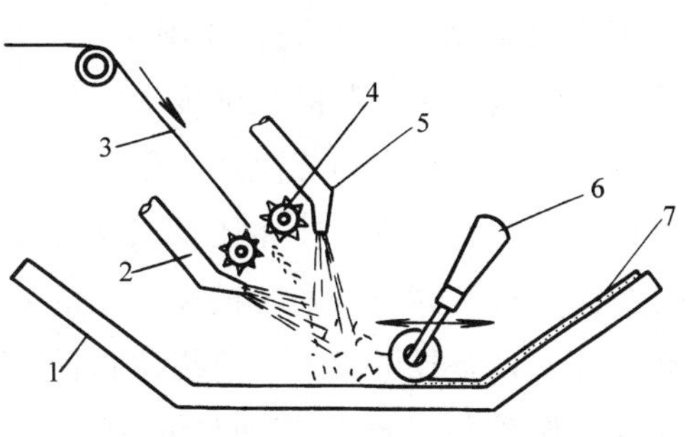

1—模具；2、5—喷嘴；3—纤维；
4—切割器；6—手动压辊；7—制品。

图 7－2　喷射法成形原理

喷射法成形实现了半机械化操作，生产率比手糊法高2～4倍，制品的飞边少，无搭缝，整体性好。但其树脂含量高，制品强度低，且操作现场粉尘大，工作环境差。

3. 袋压法

袋压法是将手糊法成形的制品或预浸料（预浸树脂的纤维或织物）放到模具内，并在制品上覆盖橡胶袋或塑料袋，将气体压力施加到尚未固化的制品表面使其成形的工艺方法。袋压法可分为真空袋压法和压力袋压法两种，如图7-3所示。

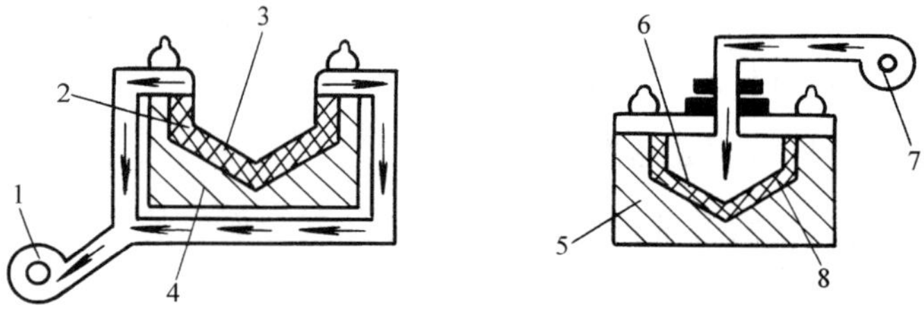

（a）真空袋压法　　（b）压力袋压法

1—真空泵；2、8—坯件；3—柔性膜；4、5—模具；6—压力袋；7—空气压缩机。

图7-3　袋压法成形原理

（1）真空袋压法

真空袋压法即在坯件上覆以柔性加压膜，抽真空使加压膜与模具间形成负压，利用大气压通过加压膜对坯件施压，如图7-3（a）所示。真空袋压法产生的压力较小，为0.05～0.07MPa，故难以获得密实制品。

（2）压力袋压法

压力袋压法即通过弹性袋内充入压缩空气，对置于模具中的坯件均匀施压，如图7-3（b）所示。压力袋法产生的压力可达0.25～0.5MPa，制品的密度和性能较高。

采用袋压法制品两面都比较平滑，质量好；成形周期短、适应的树脂类型广且制品的形状可较复杂。但其成本较高，制品尺寸也受到设备的限制。

4. 缠绕法

缠绕法指将连续纤维或布带浸渍树脂后，按照一定规律缠绕到芯模上，通过固化、脱模而得到制品的方法，如图7-4所示。采用该方法得到的制品比强度大、精度高、质量好且易实现自动化生产。但其制品轴向难以增强，负曲率回转体还难以缠绕成形，且需缠绕机、高质量的芯模和专用的固化加热炉等，设备投资较大。缠绕法目前主要用于缠绕圆柱体、球体等回转体制品，如压力罐、筒、贮罐、槽车和火箭发动机壳体等。

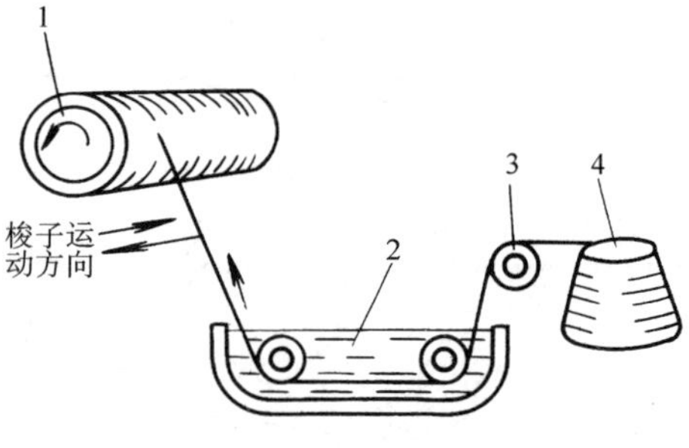

1—芯模；2—树脂；3—辊轮；4—纤维。

图7-4　缠绕法成形原理

5. 模压法

模压法即将已干燥的浸胶纤维或织物等放入金属模具内，通过加热、加压使树脂塑化和熔融流动成形，经固化获得制品。采用模压法制品尺寸精确、表面光滑、力学性能高。模具多采用金属对模（凸模和凹模）；加压设备常采用压力机（多为液压机）。模压法工艺简便、应用广泛，常用于制造船体、罩壳和汽车车身等制品。

常用的树脂基复合材料成形方法的比较见表 7－1 所列。

表 7－1　常用的树脂基复合材料成形方法的比较

类　别	纤维体积含量/%	制品厚度/mm	固化温度/℃	制品尺寸	生产效率	制品质量	典型制品
手糊法	25～35	2～25（一般 2～10）	室温～40	不限	低	取决于操作者，只有一个光滑面	船身、建筑用平板、大型制品
喷射法	25～35	2～25（一般 2～10）	室温～40	不限	低	取决于操作者，只有一个光滑面	中型制品
袋压法	25～60	2～6	室温～50（预浸片状模塑料 80～160）	受设备限制	低	取决于装袋技术，有两个光滑面	机身、各种板件及结构件
缠绕法	60～80	2～25	室温～170	受芯模限制	中等	内表面光滑	压力容器和管子
模压法	25～60	1～10	40～50（冷压） 100～170（热压）	受模具限制	高	各表面均较光滑，质量很好	中、小型零件

7.1.3　金属基复合材料的成形方法

金属基复合材料是以金属为基体，采用纤维、颗粒等作为增强体经复合而成的。其成形方法很多，按工艺过程不同，可分为等离子喷涂法、液态渗透法、热压扩散结合法等。

1. 等离子喷涂法

等离子喷涂法是在惰性气体保护下，由等离子弧向排列整齐的纤维喷射熔融金属，待其冷却凝固后形成复合材料的一种方法。

采用等离子喷涂法，金属基体与增强纤维间的润湿性好、界面结合紧密，成形过程中纤维不受损伤，但基体组织不够致密。此方法不仅用于纤维增强复合材料的成形，也可用于层合复合材料的成形，如在金属基体表面上喷涂高熔点的陶瓷或合金，即可形成层合复合材料。

2. 液态渗透法

液态渗透法即以金属液渗入增强体制成复合材料的方法，可以通过多种铸造方法来实

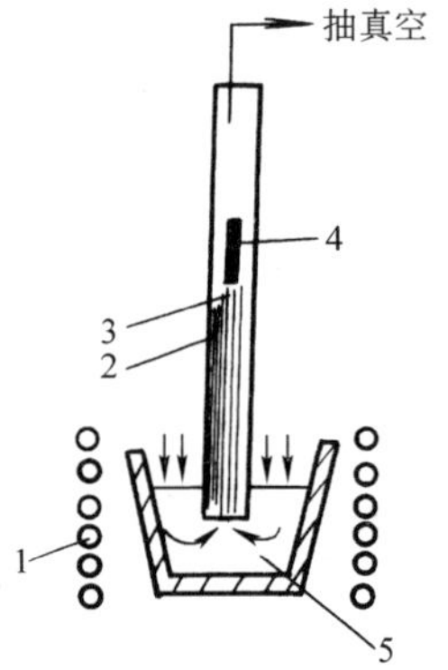

1—加热元件；2—铸型；3—纤维预制件；
4—冷却块；5—熔融金属。

图 7-5　真空压力铸造法成形原理

现，真空压力铸造法是其中最有代表性的一种。如图 7-5 所示，将纤维增强体预制件装入铸型后置于装置的上部，在抽真空的同时进行预热，待达到一定的真空度和温度后将铸模放入盛有熔融金属的容器中（或容器上升），然后通入高压惰性气体施加压力。在真空和压力的共同作用下，液态金属迅速充满预制件的所有孔隙；最后将铸型提起（或容器下降）并迅速冷却，以防止或减少基体金属与纤维之间发生化学作用。

真空压力铸造法的制品孔隙比常压铸造法小，致密性好，而且利用真空和加压可使基体金属与增强材料很好地润湿和复合，故增强材料可不需进行预处理。但其设备比较复杂，周期较长，制造大尺寸制品尚有困难。真空压力铸造法可用于制造长纤维或短纤维增强以及混杂增强的金属基复合材料，并能制造形状复杂的制品。

3. 热压扩散结合法

热压扩散结合法即在高温下，对排布好的纤维和金属基体施加静压力，使纤维和金属产生原子扩散和少量塑性变形以完成粘结的成形方法，如图 7-6 所示。热压扩散结合法较之液态渗透法加热温度低、纤维不易损伤，金属对纤维的润湿性和纤维的取向性好，但生产周期长。此方法是钛基、镍基等熔点较高的金属最主要的复合方法，适用于制造板材、型材及形状复杂的壁板、叶片等。

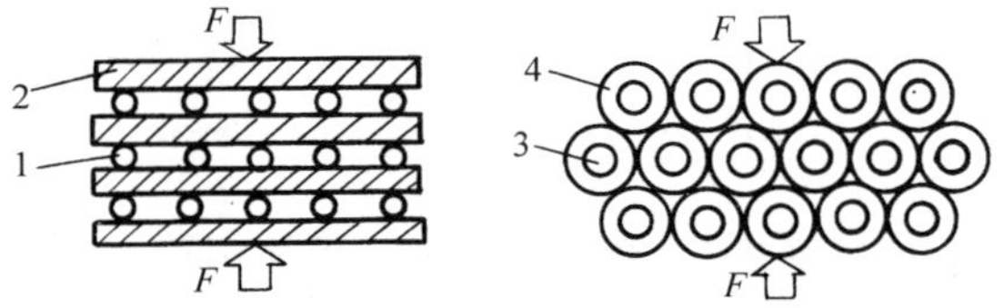

（a）纤维与金属箔复合　　（b）有金属镀层的纤维复合

1、3—纤维；2—金属箔；4—金属镀层。

图 7-6　热压扩散结合法成形原理

7.1.4　陶瓷基复合材料的成形方法

陶瓷基复合材料是以陶瓷为基体，采用纤维、颗粒等作为增强体经复合而成的。其成形方法也有多种，常用的有粉浆浸渗法、热压烧结法和反应烧结法等。

1. 粉浆浸渗法

粉浆浸渗法即将纤维增强体编织成所需形状，用陶瓷浆料浸渗，干燥后进行烧结。粉浆浸渗法不损伤增强体，无需模具且工艺简单，但制品的密度和力学性能不够高。

2. 热压烧结法

热压烧结法即将纤维或织物增强体用陶瓷浆料浸渍后组成一定结构的坯体，经干燥后在高温、高压下烧结成制品。制品的密度和力学性能均较高。

3. 反应烧结法

反应烧结法是使已与增强材料混合的熔融金属直接氧化或氮化制成复合材料。反应产物最初在金属与气相界面形成，然后不断向金属内部扩展，直至形成相互贯通的呈三维网状结构的陶瓷基复合材料。

反应烧结法成本较低、工艺简单；制品收缩很小、形状和尺寸不限且常温性能好。但由于残留金属较多（5%～35%），故制品的高温强度不高。反应烧结法是陶瓷基复合材料制备方法中最有吸引力的新技术之一。

7.2 复合材料制品结构的工艺性

由于复合材料成形有其独具的工艺特点，故其制品的结构设计与单一材料相比有许多不同之处。以纤维增强复合材料为例，其制品结构设计时应遵循以下原则：

1. 纤维的分布应满足承载要求

由于复合材料在纤维的纵、横向上强度、刚度差别很大，故结构设计时应以使用时的受力情况为依据。如对于单向受力的构件，应使纤维纵向与受力方向一致；对于承受随机分布载荷或受载情况不很明确的制品，可采用短切纤维或采用连续长纤维在几个方向上交叉铺设，以使制品近似获得各向同性。为提高板、壳面内的抗剪能力，通常纤维的纵向应与板、壳的框、肋成 45°角。

2. 构件弯折处应采用圆角过渡

由于构件弯折处易于产生应力集中，且树脂基复合材料的弯折处还会出现树脂聚积或缺胶而使强度降低，故构件弯折处应采用圆角过渡以提高其强度。

3. 尽量采用整体结构

复合材料成形易于获得大型复杂形状的制品，同时一次性整体成形有利于简化制品结构、减少连接件数量和简化生产工艺，有利于减轻制品质量、降低成本和提高制品的使用性能。故结构设计时应尽量采用整体结构，如容器筒体和封头的一次缠绕成形，船壳的一次模压成形等。

4. 采用刚性较好的结构

当复合材料的刚性较低时，可用增加构件截面积、夹层结构或封闭截面等措施来提高结构刚性，使其受力时不易产生弹性变形，从而提高构件的承载能力和尺寸稳定性。但构件的截面厚度应避免急剧变化，以防引起应力集中。

7.3 复合材料制备与成形技术的发展趋势

复合材料制备与成形技术近年来进展迅速，特别是智能化生产技术、新技术的开发和应用以及创新与继承相结合等方面引人注目。其发展的总趋势是高效、自动化、智能化，精密的成分和组织控制以及降低能耗、节约资源和保证可持续发展等。

7.3.1 复合材料的智能化生产技术

复合材料的智能化生产应用计算机技术，将材料设计、零部件设计和材料的复合制备以及组织性能的实时在线监测和零部件的生产过程的反馈控制等融为一体，可在同一过程中进行材料设计和制造出零部件或器件。由于对材料的组织性能和制品的形状尺寸等进行实时控制，大大提高了制品质量的可靠性和稳定性，缩短了生产或研制周期，且有效地减少了原材料消耗和废弃物的排放。

7.3.2 创新与继承相结合

由于复合材料组成的多元化，故在开发其制备和成形新技术时，也继承和吸取了金属材料和高分子材料成形技术的精华，并加以发展。例如“增强反应注射模塑法”是将两种能快速起固化反应的单体原料，分别与短切纤维混合成浆料，在液态下混合并注入模具，并在模具中迅速固化获得复合材料制品。这样就将由单体合成为聚合物，再由聚合物和增强体混合后经固化反应制成复合材料的过程改为直接在模具中一次完成，既减少了工艺环节和能耗，又缩短了成形周期。此方法便是借鉴了塑料成形新技术中的“反应注射成形法”而开发出的复合材料成形新技术。

复合材料的特点是“复合”，复合材料成形技术之间也可以相互结合以充分发挥各种成形技术的优势。例如生产热塑性玻璃钢管时，可将挤拉工艺和缠绕工艺相结合，即先用挤出工艺挤出塑料内衬，起到密封、耐蚀作用，而玻璃钢增强层则由挤拉和缠绕两种工艺完成，使制品轴向和横向均能得到增强，均有良好的性能。挤拉成形也是一种较先进的成形方法，是将浸渍树脂液的连续纤维束拉过成形模孔，经固化后获得复合材料。此方法获得的制品纵向强度高，但横向强度差，常用于大批量生产管材和型材。

7.3.3 新技术的开发与应用

纳米尺度上的精密复合技术（如陶瓷纳米复合材料制备）、原位自生复合技术（使共晶合金定向凝固，从而使增强相呈纤维状或片状生长）、异质材料的复合技术（如多层金属板轧合、爆炸焊合等）等新技术已应用于生产。采用连续复合技术制备板、带和线材时，制品质量好、生产效率高，受到人们高度重视。近净形（接近制品最终形状和尺寸）制备技术已经得到应用，并实现了喷射成形技术的在线监测与控制、金属粉末注射成形和半固态加工。

思考题与习题

7-1 树脂基复合材料有哪些成形方法？各有何特点及应用？

7-2 金属基复合材料的成形方法有哪些？各有何特点及应用？

7-3 设计纤维增强复合材料制品结构时应注意哪些问题？

7-4 复合材料制备与成形技术的发展趋势体现在哪些方面？

第 8 章　机械零件毛坯的选择

【知识目标】

理解机械零件毛坯选择的原则。

【技能目标】

能够合理选择机械零件的材料和毛坯成形方法。

【素质目标】

1. 质量意识、安全意识、标准意识、绿色环保意识；
2. 专业认同感、家国情怀；
3. 工匠精神、创新精神。

大多数机械零件都需要通过铸造、锻压和焊接等成形方法先得到毛坯，再经切削加工等工艺制成成品。由于毛坯成形方法选择的合理与否直接影响到零件的质量、使用性能、成本和生产率，故毛坯选择是机械设计和制造中的关键环节之一。

一般而言，零件的材料选定以后，其毛坯成形方法也大致确定了。如零件采用铸造合金，则其毛坯应选择铸造成形；零件采用金属板料，则一般选择切割、冲压或连接成形；零件采用陶瓷材料，则应选择合适的陶瓷成形方法；反之，在选择毛坯成形方法时也应结合考虑零件结构材料的工艺性能是否符合要求。

8.1　机械零件毛坯选择的原则

选择机械零件的毛坯时，既应满足零件的使用要求，又应使零件在制造过程中具有良好的工艺性和经济性，以利于降低成本和提高生产率。为此，毛坯选择一般应遵循适用性原则、工艺性原则和经济性原则并兼顾现有生产条件。

8-1　机械零件毛坯的选择
——毛坯选择原则

8.1.1　适用性原则

适用性即满足零件的使用要求。零件的使用要求包括对零件内、外部的质量要求，如零件的形状、尺寸、精度、表面质量以及化学成分、组织和使用性能等。对于一般机械零件，使用性能主要指材料的力学性能。

材料的力学性能要求一般是在分析零件工作条件和失效形式的基础上确定的。零件的工作条件一般指零件的受力状况、工作温度和接触介质等。零件的工作条件不同，其使用要求也不同，故选择的毛坯类型也就不同。如内燃机曲轴在工作过程中承受很大的拉伸、弯曲和扭转应力，应具有良好的综合力学性能，故高速大功率内燃机曲轴一般均采用强度和韧性较好的合金结构钢锻造成形，功率较小时可采用球墨铸铁铸造成形或采用中碳钢锻造成形。对于受力不大且为圆形截面的直轴，可采用圆钢下料作为毛坯直接经切削加工制成。

8.1.2 工艺性原则

选择毛坯时，应力求使零件的结构、材料与所选择的毛坯成形方法相适应，亦即具有良好的工艺性。如形状复杂、尺寸较大的零件宜采用铸造成形或焊接成形，采用铸造成形时，应尽量选用铸造性能良好的材料，如灰铸铁、球墨铸铁等；采用焊接成形时，应选用焊接性良好的材料，如低碳钢、低合金结构钢等。对于形状不太复杂、力学性能要求较高的零件，则宜选用塑性较好的材料，如低、中碳钢及低合金结构钢等采用塑性成形。

8.1.3 经济性原则

毛坯选择时，在满足零件使用要求的前提下，应尽量降低零件的制造成本，以提高经济效益和产品的市场竞争力。

零件的制造成本通常包括材料费、毛坯制造费、机械加工费、运输费和存贮费等。为降低零件的制造成本，在毛坯选择上应注意以下问题：

1. 在满足使用要求的前提下，应使制造成本尽可能降低

若脱离使用要求，选取性能过高、价格昂贵的材料和成本过高的成形方法，则会造成不必要的浪费，增加零件的制造成本；然而，若只追求降低制造成本，选用价格虽低但性能差、不符合使用要求的材料及成形方法，则会降低零件质量和使用寿命，甚至造成意外事故，反而会加大制造成本，同样是不经济的。

2. 兼顾零件的各项制造成本

在毛坯选择时，不仅要考虑到材料价格和毛坯成本，还要考虑到切削加工费用和材料损耗等各项制造成本。因此，单件、小批生产时应尽量选用投资小、加工费用低的成形方法，如砂型铸造（手工造型）、自由锻和焊条电弧焊等；成批大量生产时，则应尽量选用生产效率和制品精度高的成形方法，如砂型铸造（机器造型）、精密铸造、模锻、自动焊等。

8.1.4 兼顾现有生产条件原则

毛坯选择时，还应兼顾企业现有的生产条件，选择切实可行的成形方法。为此，应分析本企业的设备能力和员工技术水平，尽量利用现有生产条件完成毛坯任务。若现有生产条件难以满足要求时，则应考虑改变零件材料和（或）毛坯成形方法，也可通过外部协作

或外购解决。

例如现需生产某筒形件，拟用薄钢板拉深成形，需较大吨位的压力机，但某企业无此设备，此时，可考虑多种方案。若数量不大，可采用旋压成形，如图 8－1 所示。旋压成形采用价廉的旋压机，将板料顶在旋转的芯模上，通过旋轮施压使板料逐步变形贴紧芯模获得制品。若数量较大时，可购置压力机用钢板拉深成形。力学性能要求较低时，也可改用灰铸铁材料铸造成形，但零件壁厚需相应增大。数量不大或短期生产时，可采用钢板卷圆后焊接成形，也可组织外协或外购。

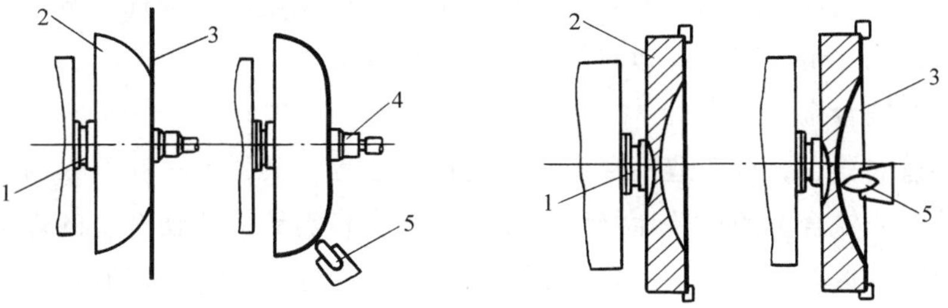

（a）外旋压法　　（b）内旋压法

1—主轴；2—芯模；3—板料；4—压头；5—旋轮。

图 8－1　旋压成形原理

8.2　常用毛坯的选择

零件的毛坯选择主要指毛坯成形方法的选择，同时亦应结合考虑零件的结构和所用的材料是否具有要求的成形工艺性能，以利于简化工艺和满足毛坯的质量要求。

8－2　机械零件毛坯的选择——常用毛坯的选择

8.2.1　常用毛坯材料的比较

常用的零件材料有金属材料、非金属材料和复合材料，其中金属材料尤其是钢铁材料仍是目前用量最大、应用最广的毛坯材料。按毛坯成形方法不同，常用的金属材料可分为铸造合金、塑性成形用金属材料等。

1. 铸造合金

铸造合金指具有适当的铸造性能，用于生产铸件的合金，主要用于制造形状较复杂的毛坯和零件。常用的铸造合金有铸铁、铸钢、铸造非铁合金。

（1）铸铁

铸铁是应用最多的铸造合金，常用的铸铁有灰铸铁、球墨铸铁和可锻铸铁等，均具有良好的耐磨性、减振性和低的缺口敏感性，且价格较低。

① 灰铸铁：铸造性能好，对铸件壁厚均匀性以及厚、薄壁间的过渡形式等的要求不

严格，且有较高的抗压强度，但焊接性差，力学性能较差，常用于制造受力较小的零件，尤其是承压件，如机座、箱体和机床床身等。

② 球墨铸铁：力学性能较好，铸造性能略低于灰铸铁，但焊接性差，常用于制造受力较大或较复杂以及承受冲击的零件，如内燃机曲轴、连杆、齿轮和轧钢机轧辊等。

③ 可锻铸铁：力学性能较好，但铸造性能及焊接性差，生产周期长，常用于制造受力较大或较复杂以及承受冲击的薄壁小件，如壳体、齿轮、摇臂和小轴等。

（2）铸钢

铸钢的综合力学性能远优于铸铁，低碳铸钢还具有良好的焊接性，常用于制造承受重载荷、复杂载荷或冲击的零件，如曲拐、齿轮和机架等。

（3）铸造非铁合金

常用的铸造非铁合金有铸造铝合金和铸造铜合金等，其强度一般不太高，且除铝硅合金外，其余铸造非铁合金的铸造性能均较差。此外，各类铸造非铁合金的焊接性较差，价格较高。这两类铸造合金一般均具有较好的耐磨性和耐蚀性，有的还有一定的耐热性，故常用于要求耐热、耐蚀或导热性良好的零件，如内燃机活塞、蜗轮和滑动轴承等。

2. 塑性成形用金属材料

塑性成形用的金属材料应具有一定的塑性成形性，如碳钢、低合金结构钢、合金钢、变形铝合金和变形铜合金等。

（1）低、中碳钢和低合金结构钢

低碳钢和强度级别较低的低合金结构钢塑性和韧性好，但强度较低；塑性好，变形抗力较低，故塑性成形性较好，且有良好的焊接性。中碳钢和强度级别较高的低合金结构钢综合力学性能好，热成形时塑性成形性好，但焊接性较差。这些类型的钢常用于制造型材、板材及一般机械零件，如曲轴、齿轮和转轴等。

（2）高碳钢和合金钢

这类钢强度高，塑性差，热成形时虽有良好塑性，但变形抗力较大，且锻造温度范围窄。此外，这类钢的焊接性也差。高碳钢和合金钢常用于制造模具、量具、刃具、弹簧、重要的机器零件和耐磨、耐蚀件等。

（3）变形铝合金

这类合金强度中等或较低，塑性较好；热成形时大多数具有高塑性和低的变形抗力（约为碳钢的1/2），且变形温度较低（350～500℃），故塑性成形性好，但焊接性较差。变形铝合金常用于制造机械零件和电气元件，如滑动轴承、齿轮、弹簧等。

（4）变形铜合金

这类合金强度中等，塑性较好；热成形时绝大多数塑性高，变形抗力较低，故塑性成形性好，但锻造温度范围窄，且焊接性较差。变形铜合金常用于制造机械零件、仪表零件和电气元件，尤其是耐蚀件和耐磨件，如散热器管和片、蜗轮、轴承和弹簧等。

常用金属毛坯材料的比较见表8-1所列。

表 8－1　常用金属毛坯材料的比较

材料类别		力学性能		工艺性能				价格	主要应用
		抗拉强度	塑性韧性	铸造性能	塑性成形性	焊接性	切削加工性		
铸造合金	灰铸铁	较低～中等	极差	好	—	差	中	较低	形状复杂、壁厚差别较大，承载较小或中等以及承受摩擦和振动的零件
	球墨铸铁	较高	较差	较好	—	差	中	较低	形状复杂、承载较大或较复杂以及承受冲击、摩擦或振动的零件
	可锻铸铁	较高	较差	差	—	差	中	较低	形状复杂，承载较大以及承受冲击、摩擦或振动的薄壁小件
铸造合金	铸钢	较高或高	较好	差	—	差～好	差～好	中	形状复杂，承受重载荷、冲击载荷或受力复杂的零件
	铸造铝合金	较低～中等	较差	差或较差	—	较差～好	好	较高～高	形状复杂、耐热、耐蚀性要求较高的零件
	铸造铜合金	较低～较高	较差～较好	差或较差	—	较差	好	较高～高	形状复杂、耐磨、耐蚀或导热性要求较高的零件
塑性成形用的合金	低、中碳钢低合金结构钢	较高	较好～好	差	好	较差～好	中～较好	中	工程构件和一般机械零件
	高碳钢合金钢	中～高	差～较好	差	中或较差	中～差	中～差	较高～高	工具、模具、刃具、量具、重要机械零件、耐磨件、耐蚀件
	变形铝合金	较低或中等	较好	差或较差	好	较差～较好	好	较高～高	工程构件、机械零件、电气元件、飞机零件
	变形铜合金	较低或中等	较好	差或较差	好	较差	好	较高	机械零件、仪表零件、电气元件

8.2.2　常用毛坯成形方法的比较

常用的毛坯成形方法有铸造、锻造、冲压、焊接和粉末冶金等。

1. 铸造

铸造时金属是在液态下充满铸型型腔后凝固成形的，要求熔融金属的流动性较好、收缩较小，铸造材料利用率较高，适用于制造各种尺寸且形状较复杂尤其是具有复杂内腔的零件，如箱体、壳体、机床床身、支座等。

2. 锻造

锻造时金属是通过塑性变形成形的，要求金属的变形抗力较小、塑性较好。自由锻的锻件形状简单，且是大型锻件的唯一锻造方法；模锻的锻件形状可较复杂，材料利用率和生产率远高于自由锻，但只能锻造中、小型件。锻造方法常用于制造受力较大或较复杂的零件，如转轴、齿轮、曲轴和叉杆等。

3. 冲压

冲压是通过冲模使金属产生分离或变形的，要求金属的变形抗力较小，塑性成形时塑性较好。冲压可获得各种尺寸且形状较复杂的零件，材料的利用率较高，生产率高，常用于制造质轻而刚性好的零件及形状较复杂的壳体，如箱体、壳体、仪表板和容器等。

4. 焊接

焊接是使被焊材料间建立原子间的结合而实现连接的，要求材料在焊接时的淬硬倾向以及产生裂纹和气孔等缺陷的倾向较小。焊接可获得各种尺寸且形状较复杂的零件，材料利用率较高，可达到很高的生产率，常用于形状复杂件或大型构件的连接成形，也可用于异种材料的连接和零件的修补。

5. 粉末冶金

粉末冶金是经成形、烧结等工序，靠金属粉末和（或）非金属粉末间原子扩散、机械楔合、再结晶等获得零件或毛坯的，要求粉料的流动性较好、压缩性较大。粉末冶金材料利用率和生产率高，制品精度高，常用于制造形状较复杂的中、小型零件，如皮带轮、齿轮、链轮等；也适于制造有特殊性能要求的材料和零件，如含油轴承、金刚石工具、硬质合金、活塞环等。

常用毛坯成形方法的比较见表 8－2 所列。

表 8－2　常用毛坯成形方法的比较

成形方法	成形特点	对材料的工艺性要求	制件特征		材料利用率	生产率	主要应用
			尺寸	结构			
铸　造	液态流动、凝固成形	流动性较好，收缩较小	各种	可复杂	较高	低～高	形状较复杂，尤其是内腔复杂的制件，如箱体、壳体、机床、床身、支座等
自由锻	固态塑性变形	变形抗力较小，塑性较好	各种	简单	较低	低	受力较大或较复杂，但形状较简单的制件，如传动轴、齿轮坯、炮筒等
模　锻			中小件	可较复杂	较高	较高或高	受力较大或较复杂，且形状较复杂的零件，如气阀、叉杆、阀体、曲轴等
冲　压			各种	可较复杂	较高	较高或高	质轻且刚性好的零件以及形状较复杂的壳体，如箱体、罩壳、仪表板、容器等

（续表）

成形方法	成形特点	对材料的工艺性要求	制件特征		材料利用率	生产率	主要应用
			尺寸	结构			
焊　接	通过原子间结合实现连接	淬硬、裂纹、气孔等倾向较小	各种	可复杂	较高	低～高	形状复杂件或大型构件的连接成形，异种材料间的连接，零件的修补等
粉末冶金	粉末间原子扩散、再结晶，有时有重结晶	粉料流动性较好，压缩性较大	中小件	可较复杂	高	较高或高	精密零件和特殊性能的制品，如轴承、金刚石工具、硬质合金、活塞环、齿轮等

8.3　常用零件的材料和成形方法

按零件的形状特征不同，常用的机械零件可分为轴杆类、盘套类和箱体、支架类等类型。由于各类零件的形状结构、工作条件、生产批量及用途不同，其材料和毛坯成形方法差别很大。

8－3　机械零件毛坯的选择——常用零件的材料和成形方法

8.3.1　轴杆类零件

轴杆类零件的轴向尺寸远大于径向或横向尺寸，一般用来支持机器中的旋转零件（如齿轮、蜗轮、带轮等）以传递运动和动力，分别承受弯、扭、拉、压等多种应力且有时伴有冲击应力，而轴颈和滑动表面往往承受摩擦，故易产生磨损、塑性变形甚至断裂。因此，对轴杆类零件一般均要求整体具有较高的综合力学性能，承受摩擦的表面还应有良好的耐磨性。

1. 材料的选择

零件受力较小时常采用中碳钢（如 35、40、45 等）制造，承载较大时常采用中碳合金钢（如 40Cr、40CrNi 等）制造并经调质处理。受较大冲击且承受摩擦时常采用渗氮钢（38CrMoAl 等）制造且经渗氮处理。或采用渗碳钢（如 20Cr、20CrMnTi 等）制造并经渗碳、淬火处理。曲轴铸造成形时，可采用铸钢（如 ZG270－500 等）或球墨铸铁（如 QT450－10 等）。

2. 毛坯成形方法的选择

毛坯成形方法可根据轴杆件的结构形状、承载情况和材料等进行选择。

（1）光轴和直径差较小的阶梯轴：一般采用圆钢切割下料作为毛坯，力学性能要求高时则通常须锻造制坯。

（2）直径差较大的阶梯轴：一般采用锻造制坯，单件小批生产时可采用自由锻制坯，批量大时可采用胎模锻或模锻制坯。

（3）异形截面轴和曲轴：一般采用锻造或铸造制坯。

轴杆类零件毛坯选择的比较见表8－3所列。

表8－3　轴杆类零件毛坯选择的比较

轴杆类型	承载情况	常用材料	成形方法	图　例
光轴、阶梯轴（直径差较小）	轻载	35、40、45等	圆钢下料、锻造等	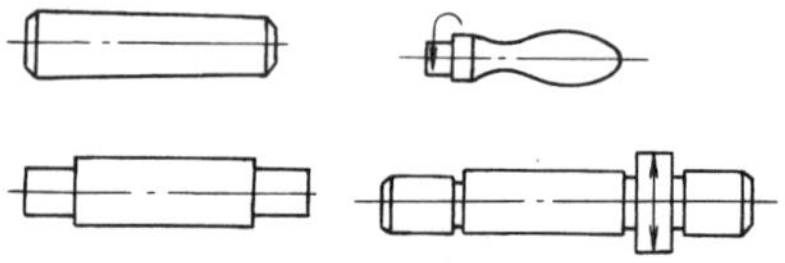
	重载	40Cr、40CrNi、20CrMnTi等		
阶梯轴（直径差较大）	轻载	35、40、45等	自由锻、模锻等	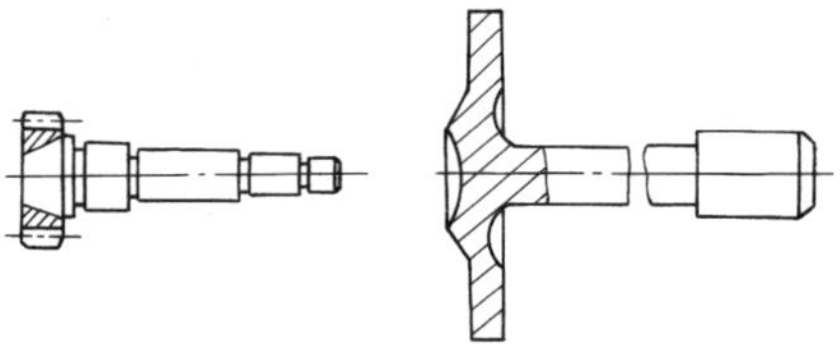
	重载	40Cr、40CrNi、20CrMnTi等		
异形截面轴、曲轴	轻载	35、40、45、ZG270－500、QT450－10等	自由锻、模锻、铸造等	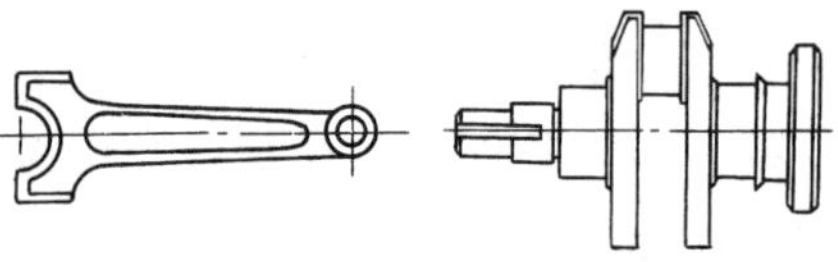
	重载	40Cr、40CrNi、20CrMnTi、QT600－3等		

在某些情况下，还可采用锻-焊、铸-焊等组合工艺制造毛坯，如异种材料的连接、形状复杂件的成形等。图8－2（a）所示的内燃机气阀是由耐热钢阀头与中碳钢阀杆焊合而成，以节省合金钢；图8－2（b）所示形状较复杂的连杆，采用几个锻件焊合而成，生产周期短，成本低。

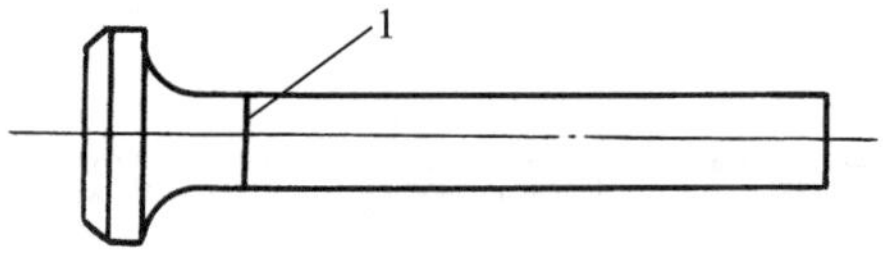

（a）排气阀

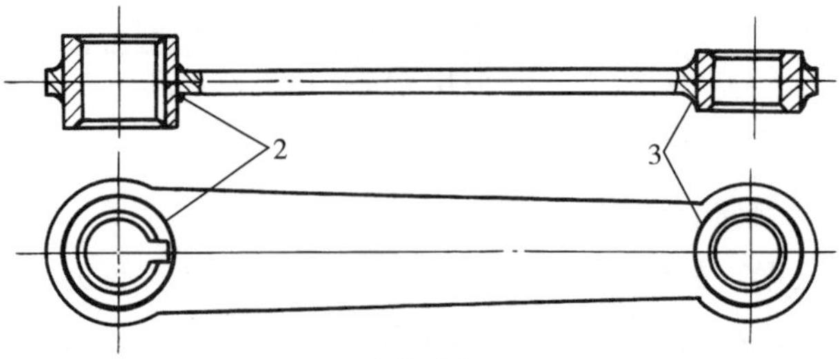

（b）连杆

1、2、3—焊缝。

图8－2　零件的锻－焊复合结构

8.3.2　盘套类零件

盘套类零件的轴向尺寸一般均小于径向或横向尺寸，种类很多，用途和工作条件差异很大，故材料和成形方法也有很大差别。

1. 齿轮

齿轮是盘套类零件中的典型零件。齿轮工作时轮齿齿面承受很大的接触应力和摩擦，齿根承受交变的弯曲应力，有时还承受冲击力，轮齿易产生磨损、折断和因局部塑性变形而失效，故轮齿须有较高的强度和韧性，齿面须有较高的硬度和耐磨性。低速、轻载齿轮常用 45、50Mn2、40Cr 等中碳结构钢，经正火或调质提高综合力学性能；齿轮毛坯可采用圆钢下料，亦可采用自由锻、模锻等方法成形；要求不高时也可采用灰铸铁、球墨铸铁等材料铸造成形。高速、重载齿轮常采用 18CrMnTi、20CrMo 等合金结构钢制造且齿部经渗碳、淬火处理，也可采用 38CrMoAl 等渗氮钢制造且齿部经渗氮处理，从而获得良好的内韧外硬的性能。直径 500mm 以上的大型齿轮，常采用自由锻、铸造和焊接等成形方法。

2. 模具

热锻模要求高强度、高韧性，常用 5CrMnMo、5CrNiMo 等合金工具钢制造并经淬火和高温回火处理。冷冲模要求高硬度、高耐磨性，常用 Cr12、Cr12MoV 等合金工具钢制造并经淬火和低温回火处理。模具的成形方法通常采用锻造。

3. 带轮、飞轮等

这类零件受力不大或仅承受压力，一般可采用灰铸铁、球墨铸铁等材料铸造成形，或采用 Q215、Q235 等低碳钢型材焊接成形。

盘套类零件毛坯选择的比较见表 8－4 所列。

表 8－4　盘套类零件毛坯选择的比较

类　型		常用材料	主要成形方法	图例
齿轮	中小型件	低速、轻载：35、45、40Cr、50Mn2、QT600－3、ZG310－570、烧结铜钢等； 高速、重载：18CrMnTi、20CrMo、20Cr、38CrMoAl 等	圆钢下料、热轧、自由锻、模锻、粉末冶金等	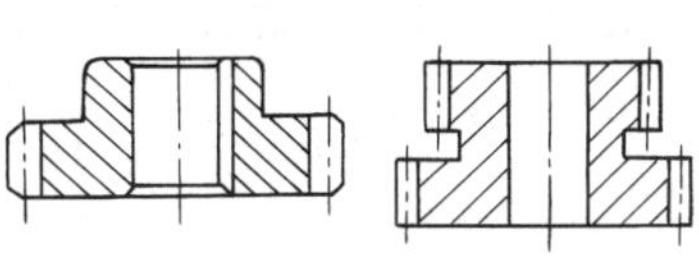
	大型件		自由锻、铸造、焊接等	
模具	热锻模	5CrMnMo、50CrNiMo、3Cr2W8V 等	锻造等	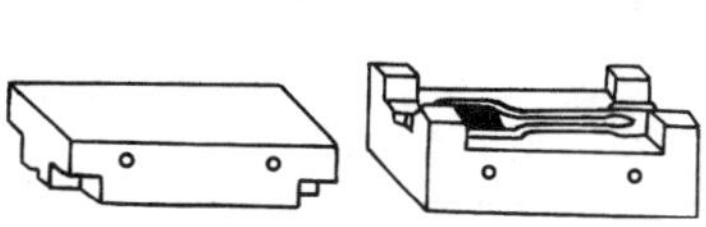
	冷冲模	T12、Cr12、Cr12MoV 等		
带轮、飞轮、手轮、垫块		HT150、HT200、Q215、Q235 等	铸造、焊接等	

（续表）

类　型	常用材料	主要成形方法	图例
凸缘、端盖、垫圈、套环	灰铸铁、球墨铸铁、碳钢等	圆钢下料、钢板下料、铸造、自由锻、辗环轧制等	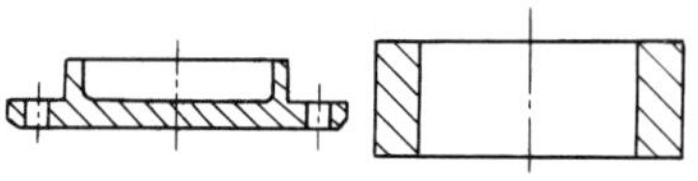

8.3.3　箱体、支架类零件

箱体、支架类零件一般结构较为复杂，通常有不规则的外形和内腔，壁厚也不均匀。这类零件包括一般基础件、受力复杂件和特殊要求件等，重量从几千克至数十吨不等，工作条件相差很大。

1. 一般基础件

如机架、座座、床身、工作台和箱体等，主要起支承作用，以承受压力和弯曲应力为主，抗拉强度和塑性、韧性要求不高，但应有较好的刚度和减振性，有时还需要有较好的耐磨性，故通常采用灰铸铁（如 HT150、HT200 等）铸造成形。

2. 受力复杂件

有些机械的机架、箱体等受力较大或较复杂，如轧钢机机架、模锻锤锤身等往往同时承受较大的拉力、压力和弯曲应力，有时还受冲击，要求有较高的综合力学性能，故常选用铸钢（如 ZG200－400 等）铸造成形，为简化工艺，常采用铸-焊、铸-螺纹连接结构。单件小批生产时，也可采用型钢焊接结构，以降低制造成本。

此外，有些箱体如航空发动机的缸体、缸盖和曲轴箱等，要求质量较轻、良好的导热性和一定的耐蚀性，常采用铝合金（如 ZL105、ZL105A 等）铸造成形。

箱体、支架类零件常用毛坯选择的比较见表 8－5 所列。

表 8－5　箱体、支架类零件常用毛坯选择的比较

工作条件	常用材料	造型方法	图　例
承受压力为主	HT150、HT200 等	铸造等	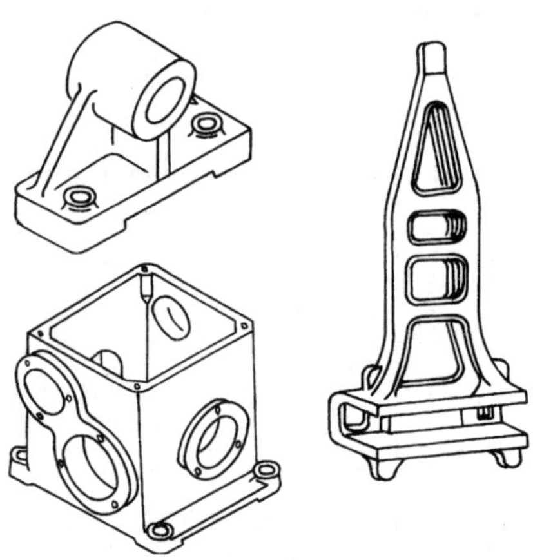
受力较大或较复杂	ZG200－400、ZG270－500 等	铸造、焊接等	
航空、车用、船用	ZL105、ZL105A 等	铸造等	

8.3.4　机械零件毛坯选择的示例

图 8－3 所示为齿轮减速器结构，传递功率 4kW，试对其主要零件进行毛坯选择。

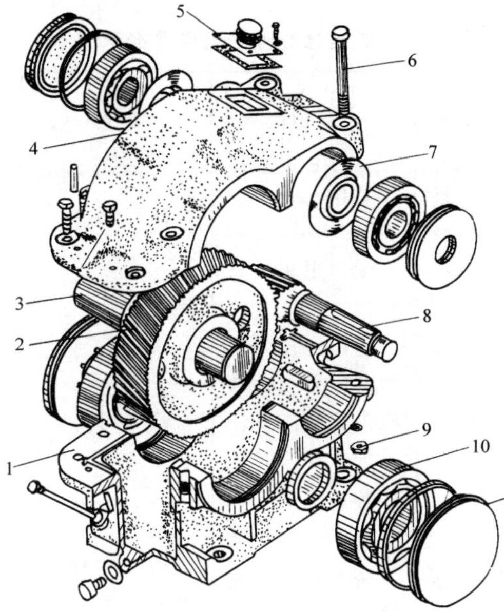

1—箱体；2—齿轮；3—轴；4—箱盖；5—孔盖；6—螺栓；
7—挡油盘；8—齿轮轴；9—螺母；10—滚动轴承；11—端盖。

图 8－3　齿轮减速器结构

1. 箱体和箱盖

箱体属于基础件，以承压为主，要求有较好的刚度和减振性。通常采用灰铸铁（HT150、HT200）铸造成形，单件小批生产时亦可采用碳素结构钢（如 Q235A）型材和板料焊接成形；大批量生产采用机器砂型铸造成形。

2. 齿轮和轴

齿轮和轴均为较重要的传动零件，工作时承受弯矩和扭矩，应有较好的综合力学性能；轮齿部分承受较大的弯曲应力、接触应力和摩擦，应有较高的强度、韧性和耐磨性。参考表 8－3 和表 8－4，材料可用中碳钢（如 45 钢），单件小批生产时可采用圆钢切割下料，或采用自由锻或胎模锻等成形方法，大批生产时可采用模锻成形。

3. 滚动轴承

滚动轴承是重要的支承件，承受较大的交变应力和压应力，并承受摩擦，要求有较高的强度、硬度和耐磨性。滚动轴承由内、外套圈、滚珠和保持架组成，系标准件。其内、外套圈通常采用滚动轴承钢（如 GCr15 钢），经扩孔或辗环轧制制成。滚珠亦采用滚动轴承钢（如 GCr15 钢），经螺旋斜轧制成。保持架一般采用低碳钢（如 08 钢）薄板经冲压成形。

4. 螺栓和螺母

螺栓和螺母均为连接零件，用于连接和紧固箱盖与箱体。螺栓工作时，栓杆承受轴向拉应力，螺纹牙承受弯曲应力和剪切应力。螺栓与螺母是成对使用的螺纹副，均为标准件，通常采用碳素结构钢（如Q235、Q235A）经镦锻或挤压成形，螺纹常采用搓丝或攻丝成形。

减速器零件的毛坯选择示例见表8-6所列。

表8-6 减速器零件的毛坯选择示例

序号	名称	类型	结构特征	承载情况	材料	成形方法	
						单件、小批量	大批量
1	箱体	箱体、支架	形状复杂、壁厚不匀	承压为主	HT150、Q235等	砂型铸造（手工造型）或焊条电弧焊	砂型铸造（机器造型）
4	箱盖			受力很小			
2	齿轮	盘套	一般	轮齿：较大的弯曲应力、接触应力和摩擦力；轴：较大的弯矩和扭矩	45（调质）	圆钢下料、自由锻或胎模锻	模锻或轧制
3	轴	轴杆	简单				
8	齿轮轴		较复杂				
10	滚动轴承	组件	零件形状较简单	较大的径向和轴向脉动压应力	内、外环及滚珠：GCr15；保持架：08	内外环：扩孔或辗环；滚珠：螺旋斜轧；保持架：冲压	
6	螺栓	轴杆	较简单	栓杆：轴向拉应力；螺纹牙：弯曲应力和剪切应力	Q235A	镦锻、挤压、搓丝或攻丝	
9	螺母	盘套					

案例1 CA6140机床主轴的毛坯选择

1. 案例背景

现某公司生产一批如图8-4所示CA6140机床主轴，该轴在滚动轴承中以中等转速运转，工作过程中承受中等负荷和一定的冲击力，需要选择合适的材料与坯料成形方法。

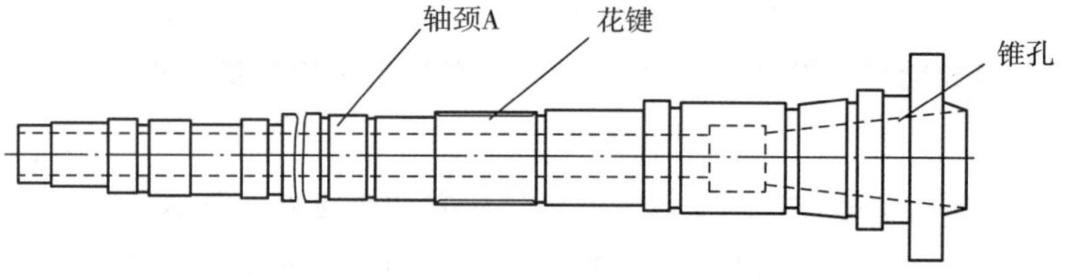

图8-4 CA6140机床主轴

2. 选材

主轴工作过程中承受中等负荷，所以选用合金结构钢40Cr制造。

3. 成形方法

批量生产主轴，选择模锻成形，通过锻造改善材料内部结构，消除内部缺陷，提高力学性能。对标 GB/T 12361—2016《钢质模锻件通用技术条件》实施，控制锻造温度和压力，进行锻模设计，确保锻件的力学性能和尺寸精度。

4. 热处理工艺

(1) 整体调质

硬度为 HBW200～240，金相组织为回火索氏体。

(2) 锥孔、轴颈、花键处表面淬火＋低温回火

硬度达 HRC52，表面 3～5mm 深度内金相组织为回火马氏体。

5. 加工工艺路线

下料→锻造→正火→粗加工→调质→半精车→钻中心孔→精车→铣花键槽→锥孔和轴颈表面淬火＋低温回火→粗磨→滚铣花键→花键淬火＋低温回火→精磨。

6. 毛坯的质量检验

(1) 外观检验

主轴毛坯表面应干净，无严重氧化皮，凹陷深度不得超过 0.5mm。毛坯不得有严重错移，上下模前后、左右的错移不得大于 0.3mm。毛坯应无裂纹、严重残留飞边、弯曲变形等缺陷。

(2) 无损探伤检验

对于锥孔、轴颈、花键等关键部位应进行渗透检测、相控阵检测等无损检测，确保表面和内部无缺陷。

(3) 化学成分与力学性能检验

通过光谱分析仪验证材料成分是否符合标准；检验抗拉强度、屈服强度、断后伸长率、硬度等力学性能。

(4) 金相组织检测

对整体调质后的试件进行组织检测，金相组织应为回火索氏体，索氏体均匀，避免未溶铁素体或粗大晶粒，影响韧性和抗疲劳性能。

对锥孔、轴颈、花键等部位进行组织检测，金相组织应为回火马氏体，避免残余奥氏体或碳化物偏聚。

案例2 130型载重车半轴的毛坯选择

1. 案例背景

某公司批量生产如图 8-5 所示的 130 型载重车半轴，半轴在工作过程中承受一定的冲击力、较大的弯曲应力和弯曲疲劳应力，半轴在上坡或启动时，承受较大扭矩，需要选择合适的材料与坯料成形方法。

2. 选材

半轴工作过程中承受较大的载荷，选 42CrMo 或 40CrMnMo。

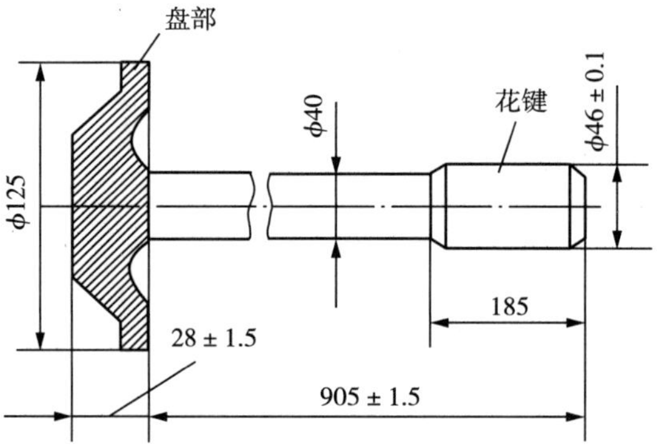

图8-5　130型载重车半轴

3. 成形方法

批量生产半轴，选择模锻成形，通过锻造改善材料内部结构，消除内部缺陷，提高力学性能。对标GB/T 12361—2016《钢质模锻件通用技术条件》实施，控制锻造温度和压力，进行锻模设计，确保锻件的力学性能和尺寸精度。

4. 热处理工艺

（1）整体调质

硬度为HBW200～240，金相组织为回火索氏体。

（2）花键处表面淬火+低温回火

硬度达HRC37～44，表面3～5mm深度内金相组织为回火马氏体。

5. 加工工艺路线

下料→锻造→正火→粗加工→调质→半精车→精车→盘部钻孔→花键处表面淬火+低温回火→磨花键。

6. 毛坯的质量检验

（1）外观检验

毛坯表面应干净，无裂纹、严重氧化皮和残留飞边，凹陷深度不得超过0.5mm，无弯曲变形。不得有严重错移，上下模前后、左右的错移不得大于0.3mm。毛坯尺寸需严格符合图纸要求。

（2）无损探伤检验

对于盘部外圆、花键等关键部位应进行渗透检测、相控阵检测等无损检测，确保表面和内部无缺陷。

（3）化学成分与力学性能测试

通过光谱分析仪验证材料成分是否符合标准；采用硬度计测试表面硬度，确保达标。

（4）金相组织检测

对整体调质后的试件进行组织检测，金相组织应为回火索氏体，索氏体均匀，避免未溶铁素体或粗大晶粒，影响韧性和抗疲劳性能。

对花键部位进行组织检测，金相组织应为回火马氏体，避免残余奥氏体或碳化物偏聚。

案例 3　吉普车后桥圆锥主动齿轮的毛坯选择

1. 案例背景

某公司现生产一批吉普车后桥圆锥主动齿轮，工作负荷大，高速运转（10～15m/s 以上），频繁承受冲击载荷，磨损较严重。试选择合适的材料及坯料成形方法。

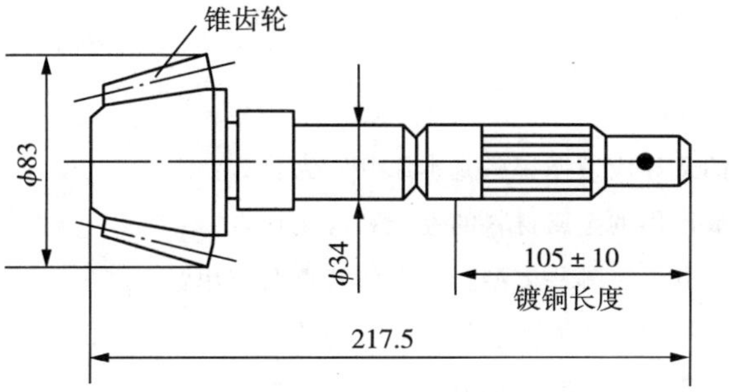

图 8－6　吉普车后桥圆锥主动齿轮

2. 选材

齿轮工作负荷大，承受冲击载荷，选用 20CrMnTi。

3. 成形方法

批量生产圆锥主动齿轮，选择模锻成形，通过锻造改善材料内部结构，消除内部缺陷，提高力学性能。对标 GB/T 12361—2016《钢质模锻件通用技术条件》实施，控制锻造温度和压力，进行锻模设计，确保锻件的力学性能和尺寸精度。

4. 热处理工艺

齿部渗碳＋二次淬火＋低温回火，硬度为 HRC58～62，渗碳层金相组织为回火马氏体＋合金碳化物＋少量残余奥氏体，心部的断后伸长率不低于 10%，冲击韧度不低于 $55J/cm^2$。

5. 加工工艺路线

下料→锻造→正火→粗车→半精车→精车→铣齿→渗碳→淬火→低温回火→喷丸→磨齿→珩齿。

6. 毛坯的质量检验

（1）外观检验

毛坯表面应干净，无裂纹、严重氧化皮和残留飞边，凹陷深度不得超过 0.5mm，无弯曲变形。不得有严重错移，上下模前后、左右的错移不得大于 0.3mm。毛坯尺寸需严格符合图纸要求。

（2）无损探伤检验

对于齿面等重要部位应进行渗透检测、相控阵检测等无损检测，确保表面和内部无缺陷。

（3）化学成分与力学性能的测试

通过光谱分析仪验证材料成分碳、铬、锰等的含量是否符合标准；采用硬度计测试锥齿表面硬度，抽检断后伸长率和冲击韧度，评估材料热处理效果，确保达标。

（4）金相组织检测

对渗碳部位进行组织检测，金相组织应为回火马氏体＋合金碳化物＋少量残余奥氏体。

思考题与习题

8-1　机械零件毛坯的选择应遵循哪些基本原则？为什么？

8-2　比较各类塑性成形用的金属材料的性能和应用场合。

8-3　常用的毛坯成形方法有哪些类型？各有何特点及应用？

8-4　各类轴采用的材料和成形方法有何不同？为什么？

8-5　各类齿轮应采用哪些材料和成形方法？为什么？

8-6　各类箱体的工作条件有何区别？各应采用哪些材料和成形方法？

8-7　以你熟悉的机械零件为例，分析其应采用的材料和成形方法。

8-8　试为下列轴类零件选择毛坯材料和成形方法，并说明理由。

① 农机用轴（光轴），轻载，小批生产；

② 铣床主轴（直径差较小的阶梯轴），轻载，中批生产；

③ 柴油机曲轴，重载，大量生产。

8-9　下列齿轮零件应选择何种毛坯材料和成形方法？理由何在？

① 小齿轮（ϕ40mm），无须润滑，中批生产；

② 齿轮（ϕ180mm），高速重载，大批生产；

③ 钟表齿轮（ϕ12mm），大量生产。

参考文献

[1] 郑红梅，杨沁．材料成形技术基础［M］．合肥：合肥工业大学出版社，2016.
[2] 卢志文，赵亚忠．工程材料及成形工艺：第2版［M］．北京：机械工业出版社，2019.
[3] 吕广庶，张远明．工程材料及成形技术基础：第3版［M］．北京：高等教育出版社，2021.
[4] 邓文英，郭晓鹏．金属工艺学（上册）：第3版［M］．北京：高等教育出版社，2017.
[5] 鞠鲁粤．工程材料与成形技术基础：第3版［M］．北京：高等教育出版社，2015.
[6] 孙康宁、张景德．工程材料与机械制造基础（上册）：第3版［M］．北京：机械工业出版社，2019.
[7] 赵立红．材料成形技术基础［M］．哈尔滨：哈尔滨工程大学出版社，2018.
[8] 齐乐华．工程材料及成形工艺基础：第2版［M］．西安：西北工业大学出版社，2020.
[9] 机械工程手册电机工程手册编辑委员会．机械工程手册：工程材料卷：第2版［M］．北京：机械工业出版社，1997.
[10] 机械工程手册电机工程手册编辑委员会．机械工程手册：机械零部件设计卷：第2版［M］．北京：机械工业出版社，1997.
[11] 机械工程手册电机工程手册编辑委员会．机械工程手册：机械制造工艺及设备：第2版［M］．北京：机械工业出版社，1997.
[12] 中国机械工程学会铸造分会．铸造手册：铸造工艺：第4版［M］．北京：机械工业出版社，2021.
[13] 中国机械工程学会塑性工程学会．锻压手册：锻造：第4版［M］．北京：机械工业出版社，2022.
[14] 中国机械工程学会塑性工程学会．锻压手册：冲压：第4版［M］．北京：机械工业出版社，2022.
[15] 中国机械工程学会焊接学会．焊接手册：焊接方法与设备：第3版［M］．北京：机械工业出版社，2016.
[16] 中国机械工程学会焊接学会．焊接手册：材料的焊接：第3版［M］．北京：机

械工业出版社，2016.
[17] 中国机械工程学会焊接学会．焊接手册：焊接结构：第3版［M］．北京：机械工业出版社，2015.
[18] 庞国星．工程材料与成形技术基础：第3版［M］．北京：机械工业出版社，2018.
[19] 邢建东，陈金德．材料成形技术基础：第2版［M］．北京：机械工业出版社，2007.
[20] 施江澜、赵占西．材料成形技术基础：第3版［M］．北京：机械工业出版社，2019.
[21] 何红媛，周一丹．材料成形技术基础［M］．南京：东南大学出版社，2015.
[22] 张亮峰．材料成形技术基础［M］．北京：高等教育出版社，2011.
[23] 赵升吨．材料成形技术基础［M］．北京：电子工业出版社，2013.
[24] 沈其文，赵敖生．材料成形与机械制造技术基础——材料成形分册：第4版［M］．武汉：华中科技大学出版社，2021.
[25] 王少刚．工程材料与成形技术基础：第2版［M］．北京：国防工业出版社，2016.
[26] 胡亚民．材料成形技术基础：第2版［M］．重庆：重庆大学出版社，2008.
[27] 刘颖，李树奎．工程材料与成形技术基础［M］．北京：北京理工大学出版社，2009.
[28] 任家隆，丁建宁．工程材料及成形技术基础：第2版［M］．北京：高等教育出版社，2019.
[29] 申荣华．工程材料及其成形技术基础：第2版［M］．北京：北京大学出版社，2013.
[30] 徐立新．材料成形技术基础［M］．成都：西南交通大学出版社，2010.
[31] 于爱兵．材料成形技术基础：第2版［M］．北京：清华大学出版社，2020.
[32] 亓四华．工程材料及成形技术基础：第3版［M］．合肥：中国科学技术大学出版社，2008.
[33] 杨莉，郭国林．工程材料及成形技术基础［M］．西安：西安电子科技大学出版社，2016.
[34] 艾云龙，刘长虹，罗军明．工程材料及成形技术［M］．北京：机械工业出版社，2016.
[35] 孙广平，李义，严庆光．材料成形技术基础：第2版［M］．北京：国防工业出版社，2011.
[36] 史雪婷．工程材料及成形技术基础［M］．成都：西南交通大学出版社，2014.
[37] 司乃钧．工程材料及热成形技术基础［M］．北京：高等教育出版社，2014.

[38] 真金，赵阳，李赞祥．工程材料及成形技术基础［M］．北京：北京理工大学出版社，2009.
[39] 汤酥则．材料成形技术基础［M］．北京：清华大学出版社，2008.
[40] 江树勇．材料成形技术基础［M］．北京：高等教育出版社，2010.
[41] 方亮，王雅生．材料成形技术基础：第2版［M］．北京：高等教育出版社，2010.
[42] 柳秉毅．材料成形工艺基础：第3版［M］．北京：高等教育出版社，2018.
[43] 常春．材料成形基础：第2版［M］．北京：机械工业出版社，2017.
[44] 王爱珍．热加工工艺基础［M］．北京：北京航空航天大学出版社，2009.
[45] 苏华礼，徐铭．热加工工艺基础［M］．长春：吉林大学出版社，2009.
[46] 徐桂兰．工程材料及热加工工艺基础：第2版［M］．成都：西南交通大学出版社，2016.
[47] 严绍华．工程材料及机械制造基础（Ⅱ）——热加工工艺基础：第3版［M］．北京：高等教育出版社，2010.
[48] 黄坤祥．粉末冶金学：第3版［M］．北京：高等教育出版社，2021.
[49] 廖树帜，张邦维．实用非金属材料手册［M］．长沙湖南科学技术出版社，2011.
[50] 贺英．高分子合成与材料成型加工工艺［M］．北京：科学出版社，2021.
[51] 张海，越素合．橡胶及塑料加工工艺［M］．北京：化学工业出版社，1997.
[52] 周张健．特种陶瓷工艺学［M］．北京：科学出版社，2018.